"十四五"职业教育国家规划教材

"十四五"职业教育河南省规划教材

电力行业"十四五"规划教材

河南省职业教育优质教材

中国电力教育协会精品教材

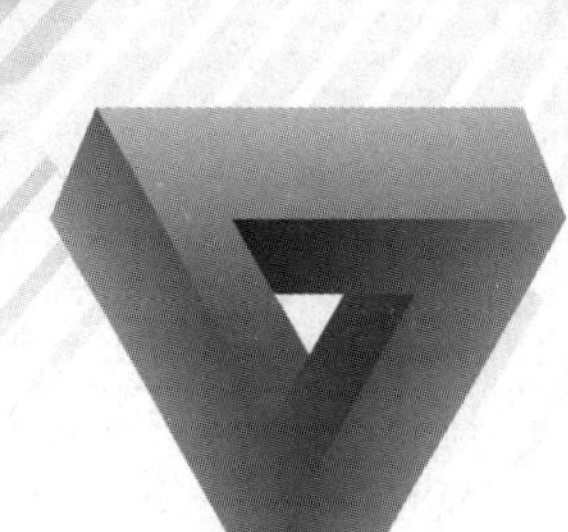

GONGCHENG ZHITU YU JIXIE DIANQI CAD

工程制图与机械电气CAD

（第四版）

主　编　李富波

副主编　陈志宏　李　诣　王绪虎　路书芬

参　编　郭会娟　朱　贺　孙小芳

主　审　史艳红

中国电力出版社
CHINA ELECTRIC POWER PRESS

内 容 提 要

本书分为工程制图和机械电气 CAD 两篇，主要内容包括制图基本知识和技能，投影基础，组合体，机件形状常用表达方法，标准件和常用件，零件图，装配图，AutoCAD 基本绘图和编辑命令，图块、尺寸标注和文字输入，电气工程图绘制。本书与李富波主编的《工程制图与机械电气 CAD 习题集（第四版）》配套使用。

本书可作为高职高专院校各专业工程制图课程的教材，也可供相关专业工程技术人员参考。

图书在版编目（CIP）数据

工程制图与机械电气 CAD/李富波主编；陈志宏等副主编. --4 版. --北京：中国电力出版社，2025.3（2025.8 重印）. -- ISBN 978-7-5198-9107-7

Ⅰ. TB23；TH126

中国国家版本馆 CIP 数据核字第 20247N7D82 号

出版发行：中国电力出版社
地　　址：北京市东城区北京站西街 19 号（邮政编码 100005）
网　　址：http://www.cepp.sgcc.com.cn
责任编辑：周巧玲
责任校对：黄　蓓　于　维
装帧设计：郝晓燕
责任印制：吴　迪

印　　刷：三河市航远印刷有限公司
版　　次：2012 年 2 月第一版　2025 年 3 月第四版
印　　次：2025 年 8 月北京第二次印刷
开　　本：787 毫米×1092 毫米　16 开本
印　　张：17
字　　数：423 千字
定　　价：48.00 元

前　言

为贯彻落实党的二十大精神，把全面推进习近平新时代中国特色社会主义思想和党的二十大精神进教材作为首要任务，更好服务于高水平科技自立自强、拔尖创新人才培养，编者对本书做出及时全面修订，促进教材与时代同步。新修订的教材对内容、插图、案例、体例、版式、印制等各方面均提出了规范性要求。

本书大部分插图配有三维动画，并在第四版修订中新加了部分微课，能够提高学生学习的直观性和主动性，增加课堂的互动性，实现“理实一体化”教学。同时，第四版对下篇机械电气 CAD 部分的内容进行了全面的修订。

本书由郑州电力高等专科学校李富波任主编，郑州科慧科技股份有限公司陈志宏以及郑州电力高等专科学校李诣、王绪虎和路书芬任副主编，黄河科技学院郭会娟、河南工业大学朱贺和郑州电力高等专科学校孙小芳参与编写。具体分工如下：李富波（第一章、第三章、第四章）、王绪虎（第二章、第六章）、路书芬（第五章）、陈志宏（第七章）、李诣（第八～第十章）、孙小芳（附录）、郭会娟和朱贺参与动画和微课制作。本书由李富波主编统稿。

本书为郑州电力高等专科学校与郑州科慧科技股份有限公司校企合作共同编写，在编写过程中，曾得到许多部门和同志的大力支持和帮助，对教材的质量帮助很大，在此表示衷心的感谢。

本书由郑州铁路职业技术学院史艳红教授主审并提出了宝贵的意见和建议，在此表示感谢。

限于编者水平，书中难免有不妥或疏漏之处，恳求广大读者批评指正。

编　者

2024 年 8 月

第一版前言

本书是编者根据教育部关于面向21世纪教学内容和课程体系改革精神，总结多年的教学经验，结合高职高专教育教学的特点，本着培养学生识绘图技能的宗旨编写而成的。

本书具有以下主要特点：

(1) 采用最新的《机械制图》《技术制图》国家标准。

(2) 突出识绘图的基本能力，强调必需、够用的原则，在要求学生掌握基本理论、基本知识的基础上，内容坚持少而精，力求做到一步一图。

(3) 计算机绘图部分增加了装配图的绘制、电气图的绘制，便于机械类专业及电力技术类专业的学生学习使用。

(4) 配套多媒体课件，有利于学用结合，指导学生提高分析问题、解决问题的能力。

本书由郑州电力高等专科学校毛汝生任主编，由郑州电力高等专科学校李富波、贺勃和广西电力职业技术学院邓铭瑶任副主编，郑州电力高等专科学校安建生参加编写。具体编写分工如下：李富波（第一、第四章），贺勃（第二、第七章），毛汝生（第三、第五、第六、第九章），邓铭瑶（第八、第十、第十一章）、安建生（附录）。全书由毛汝生统稿。在本书的编写过程中，得到许多部门的大力支持和帮助，在此表示衷心的感谢。

本书由河南工业大学杨予勇副教授主审。审稿老师提出了很多宝贵意见，在此表示衷心的感谢。

限于编者水平，书中难免有不足和疏漏之处，请广大读者批评指正。

编　者

2011年4月

第二版前言

本书是编者根据教育部关于面向21世纪教学内容和课程体系改革精神，总结多年的教学经验，结合高职高专教育教学的特点，本着培养学生识绘图技能的宗旨编写而成的。

本书具有以下主要特点：

(1) 采用最新的《机械制图》《技术制图》国家标准。

(2) 突出识绘图的基本能力，强调必需、够用的原则，在要求学生掌握基本理论、基本知识的基础上，内容坚持少而精，力求做到一步一图。

(3) 计算机绘图部分增加了装配图的绘制、电气图的绘制，便于机械类专业及电力技术类专业的学生学习使用。

(4) 配套多媒体课件，有利于学用结合，指导学生提高分析问题、解决问题的能力。

本书由郑州电力高等专科学校李富波、毛汝生任主编，郑州电力高等专科学校贺勃、广西电力职业技术学院邓铭瑶、郑州电力高等专科学校李立明任副主编，郑州电力高等专科学校的路书芬、李诣、安建生和王绪虎参与编写。具体编写分工如下：李富波（第一章、第四章）、毛汝生（第二章、第五章、第九章）、李诣和路书芬（第三章）、贺勃（第六章）、李立明和王绪虎（第七章）、邓铭瑶（第八章、第十章、第十一章）、安建生（附录）。本书由李富波统稿。本书在编写过程中，得到许多部门的大力支持和帮助，在此表示衷心的感谢。

本书由河南工业大学杨予勇副教授主审。审稿老师提出了很多宝贵意见，在此表示衷心的感谢。

限于编者水平，书中难免有不足和疏漏之处，请广大读者批评指正。

编　者

2015年11月

第三版前言

本书是编者根据教育部关于面向21世纪教学内容和课程体系改革精神，总结多年的教学经验，结合高职高专教育教学的特点，本着培养学生识绘图技能的宗旨编写而成的。

本书具有以下主要特点：

(1) 采用最新的《机械制图》《技术制图》国家标准。

(2) 突出识绘图的基本能力，强调必需、够用的原则，在要求学生掌握基本理论、基本知识的基础上，内容坚持少而精，力求做到一步一图。

(3) 计算机绘图部分增加了装配图的绘制、电气图的绘制，便于机械类专业及电力技术类专业的学生学习使用，并将快速作图综合演练列入拓展阅读，感兴趣的学生可扫码学习。

(4) 本书大部分插图配有三维动画，手机扫码即可观看，结合三维动画学习能够提高学生学习的直观性和主动性，实现“理实一体化”教学，是一部动静结合的立体化教材。同时，在部分章节后配有拓展视频资源，感兴趣的学生可扫码学习。

本书由郑州电力高等专科学校李富波任主编，郑州电力高等专科学校贺勃、李诣、路书芬和王绪虎任副主编，郑州电力高等专科学校李立明、毛汝生、安建生、陈翔英和广西电力职业技术学院邓铭瑶参与编写。具体分工如下：李富波（第一章、第三章、第四章）、李诣（第二章）、路书芬（第五章）、贺勃（第六章）、王绪虎（第七章）、邓铭瑶（第八章、拓展阅读A、第十章）、毛汝生（第九章）、陈翔英（附录），李立明、安建生负责校对。本书在编写过程中，得到许多部门的大力支持和帮助，在此表示衷心的感谢。

本书由河南工业大学杨予勇副教授主审。审稿老师提出了很多宝贵意见，在此表示衷心的感谢。

限于编者水平，书中难免有不足和疏漏之处，请广大读者批评指正。

编　者

2019年7月

目　录

下篇　机 械 电 气 CAD

上篇　工　程　制　图

第一章　制图基本知识和技能

第一节　国家标准《技术制图》和《机械制图》的基本规定

图样是工程界表达设计意图和交流技术思想的重要工具，是工程界的“语言”。因此，图样的格式、内容、画法等必须有统一的规定，这个统一的规定就是《技术制图》《机械制图》国家标准。

国家标准简称国标，代号 GB，是汉语拼音的首字母。例如 GB/T 14690—1993，其中，T 表示推荐标准，14690 表示标准序号，1993 表示标准发布的年号。

一、图纸幅面及格式（GB/T 14689—2008）

1. 图纸幅面尺寸

标准图幅共有五种，分别用 A0、A1、…、A4 代号表示，见表 1-1。

表 1-1　图纸幅面尺寸　mm

幅面代号	A0	A1	A2	A3	A4
$B \times L$	841×1189	594×841	420×594	297×420	210×297
a	25				
c	10			5	
e	20		10		

绘制技术图样时，应优先选用表 1-1 中的幅面尺寸。

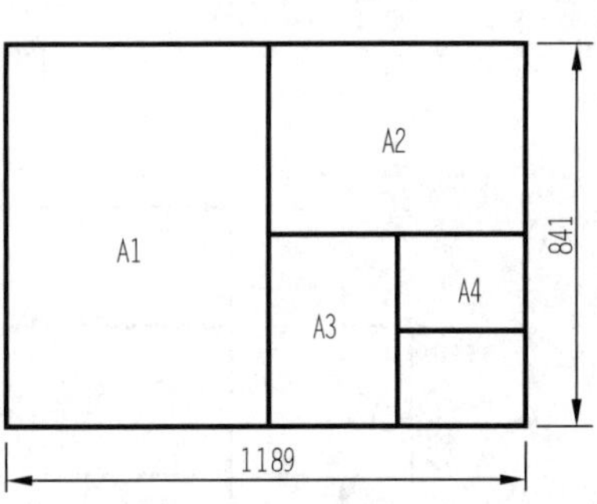

图 1-1　各幅面间的尺寸关系

各幅面间的尺寸关系如图 1-1 所示。

2. 图框格式

每张图纸在绘图之前均须用粗实线（粗实线规格见表 1-3）绘制图框。

（1）留装订边的图框格式，如图 1-2 所示，一般按 A3 幅面横装和 A4 幅面竖装。尺寸关系见表 1-1。

（2）不留装订边的图框格式，如图 1-3 所示。尺寸关系见表 1-1。

3. 标题栏

标题栏的内容、格式和尺寸在 GB/T 10609.1—2008 中有明确规定。标题栏一般放在图纸的右下角，如图 1-2 和图 1-3 所示，必要时也可放置在其他位置。标题栏中的文字方向为看图方向。在校学生绘图时，建议采用如图 1-4 所示的格式。

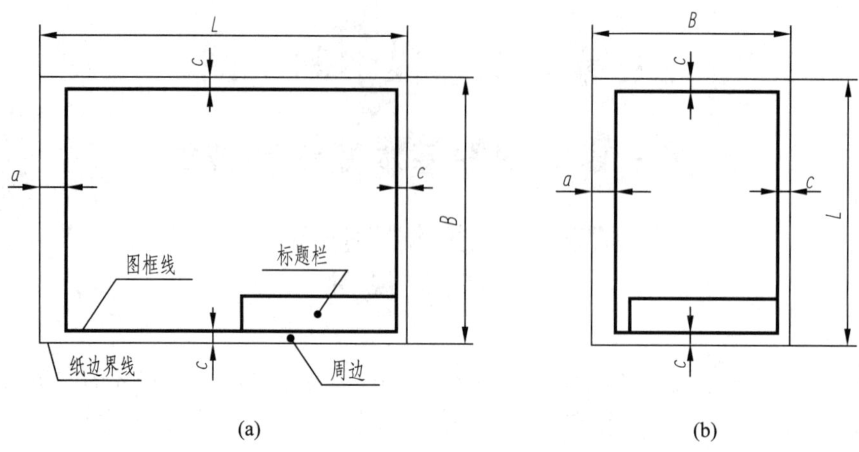

图 1-2 留装订边的图框格式

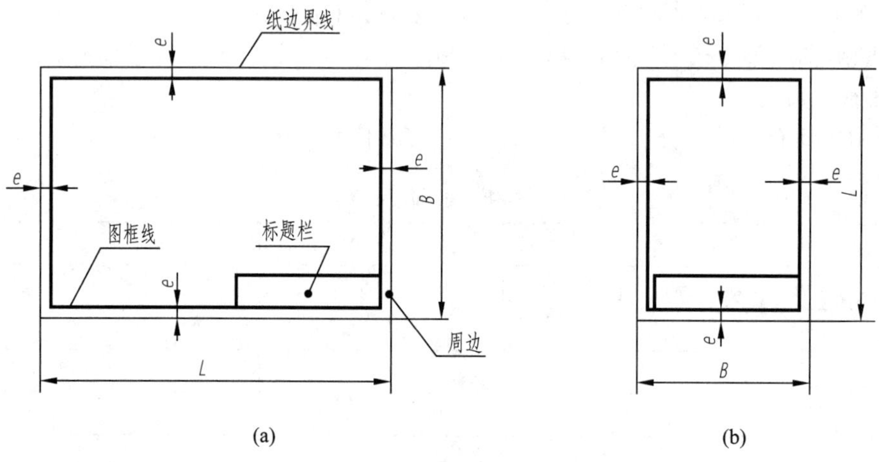

图 1-3 不留装订边的图框格式

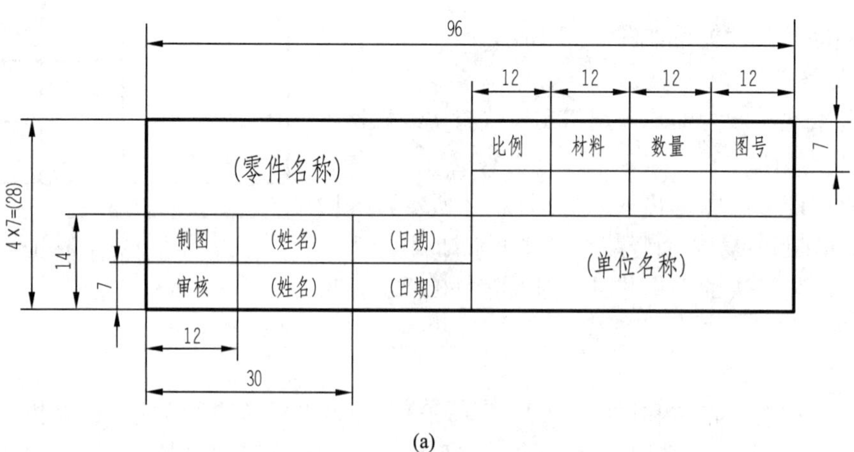

图 1-4 标题栏的格式（一）

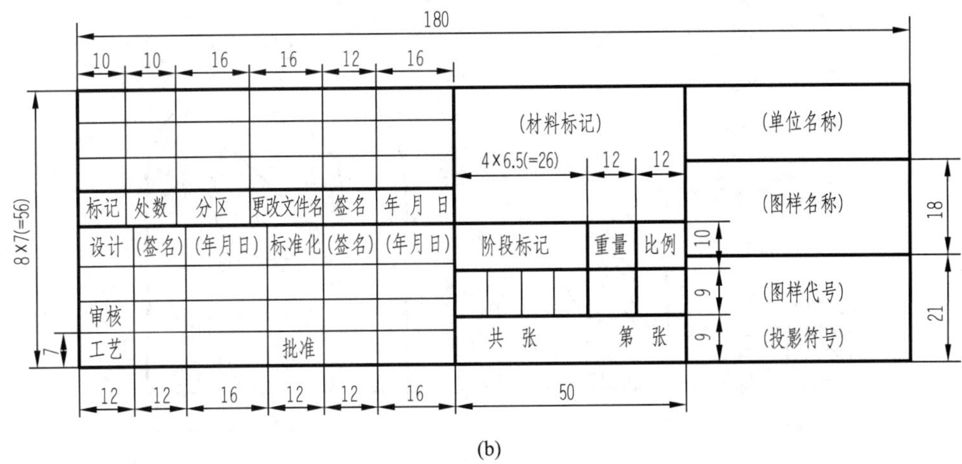

(b)

图 1-4 标题栏的格式（二）

二、比例（GB/T 14690—1993）

比例是指图样中图形与其实物相应要素的线性尺寸之比。

比例标准有两个系列，一个是优先选用系列，另一个是允许选用系列，见表 1-2。

表 1-2 绘图比例系列

种类	优先选用的比例	允许选用的比例
原值比例	1∶1	—
放大比例	5∶1　2∶1 5×10^n∶1　2×10^n∶1　1×10^n∶1	4∶1　2.5∶1 4×10^n∶1　$2.5^n\times10$∶1
缩小比例	1∶2　1∶5　1∶10 1∶2×10^n　1∶5×10^n　1∶1×10^n	1∶1.5　1∶2.5　1∶3　1∶4　1∶6 1∶1.5×10^n　1∶2.5×10^n 1∶3×10^n　1∶4×10^n　1∶6×10^n

注　n 为正整数。

一般情况下应按物体的实际大小画出，以便看图。但有的物体太大或太小，就要选用放大或缩小的比例。同一张图要采用相同的比例，其大小应填写在标题栏中的“比例”栏内，如 1∶1、1∶2 等。

图样中所注的尺寸必须是机件的实际尺寸，与绘图比例无关，如图 1-5 所示。

三、字体（GB/T 14691—1993）

图样上除了用图形表达机件的结构形状外，还必须用文字填写标题栏和书写有关技术要求等内容，用数字表达机件的大小。为此，国家标准规定了汉字、字母、数字的结构形式及基本尺寸。

1. 基本要求

（1）书写字体必须做到字体工整、笔画清楚、间隔均匀、排列整齐。

（2）字体的号数即字体高度 h（单位：mm），其公称尺寸系列为 1.8、2.5、3.5、5、7、10、14、20。如果需要书写更大的字，其字体高度应按$\sqrt{2}$的比率递增。

（3）汉字应写成长仿宋体，并采用国家正式公布的简化字。汉字的高度 h 不应小于

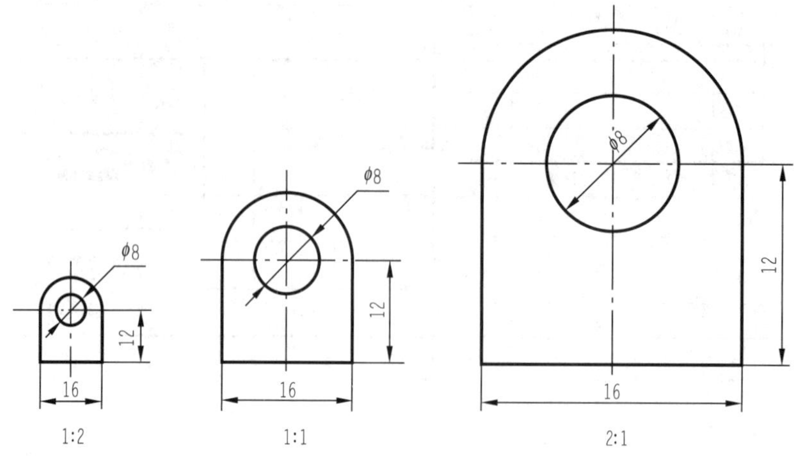

图 1－5 用不同比例画出的图形

3.5mm，其字宽一般为 $h/\sqrt{2}$。

(4) 常用字母为拉丁字母或希腊字母，数字为阿拉伯数字或罗马数字。

(5) 字母和数字分 A 型和 B 型。A 型字体的笔画宽度（d）为字高（h）的 1/14，B 型字体的笔画宽度（d）为字高（h）的 1/10。在同一张图上只允许选用一种形式的字体。

(6) 字母和数字可写成斜体和直体。斜体字字头向右倾斜，与水平基准线呈 75°。

2. 字体示例

(1) 汉字示例：

10 号字

字体工整 笔画清楚 间隔均匀 排列整齐

5 号字

姓名比例材料数量技术制图机械电子电力水利建筑

(2) 拉丁字母示例：

大写斜体

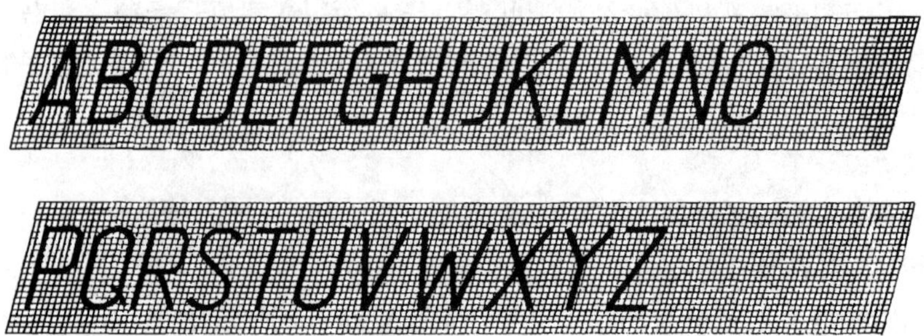

小写斜体

abcdefghijklmnopq

rstuvwxyz

（3）阿拉伯数字示例：

斜体

直体

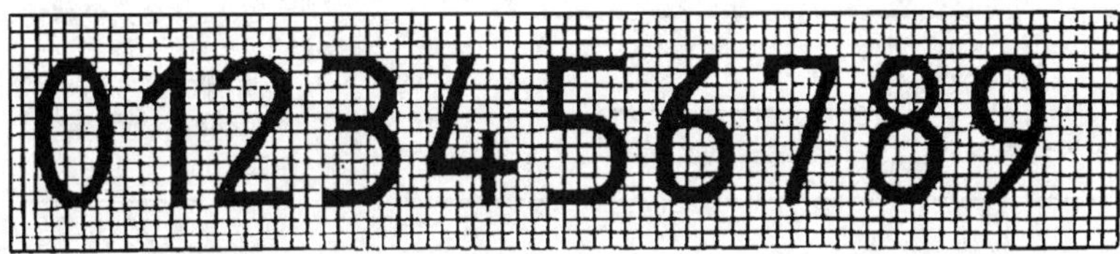

（4）罗马数字示例：

斜体

直体

（5）特殊位置的字体示例：

用作指数、分数、注脚、极限偏差的数字和字母，一般应采用小一号的字体。

$$10^{3}\quad S^{-1}\quad D_{1}\quad T_{d}\quad \varnothing 20^{+0.010}_{-0.023}\quad 7^{\circ}{}^{+1^{\circ}}_{-2^{\circ}}\quad \frac{3}{5}$$

四、图线（GB/T 17450—1998、GB/T 4457.4—2002）

1. 图线的代码、名称、尺寸及应用

在图样中，为了使图形清晰，使用不同线型表达不同的内容。图样中常用基本线型及应用见表 1-3，绘制图样时线型的应用示例见图 1-6。

表 1-3 常用基本线型及应用

代码 No.	图线名称	图线形式	线宽	应用举例
01.1	细实线		$d/2$	过渡线、尺寸线、尺寸界线、指引线、基准线、剖面线、重合断面的轮廓线、短中心线、螺纹牙底线、投影线等
	波浪线		$d/2$	断裂处的边界线、局部剖视和局部视图的边界线
	双折线		$d/2$	断裂处的边界线、局部剖视和局部视图的边界线
01.2	粗实线	d	d	可见轮廓线、可见棱边线、相贯线、螺纹牙顶线、齿顶圆（线）、螺纹长度终止线等
02.1	细虚线	3d 12d	$d/2$	不可见轮廓线、不可见过渡线
04.1	细点画线	6d 24d	$d/2$	轴线、中心线、对称线、分度圆（线）
04.2	粗点画线		d	有特殊要求的线或表面的表示线
05.1	细双点画线	9d 24d	$d/2$	相邻辅助零件的轮廓线、可动零件极限位置的轮廓线、坯料的轮廓线、中断线等

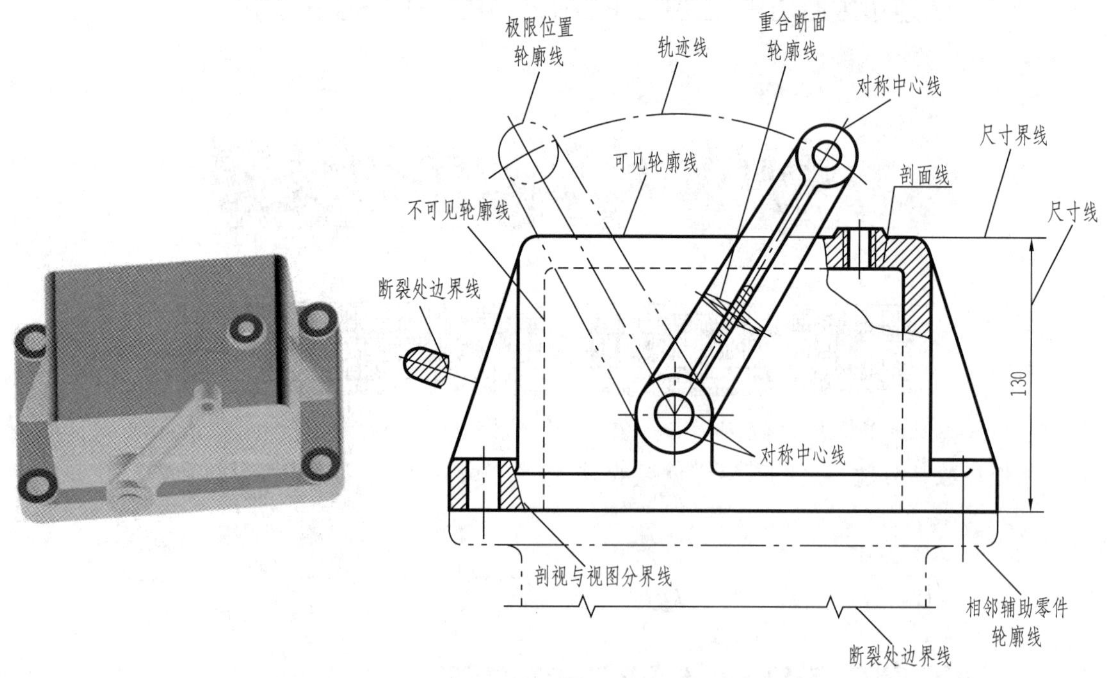

图 1-6 图线的应用示例

2. 图线宽度

图线的宽度分为粗、细两种，其比例为 2∶1，可按图样的类型和尺寸大小选用，见表 1-4。

其中，0.5mm 和 0.7mm 为优先采用的线型宽度，在制图作业中建议采用 0.7mm 的线宽。

表 1-4　　**图　线　宽　度**　　mm

线型名称	线型宽度						
粗实线、粗虚线、粗点画线	0.25	0.35	0.5	0.7	1	1.4	2
细实线、细点画线、细虚线、波浪线、细双点画线	0.13	0.18	0.25	0.35	0.5	0.7	1

3. 绘制图线时的注意事项

绘制图线时的注意事项见图 1-7。

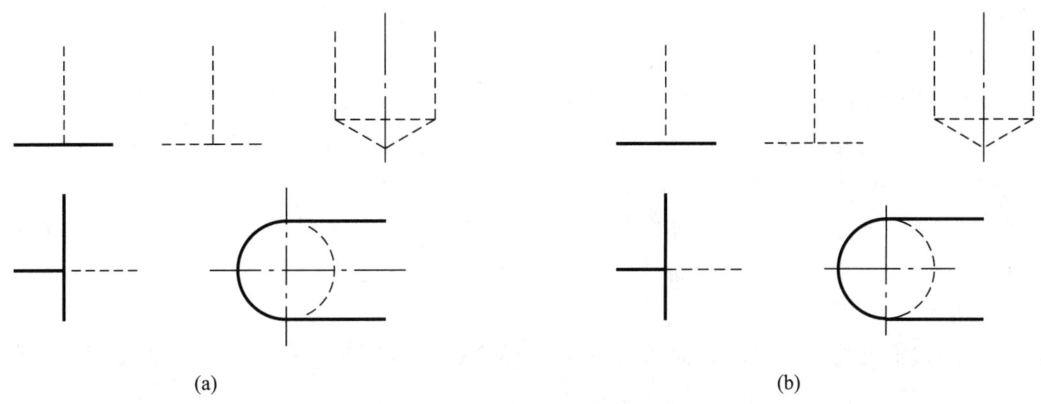

图 1-7　绘制图线注意事项

(a) 正确；(b) 错误

(1) 同一图样中同类图线的宽度应基本一致。虚线、点画线及双点画线的线段长度和间隔各自应大致相等。

(2) 在绘制虚线、点画线时，线和线相交处应为线段相交。

(3) 虚线在粗实线延长线上时，在分界处要留空隙。点画线超出轮廓线长度为 3～5mm。

(4) 当要绘制的点画线长度较小时，可用细实线代替。

(5) 除非另有规定，两条平行线的最小间隙不得小于 0.7mm。

(6) 当虚线处于粗实线的延长线上时，虚线与粗实线间应留有间隙。

4. 图线画法应用举例

图线画法应用举例见图 1-8。

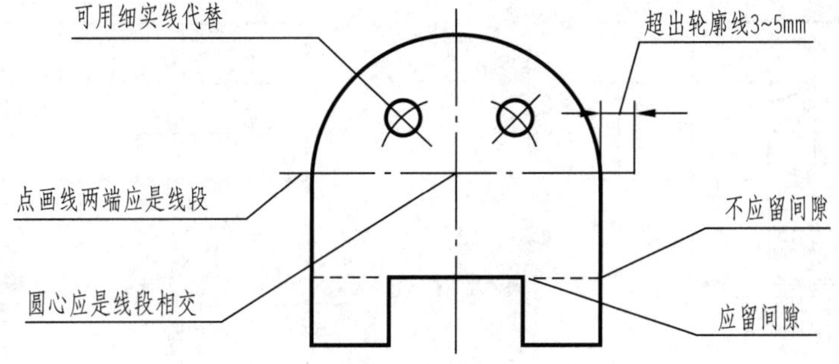

图 1-8　图线画法应用举例

五、尺寸注法（GB/T 4458.4—2003、GB/T 16675.2—2012）

一张图样不但需要用图形表达物体的形状，还必须用尺寸表达其真实大小。

1. 基本规则

（1）机件的真实大小应以图样上所注的尺寸数值为依据，与图形的大小及绘图的准确性无关。

（2）图样中的尺寸凡以毫米为单位时，不需标注其计量单位的代号或名称，否则需进行标注。

（3）图样中所标注的尺寸，应为该图样所示机件的最后完工尺寸，否则需另附说明。

（4）机件的每一尺寸，在图样上一般只标注一次，并应标注在最能清晰反映该结构的图形上。

2. 尺寸的组成

图样中所标注的尺寸一般由尺寸线、尺寸数字和尺寸界线组成。尺寸线到轮廓线、尺寸线和尺寸线之间的距离为 6～10mm，尺寸线超出尺寸界线 2～3mm，尺寸数字一般为 3.5 号字，箭头长 5mm，箭头尾部宽 1mm，如图 1－9 所示。

（1）尺寸界线。尺寸界线用细实线绘制，并应由图形的轮廓线、轴线或对称中心线处引出；也可利用轮廓线、轴线或对称中心线作尺寸界线，尺寸界线一般应与尺寸线垂直，如图 1－9 所示。

在光滑过渡处标注尺寸时，必须用细实线将轮廓线延长，从它的交点处引出尺寸界线，必要时尺寸界线应倾斜，如图 1－10 所示。

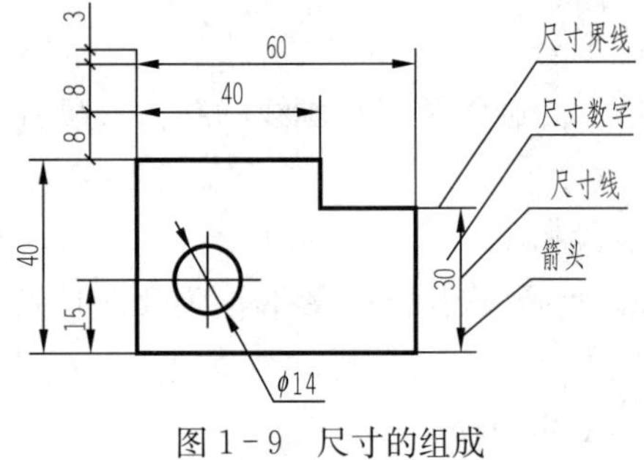

图 1－9 尺寸的组成

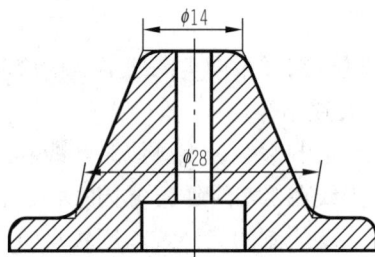

图 1－10 光滑过渡处标注尺寸示例

（2）尺寸线。尺寸线必须用细实线单独画出，不得用其他图线代替（见图 1－11）。

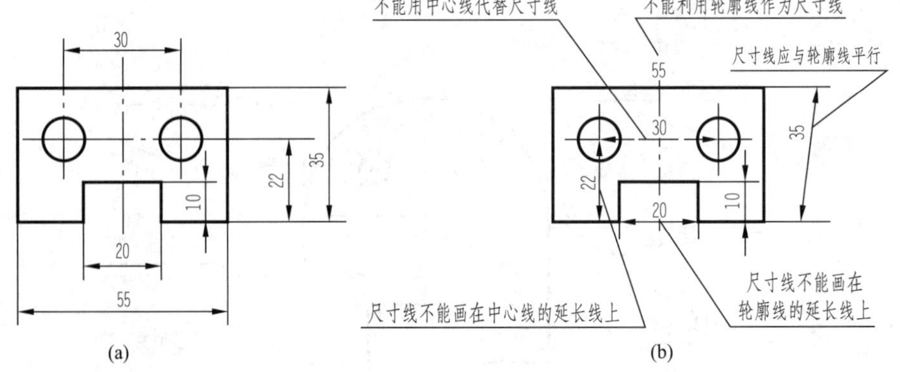

图 1－11 尺寸线的绘制

(a) 正确；(b) 错误

1）标注线性尺寸时，尺寸线必须与所标注的线段平行。

2）尺寸线不能用其他图线代替，也不允许与其他图线重合或画在其延长线上。

（3）尺寸终端。尺寸终端有以下两种形式：

1）箭头。箭头的形式和大小如图1-12（a）所示，适用于各种类型的图样。

2）斜线。斜线用细实线，其方向和画法如图1-12（b）所示。采用这种形式时，尺寸线与尺寸界线必须垂直。

（4）尺寸数字。

1）线性尺寸的数字一般应注写在尺寸线的上方，也可以注写在尺寸线的中断处，如图1-13所示。同一张图样中应尽量采用相同的标注方法。

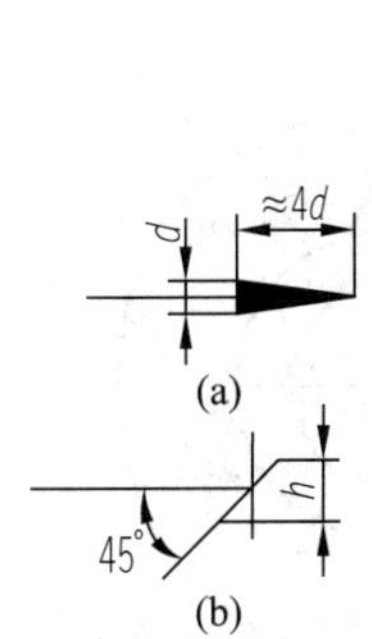

图1-12　尺寸线终端的形式
（a）箭头（d为粗实线宽度）；
（b）斜线（h为尺寸数字高度）

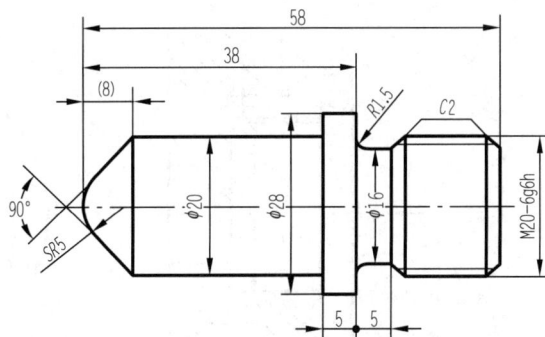

图1-13　尺寸数字（一）

2）线性尺寸数字的方向，注写方式如图1-14所示。

3）要尽可能避免在图1-14所示的30°范围内标注尺寸；当无法避免时，可按图1-15所示的形式标出。

4）尺寸数字不可被任何图线所通过，否则必须将该图线断开，如图1-16所示。

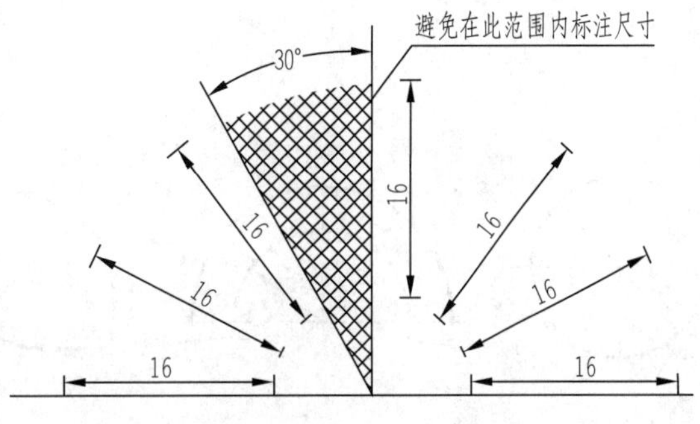

图1-14　尺寸数字（二）

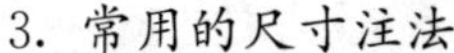
3. 常用的尺寸注法

（1）直径与半径。标注直径尺寸时，应在尺寸数字前加注符号“ϕ”；标注半径尺寸时，应加注符号“R”。半径尺寸必须注在投影为圆弧处，且尺寸线应通过圆心，如图1-17（a）所示。

标注球面的直径和半径时，应在“ϕ”或“R”前加注“S”，如图1-17（b）所示。

当圆弧的半径过大或在图纸范围内无法标出其圆心位置时，可按图1-17（c）所示的形式标出；当不需要标出其圆心位置时，可按图1-17（d）所示的形式标出。

（2）小尺寸的注法。在没有足够的位置画箭头或注写尺寸数字时，允许将箭头或数字布置在图形外面。标注一连串小尺寸时，可用小圆点代替箭头，但两端箭头仍须画出，如图1-18所示。

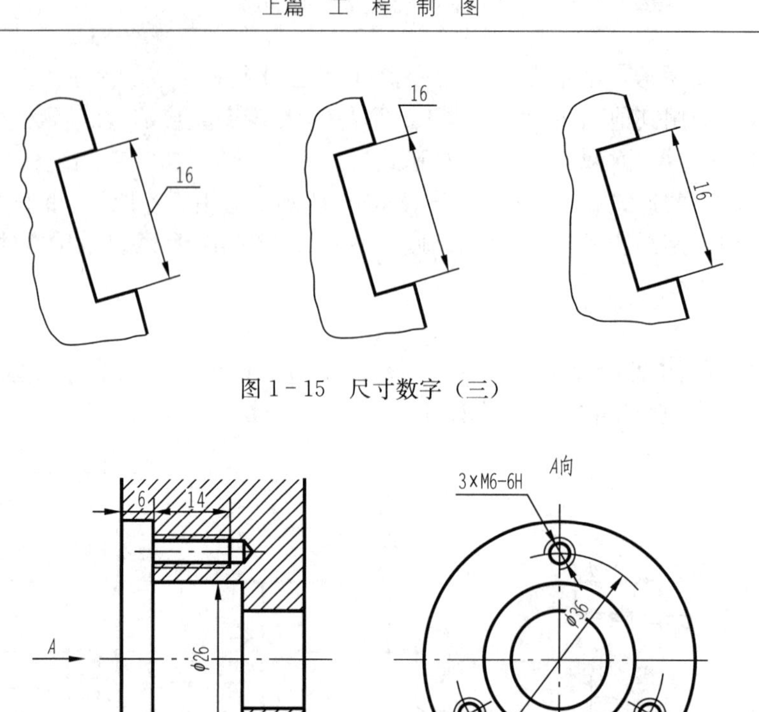

图 1－15　尺寸数字（三）

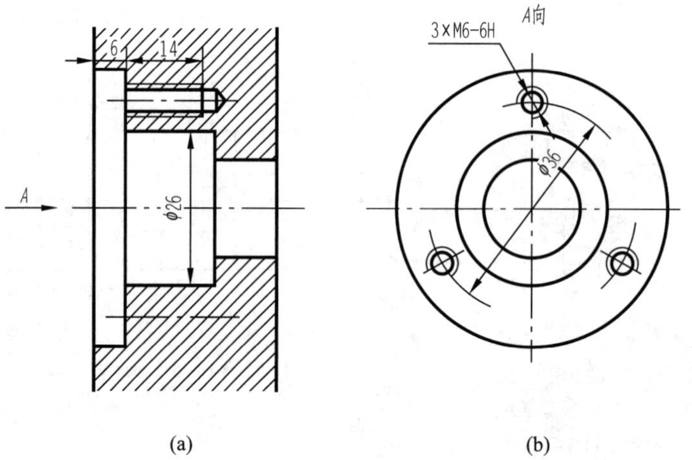

(a)　(b)

图 1－16　尺寸数字（四）

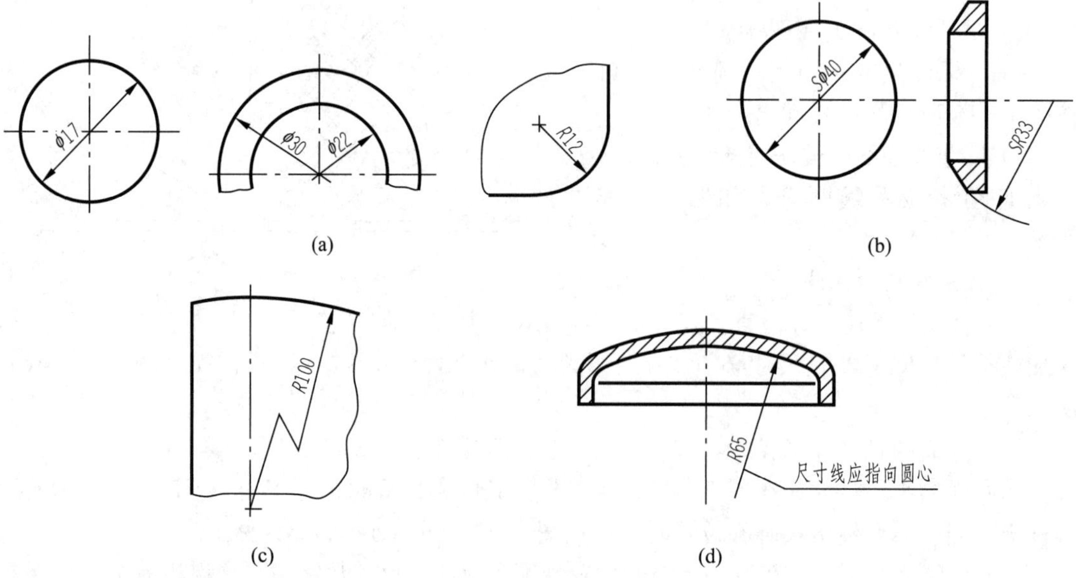

(a)　(b)

(c)　(d)

图 1－17　直径与半径的尺寸注法

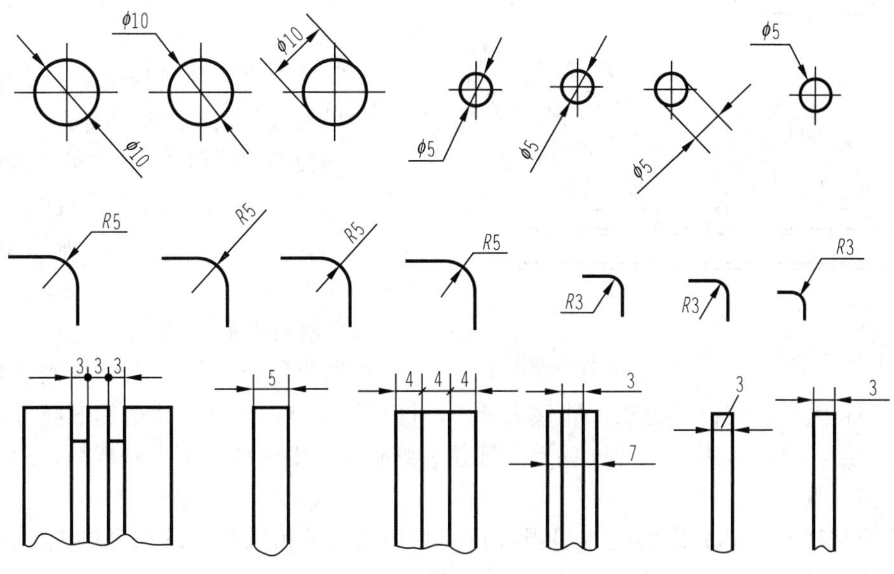

图 1 - 18　小尺寸的注法

(3) 角度的标注。角度的数字一律水平填写在尺寸线的中断处，必要时允许写在外面或引出标注；标注角度的尺寸界线应沿径向引出，如图 1 - 19 所示。

(4) 对称图形的标注。当对称的图形只画出一半或略大于一半时，尺寸线应略超过对称中心线或断裂处的边界线，此时仅在尺寸线的一端画出箭头，如图 1 - 20 所示。

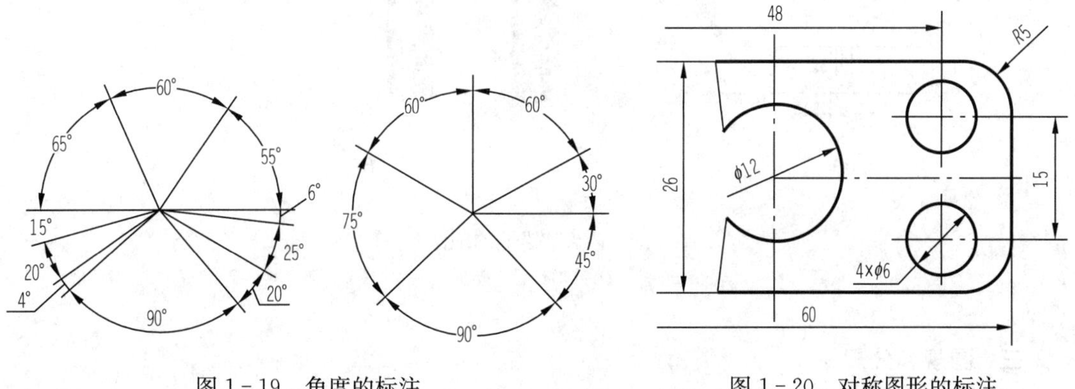

图 1 - 19　角度的标注　　　图 1 - 20　对称图形的标注

第二节　绘 图 基 本 技 能

正确合理地使用绘图工具和仪器，能够提高绘图者的作图效率，确保绘图质量。

常用的绘图工具有图板、丁字尺、三角板、圆规、分规、绘图铅笔等。

一、图板、丁字尺和三角板

图板一般为木质胶合板，表面平整，左右面为导边，常用规格有 A0、A1、A2 和 A3

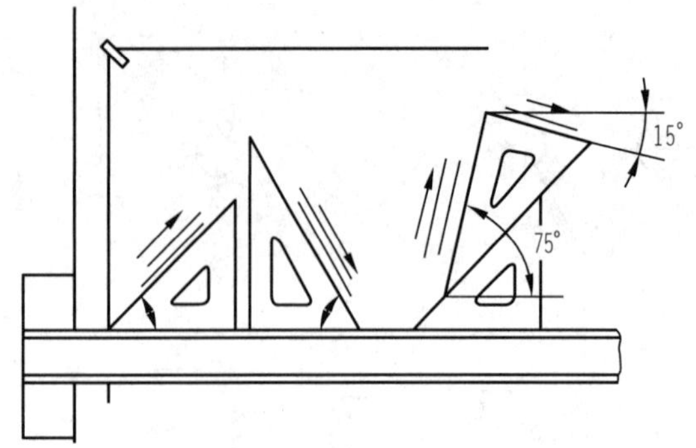

图 1-21 图板、丁字尺、三角板的使用

四种。绘图前，用胶带纸将图纸固定在图板上。

丁字尺由尺头和尺身组成。使用时，丁字尺的尺头应紧贴着图板的导边。

三角板有 30°和 45°两种，一般和丁字尺配合使用，主要用来画垂直线，也可以画 30°、45°、60°、75°、15°等倾斜线，如图 1-21 所示。

二、绘图铅笔

绘图铅笔有软硬之分。B 代表软度，B 前面的数字越大，表明铅芯越软；H 代表硬度，H 前面的数字越大，表明铅芯越硬；HB 为中性铅芯。绘图时，常用 2H 或 H 铅笔画底稿和细实线、细虚线、细点画线等，用 HB 或 B 铅笔画粗实线等。

铅笔的削法与铅芯的修磨是否得当，直接影响线条的粗细是否均匀和画图的质量，因此，建议铅笔的铅芯削成锥形用来画细线或底稿，削成楔形用来画粗实线，如图 1-22 所示。

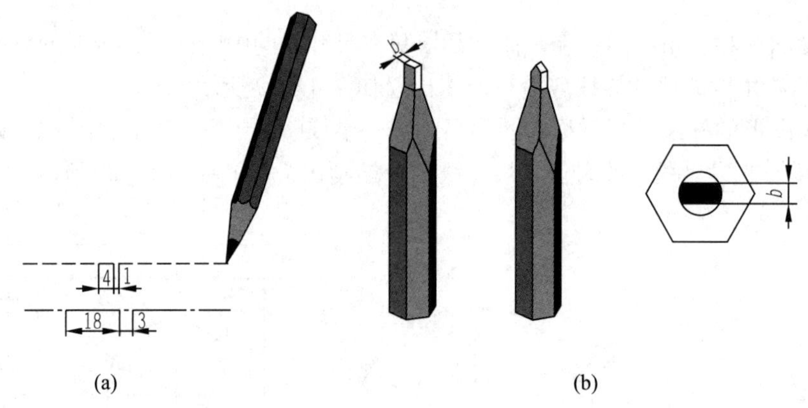

图 1-22 铅笔的削法
(a) 锥形；(b) 楔形

三、圆规和分规

圆规主要用来画圆和圆弧，其附件有钢针插脚、铅芯插脚、鸭嘴插脚、延伸插杆等。

画圆时，先将两腿分开至所需的半径尺寸，用左手食指把针尖放在圆心位置，见图 1-23（a）。圆规的钢针应使用肩台一端，并使肩台与铅芯平齐，同时针尖及铅芯与纸面保持垂直，见图 1-23（b）。

画圆时，要按顺时针方向旋转并向画线方向倾斜，用力要均匀，见图 1-23（c）。加深圆弧时，圆规的铅芯要比铅笔的铅芯软一号。

分规主要用来等分、截取线段和量取尺寸，如图 1-24 所示。分规的两个插脚均为钢针，使用前要进行调整，使分规两腿并拢后针尖平齐。

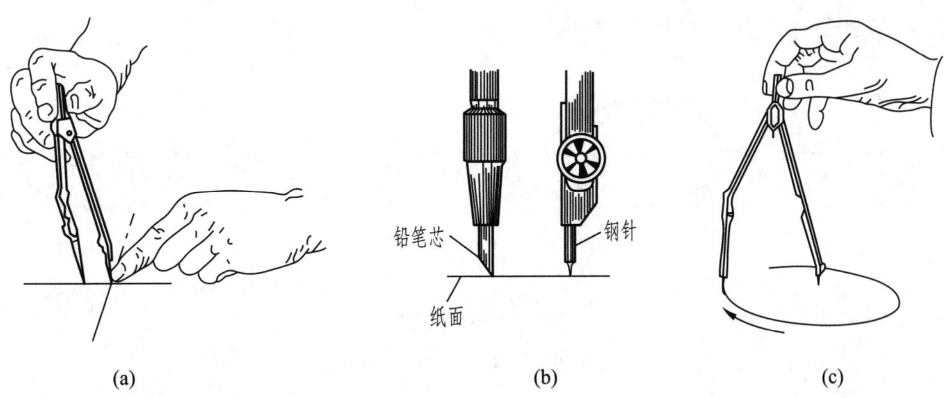

图 1-23　圆规的使用

(a) 将针尖放在圆心位置；(b) 肩台与铅芯平齐；(c) 按顺时针方向旋转

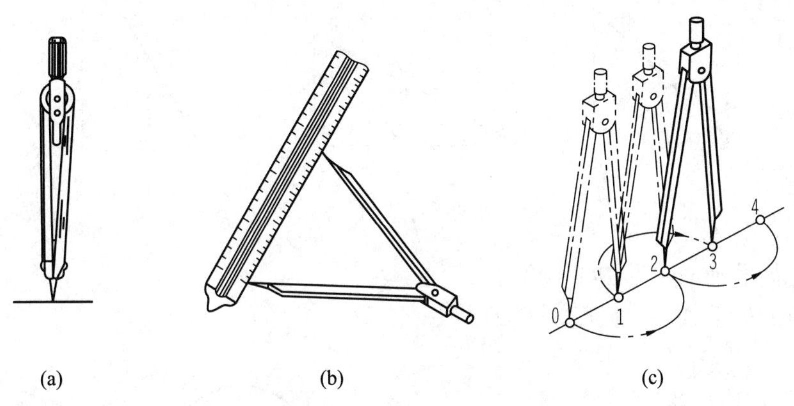

图 1-24　分规的使用

(a) 分规针尖对齐；(b) 量取尺寸；(c) 等分线段

除以上工具外，绘图时还要准备橡皮、小刀、砂纸、胶带纸、擦图片、曲线板、小刷等绘图用品。

四、徒手绘图

徒手画出的图样也称草图。徒手绘图时，一般不用绘图仪器和工具，主要依靠目测来估计图形与实物的比例，按一定画法要求徒手绘制。草图是工程技术人员表达设计思想的有力工具，是必须掌握的一项重要基本技能。

(1) 直线的徒手画法（见图 1-25）。

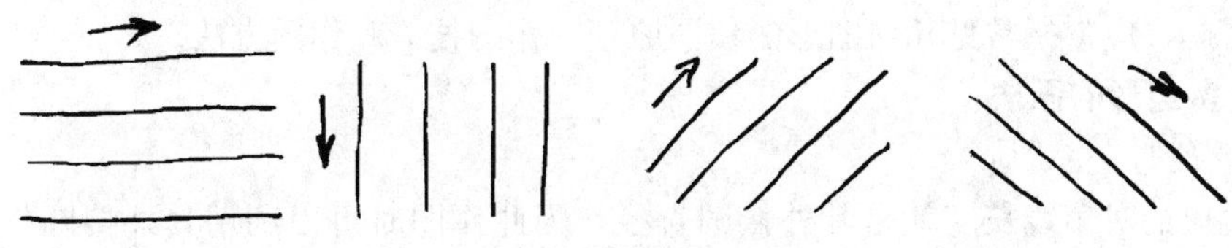

图 1-25　直线

（2）椭圆的徒手画法（见图 1－26）。

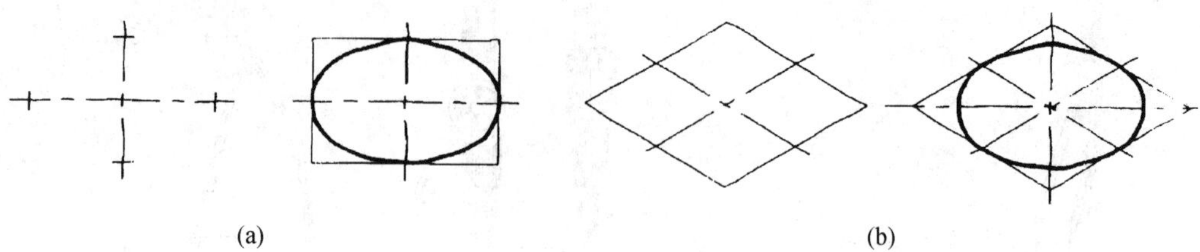

图 1－26 椭圆

（a）椭圆较小时；（b）椭圆较大时

（3）常用角度的徒手画法（见图 1－27）。

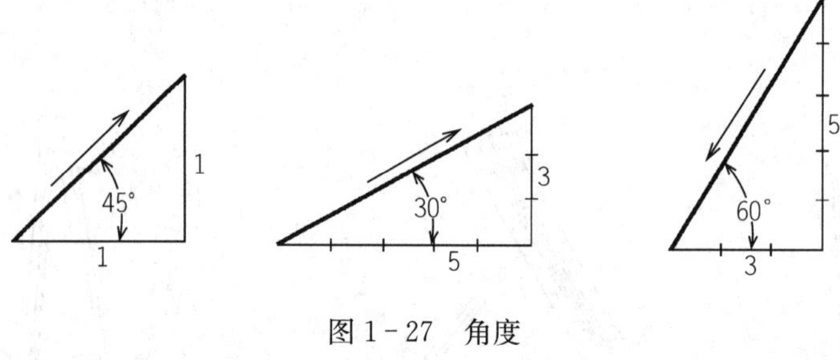

图 1－27 角度

（4）圆的徒手画法（见图 1－28）。

（5）圆角的徒手画法（见图 1－29）。

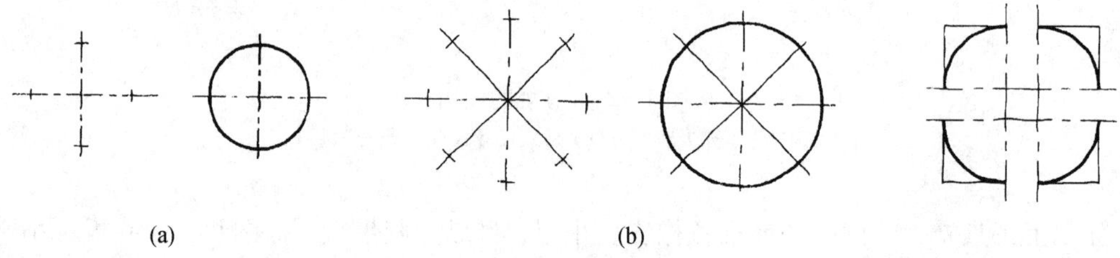

图 1－28 圆

（a）直径较小时；（b）直径较大时

图 1－29 圆角

第三节 几 何 作 图

作图时经常会遇到线段连接、作正多边形、圆弧连接、曲线连接、斜度与锥度等几何作图问题。因此，应掌握常见几何图形的作图原理、作图技能和作图方法。

一、正多边形的画法

1. 正六边形

正六边形的对角线长度就是其外接圆直径，因此作图时可以利用其外接圆作为辅助线绘制。

（1）用圆规等分作图，如图 1－30（a）所示。

（2）用丁字尺、三角板配合作图，如图 1－30（b）所示。

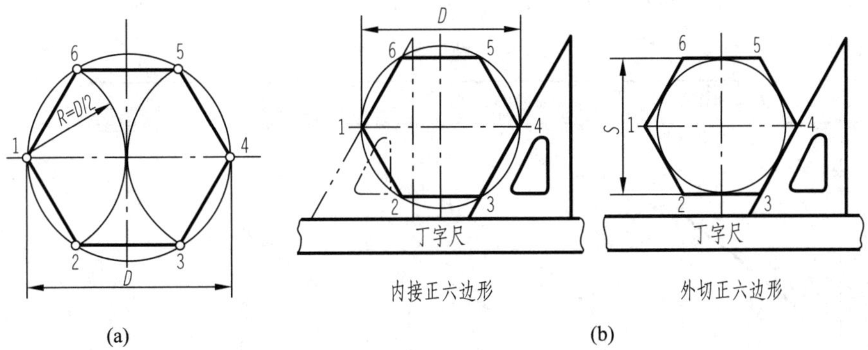

图 1－30　作正六边形

（a）用圆规等分作图；（b）利用丁字尺和三角板作图

2. 正五边形

如图 1－31 所示，作正五边形一般利用其外接圆作图，作图步骤如下：

（1）等分半径 OB，得中点 M。

（2）以点 M 为圆心，MC 为半径画弧交 AO 于 N。

（3）以 CN 为边长等分圆周，得到正五边形。

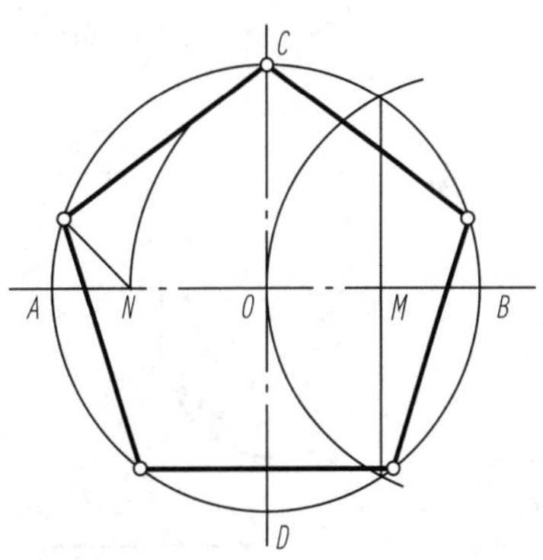

图 1－31　正五边形的画法

二、圆弧连接

用一个已知半径的圆弧光滑地连接相邻两线段（直线和圆弧）的作图方法，称圆弧连接。

1. 圆弧连接的作图原理

作图时，应首先求出连接圆弧的圆心和切点，见表 1－5。

表 1－5　圆弧连接的作图原理

圆弧与直线连接	圆弧与圆弧连接（外切）	圆弧与圆弧连接（内切）
圆心轨迹 R O K R	R R₁ R₁+R O₁ 圆心轨迹	圆心轨迹 R₁ R₁−R O₁ R
（1）连接圆弧圆心的轨迹为一平行于已知直线的直线，两直线间的垂直距离为连接圆弧的半径 R （2）由圆心向已知直线作垂线，其垂足即为切点	（1）连接圆弧圆心的轨迹为一与已知圆弧同心的圆，该圆的半径为两圆弧半径之和 $R+R_1$ （2）连接两圆弧的圆心与已知圆弧的交点即为切点	（1）连接圆弧圆心的轨迹为一与已知圆弧同心的圆，该圆的半径为两圆弧半径之差 R_1-R （2）连接两圆弧的圆心与已知圆弧的交点即为切点

2. 圆弧连接的作图方法

各种情况下圆弧连接的作图方法和步骤见表 1-6。

表 1-6 圆 弧 连 接

连接形式		已知条件和作图要求	作图步骤		
两直线间的圆弧连接		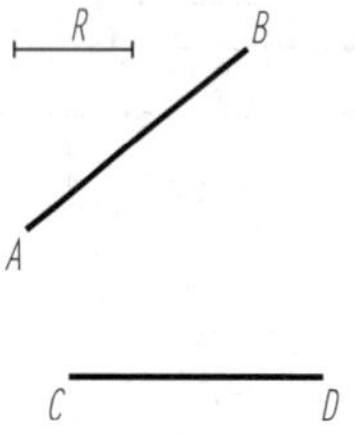 已知连接圆弧的半径为 R，作图使连接圆弧与直线 AB、CD 相切	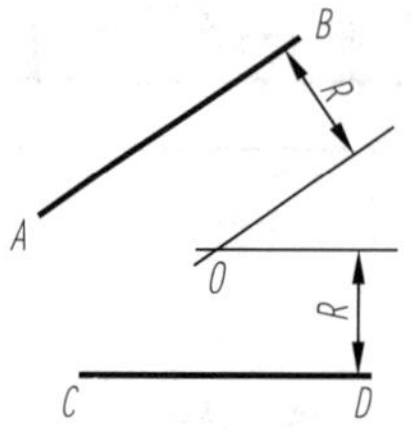 (1) 求圆心：距离直线 AB、CD 为 R 分别作出两直线的平行线，交点 O 即为圆心	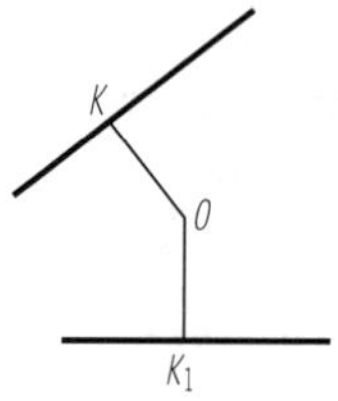 (2) 求切点：过 O 分别向两直线作垂线，垂足 K、K_1 即为切点	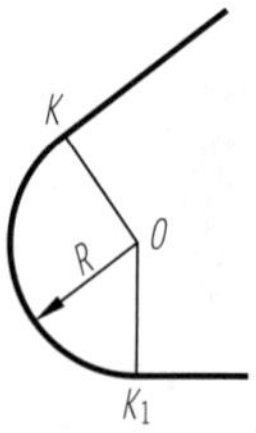 (3) 光滑连接：以 O 为圆心以 R 为半径画圆弧连接 K、K_1
直线和圆弧间的圆弧连接		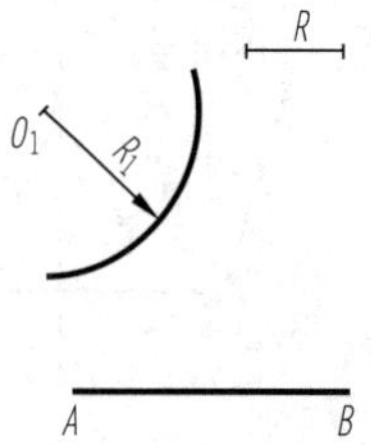 已知连接圆弧的半径为 R，作图使连接圆弧与直线 AB 和圆心为 O_1 的圆弧相切	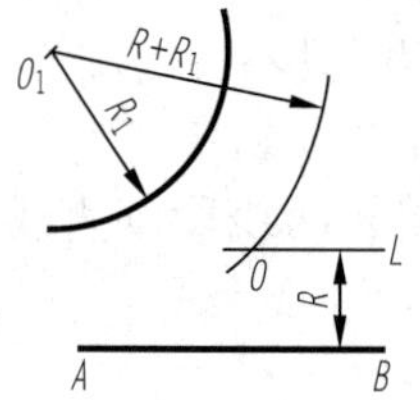 (1) 求圆心：距离直线 AB 为 R 作出直线的平行线 L，再以 O_1 为圆心，以 $R+R_1$ 为半径作圆弧交直线 L 于交点 O，O 即为圆心	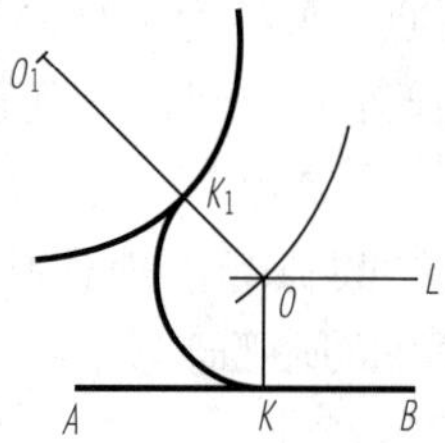 (2) 求切点：过 O 向直线 AB 作垂线，垂足 K 为切点，再连接 O_1O 与已知圆弧的交点 K_1 为另一切点	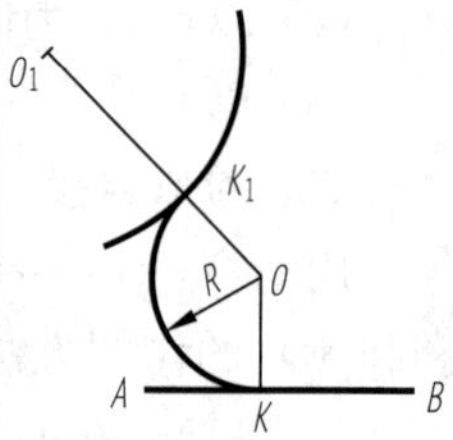 (3) 光滑连接：以 O 为圆心以 R 为半径画圆弧连接 K、K_1
两圆弧间的圆弧连接	外连接	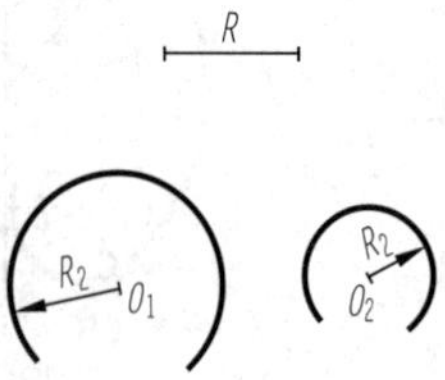 已知连接圆弧的半径为 R，作图使连接圆弧与圆心为 O_1 和 O_2 的圆弧相外切	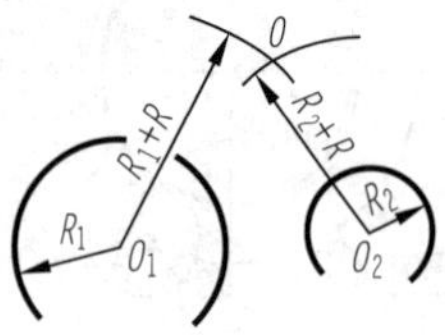 (1) 求圆心：分别以 O_1 和 O_2 为圆心，以 $R+R_1$ 和 $R+R_2$ 为半径作圆弧交于点 O，O 即为圆心	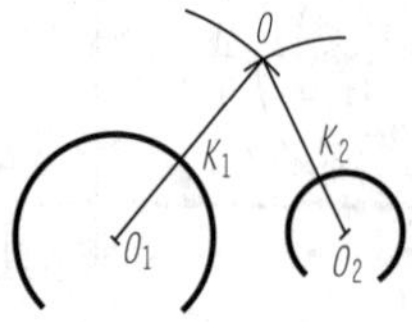 (2) 求切点：分别连接 O_1O 和 O_2O，与两已知圆弧的交点 K_1 和 K_2 即为切点	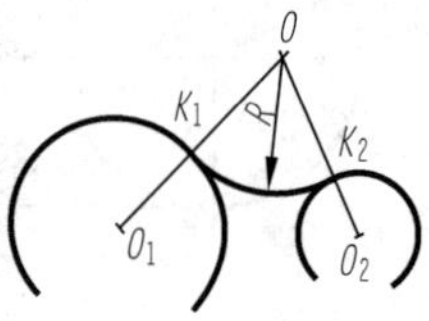 (3) 光滑连接：以 O 为圆心以 R 为半径画圆弧连接 K_1、K_2

续表

连接形式		已知条件和作图要求	作图步骤		
两圆弧间的圆弧连接	内连接	已知连接圆弧的半径为 R，作图使连接圆弧与圆心为 O_1 和 O_2 的圆弧相内切	(1) 求圆心：分别以 O_1 和 O_2 为圆心，以 $R-R_1$ 和 $R-R_2$ 为半径作圆弧交于点 O，O 即为圆心	(2) 求切点：分别连接 OO_1 和 OO_2 并延长，与两已知圆弧的交点 K_1 和 K_2 即为切点	(3) 光滑连接：以 O 为圆心以 R 为半径画圆弧连接 K_1、K_2
	混合连接	已知连接圆弧的半径为 R，作图使连接圆弧与圆心为 O_1 和 O_2 的圆弧相外切和内切	(1) 求圆心：分别以 O_1 和 O_2 为圆心，以 $R+R_1$ 和 $R-R_2$ 为半径作圆弧交于点 O，O 即为圆心	(2) 求切点：连接 OO_1 交已知圆弧于 K_1，连接 OO_2 并延长，交已知圆弧于 K_2，K_1、K_2 即为切点	(3) 光滑连接：以 O 为圆心以 R 为半径画圆弧连接 K_1、K_2

三、斜度与锥度

1. 斜度

斜度是指一直线（或平面）对另一直线（或平面）的倾斜程度，其大小用两直线（或两平面）之间的正切值表示。如图 1-32 所示，AB 对 AC 的斜度 $=BC/AC=\tan\alpha=1:n$（斜度必须写成 $1:n$ 的形式）。

斜度符号按图 1-33 绘制，符号中斜线所示的方向应与斜度方向一致。

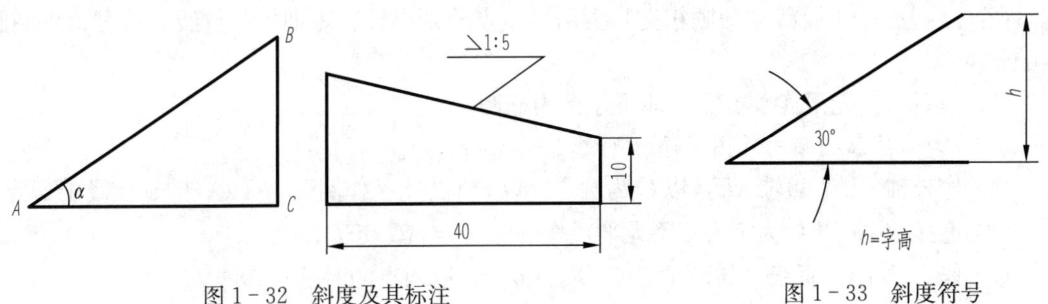

图 1-32　斜度及其标注　　图 1-33　斜度符号

斜度为 1∶5 的作图方法如图 1-34 所示。在 CD 上取一个单位长度 CD_1，在 BC 上取五个单位长度 CB_1，连接 B_1D_1，即得斜度 1∶5；过 A 作 B_1D_1 的平行线，AD 的斜度即为 1∶5。

2. 锥度

锥度是指正圆锥的底圆直径与圆锥高度之比。若为锥台，则为两底圆直径之差与锥台高度之比，锥度 $=D/L=(D-d)/l=2\tan\alpha=1:n$，如图 1-35 所示。锥度符号按图 1-36 绘制，其锥度符号方向与锥度方向一致。

锥度为 1∶3 的作图方法如图 1-37 所示，在底圆直径上取一个单位长度，在水平方向上取三个单位长度，连接即得锥度 1∶3。过已知点作锥度的平行线，即可画出实际机件的锥度。锥度的标注及其作图方法如图 1-37 所示。

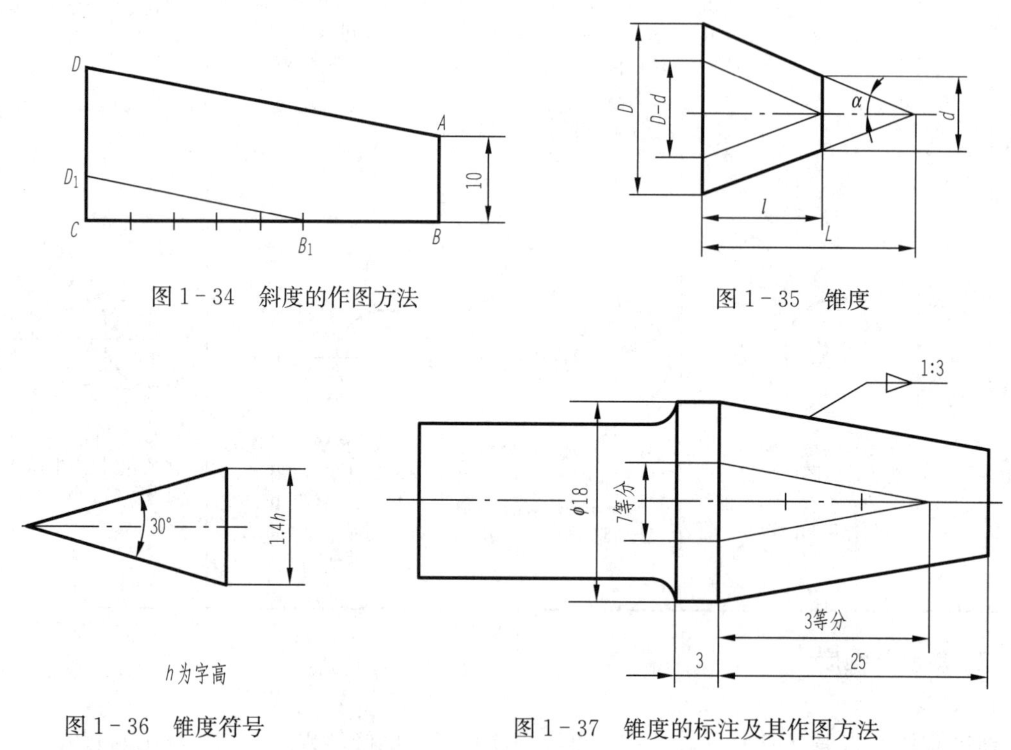

图 1-34 斜度的作图方法

图 1-35 锥度

图 1-36 锥度符号

图 1-37 锥度的标注及其作图方法

四、椭圆的画法

1. 用同心圆法画椭圆的作图步骤［见图 1-38（a）］

（1）以 O 为圆心，长半轴 OA 和短半轴 OC 为半径作圆。

（2）由 O 作若干直线与两圆相交，再由各交点分别作长、短轴的平行线，即可得到椭圆上的各点。

（3）最后依次光滑连接各点，即可连接为椭圆。

2. 用四心法画椭圆的作图步骤［见图 1-38（b）］

（1）作长轴 AB 和短轴 CD，以 O 为圆心，以 OA 为半径作圆弧，交 OC 的延长线于 E 点。

（2）连接 AC，以 C 为圆心 CE 为半径作圆弧，与 AC 交于 E_1。

（3）作 AE_1 的中垂线，与两轴交于 O_1、O_2，再取两点的对称点 O_3、O_4。

（4）分别以 O_1、O_2、O_3、O_4 为圆心，以 O_1A、O_2C、O_3B、O_4D（$O_1A=O_3B$，$O_2C=$

O_4D）为半径画圆弧，即可近似地画出椭圆。

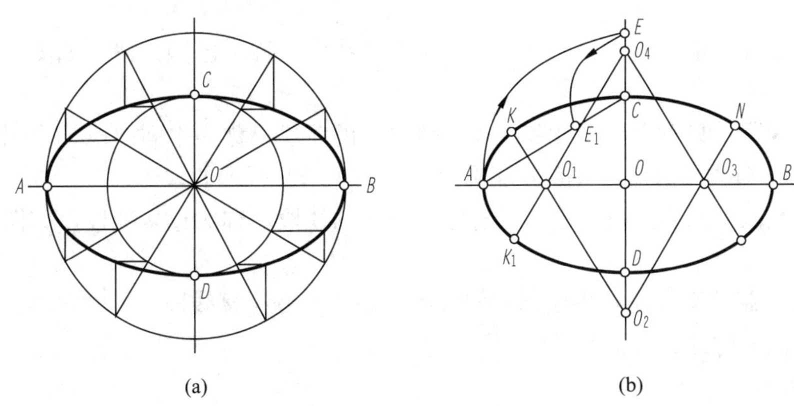

图 1-38　椭圆的画法
(a) 用同心圆法画椭圆；(b) 用四心法画近似椭圆

第四节　平面图形的画法

要正确绘制一个平面图形，必须对平面图形中的线段和尺寸进行分析，弄清图形的组成，了解线段的性质，然后才能掌握正确的作图方法和步骤。

一、平面图形的尺寸分析

平面图形中的尺寸，按作用可分为定形尺寸和定位尺寸两类。

1. 定形尺寸

确定平面图形中几何要素形状大小的尺寸，称为定形尺寸。例如，线段的长度、角度的大小、圆弧的半径、圆的直径等都是定形尺寸，如图 1-39 所示的 $R10$、$R50$、$R15$、$R12$、15、$\phi5$ 等。

2. 定位尺寸

确定平面图形中几何要素相对位置关系的尺寸，称为定位尺寸，如图 1-39 所示的 8、75。

标注定位尺寸时，首先应确定标注尺寸的起点，这个起点即为尺寸基准。平面图形的长度和高度方向都至少应该确定一个基准。一般选择对称线、中心线、图形的边界线等作为尺寸基准，如图 1-39 所示的 A 和 B。

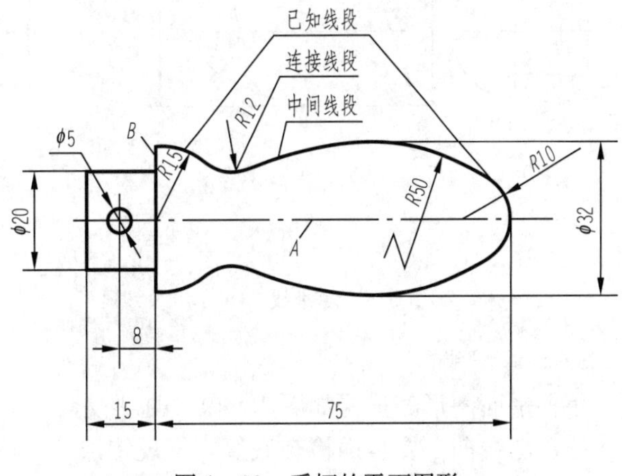

图 1-39　手柄的平面图形

二、平面图形的线段分析

绘制平面图形中的任一线段，一般需要三个条件，即两个定位条件和一个定形条件。凡已具备三个条件的线段可以直接画出，否则，需要利用线段连接关系找出潜在的补充关系才能画出。平面图形中的线段可以分为以下三类：

(1) 已知线段。定形和定位尺寸均直接给全的线段，称为已知线段，如图 1－39 所示的 $R10$、$R15$。

(2) 中间线段。只有定形尺寸和一个定位尺寸的线段，称为中间线段。作图时必须根据该线段与相邻已知线段的连接关系才能画出，如图 1－39 所示的 $R50$。

(3) 连接线段。只有定形尺寸、没有定位尺寸的线段，称为连接线段，如图 1－39 所示的 $R12$。

绘图时先绘制已知线段，再绘制中间线段，最后绘制连接线段。

三、平面图形的绘图方法和步骤

1. 准备工作

(1) 对平面图形进行尺寸和线段分析（见图 1－39）。

(2) 确定绘图比例，选用图幅，固定图纸。

(3) 画出边框线、标题栏等。

2. 绘制底稿

如图 1－40 (a)～(c) 所示，绘制底稿图线要画得很轻、很细，并且作图要准确。

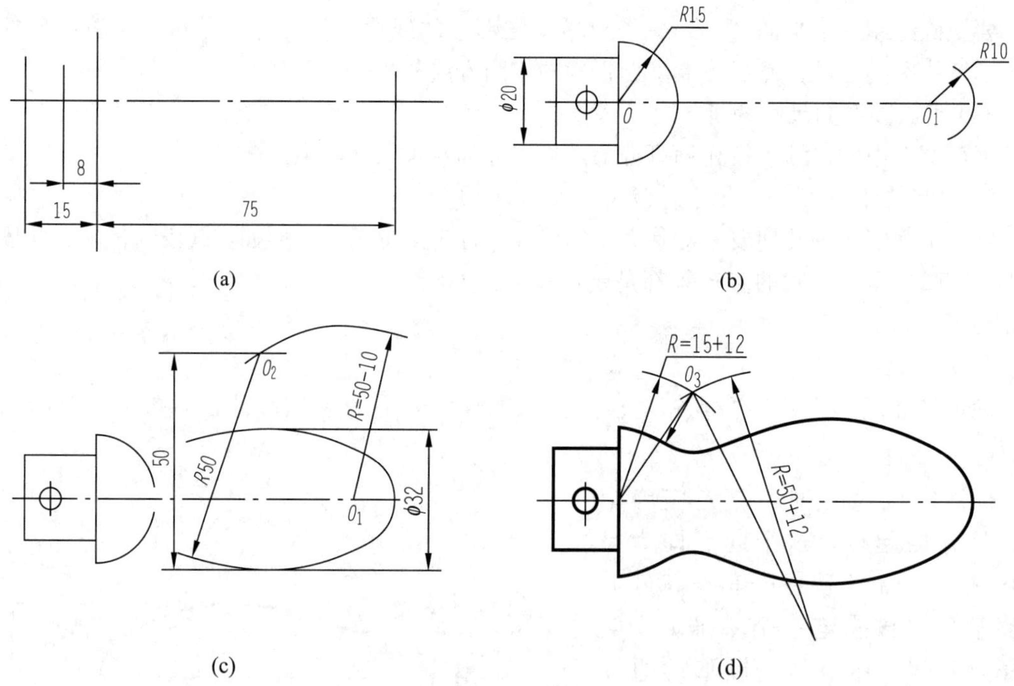

图 1－40　手柄的绘图步骤

(a) 定图形的基准线；(b) 画已知线段；(c) 画中间线段；(d) 画连接线段，描深

3. 描深图线

手柄平面图形的描深如图 1－40 (d) 所示。

描深图线前，要全面检查底稿，发现错误及时修正。

描深图线的步骤如下：

(1) 先粗后细。先描深全部粗实线，再描深细实线、细点画线、细实线等。

(2) 先曲后直。先描深圆弧和圆，再描深直线，以保持连接圆滑。

(3) 先水平后垂斜。先用丁字尺自上而下画出所有的水平线，再用三角板自左向右画出所有的垂直线，最后画出倾斜的直线。

4. 标注尺寸、填写标题栏

完成全图的绘制。

拓展视频

第二章　投　影　基　础

第一节　投影基础知识

一、投影法分类

在日常生活中，当太阳光或灯光照射物体时，会在墙上或地面上出现物体的影子，这种现象称为投影。

为了表示物体的形状，我们假定光线能够穿透物体，并使构成物体的点、线、面每一要素在选定的平面上都有所体现，形成一个由图线组成的图形，这种方法称为投影法。

投影法分为中心投影法和平行投影法两类。

1. 中心投影法

投射线都汇交于一点的投影法称为中心投影法，如图 2-1 所示。中心投影法常用于绘制建筑物或产品的立体图，也称为透视图，其特点是直观性好、立体感强，但可度量性差。

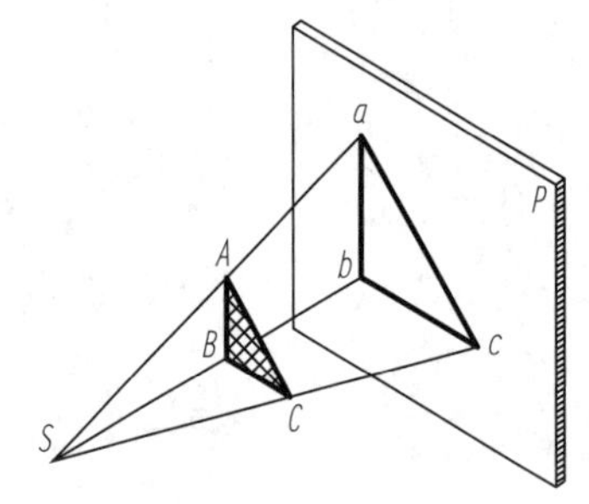

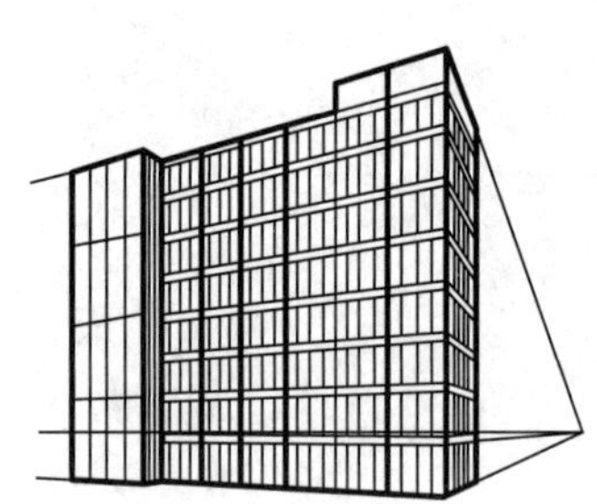

图 2-1　中心投影法

2. 平行投影法

如果将投射中心 S 移到无穷远处，则所有的投射线都互相平行。这种投射线互相平行的投影法称为平行投影法。

根据投射线与投影面是否垂直，平行投影法又分为正投影法和斜投影法，如图 2-2 所示。

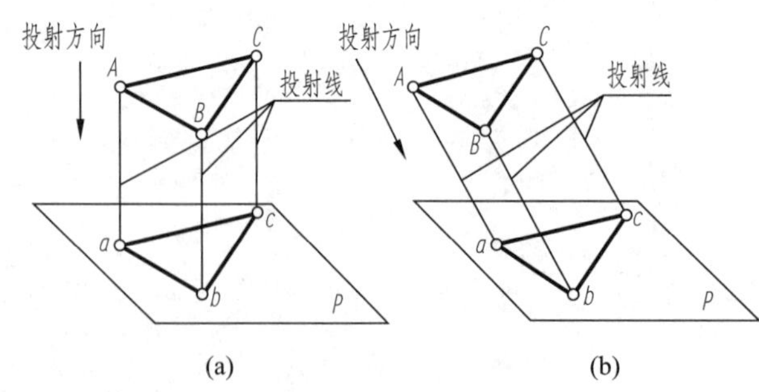

图 2-2　平行投影法

(a) 正投影法；(b) 斜投影法

(1) 正投影法。如图 2-2 (a) 所示，投射线互相平行并垂直于投影面的投影方法，称为正投影法，所得到的投影称为正投影。正投影法能正确地表达物体的真实形状和大小，作图比较方便，在工程图样中应用最为广泛。

(2) 斜投影法。如图 2-2 (b) 所示，投射线倾斜于投影面的投影方法，称为斜投影法。斜投影在工程上应用较少，常用于绘制物体的立体图，也称为轴测图。其特点是直观性强，但作图比较麻烦，而且不能反映物体的真实形状，在工程图中只作为一种辅助图样。

二、正投影的投影特性

1. 显实性

如图 2-3（a）所示，当物体上的平面（或直线）与投影面平行时，其投影反映实形（或实长）。

2. 积聚性

如图 2-3（b）所示，当物体上的平面（或直线）与投影面垂直时，则在投影面上的投影积聚为一条线（或一个点）。

3. 类似性

如图 2-3（c）所示，当物体上的平面（或直线）与投影面倾斜时，其投影的面积变小（或长度变短），但投影形状仍与原来的形状类似。

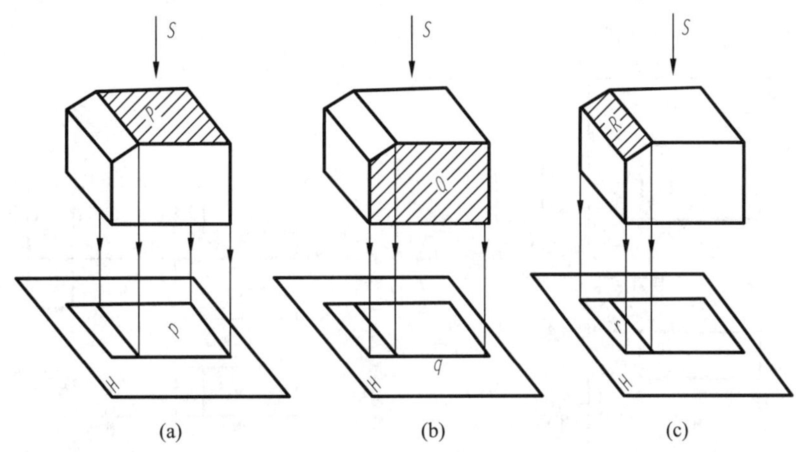

图 2-3 正投影特性
（a）显实性；（b）积聚性；（c）类似性

三、三视图的形成

一个视图不能完全确定物体的形状，两个视图通常也不能完全表达，如图 2-4 和图 2-5 所示。

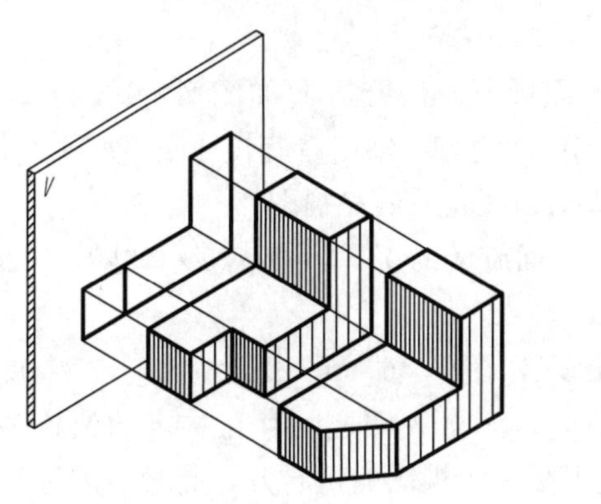

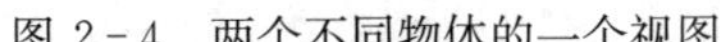
图 2-4 两个不同物体的一个视图

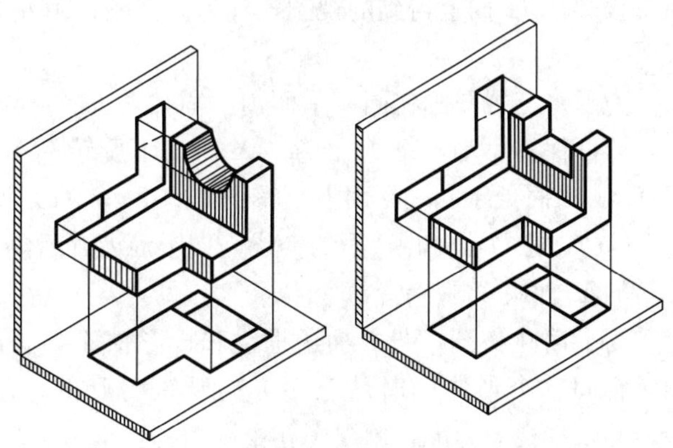

图 2-5 两个不同物体的两个视图

一般的物体由长、宽、高三个方向的尺寸决定，因此一般情况下，用在三面投影体系中获得的三个视图可以将物体的结构形状表达清楚，如图 2-6 所示。

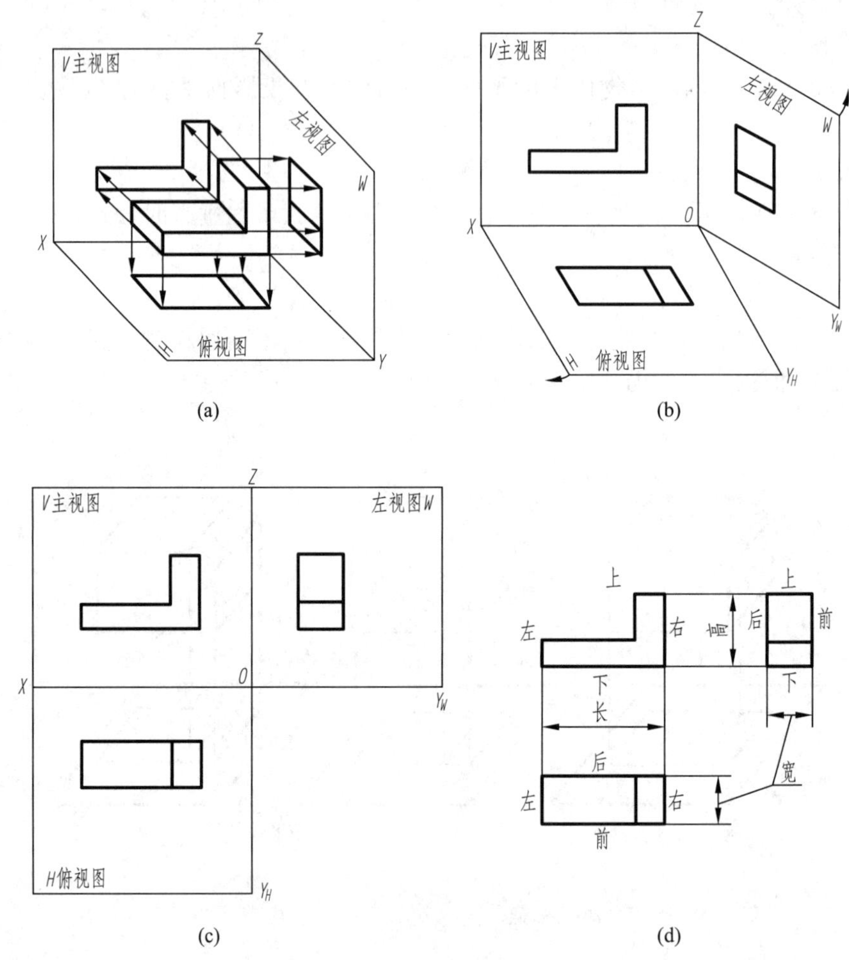

图 2-6 三视图的形成

将物体放在三面投影体系中，由前向后投影在 V 面上得到的视图，称为主视图；由上向下投影在 H 面上得到的视图，称为俯视图；由左向右投影在 W 面上得到的视图，称为左视图。

为了将三视图画在同一平面内，需要将三个投影面展开。展开方向如图 2-6（b）所示，V 面保持不动，将 H 面绕 OX 轴向下旋转 90°，W 面绕 OZ 轴向右旋转 90°，使 H 面、W 面与 V 面处于同一平面上，得到如图 2-6（c）所示的展开后的三视图。

OY 轴是 H 面和 W 面的交线，投影面展开后随 H 面旋转的 Y 轴用 Y_H 表示，随 W 面旋转的 Y 轴用 Y_W 表示。

为了简化作图，投影面边框线和投影轴不必画出，如图 2-6（d）所示。由于三个视图是空间一个形体同时从三个方向观察得到的，因此，三个视图之间存在一定的位置关系，即以主视图为准，俯视图在主视图的正下方，左视图在主视图的正右方，此时不需标注名称。

四、三视图间的投影关系

物体有长、宽、高三个方向的尺寸。如果把物体左右方向的尺寸称为长，前后方向的尺寸称为宽，上下方向的尺寸称为高，每个视图都反映物体两个方向的尺寸，如图 2-7 所示。

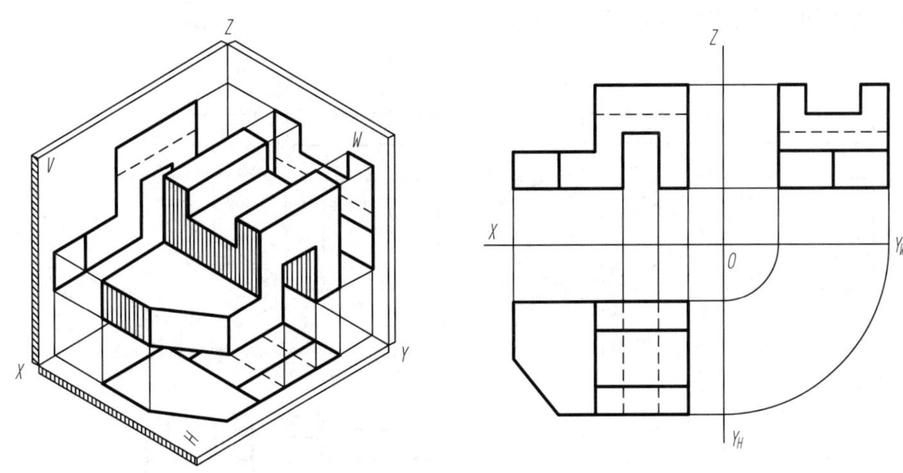

图 2-7 视图间的投影关系

主视图反映物体长度方向和高度方向的尺寸，俯视图反映宽度方向和长度方向的尺寸，左视图反映高度方向和宽度方向的尺寸。俯视图绕 X 轴向下旋转 90°，左视图绕 Z 轴向后旋转 90°，得出三个视图存在如下规律：主、俯视图长度相等（长对正）；主、左视图高度相等（高平齐）；俯、左视图宽度相等（宽相等）。

“长对正、高平齐、宽相等”反映了三个视图的内在联系，不仅物体的总体尺寸要符合上述规律，物体上的每一个形体、平面、直线、点都遵从上述规律。

按上述关系绘图或读图时，在俯视图和左视图中，靠近主视图的一边是物体的后面，远离主视图的一边是物体的前面。

五、三视图的作图方法和步骤

画物体的三视图时，应遵循正投影法的基本原理及三视图的投影关系。现以图 2-8 所示的底座为例，说明作图的方法和步骤。

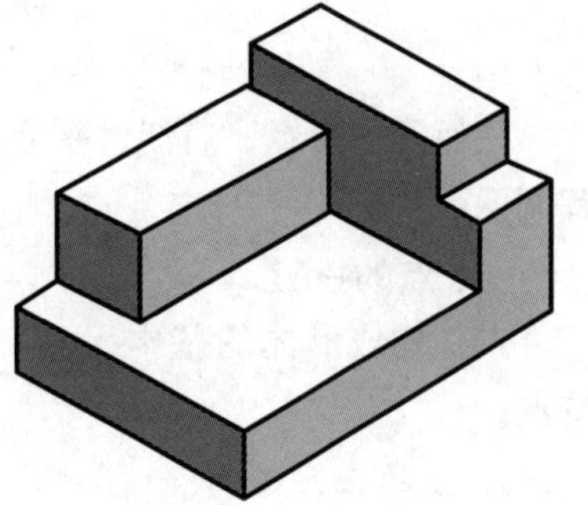

图 2-8 底座

1. 形体分析

底座的基础形体是一个长方体，然后叠加一个侧板，侧板和长方体的右面对齐，再叠加一个后板，后板和长方体的后面对齐，最后在侧板上切去一角。

2. 三视图的作图方法

(1) 据物体的生成过程从基础形体入手，由大到小逐步完成。例如，此底座要先画底板，然后画底板上的立板。

(2) 一定要将一个基本形体的三视图画完后再画其他基本形体的三视图，绝对不能将整个物体的一个视图画完后再画另一个视图。

(3) 画图时要注意两个顺序。

1）组成物体的基本形体的画图顺序：要先画起支撑作用的（或最大的）物体的三视图。

2）同一个形体三个视图的画图顺序：要先画三个视图中形状特征最明显的那个视图。

3. 作图步骤

底座三视图的作图步骤如图 2－9 所示。

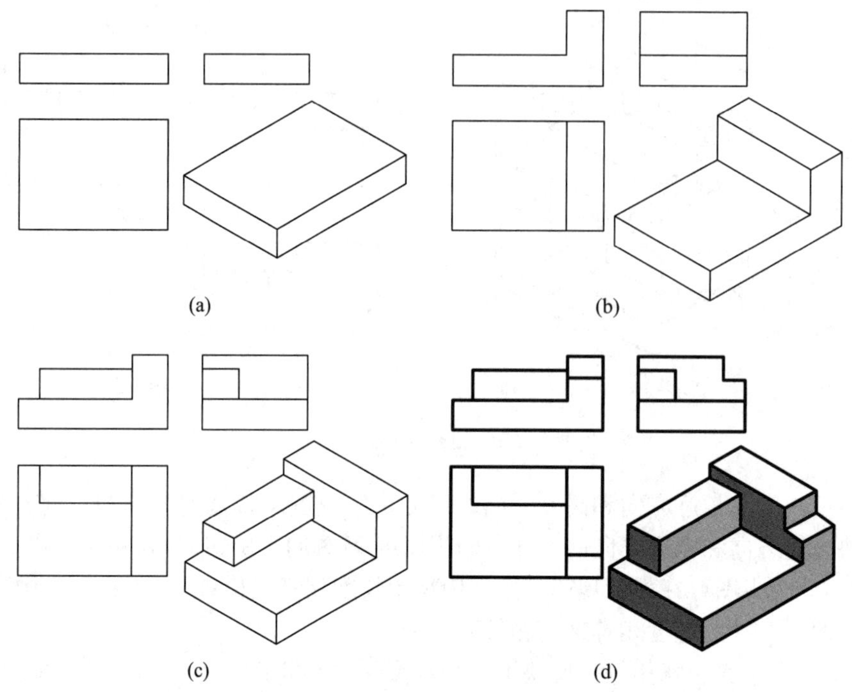

图 2－9　底座三视图的作图步骤

（a）布图，画底板；（b）画侧板；（c）画后侧板；（d）画切角，描深

第二节　几何元素的投影

几何元素有点、直线、平面等，掌握这些几何元素的基本投影规律和作图方法是学习工程制图的基础。

一、点的投影

点是构成形体的基本元素，为了正确绘制及识读形体的视图，必须先掌握点的投影特点。

1. 点的三面投影

空间点用大写字母 A、B、C、…表示，水平投影用相应小写字母 a、b、c、…表示，正面投影用小写字母右上角加一撇 a'、b'、c'、…表示，侧面投影用小写字母右上角加两撇 a''、b''、c''、…表示。

如图 2－10（a）所示，空间点 A 向三个投影面分别作垂线，得到的垂足就是 A 点在三个投影面上的投影，分别为正面投影 a'、水平投影 a 和侧面投影 a''。

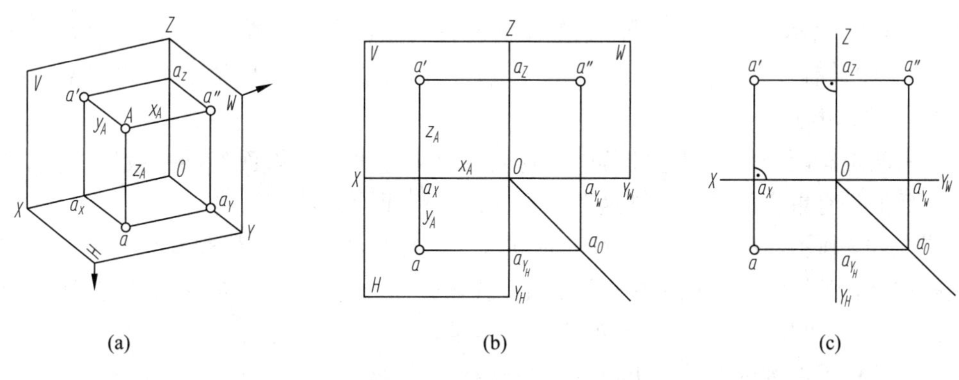

图 2-10 点的三面投影

由此可以看出，A 点三个投影之间的投影关系与三视图之间的三等关系是一致的。

2. 点的投影与直角坐标的关系

若把三投影面体系看作空间直角坐标体系，则 V、H、W 面即为坐标面，X、Y、Z 即为坐标轴，O 点即为坐标原点。由图 2-10 可知，A 点的三个直角坐标 x_A、y_A、z_A 即为 A 点到三个投影面的距离，它们与 A 点的投影 a、a'、a'' 的关系如下：

$$x_A = Oa_X = a'a_Z = aa_{YH} = \text{点} A \text{到} W \text{面的距离} Aa''$$

$$y_A = Oa_{YH} = Oa_{YW} = aa_X = a'a_Z = \text{点} A \text{到} V \text{面的距离} Aa'$$

$$z_A = Oa_Z = a'a_X = a''a_{YW} = \text{点} A \text{到} H \text{面的距离} Aa$$

图 2-11（b）所示为 V 面上的点 B、H 面上的点 C、X 轴上的点 D 的三面投影图。从图 2-11（b）可以看出，投影面和投影轴上点的坐标与投影具有如下规律：

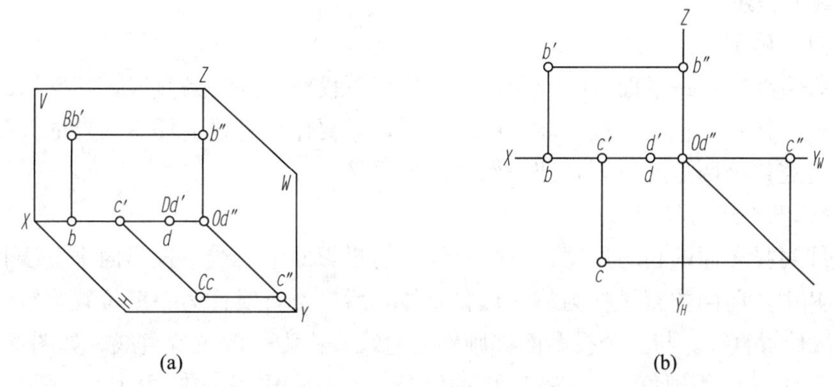

图 2-11 投影面和投影轴上的投影

（1）投影面上的点有一个坐标为零。在该投影面上的投影与该点重合，另两个投影分别在相应的投影轴上。

（2）投影轴上的点有两个坐标为零。在包含这条轴的两个投影面上的投影都与该点重合，另一投影面上的投影与原点重合。

3. 两点的相对位置及重影点

两点之间有左右、前后、上下的位置关系。这种位置关系反映在点投影的坐标上，X 坐标大者为左，Y 坐标大者为前，Z 坐标大者为上。因此，两点的正面投影反映其左右、上下关系，水平投影反映其左右、前后关系，侧面投影反映其上下、前后关系。

如图 2－12 所示，$x_A>x_B$，即 A 在 B 的左方（或 a' 在 b' 左方）；$y_A>y_B$，即 A 在 B 的前方（或 a'' 在 b'' 前方）；$z_A>z_B$，即 A 在 B 的上方（或 a'' 在 b'' 上方）。由此可见，点 A 在点 B 的左、前、上方。

当空间两点有两个坐标对应相等时，这两点将处于某一投影面的同一投影线上。因此，在该投影面上具有重合的投影，则这两点称为该投影面的重影点。

如图 2－13 所示，D 点在 C 点的正后方，D 点与 C 点无左右距离差和上下距离差，其 V 面投影重合，故 C 点与 D 点称为 V 面的重影点。由于 $y_C>y_D$，向 V 面投影时 C 点遮住了 D 点，D 点不可见。规定不可见的投影加括号，如 (d')。

重影点的可见性为前遮后、上遮下、左遮右。

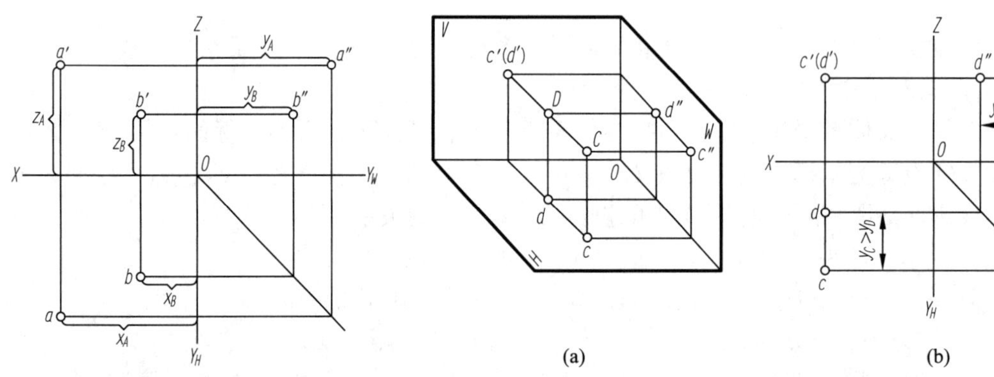

图 2－12 两点间的相对位置

图 2－13 重影点

二、直线的投影

空间两点可确定一条直线。

空间一条直线向任一平面进行投影，一般情况下投影仍为一条直线，特殊情况时会积聚为一点。因此，作直线在三面投影体系中的投影，只要作出直线上任意两点的投影，然后在同一投影面上连接该两点的投影，即得到直线的投影。

1. 各种位置直线的投影

根据直线对投影面的相对位置，可将直线分为投影面平行线、投影面垂直线和投影面倾斜线三类。其中，前两类直线称为特殊位置直线，后一类直线称为一般位置直线。

（1）一般位置直线。与三个投影面都倾斜的直线，称为一般位置直线。如图 2－14 所示，设倾斜线 AB 对 H 面的倾角为 α，对 V 面的倾角为 β，对 W 面的倾角为 γ，则直线的实长、

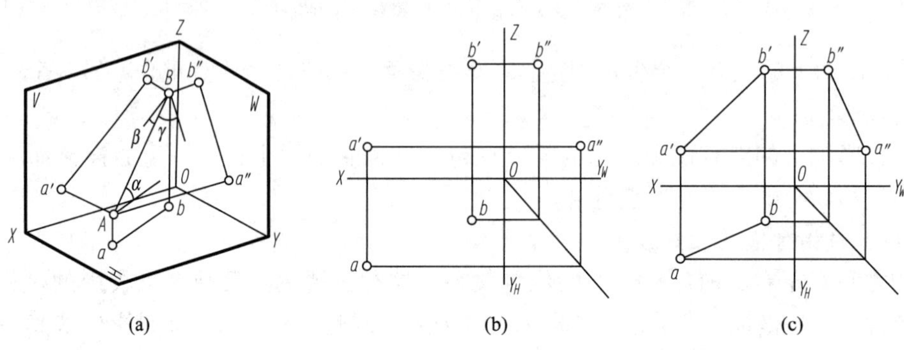

图 2－14 一般位置直线的投影

投影长和倾角之间的关系为 $ab=AB\cos\alpha$，$a'b'=AB\cos\beta$，$a''b''=AB\cos\gamma$。

当直线处于倾斜位置时，$0°<\alpha<90°$，$0°<\beta<90°$，$0°<\gamma<90°$，因此，直线的三个投影 ab、$a'b'$、$a''b''$均小于实长。

由此可得出一般位置直线的投影特性：三个投影都与投影轴倾斜且小于实长。各个投影与投影轴的夹角都不反映直线对投影面的倾角。

(2) 投影面平行线。平行于一个投影面而与另外两个投影面倾斜的直线，称为投影面平行线。平行于 V 面的直线称为正平线，平行于 H 面的直线称为水平线，平行于 W 面的直线称为侧平线。

投影面平行线及投影特性见表 2-1。

表 2-1　投影面平行线及投影特性

名称	正平线（$AB//V$ 面）	水平线（$AB//H$ 面）	侧平线（$AB//W$ 面）
轴测图	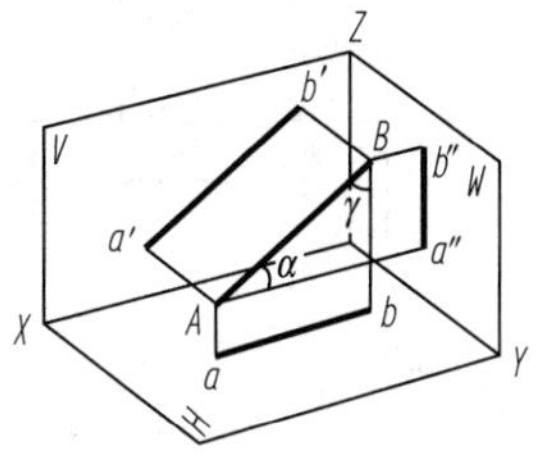	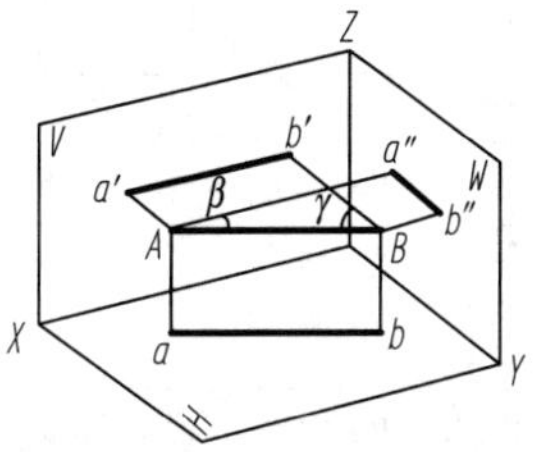	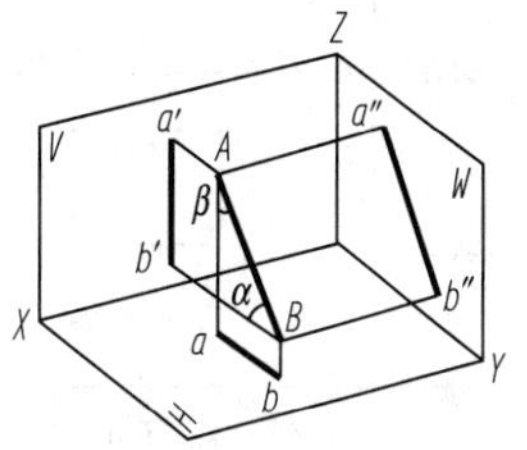
投影图	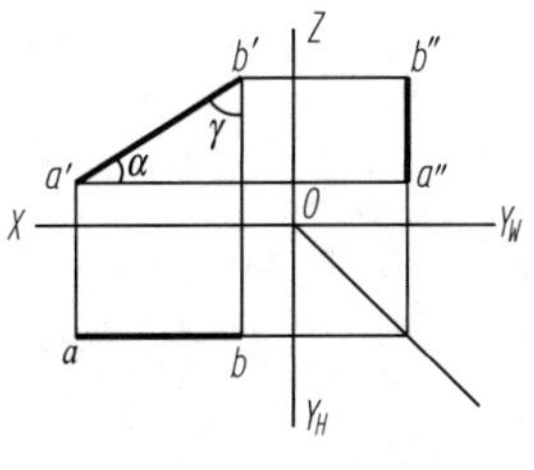	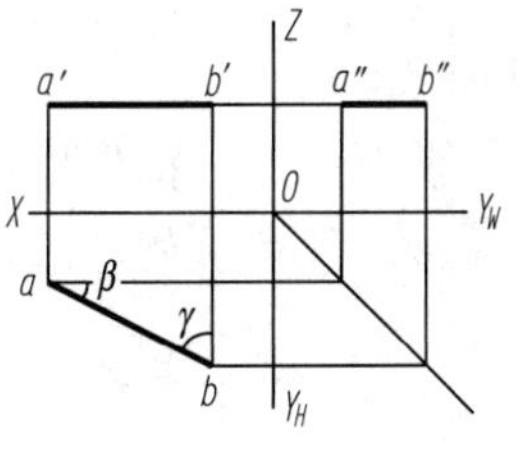	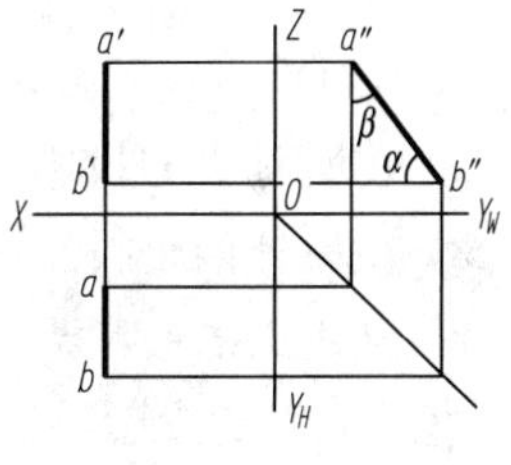
投影特性	(1) $a'b'=AB$ (2) V 面投影反映角 α、γ (3) $ab//OX$，$ab<AB$；$a''b''//OZ$，$a''b''<AB$	(1) $ab=AB$ (2) H 面投影反映角 β、γ (3) $a'b'//OX$，$a'b'<AB$；$a''b''//OY_W$，$a''b''<AB$	(1) $a''b''=AB$ (2) W 面投影反映角 α、β (3) $a'b'//OZ$，$a'b'<AB$；$ab//OY_H$，$ab<AB$

投影面平行线的投影特性归纳如下：

1) 在所平行的投影面上的投影反映实长（真实性），它与两投影轴的夹角分别反映该直线对另外两个投影面的真实倾角。

2) 在另外两个投影面上的投影平行于相应的投影轴，且小于实长。

(3) 投影面垂直线。垂直于一个投影面而与另外两个投影面平行的直线，称为投影面垂直线。垂直于 V 面的直线称为正垂线，垂直于 H 面的直线称为铅垂线，垂直于 W 面的直线称为侧垂线。

投影面垂直线及投影特性见表 2-2。

表 2-2 **投影面垂直线及投影特性**

名称	正垂线（$AB\perp V$ 面）	铅垂线（$AB\perp H$ 面）	侧垂线（$AB\perp W$ 面）
轴测图			
投影图			
投影特性	(1) a'（b'）重影成一点 (2) $ab\perp OX$，$a''b''\perp OZ$ (3) $ab=a''b''=AB$	(1) a（b）重影成一点 (2) $a'b'\perp OX$，$a''b''\perp OY_W$ (3) $a'b'=a''b''=AB$	(1) a''（b''）重影成一点 (2) $a'b'\perp OZ$，$ab\perp OY_H$ (3) $a'b'=ab=AB$

投影面垂直线的投影特性归纳如下：

1）在所垂直的投影面上的投影为一点（积聚性）。

2）在另外两个投影面上的投影，垂直于相应的投影轴，且反映实长。

2. 直线上点的投影

直线上点的投影特性如下：

(1) 点在直线上，则点的投影必在该直线的同面投影上；反之，如果点的各个投影都在直线的同面投影上，则该点一定在该直线上，如图 2-15 所示。

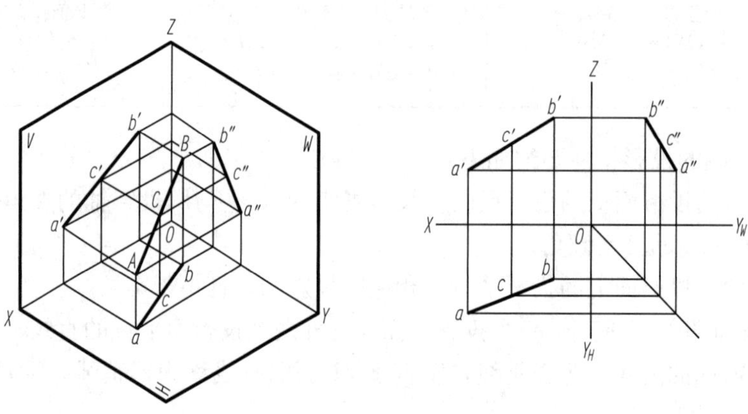

图 2-15 直线上点的投影

(2) 直线上的点分割直线之比等于该点分割直线投影长度之比。如图 2-15 所示，点 C 在直线 AB 上，则 $AC:CB=ac:cb=a'c':c'b'=a''c'':c''b''$。

如果一点的三面投影中有一面不在该直线的同面投影上，则可判定该点不在该直线上。

三、平面的投影

不属于同一直线的三点可确定一个平面。因此，平面可以用图 2-16 所示的任意一组几何要素的投影来表示。

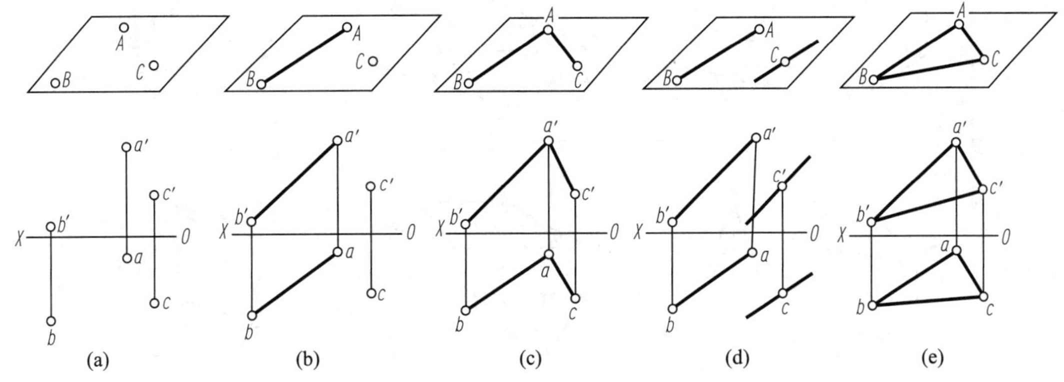

图 2-16 平面的表示法

(a) 不在同一直线上的三点；(b) 直线及直线外一点；(c) 相交两直线；(d) 平行两直线；(e) 任意平面图形

平面相对于投影面而言，有平行、垂直和一般位置（既不平行也不垂直）三种情况。

1. 一般位置平面的投影特性

平面与其投影面所夹的锐角称为该平面对投影面的倾角，分别用 α、β、γ 表示平面对 H 面、V 面、W 面的倾角。

与三个投影面都处于倾斜位置的平面，称为投影面倾斜面。如图 2-17 所示，三角形平面与三个投影面都倾斜，因此它的三个投影均为类似形，不反映实形，也不反映该平面与投影面的倾角。

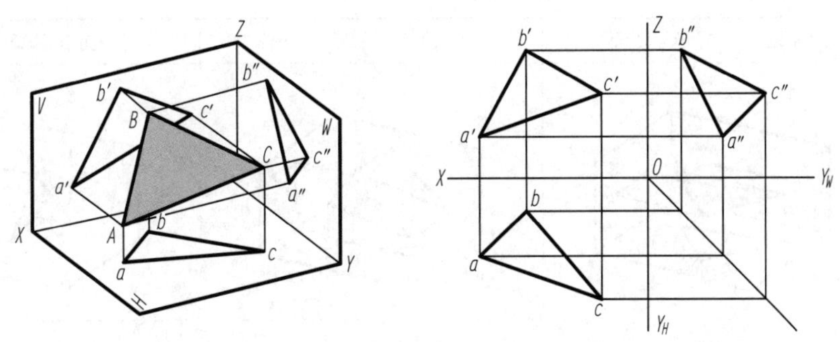

图 2-17 一般位置平面的投影特性

2. 投影面垂直面

垂直于一个投影面而与其他两个投影面都倾斜的平面，称为投影面垂直面。垂直于 H 面的平面称为铅垂面，垂直于 V 面的平面称为正垂面，垂直于 W 面的平面称为侧垂面。

投影面垂直面及投影特性见表 2 - 3。

表 2 - 3　　投影面垂直面及投影特性

名称	铅垂面（△$ABC\perp H$ 面）	正垂面（△$ABC\perp V$ 面）	侧垂面（△$ABC\perp W$ 面）
轴测图	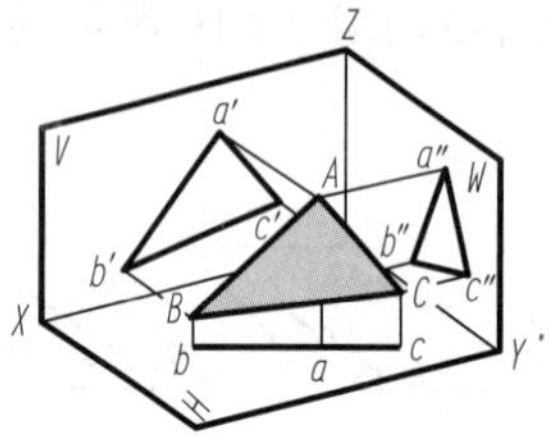	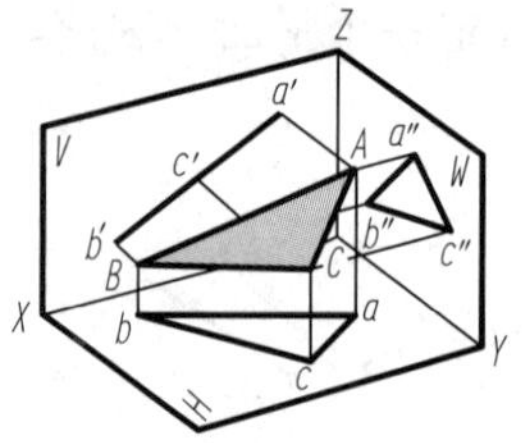	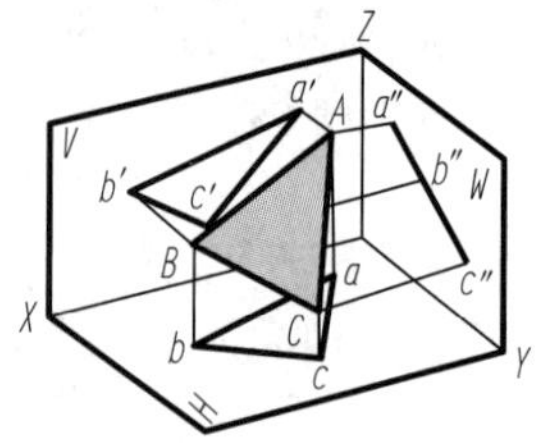
投影图	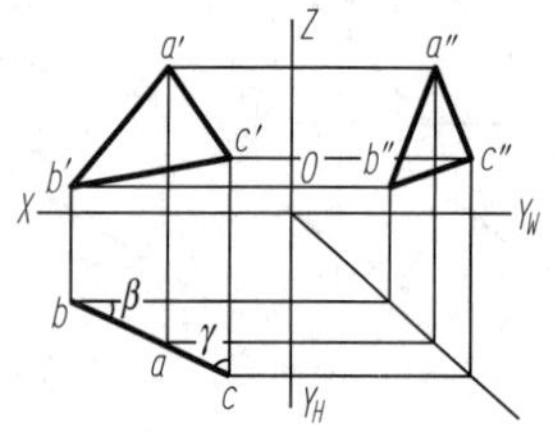	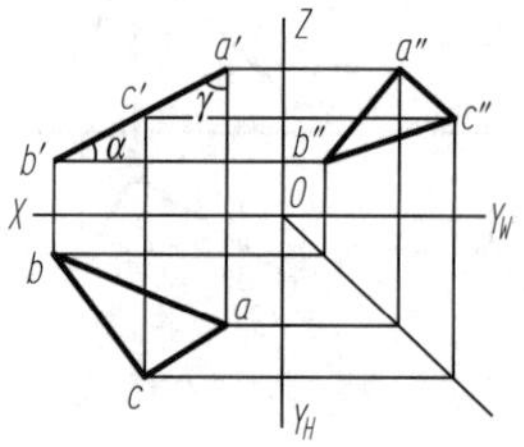	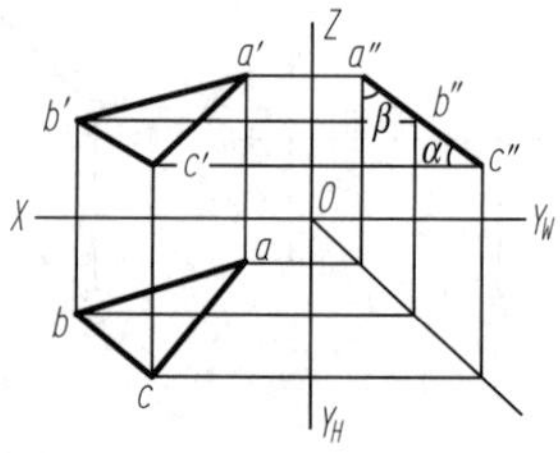
投影特性	（1）水平投影（或水平迹线）是积聚性投影 （2）H 面投影反映角 β、γ （3）正面、侧面投影为类似形	（1）正面投影（或正面迹线）是积聚性投影 （2）V 面投影反映角 α、γ （3）水平、侧面投影为类似形	（1）侧面投影（或侧面迹线）是积聚性投影 （2）W 面投影反映角 α、β （3）正面、水平投影为类似形

3. 投影面平行面

平行于一个投影面而与另外两个投影面垂直的平面，称为投影面平行面。平行于 H 面的平面称为水平面，平行于 V 面的平面称为正平面，平行于 W 面的平面称为侧平面。

投影面平行面及投影特性见表 2 - 4。

表 2 - 4　　投影面平行面及投影特性

名称	水平面（△$ABC/\!/H$ 面）	正平面（△$ABC/\!/V$ 面）	侧平面（△$ABC/\!/W$ 面）
轴测图	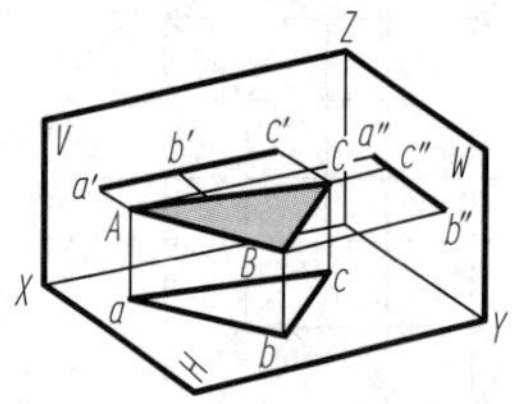	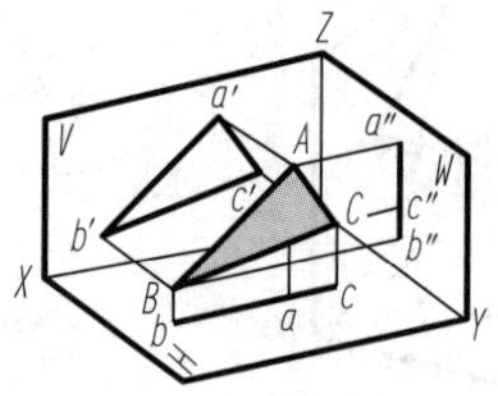	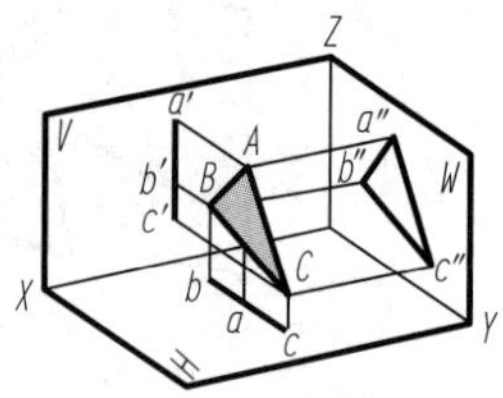
投影图	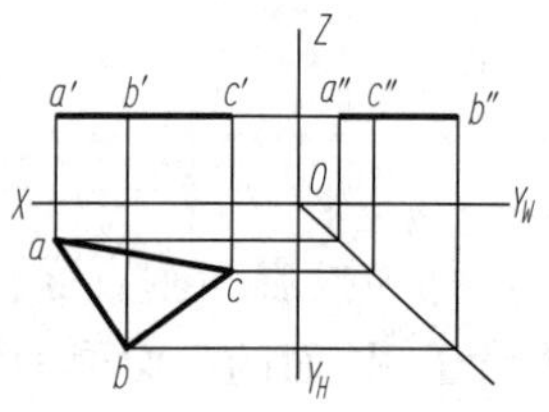	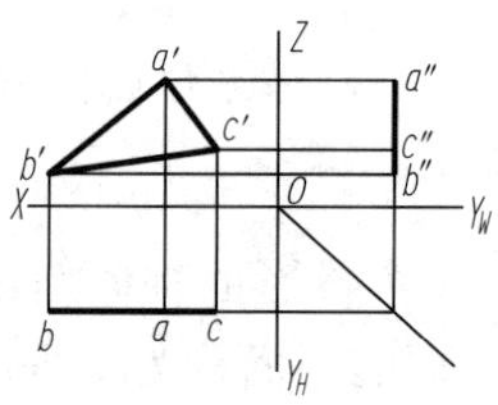	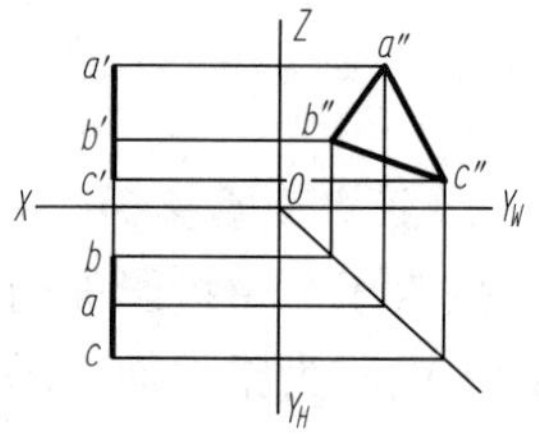

续表

名称	水平面（△ABC//H 面）	正平面（△ABC//V 面）	侧平面（△ABC//W 面）
投影特性	（1）水平投影反映实形 （2）正面、侧面投影积聚为直线，且分别平行于 OX、OY_W	（1）正面投影反映实形 （2）水平、侧面投影积聚为直线，且分别平行于 OX、OZ	（1）侧面投影反映实形 （2）正面、水平投影积聚为直线，且分别平行于 OZ、OY_H

4．平面上的点和直线

在平面的投影图中，取平面内的点和直线，必须满足以下条件：

（1）在平面内所取的点，必须是该平面内直线上的点。

（2）在平面内取直线，必须过平面内的两个已知点；或者过平面内的一个已知点，且平行于此平面内的另一条直线。

如图 2－18 所示，点 D 在平面 ABC 的直线 AB 上，故点 D 在平面 ABC 内；直线 DE 通过平面 ABC 上的两个点 D、E，故直线在平面 ABC 内；直线 DE 通过平面 ABC 上的点 D，且平行于平面 ABC 上的直线 BC，故直线 DE 在平面 ABC 内。

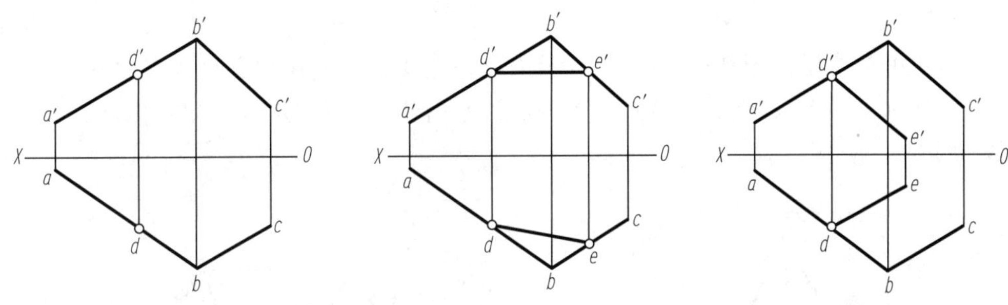

图 2－18　平面上的点和直线

需要指出，在平面内取点和直线，必须遵循点、线互为利用的原则，它们彼此互为因果，相互制约，逐步扩展。

第三节　立 体 的 投 影

立体分为平面立体和曲面立体两类。平面立体表面由平面构成，如棱柱、棱锥等；曲面立体表面由曲面或与平面构成，如圆柱、圆锥、圆球等。

一、平面立体

平面立体是由表面（棱面）、棱线（相邻表面交线）和顶点（棱线的交点）组成的。因此，画平面立体三视图，就是画组成平面立体的所有表面、棱线及顶点的投影，然后再判别棱线的可见性，将可见部分画成粗实线，不可见部分画成虚线。

1．棱柱

（1）棱柱的三视图。正六棱柱投影的三视图如图 2－19 所示。

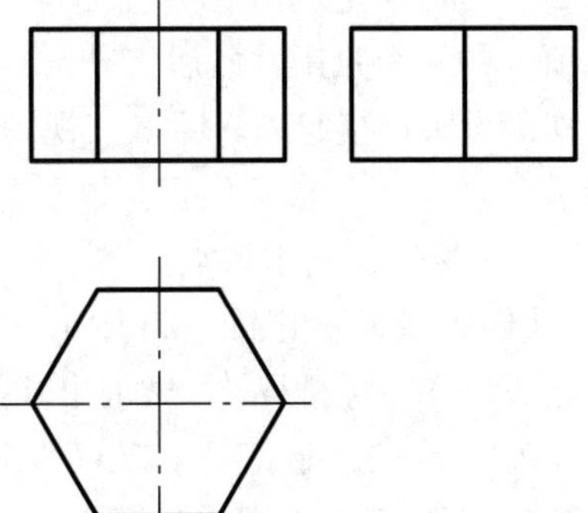

图 2－19　正六棱柱的投影

(2) 棱柱表面上取点。在平面立体表面上取点，所用的方法与在平面上取点的方法是一样的，但在平面立体表面上取点时必须首先确定该点是在平面立体的哪一个棱面上。

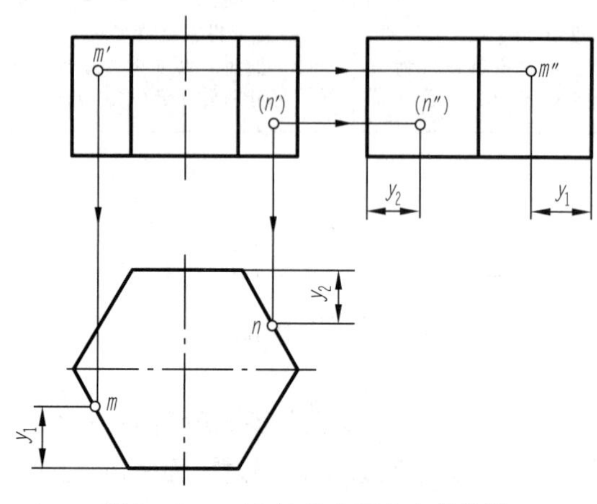

图 2-20　正六棱柱表面上点的投影

【例 2-1】 如图 2-20 所示，已知正六棱柱表面上点 M 和点 N 的正面投影 m' 和 (n')，试求出其水平投影和侧面投影。

因为点 M 的正面投影 m' 是可见的，所以点 M 是位于正六棱柱的左前侧棱面上。由于点 N 的正面投影 (n') 是不可见的，故点 N 位于正六棱柱的右后侧棱面上。

根据点 M 的正面投影 m' 和水平投影 m 补画出其侧面投影 m''。根据点 N 的正面投影 (n') 和水平投影 n 补画出其侧面投影 (n'')，由于右、后侧棱面的侧面投影为不可见，所以 n'' 也是不可见的。

2. 棱锥

(1) 棱锥的三视图。图 2-21 (a) 所示为一正三棱锥，它由底面△ABC 和三个侧棱面△SAB、△SBC、△SAC 组成，将其放置为底面平行于 H 面，并有一侧棱面（△SAC）垂直于 W 面。

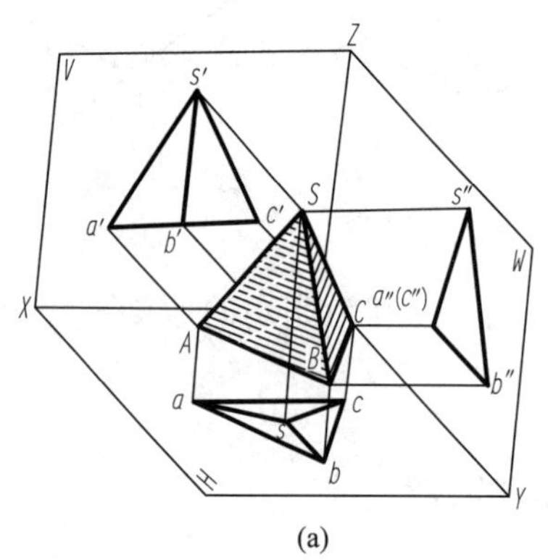

图 2-21　正三棱锥的投影

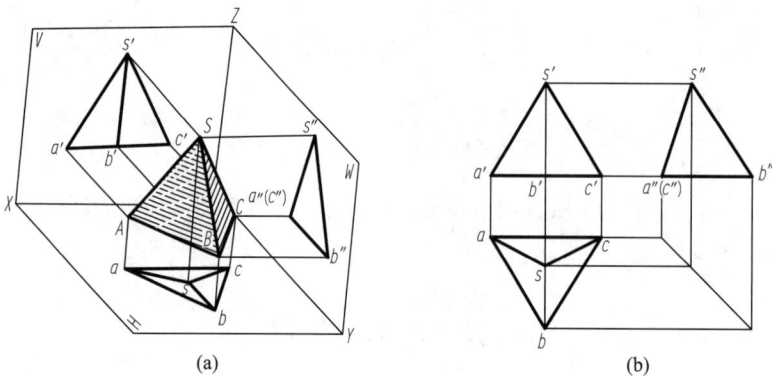

作图时，先画出底面△ABC 的三个投影，再画锥顶 S 的三个投影，然后将其与点 A、B、C 在底面的同面投影连接起来，即得三视图，如图 2-21 (b) 所示。

(2) 棱锥表面上取点。

【例 2-2】 如图 2-22 所示，已知正三棱锥表面上点 M 的正面投影 m'，试求出其余投影。

如图 2-22 所示，由于 M 点所在棱面△SAB 是一般位置平面，则需过锥顶 S 及点 M 引一辅助线 SD，作出 SD 的有关投影，就可根据投影规律求得

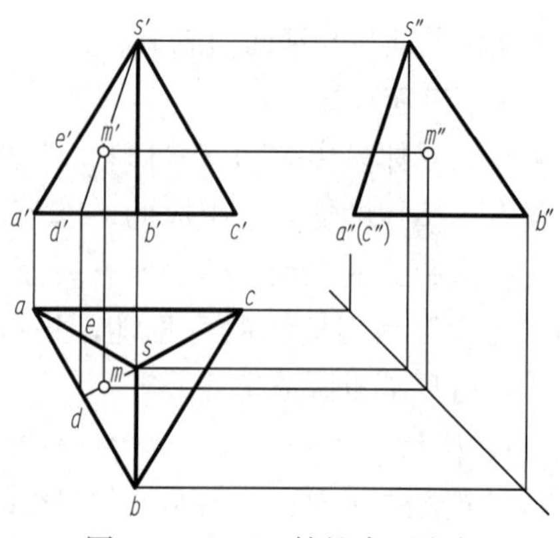

图 2-22　正三棱锥表面取点

点的相应投影。具体作图：连接 $s'm'$ 并延长交 $a'b'$ 于 d'，作 H 面投影 sd，再由 m' 引投影连线交 sd 于 m，即得 M 点的水平投影；然后由 m'、m 求得侧面投影 m''。

二、曲面立体

1. 圆柱

（1）圆柱的形成。如图 2－23 所示，圆柱是由圆柱面和上、下两个底面（圆平面）组成的。圆柱面可看成是一条直母线 AB 绕与其平行的 OO_1 轴旋转而成。母线的任意位置线称为圆柱面的素线。

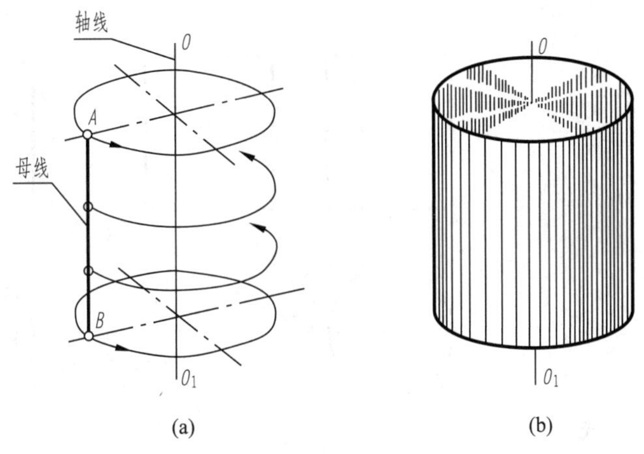

图 2－23 圆柱的形成

（2）圆柱体的投影。如图 2－24 所示，圆柱的轴线垂直于 H 面，其上、下底面均平行于 H 面，圆柱面上每一素线都垂直于 H 面，所以圆柱的俯视图为圆。圆周是圆柱面在 H 面上的积聚投影，因此，圆柱表面上任何点和线的投影都积聚在这个圆周上。圆柱的主、左视图为矩形线框，矩形上、下边分别为圆柱上、下底面的积聚性投影。

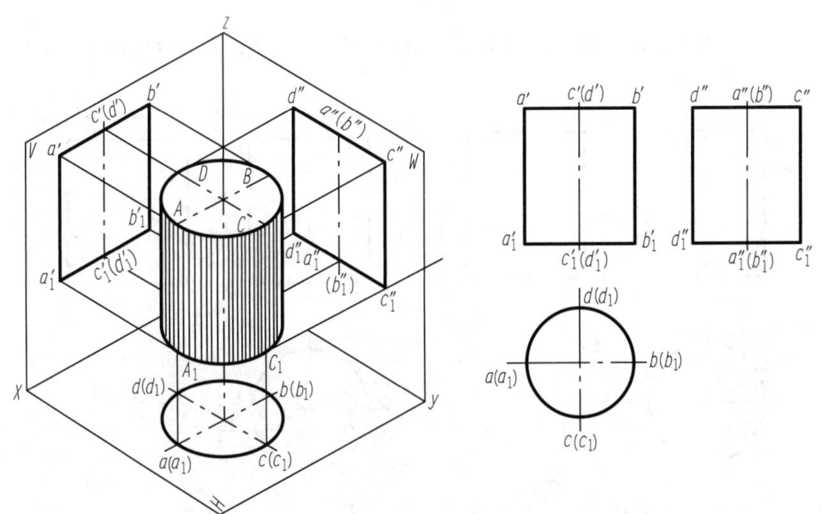

图 2－24 圆柱体的投影

（3）圆柱表面上取点。在圆柱表面上取点时，若点在外形轮廓线上，可按线上取点的道理，直接作出。若点不在外形轮廓线上，可利用其投影的积聚性来作图。

【例 2－3】 如图 2－25（a）所示，已知圆柱面上点 E、点 G、点 F 的正面投影（e'）、f'、g'，求它们的水平投影和侧面投影。

从图 2－25 中可以看出，该圆柱体的轴线垂直于水平面，其水平投影积聚为圆，点 E、点 F、点 G 的水平投影 e、f、g 必定在该圆的圆周上。由于（e'）为不可见，因此 E 点在后半个圆柱面上，可直接在后半个圆周上确定 e，根据（e'）和 e 可求出侧面投影（e''）。因为点 E 同时在右半个圆柱面上，所以（e''）为不可见。同理，点 G 的正面投影 g' 可见，则该点是在前半个圆柱面上，可直接在前半个圆周上求出 g，然后由 g' 和 g 求出侧面投影 g''。因为点 G 同时在左半个圆柱面上，所以 g'' 为可见。点 F 的水平投影和侧面投影，可按照上述的思路自行求出，如图 2－25（b）所示。

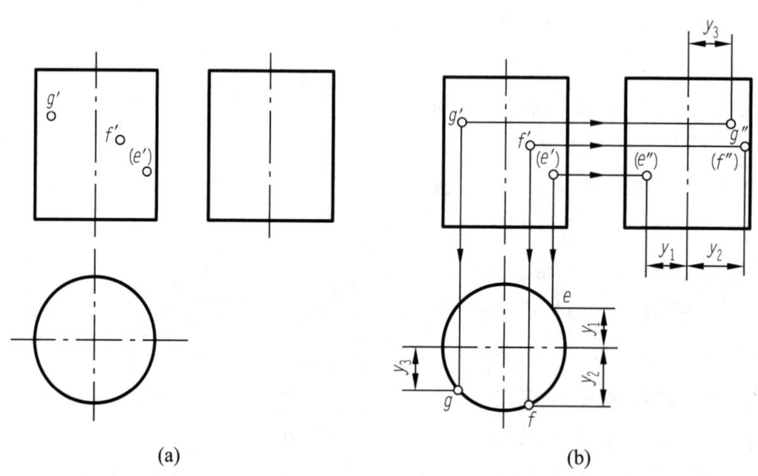

图 2－25 圆柱表面上的点

（a）已知条件；（b）作图过程

对于圆柱面外形轮廓线上和底面上的点，可按如图 2－26 所示的方法直接求出。

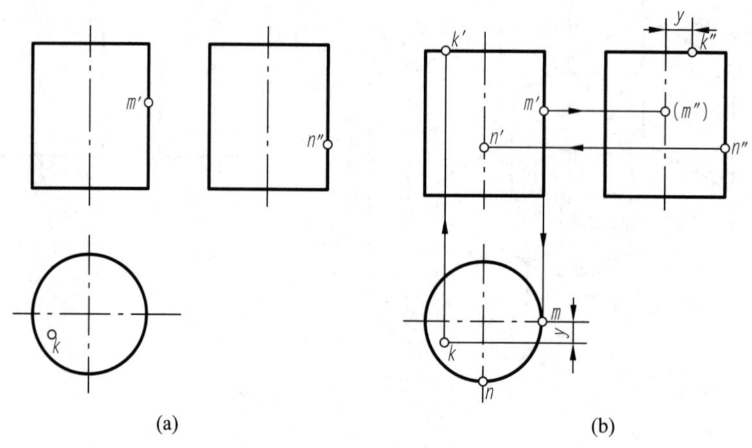

图 2－26 圆柱体外轮廓线上和底面上的点的求法

（a）已知条件；（b）作图过程

2. 圆锥

（1）圆锥的形成。圆锥是由圆锥面和底面组成的。如图 2－27 所示，圆锥面可看作是由一直母线 AB 绕与它相交的轴线 OO_1 旋转而成的。

（2）圆锥体的投影。如图 2－28 所示，圆锥的轴线垂直于 H 面，其底面平行于 H 面，圆锥面上的每一条素线都倾斜于 H 面。因此，圆锥的水平投影为圆，反映圆锥底面的实形。

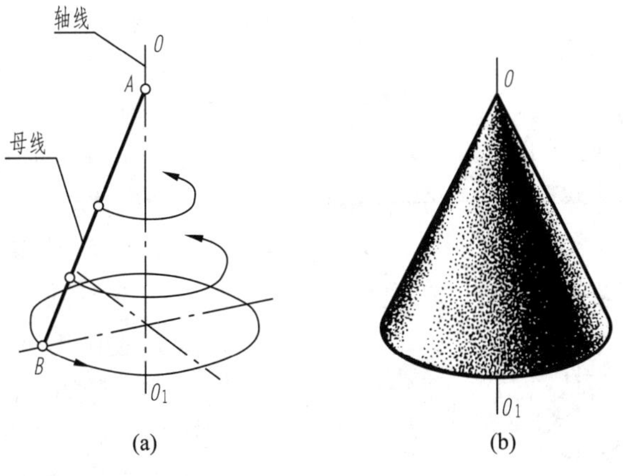

图 2-27 圆锥的形成

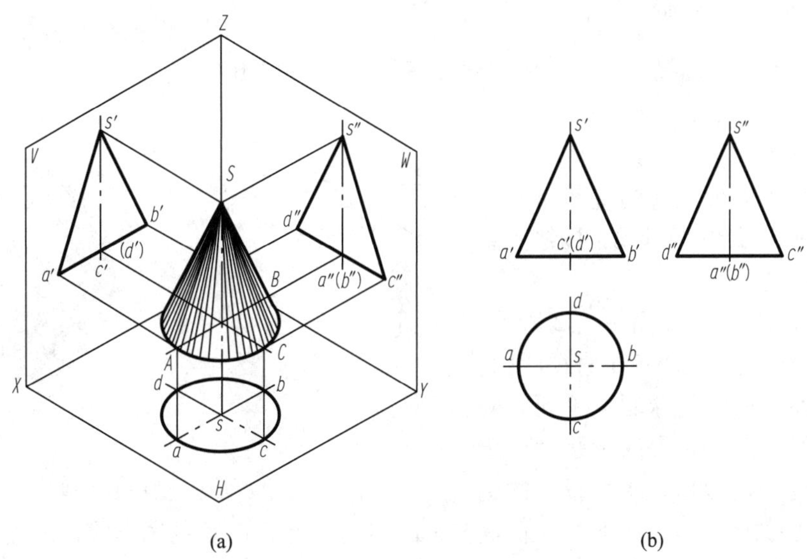

图 2-28 圆锥的投影

圆锥的正面投影和侧面投影为等腰三角形，其底边是圆锥底面的积聚投影。画图时，先画各投影的中心线、轴线，再画圆的投影，最后按圆锥体高度画出其余两投影。

(3) 圆锥面上取点。由于圆锥面的投影没有积聚性，所以要确定圆锥面上点的投影时，必须先在曲面上找一个包含这个点的素线或圆，再利用其投影求出点的其他投影。

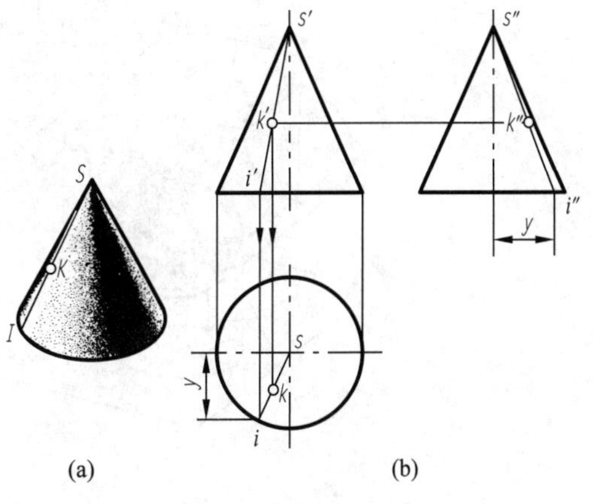

图 2-29 采用素线法在圆锥表面上取点

【例 2-4】 如图 2-29 所示，已知圆锥面上点 K 的正面投影 k'，求点 K 的水平投影 k 及侧面投影 k''。

解决该问题的方法有辅助素线法和辅助

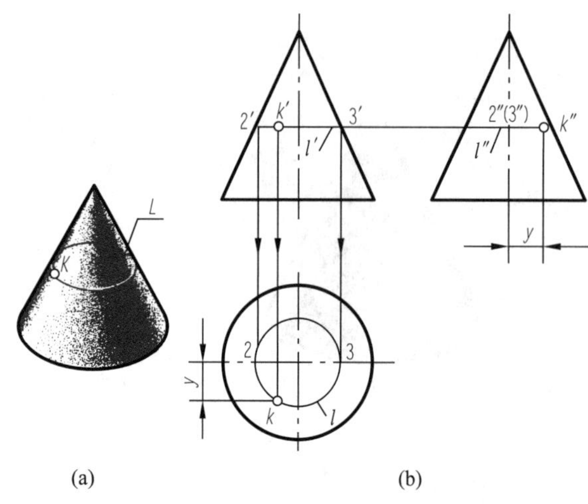

图 2-30 采用辅助圆法在圆锥表面上取点

圆法两种。

1）辅助素线法。过圆锥锥顶 S 与点 K 作一辅助素线交底面圆周于 i 点，如图 2-29（a）所示。求出 SI 的各个投影后，即可按直线上点的投影规律求出点 K 的水平投影和侧面投影。

2）辅助圆法。如图 2-30（a）所示，过点 K 在圆锥表面上作一个平行于底面的圆 L，该圆的正面投影 l' 是过 k' 与底圆正面投影平行的直线 $2'3'$，水平投影 l 为直径等于 $2'3'$ 的圆，侧面投影也是与底圆侧面投影平行的直线。辅助圆的三个投影求出后，即可根据线上点的原理求出点 K 的水平投影 k 及侧面投影 k''。具体作图步骤如图 2-30（b）所示。

3. 圆球

（1）圆球的形成。如图 2-31（a）所示，圆球是由球面围成的，圆球面可以看成以半圆弧 ABC 为母线，围绕其直径 AC 旋转而成。

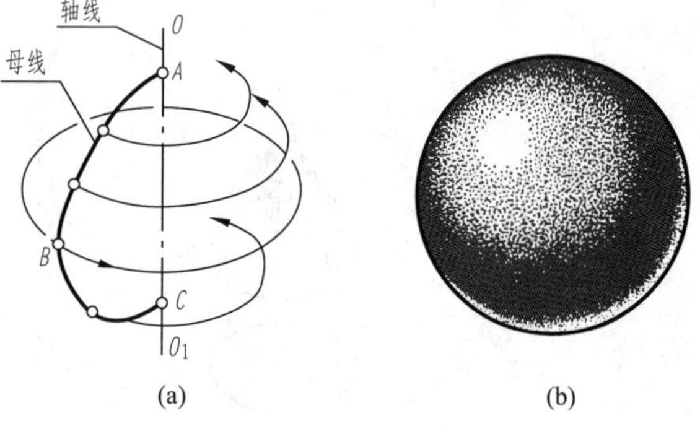

图 2-31 圆球的形成

（2）圆球的投影。如图 2-32 所示，圆球的三个投影均为大小等于直径的圆。但三个投影面上的圆是球面上不同方向圆素线的投影，正面投影的圆是平行于 V 面的圆素线 F 的投影，水平投影的圆是平行于 H 面的圆素线 T 的投影，侧面投影的圆是平行于 W 面的圆素线 L 的投影。这三条圆素线的其他投影都与圆的相应中心线重合。

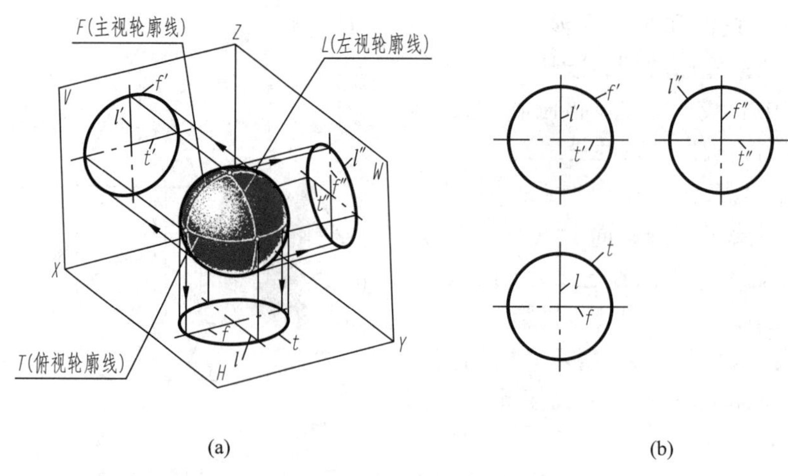

图 2-32 圆球的投影

(3) 球面上取点。球面上取点的方法，可采用辅助圆法。

【例 2-5】 图 2-33 所示为已知球面上 K 点的水平投影 k，求其正面投影 k'和侧面投影 k''。

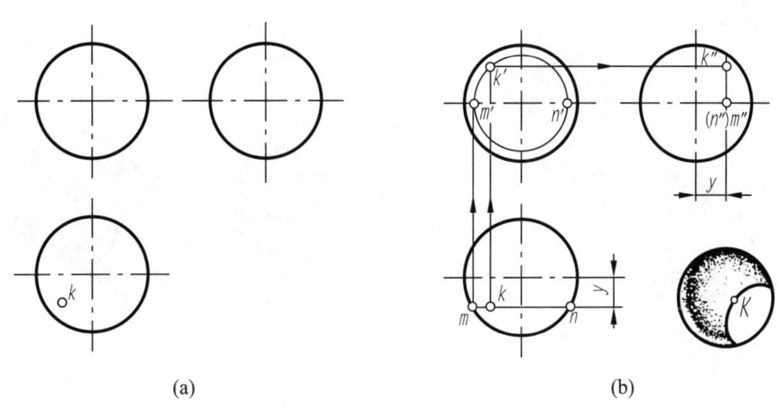

图 2-33 圆球表面上取点

根据 k 的位置和可见性，说明 K 点在前半球的左上部。过 K 点在球面上作平行于 V 面的辅助圆，即可在此辅助圆的各个投影上求得 K 点的相应投影。具体作法为在水平投影上过 k 作辅助圆的积聚投影 mn 线，再在主视图中作直径等于 mn 的圆，则可在该圆周的前左方得到 k'的正面投影，最后由 k'、k 求得 k''。

第四节 立体表面交线的投影

在工程上常常会遇到平面与立体、立体与立体相交的情形，如图 2-34 所示。有的是从完整的立体上截去一部分，有的是基本体相交，其表面相互交贯。绘图时，为正确表达这些立体，就要分析平面截切立体和两立体表面相交的情况，掌握立体表面交线的性质和画法。

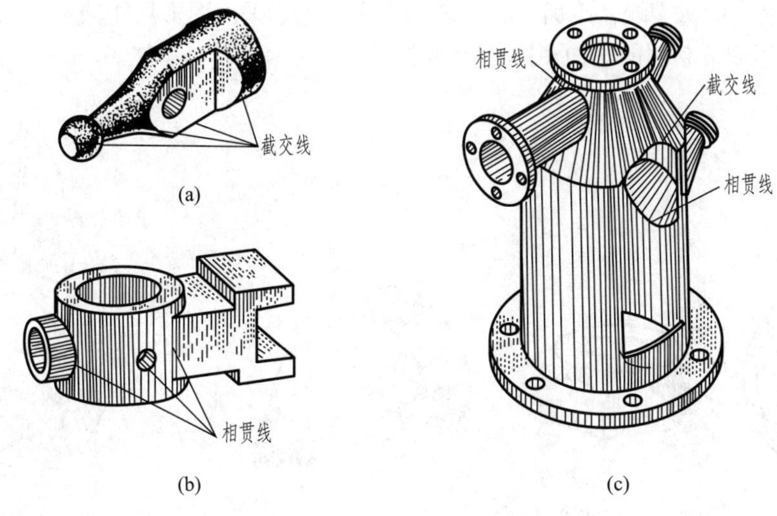

图 2-34 机件表面的交线

立体表面的交线分为截交线和相贯线两大类。

(1) 截交线。平面与立体表面的交线称为截交线，平面称为截平面，如图 2-35 (a) 所示。

(2) 相贯线。两基本体相交，其表面的交线称为相贯线，如图 2-35 (b) 所示。

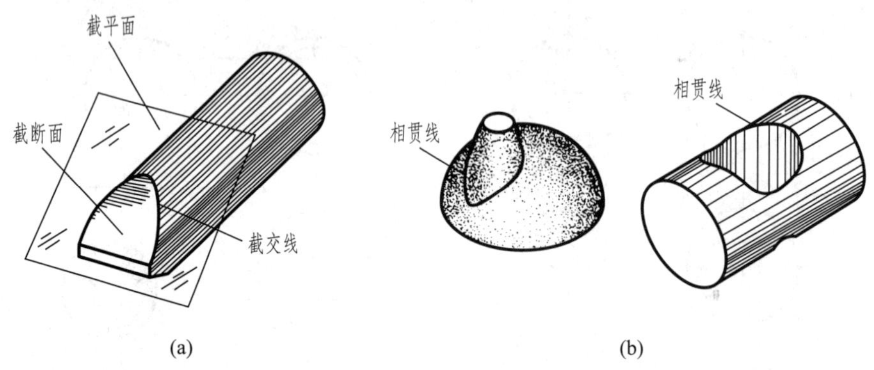

图 2-35 截交线和相贯线

一、截交线

1. 截交线的性质

图 2-36 所示为几个具有截交线的立体，这些立体都可以看成是截平面截切立体而形成的。由于构成立体的各基本体的形状和截平面对基本体的相对位置不同（截平面平行于基本体轴线或与轴线相交），所形成截交线的形状也不同。任何截交线都具有以下两个性质：

(1) 截交线是截平面截切立体所产生的交线，它是封闭的平面图形，该图形可能是平面折线、平面曲线或由平面折线和平面曲线组合而成。

(2) 截交线是截平面和立体平面的共有线，即截交线上所有点是截平面和立体表面的共有点。

因此，求截交线可以归结为求截平面与立体表面上一系列共有点的投影，然后把各点的同面投影依次连接起来，即得截交线的投影。

2. 截交线的画法

(1) 平面立体的截交线。平面立体的表面是由若干个平面图形所组成的，所以它的截交线是由直线所组成的封闭的平面多边形，如图 2-37 所示。

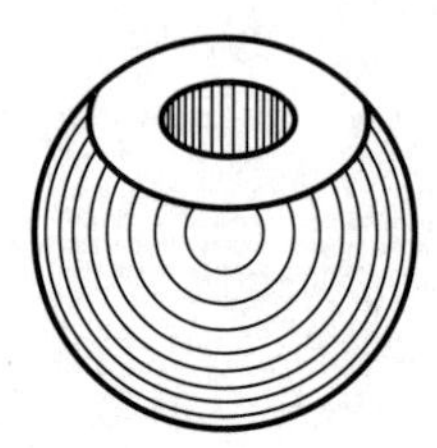
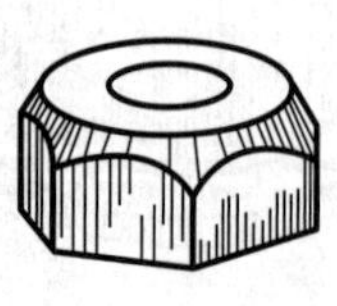
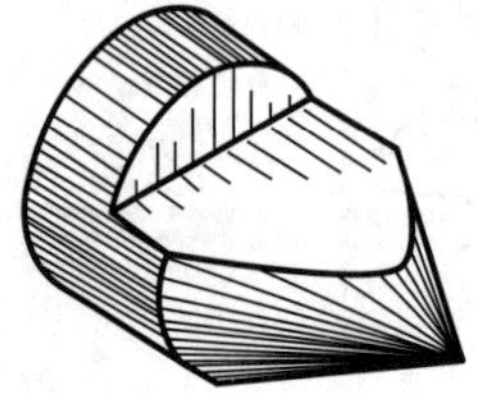
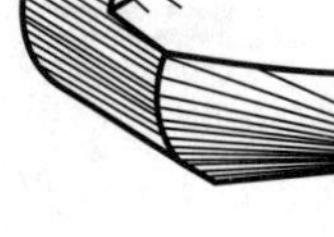

图 2-36 截交线示例

截交线 E D P C F B A

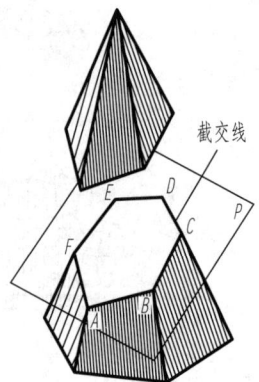

图 2-37 平面立体的截交线

【例 2-6】 如图 2-38（a）所示，正六棱柱被平面 P 所截，其截交线是六边形。六边形各顶点是平面 P 与正六棱柱各棱线的交点，六边形的六条边是平面 P 与六个侧棱面的交线，求截交线的投影即截平面与六条棱线交点的投影。

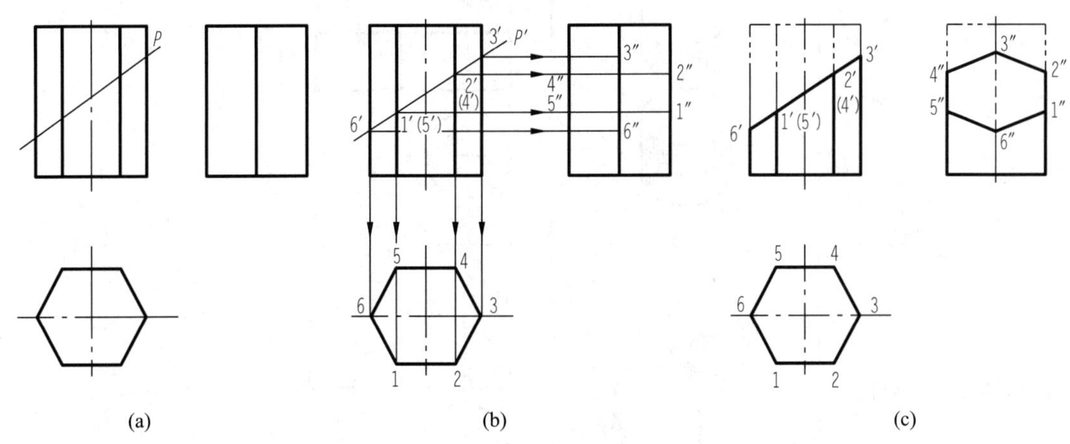

图 2-38 求作六棱柱的截交线

分析：

截平面 P 为正垂面，截交线的正面投影积聚为直线，截交线的水平投影与六个棱面重合为一正六边形，截交线的侧面投影为一六边形（类似形）。只要求出这个六边形的六个顶点的侧面投影，依次连接即得截交线的投影。

作图：

1）利用截平面的积聚性，首先确定截交线六边形各顶点的正面投影 1′、2′、3′、4′、5′、6′。

2）利用棱柱各棱面在水平投影面上的积聚性，作出各交点的水平投影 1、2、3、4、5、6。

3）根据线上点的投影特性，作出各交点的侧面投影 1″、2″、3″、4″、5″、6″，见图 2-38（b）。

4）依次连接各顶点的投影，见图 2-38（c）。

（2）回转体截交线。回转体截交线一般为封闭的平面曲线，或平面曲线与直线所围成的组合图形。

1）圆柱体的截交线。圆柱体被截切后产生的截交线，可因截平面与圆柱体轴线的相对位置不同而有不同的形状，见表 2-5。

表 2-5 **平面截切圆柱时的截交线**

截平面位置	立体图	投影图	截交线形状
截平面平行圆柱轴线			两条互相平行的直线

续表

截平面位置	立体图	投影图	截交线形状
截平面垂直于圆柱轴线			圆
截平面倾斜于圆柱轴线			椭圆

【**例 2-7**】 求作斜切圆柱的截交线，如图 2-39 所示。

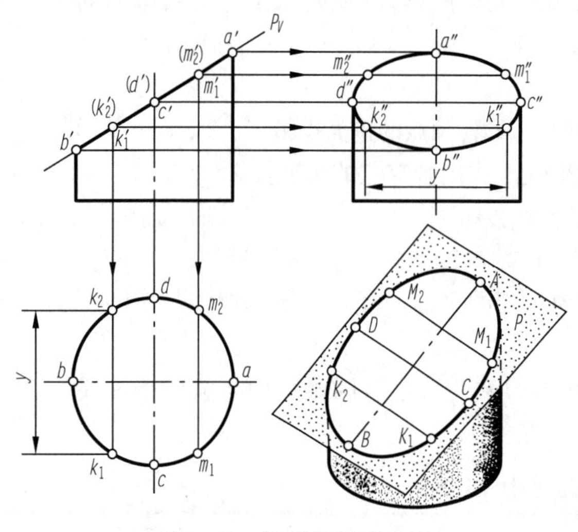

图 2-39 圆柱体的截交线

分析：

圆柱被正垂面斜切，截交线为椭圆。椭圆的正面投影积聚为一直线，椭圆的水平投影与圆柱正面投影重合为圆，椭圆的侧面投影为类似形，仍是椭圆。根据投影规律可由正面投影和水平投影求出侧面投影。

作图：

首先，求出截交线上的特殊位置点，即截交线上与各投影面距离最远和最近的点及位于转向轮廓上的点。截交线椭圆的长轴 A、B 是最高点和最低点，位于圆柱的最右、最左两条素线上，短轴 C、D 是最前点和最后点，位于圆柱的最前、最后两条素线上。根据水平投影 a、b、c、d 和正面投影 a'、b'、c'、d'，可求出侧面投影 a''、b''、c''、d''。然后，求一般位置点，为使作图准确，可在特殊点之间再定若干一般点。如图 2-39 所示，取 K_1、K_2、M_1、M_2 四点。作图时，先定出正面投影 k_1'、(k_2')、m_1'、(m_2')，再根据圆柱水平投影有积聚性作出四个点的水平投影 k_1、k_2、m_1、m_2，然后依次按投影规律求得其侧面投影 k_1''、k_2''、m_1''、m_2''，并光滑连接各点。

2）圆锥体的截交线。截平面与圆锥轴线的相对位置不同，其截交线有五种不同的形状，见表 2-6。

表 2-6 **圆 锥 截 交 线**

截平面位置	立体图	投影图	截交线形状
截平面垂直圆锥轴线	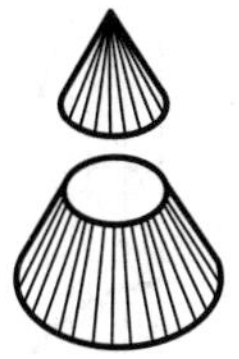	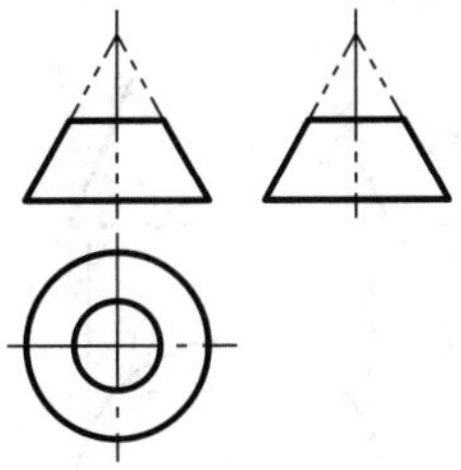	圆
截平面通过圆锥顶点	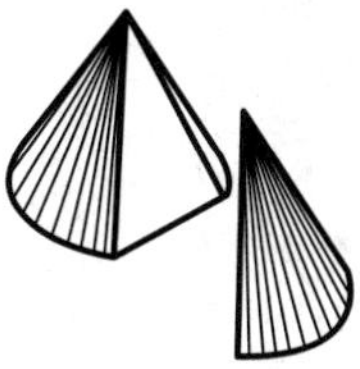	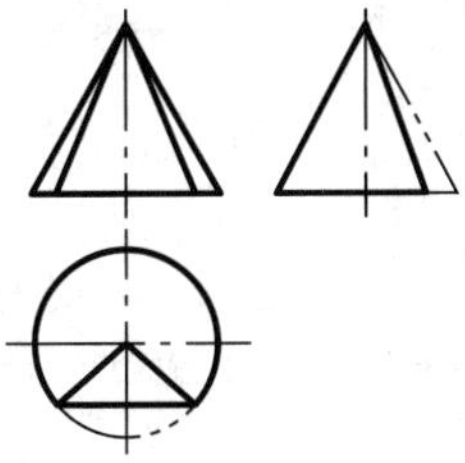	相交二直线
截平面和轴线相交 $\alpha<\beta$	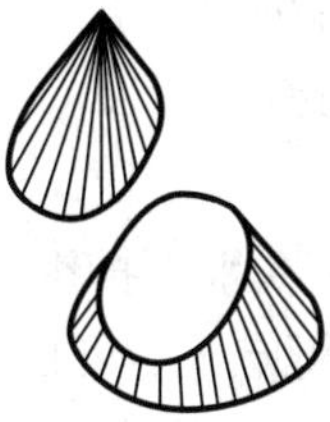	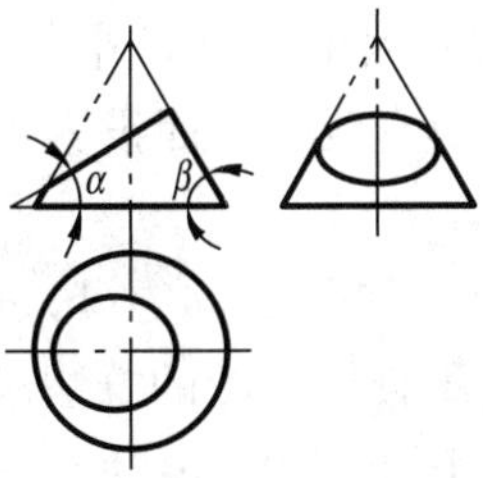	椭圆
截平面和轴线相交 $\alpha=\beta$	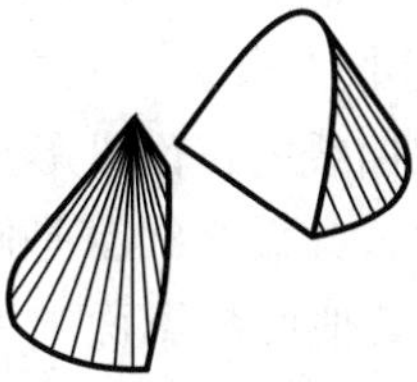	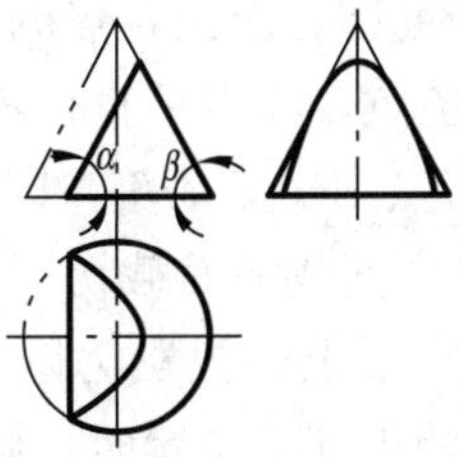	抛物线
截平面平行轴线 $\alpha>\beta$	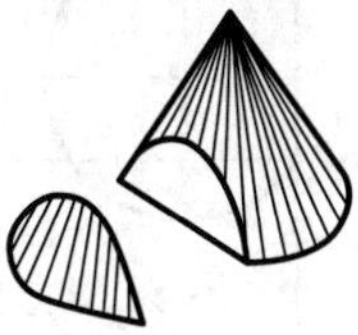	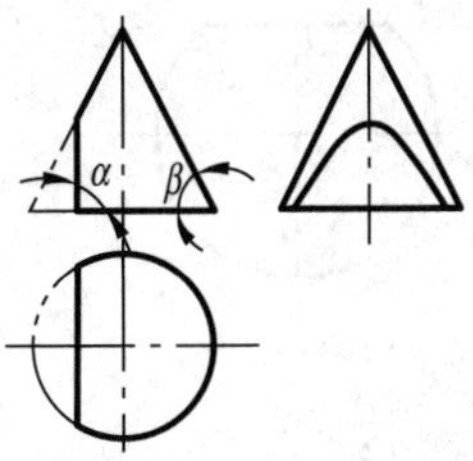	双曲线

当圆锥截交线为圆或直线时，其投影可直接画出。当圆锥面上的截交线是非圆曲线且截平面又垂直于某一投影面时，其截交线在该投影面的投影与截平面的迹线重合，即可作出曲线的一个投影。然后可利用圆锥面上取点的方法，求出曲线上一系列点的其他两个投影，再分别连成光滑的曲线。

【例 2-8】 求作被正平面截切的圆锥截交线，如图 2-40（a）所示。

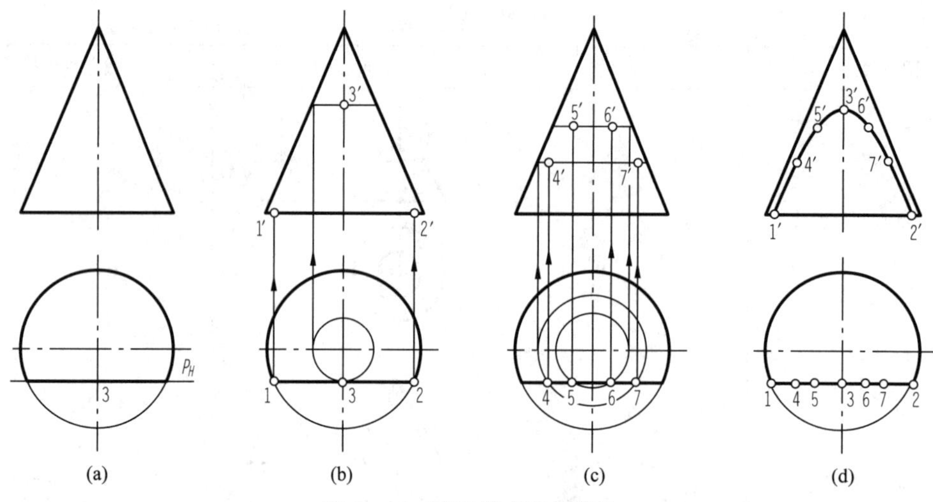

图 2-40 圆锥截交线的求法

(a) 已知条件；(b) 求特殊点；(c) 求一般点；(d) 完成截交线投影图

分析：

圆锥被正平面 P 截切，因正平面 P 平行于圆锥轴线，其截交线为双曲线。截交线的水平投影和侧面投影都积聚为直线，正面投影为双曲线。

作图：

① 先求出特殊位置点。如图 2-40（b）所示，在水平投影面上用辅助圆的方法求出最高点Ⅲ的正面投影 3′。利用直接作图的方法求出最低点Ⅰ、Ⅱ的正面投影 1′、2′。

② 求一般位置点。如图 2-40（c）所示，在水平投影上于三个特殊点之间取一般点 4、5、6、7，再过这些点作辅助圆，求出各点的正面投影 4′、5′、6′、7′。也可采用在圆锥面上作辅助线的方法求出上述各点，读者可自行考虑作图步骤。

③ 依次连接 1′、2′、3′、4′、5′、6′，即得双曲线的正面投影。

3）圆球截交线。任何位置截平面截切圆球时，其截交线都是圆。当截平面平行于某一投影面时，截交线在该投影面上的投影为圆，在其他两投影面上的投影都积聚为直线，如图 2-41 所示。当截平面处于其他位置时，则在截交线的三个投影中必有椭圆。

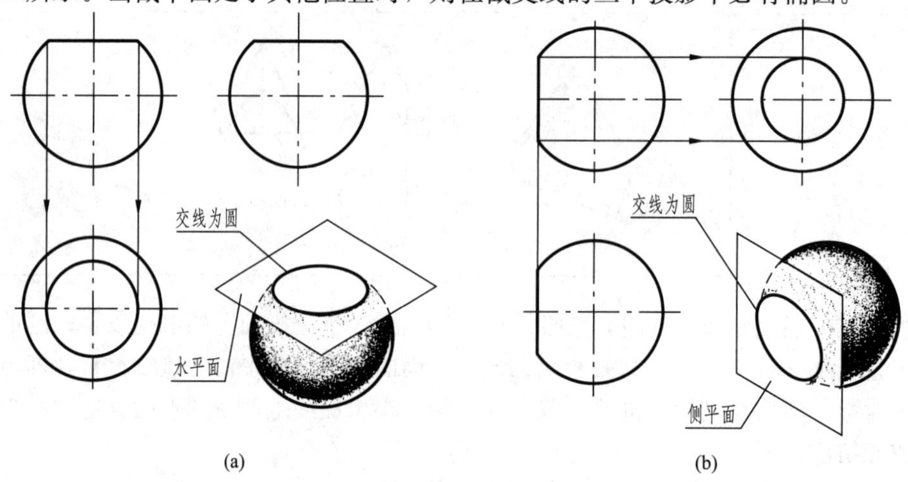

图 2-41 平面截切圆球

【例 2-9】 画出半圆球开槽的三视图，如图 2-42 所示。

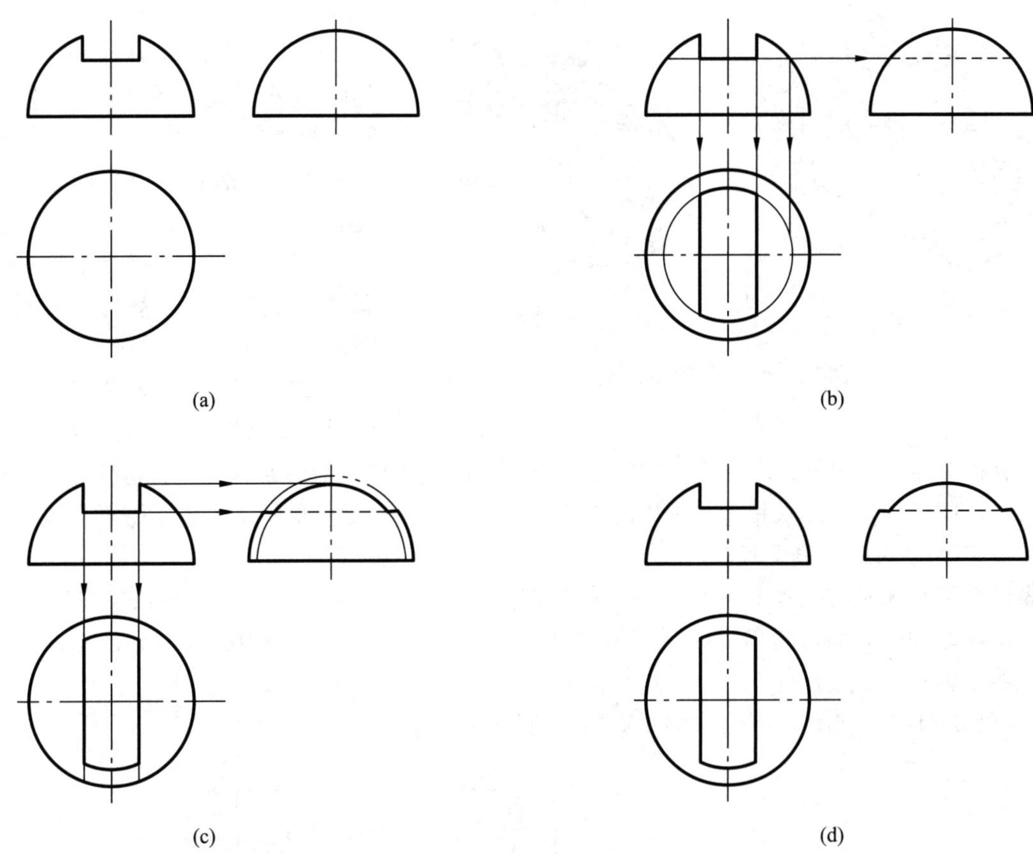

图 2-42 半球开槽的三视图的画法

(a) 画半球的投影以及截交线的正面投影；(b) 画水平面截切半球所得截交线的侧面投影和水平投影；(c) 画两侧平面截切半球所得截交线的侧面投影和水平投影；(d) 完成螺钉头部的投影

分析：

由于半球面被两个对称的侧平面和一个水平面所截切，所以两个侧平面与球面的截交线各为一段平行于侧面的圆弧，而水平面与球面的截交线为两段水平的圆弧。

作图：

具体作图过程如图 2-42 所示，首先画出完整半圆球的三视图。为求出圆弧的半径，可假设将切平面扩大，画出平面与整个球面的交线圆，然后留取实际存在的部分圆弧。

作图时，应注意以下两点：

① 因半圆球上平行于 W 面的圆素线被切去一部分，所以由开槽而产生的轮廓线（弓形面的圆弧线）在侧面的投影向内“收缩”。显然，槽越宽，半径越小；槽越窄，半径越大。

② 注意区分槽底侧面投影可见性。

二、相贯线

1. 概述

两个基本体相交，其表面交线称为相贯线，两个基本体称为相贯体。如图 2-43（a）

所示的三通是圆柱与圆柱相交，如图 2-43（b）所示的轴承盖是圆台与球相交，都产生相贯线。

由于组成机件的各基本体的几何形状、大小和相对位置不同，相贯线的形状也不相同，但任何相贯线都具有以下两个基本性质：

（1）相贯线是两个基本体表面的共有线，是一系列共有点的集合。

（2）因为基本体具有一定的范围，所以相贯线一般是封闭的。

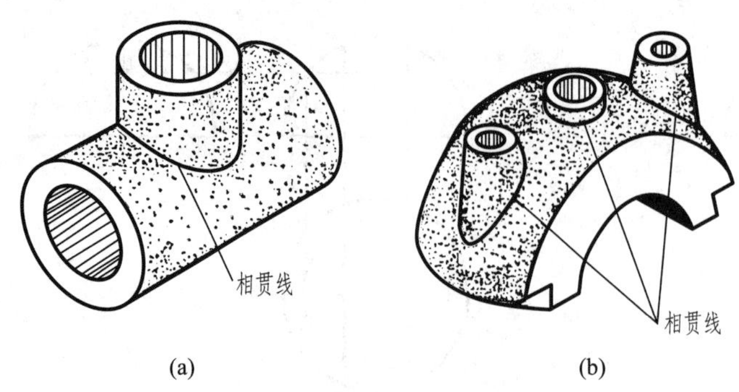

图 2-43　形体的相贯线

（a）三通；（b）轴承盖

根据上述性质可知，求相贯线的实质，就是求两基本体表面的共有点，将这些点依次连接起来，即得相贯线。求相贯线常用的方法有两种：利用积聚性的方法和辅助平面法。

2. 利用积聚性求相贯线

两个回转体相贯，其中一个是圆柱体并且轴线与某一投影面垂直时，则圆柱面在该投影面上的投影积聚为圆，其相贯线也积聚在这个圆上。因此，可以利用积聚性和已知曲面上点、线投影求相贯线。

【例 2-10】 如图 2-44 所示，求两圆柱的相贯线。

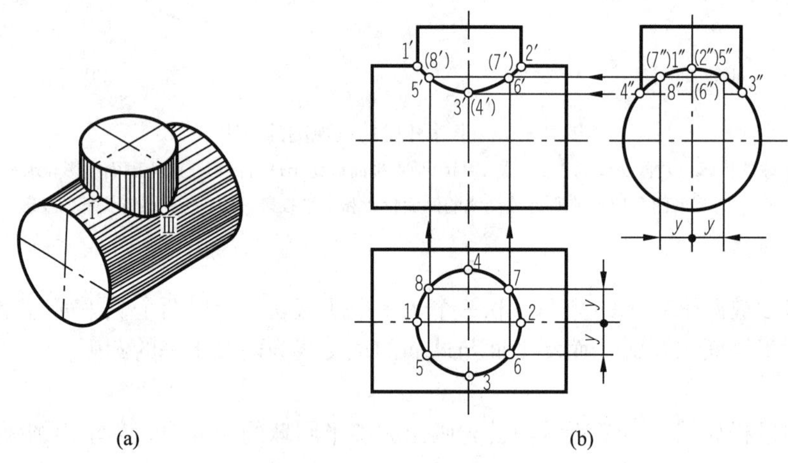

图 2-44　正交两圆柱相贯

分析：

该题为轴线正交的两圆柱相贯，铅垂方向的圆柱直径较小，其表面全部与直径较大的圆柱表面相交，相贯线是一条空间曲线。

因为两圆柱的轴线分别垂直于水平面投影面和侧面投影面，所以相贯线的水平投影积聚在小圆柱的水平投影圆周上，侧面投影积聚在大圆柱的侧面投影上（即小圆柱轮廓线之间的一段圆弧），都不需要再求。因此，问题可归结为，已知相贯线的水平面投影和侧面投影，求其正面投影，可以采用积聚性法求解。

作图：

（1）求特殊点。正面投影中两圆柱转向轮廓的交点 1′和 2′是相贯线最高点的投影，侧面投影在中心线上重合为一点，即 1″（2″）。侧面投影中小圆柱转向轮廓线与大圆柱的交点 3″、4″是相贯线最低点的投影。由于小圆柱侧面投影中的转向轮廓线在正面投影中与轴线重合，所以可以比较容易地求出 3′和（4′）。

（2）求一般位置点。在相贯线的侧面投影上取前、后对称的 5″、（6″）、8″、（7″）四点，然后求出其水平投影 5、6、7、8 后，再求其正面投影 5′、（8′）、6′、（7′）。

（3）光滑连接曲线。按各点水平投影的顺序，连接各点的正面投影，即得相贯线的正面投影。相贯线的前半部分是在两个圆柱的可见表面上，正面投影为可见，画成粗实线；后半部分为不可见，但与前半部分重合，因此不必再画虚线。

3. 利用辅助平面法求相贯线

利用辅助平面求两回转体表面共有点的方法，其基本原理是三面共点。设想用辅助平面截切两回转体，分别得到两条截交线，这两条截交线的交点，既在截平面内，又在两回转体表面上，因而是三个面的共同点。显然这些交点就是相贯线的点。因此，用一系列的辅助平面，可求出相贯线上的点。把这些点的同面投影光滑地连接起来，即为所求相贯线的投影，如图 2－45 所示。

为便于作图，应使辅助平面与两回转体表面截交线的投影是简单易画的圆或直线，通常多选用与投影面平行或垂直的平面作为辅助平面。

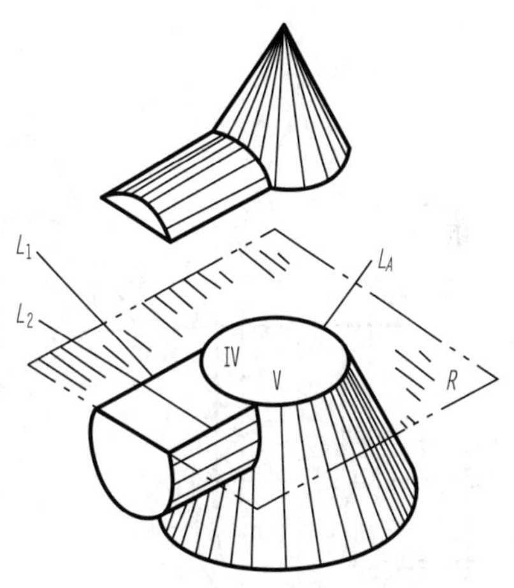

图 2－45　辅助平面法的作图原理

【例 2－11】 求作图 2－46（a）所示圆柱与圆锥的相贯线。

分析：

由图 2－46（a）所示的已知条件，两立体轴线正交，且在同一平面内，因此相贯线是前后对称的闭合曲线。圆柱轴线为侧垂线，相贯线的侧面投影在圆柱面的侧面投影圆上，则只需求出正面投影和侧面投影。

作图：

（1）作特殊点。如图 2－46（b）所示，圆柱与圆锥对称面的轮廓线相交于Ⅰ、Ⅱ两点，由正面投影 1′、2′求其水平投影 1、2 及侧面投影 1″、2″，它们是相贯线的最高点和最低点。过圆柱轴线作辅助平面 P_1，与圆柱面相交于最前、最后两条素线，与圆锥相交的截交线为圆，其水平投影反映实形。在截交线的水平投影相交处，作出相贯线上最前点Ⅲ和最后点Ⅳ的水平投影 3、4，由 3、4 在 P_{1V}和 P_{1W}上分别作出 3′、4′和 3″、4″。

（2）作一般点。如图 2－46（c）所示，在点Ⅰ、Ⅱ间适当的位置作出辅助水平面 P_2 的正面投影 P_{2V}及其侧面投影 P_{2W}。P_2 与圆柱、圆锥都相交，与圆柱的交线为两条素线，两条素线间的距离可从侧面投影中量取；P_2 圆锥截交出圆，其水平投影反映实形，半径可从正面或侧面投影量取。在水平投影中分别作出素线和圆的交点 5、6，再由 5、6 求出 5′、6′。用同样的方法作出辅助水平面 P_3，即可求出 7、8 和 7′、8′。

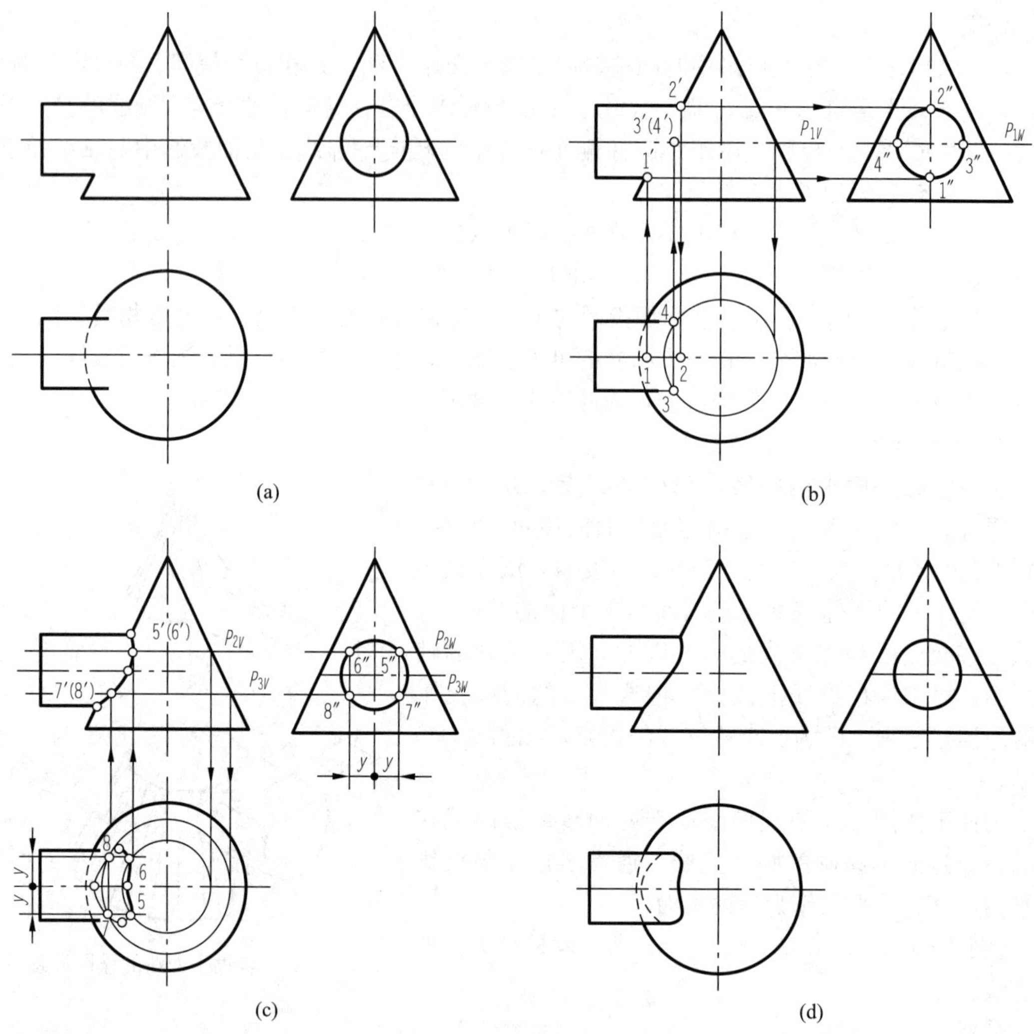

图 2-46 圆柱与圆锥相贯线的画法

(a) 已知条件；(b) 求特殊点；(c) 求一般点、连线；(d) 作图结果

(3) 光滑连接曲线。将正面、水平投影分别连成光滑曲线，判别可见性，即得相贯线投影，如图 2-46 (d) 所示。

4. 相贯的特殊情况

两回转体相贯时，其相贯线一般为空间曲线。但在特殊情况下，也可能是平面曲线或是直线。当两个回转体具有公共轴线时，其相贯线为圆，如图 2-47 所示。

圆柱与圆柱、圆柱与圆锥轴线相交，并公切于一圆球时，相贯线为两个椭圆。在两回转体轴线同时平行的投影面上，椭圆的投影为直线，如图 2-48 所示。

当两圆柱轴线平行或两圆锥具有公共顶点而相交时，其相贯线为两条直线段，如图 2-49 所示。

5. 相贯线近似画法

当两圆柱正交且直径相差较大时，其相贯线可以采用圆弧代替非圆曲线的近似画法。如图 2-50 所示，相贯线可用大圆柱的半径 $D/2$ 为半径作圆弧代替非圆曲线的相贯线。

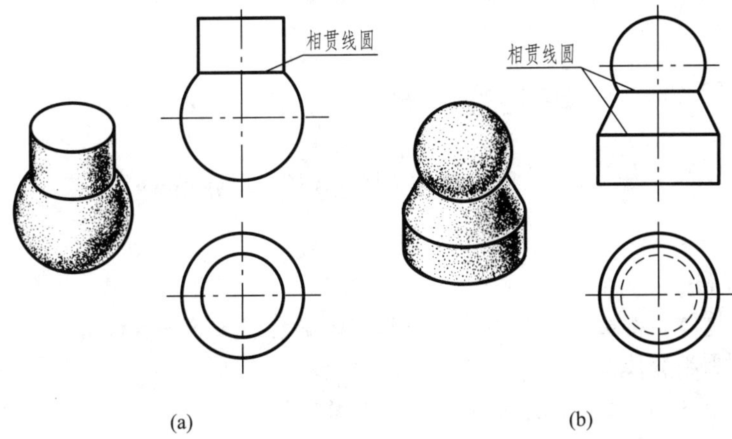

图 2-47 相贯线的特殊情况（一）

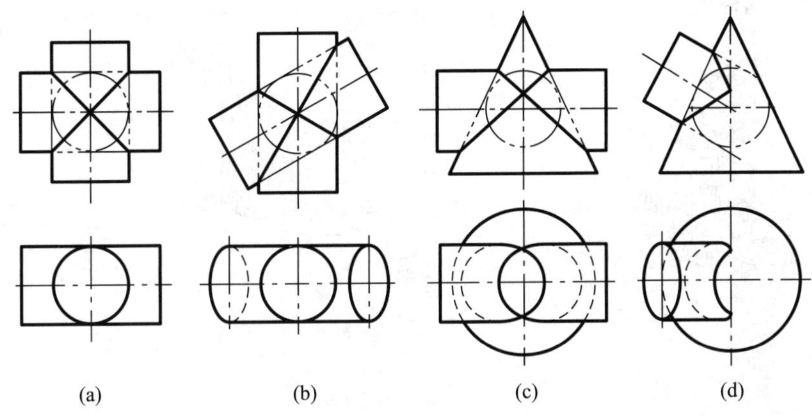

图 2-48 相贯线的特殊情况（二）

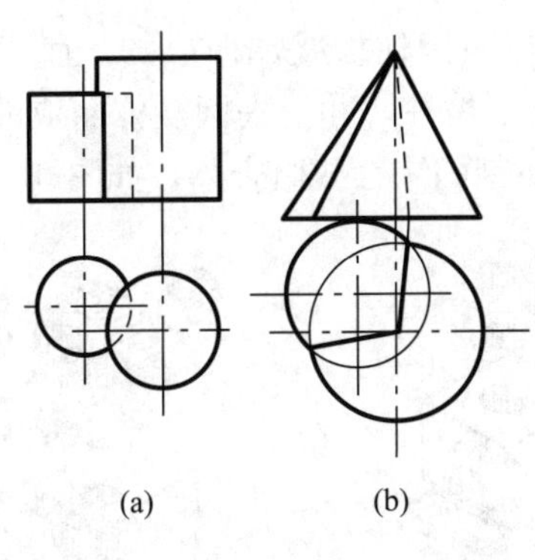

拓展视频

图 2-49 相贯线的特殊情况（三）

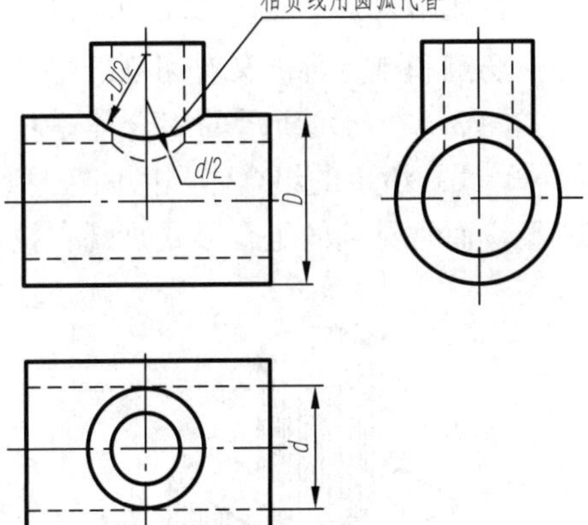

图 2-50 用圆弧代替相贯线

第三章　组　合　体

第一节　组合体的构形分析

一、形体分析法

任何复杂的物体，都可看成是由若干个基本体组合而成的。这种由两个或两个以上基本体组成的物体称为组合体。

在组合体的绘图、读图和标注尺寸过程中，通常假想将其分解成若干个基本体，弄清楚各基本体的形状、相对位置、组合形式及表面连接关系。这种“化整为零”，使复杂问题简单化的分析方法，称为形体分析法。如图 3－1 所示的支架可分解为直立空心圆柱、底板、肋板、耳板和水平空心圆柱五部分。形体分析法是绘制、识读组合体视图及标注尺寸最基本的方法。

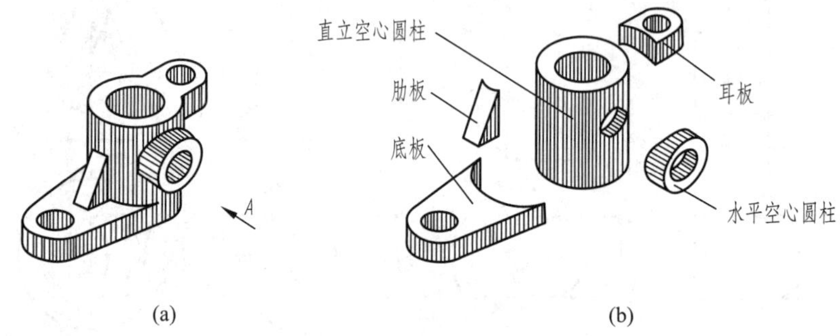

图 3－1　支架的形体分析

(a) 支架；(b) 支架的形体分析

二、组合体的组合形式

组合体中各基本体组合时的相对位置关系，称为组合形式。常见的组合形式大体上分为叠加、切割和既有叠加又有切割的综合形式。

如图 3－2（a）所示的组合体是由圆柱体与四棱柱板叠加而成的，属于叠加型。又如图 3－2（b）所示的组合体是由四棱柱切去两个三棱柱，并挖去圆柱体而成的组合体，属于切割型。而常见到的组合形式是既有叠加又有切割的综合式组合体，如图 3－2（c）所示。

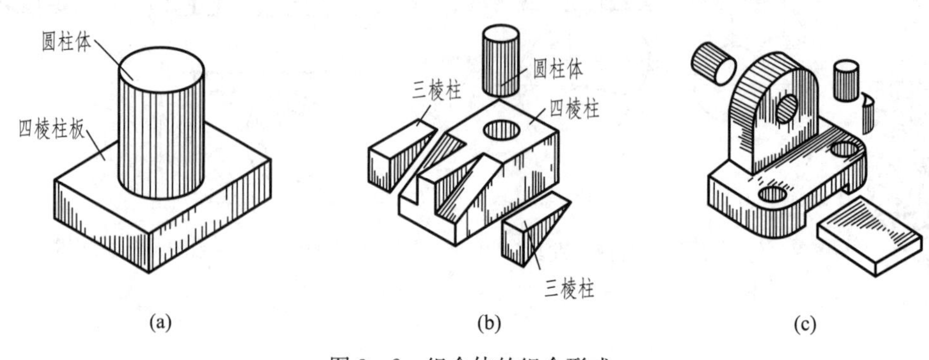

图 3－2　组合体的组合形式

三、组合体各组成部分的表面连接关系

在组合体上，各形体相邻表面之间按其表面形状和相对位置不同，连接关系可分为平齐、不平齐、相切和相交四种情况。连接关系不同，连接处投影的画法也不同。

1. 平齐

当相邻两形体的表面平齐（共面）时，中间不应有线隔开，如图 3－3 所示。

2. 不平齐

当相邻两形体的表面不平齐（不共面）时，中间应该有线隔开，如图 3－4 所示。

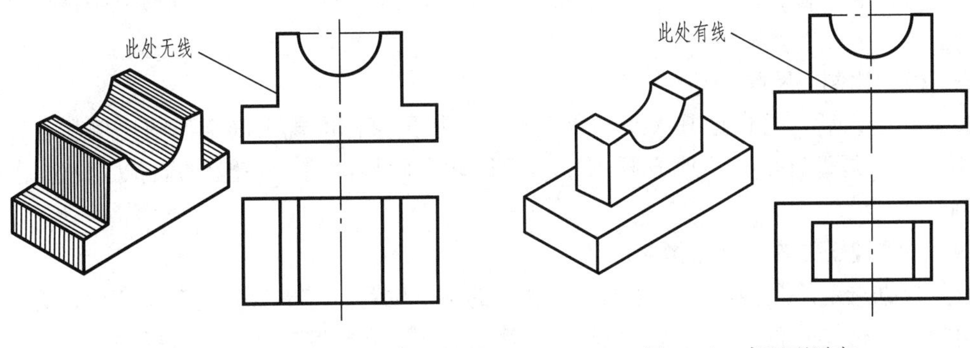

图 3－3 表面平齐　　图 3－4 表面不平齐

3. 相交

当相邻两形体的表面相交时，在相交处应该画出交线，如图 3－5 所示。

4. 相切

当相邻两形体的表面相切时，由于在相切处两表面是光滑过渡的，故在相切处不应该画线，但耳板的顶面投影应画到切点处，如图 3－6 所示。

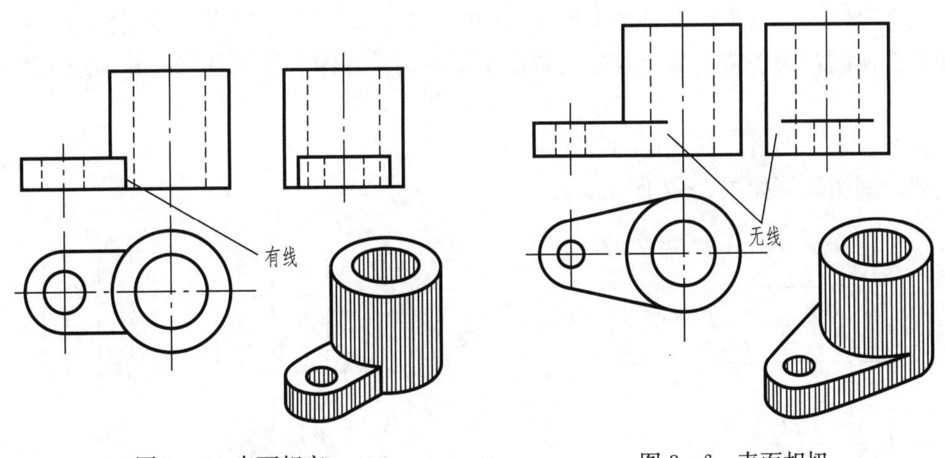

图 3－5 表面相交　　图 3－6 表面相切

第二节 组合体三视图的画法

画组合体三视图的基本方法是形体分析法。下面以图 3－1（a）所示的支架为例，说明画图的方法和步骤。

一、形体分析

画图之前，首先应对组合体进行分析，将其分解成几个组成部分，明确各基本体的形状、组合形式、相对位置及表面连接关系，以便对组合体的整体形状有个总体了解，为画图做准备。

二、选择主视图

主视图是最重要的视图。确定主视图，就是要解决组合体的放置和投射方向两个问题。通常选择能将组合体各组成部分的形状和相对位置明显地反映出来的方向，作为主视图的投射方向，并按自然位置放置，使其各表面能较多地处于特殊位置，还要兼顾其他两个视图的表达。

三、确定比例、图幅

视图确定以后，要根据其大小和复杂程度，按国家标准规定确定作图比例和图幅；图幅大小应考虑是否有足够的地方画图、标注尺寸和画标题栏。一般情况下尽量选用 1∶1 的比例。

四、布置视图位置、画作图基准线

首先根据选定的图幅，初步考虑三个视图的基本位置，应尽量做到布置合理、美观。

再根据组合体的总长、总宽、总高，并注意视图之间要留有适当地方标注尺寸，匀称布图，画出作图基准线。

五、画底稿

按形体分析法逐个画出各形体。先从反映形状特征明显的视图画起，后画其他两个视图，三个视图配合进行。一般顺序是：先画主要部分，后画次要部分；先画可见部分，后画不可见部分；先叠加，后切割；先画圆弧，后画直线。

六、检查、加深

底稿画完以后，逐个检查各基本形体表面的连接关系，纠正错误，补充遗漏。由于组合体内部各形体融合为一体，要检查是否画出了多余的轮廓线。经认真修改并确定无误后，擦去辅助图线。

底稿经检查无误后，按规定标准线型描深。

支架的画图步骤如图 3-7 所示。

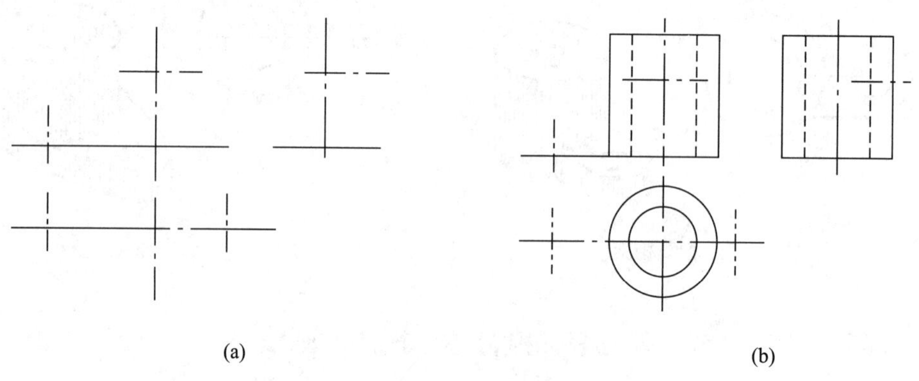

图 3-7　支架的画图步骤（一）

(a) 画出作图基准线；(b) 画主要形体（直立空心圆柱）的视图

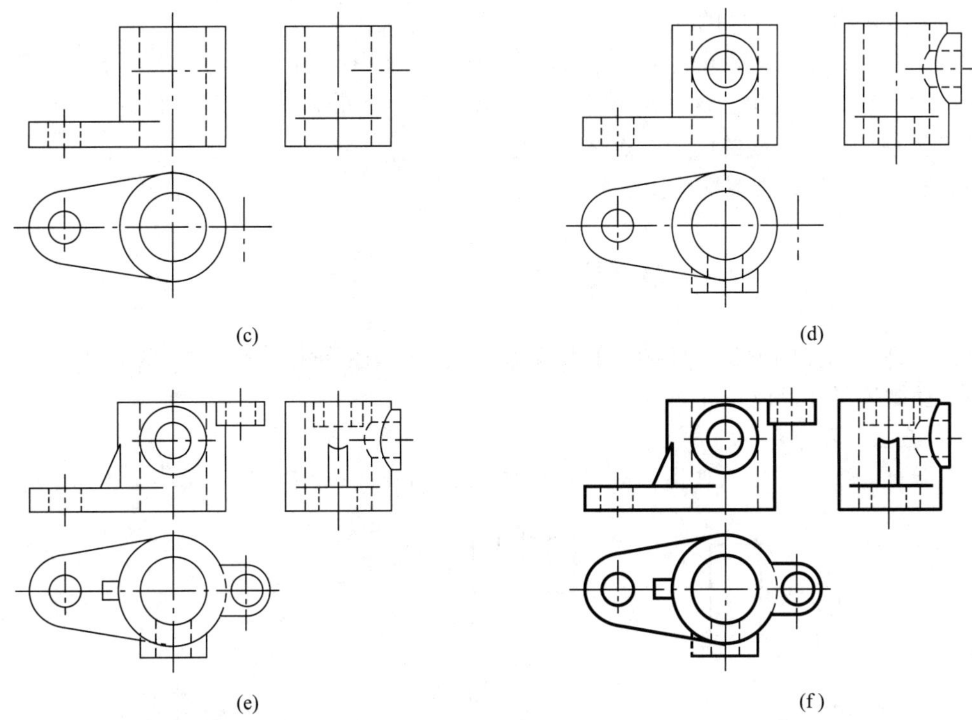

图 3-7　支架的画图步骤（二）

(c) 画底板；(d) 画水平空心圆柱；(e) 画肋板和耳板；(f) 检查并擦去辅助图线，描深

对于切割型组合体三视图的画法，在形体分析，选择主视图，确定比例、图幅，布置视图位置、画作图基准线四个步骤上是相同的，在第五步画底稿时作图方法有所区别。如图 3-8 (a)所示切割型组合体的三视图，其画图步骤如图 3-8 (b)～(f) 所示。

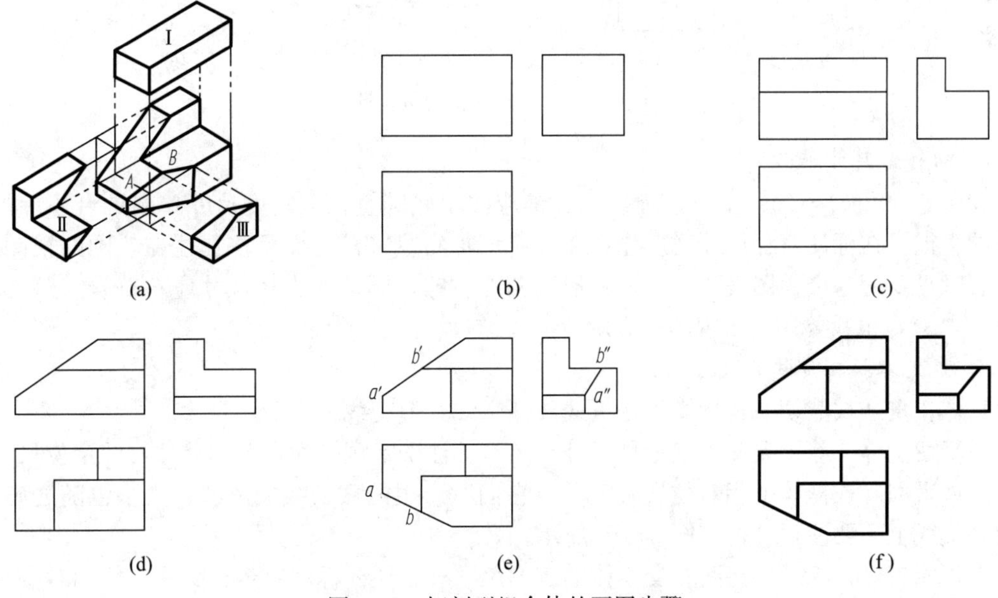

图 3-8　切割型组合体的画图步骤

(a) 切割示意图；(b) 画未切割的长方体；(c) 切去Ⅰ；(d) 切去Ⅱ；(e) 切去Ⅲ；(f) 整理并加深

（1）画出未切割长方体的三视图。

（2）分别切去第Ⅰ、第Ⅱ、第Ⅲ部分，画出相应各视图，注意每切一次，要画出平面与立体表面的交线，尤其在二斜面相交时，交线是一般位置直线，要按照长对正、高平齐、宽相等的投影规律求出交线的两个端点之后连线。

（3）整理并加深，即完成作图。

第三节　尺　寸　标　注

视图表达了物体的形状，而物体的真实大小是由视图上所标注的尺寸来确定的。

一、立体的尺寸标注

1. 平面立体尺寸标注

平面立体一般应标注出其长、宽、高三个方向的尺寸，如图 3－9（a）～（c）所示。

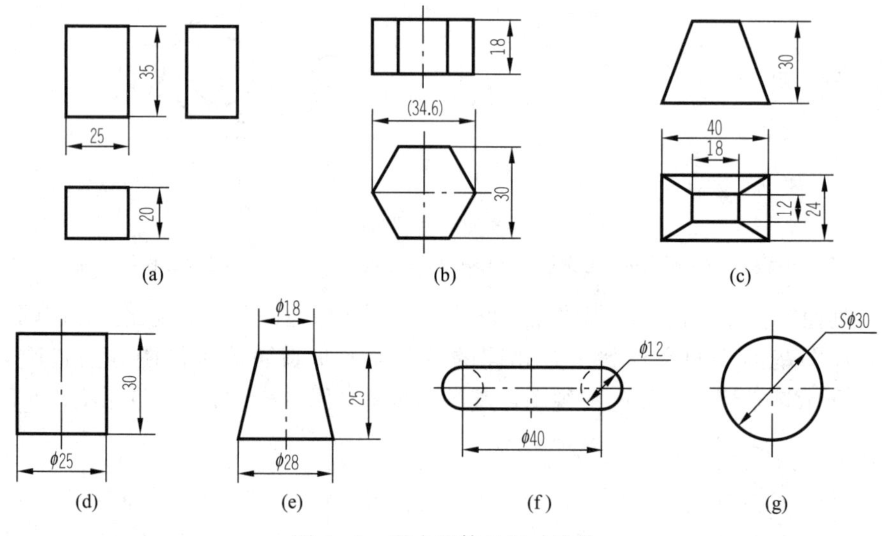

图 3－9　基本形体的尺寸注法

2. 回转体尺寸标注

如图 3－9（d）～（g）所示，圆柱和圆锥应注出底圆直径和高度尺寸，圆锥台还应加注顶圆的直径。在标注直径尺寸时应注意在数字前加符号“ϕ”，而且往往注在非圆的视图上。这样有时只要用一个视图表达即可，其他视图可省略。圆球的直径尺寸应在符号“ϕ”前加注符号“S”，也只要用一个视图来表示。

3. 截交体和相贯体的尺寸标注

物体相贯或被截切后，均产生相贯线或截交线，但交线上不能注尺寸。

对于切割体，除了要注出定形尺寸外，还有标注确定截平面位置的尺寸，即定位尺寸。

当截平面与被截体的相对位置确定后，它们所产生的截交线的形状、大小也随之确定，因此在交线上不要注尺寸，如图 3－10 所示。

对于相贯体，除了应注两相交立体的定形尺寸外，还要标注决定相交两立体相对位置的定位尺寸。相交两立体的大小及相对位置一定，则它们相贯线的形状与大小也随之确定，因此在相贯线上也不能注尺寸，如图 3－11 所示。

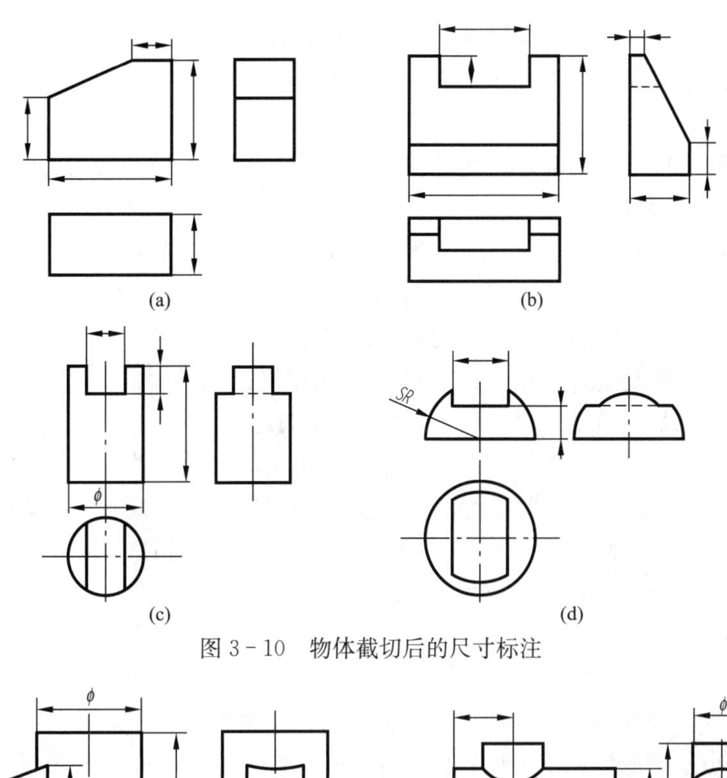

图 3－10　物体截切后的尺寸标注

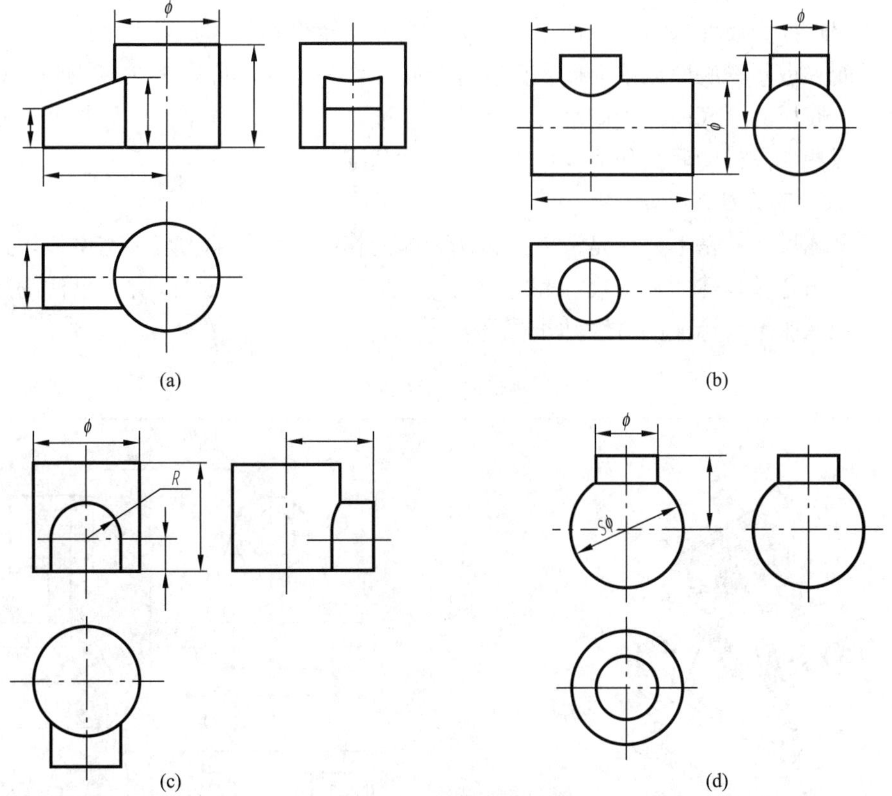

图 3－11　相贯体的尺寸标注

二、组合体的尺寸标注

1. 组合体尺寸标注的基本要求

组合体的尺寸标注必须正确、完整、清晰。

(1) 正确。尺寸注法符合国家标准规定，尺寸数值正确。

(2) 完整。所注尺寸能使组合体中各形体的大小和相对位置唯一确定，即尺寸齐全，不遗漏，不重复。

(3) 清晰。所注尺寸布局合理、美观，便于读图，不致发生误解或混淆。

2. 组合体尺寸的分类

组合体上一般要标注三类尺寸：定形尺寸、定位尺寸和总体尺寸。

(1) 定形尺寸。确定组合体中各组成部分的形状和大小的尺寸称为定形尺寸。表 3-1 中圆筒直径 ϕ22、ϕ14 和圆筒长度 24 即为圆筒的定形尺寸。

(2) 定位尺寸。确定组合体中各组成部分之间相对位置的尺寸称为定位尺寸。表 3-1 中确定圆筒上下、前后位置的尺寸 32 和 6 即为圆筒的定位尺寸。

(3) 总体尺寸。确定组合体外形总长、总宽、总高的尺寸称为总体尺寸。表 3-1 中轴承座的总长 60 即为总体尺寸。若组合体的端部为回转体时，则该处总体尺寸一般不直接注出，通常只注回转体中心线位置尺寸。见表 3-1 中轴承座不标注总高尺寸，只标出圆筒中心线位置，则轴承座的总高尺寸计算可得。

3. 尺寸基准

组合体各形体之间的定位尺寸是互相关联的，以哪个尺寸为准便涉及尺寸基准的问题。标注尺寸的起点称为尺寸基准。一般在长、宽、高方向至少各有一个尺寸基准。通常以组合体的对称平面、重要的底面或端面以及回转体的轴线作为尺寸基准。表 3-1 所示的轴承座，以安装面——底板的下底面作为高度方向的尺寸基准，以左右对称平面作为长度方向的尺寸基准，以底板和支撑板的后面作为宽度方向的尺寸基准。

4. 标注尺寸的方法和步骤

标注组合体尺寸的基本方法是形体分析法。即先将组合体分解为若干基本体，选择尺寸基准，逐一注出各基本体的定形尺寸和定位尺寸，最后考虑总体尺寸，并对已注的尺寸做必要的调整。轴承座尺寸标注的方法和步骤见表 3-1。

表 3-1　　轴承座尺寸标注

<table>
<tr><td>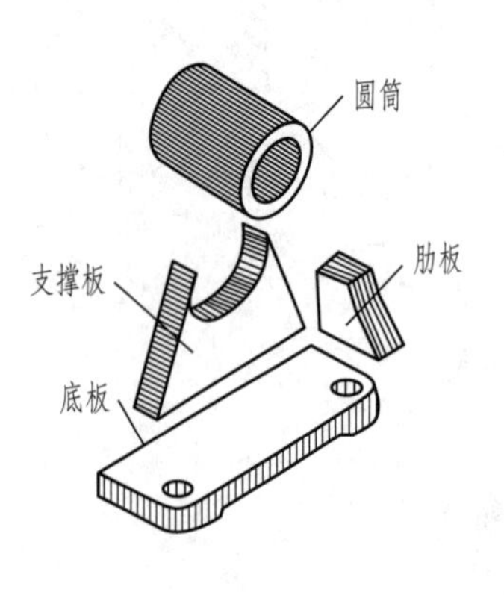
</td><td>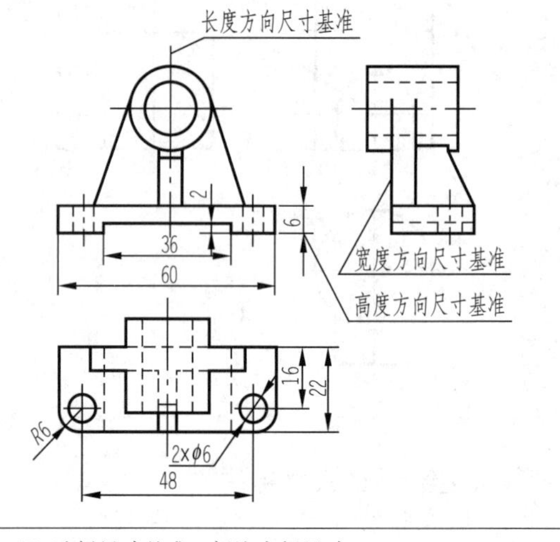
</td></tr>
<tr><td>(1) 轴承座的形体分析</td><td>(2) 选择尺寸基准，标注底板尺寸</td></tr>
</table>

续表

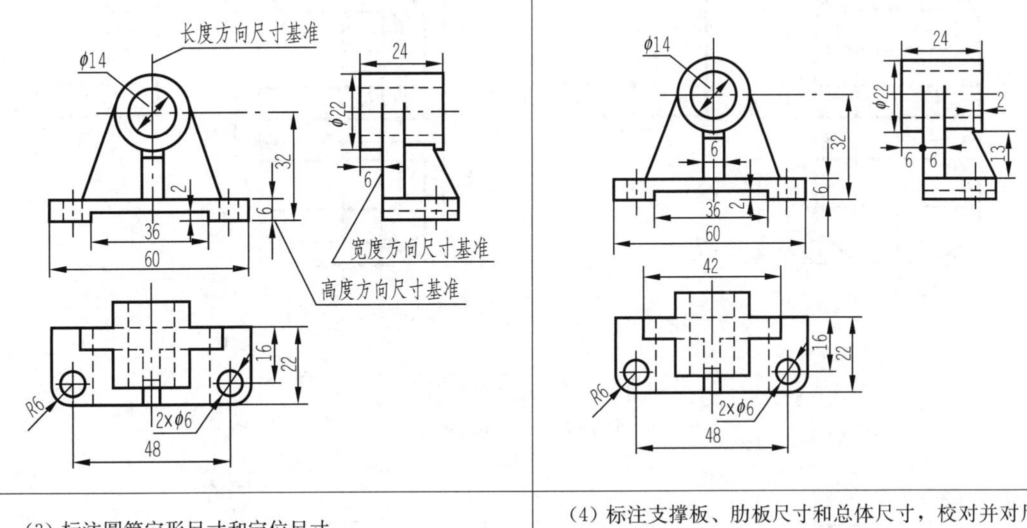

(3) 标注圆筒定形尺寸和定位尺寸	(4) 标注支撑板、肋板尺寸和总体尺寸，校对并对尺寸做必要的调整

5. 标注尺寸时应注意的问题

(1) 尺寸应尽量标注在反映各形体形状特征明显、位置特征清楚的视图上。同一形体的定形尺寸和定位尺寸应尽量集中标注，以便读图，如图 3－12 所示。

(2) 虚线上尽量不注尺寸，如图 3－12 所示的圆孔直径。

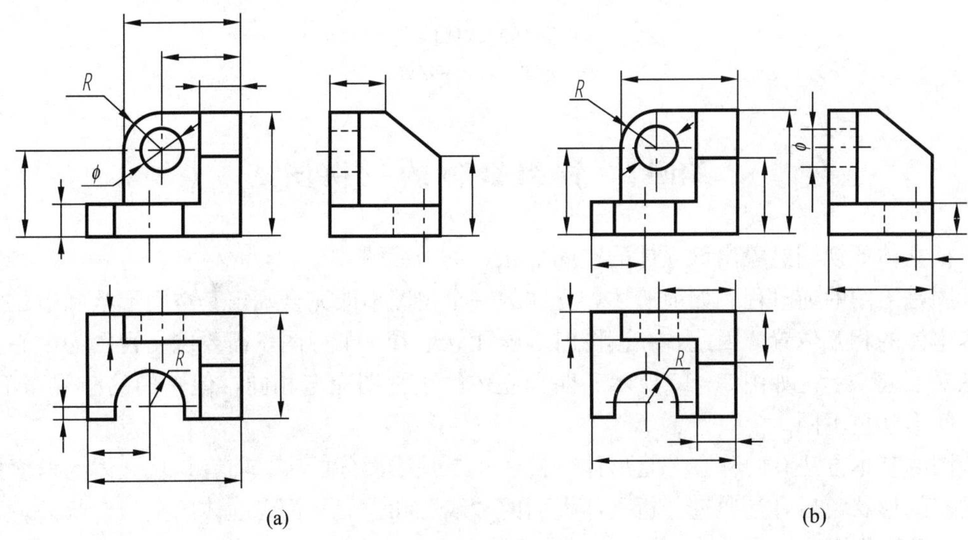

图 3－12　尺寸应尽量标注在反映各形体特征明显的视图上

(a) 清晰；(b) 不清晰

(3) 尺寸应尽量标注在视图的外部，与两个视图有关的尺寸应尽量标注在有关视图之间，如图 3－13 所示。

(4) 同轴回转体的各径向尺寸一般注在非圆视图上。圆弧半径应注在投影为圆弧的视图上，如图 3－14 所示。

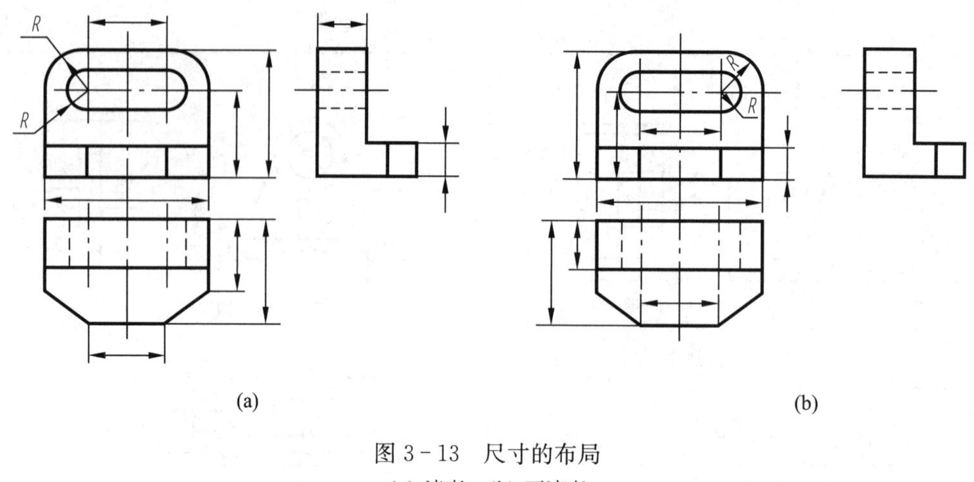

图 3－13 尺寸的布局
（a）清晰；（b）不清晰

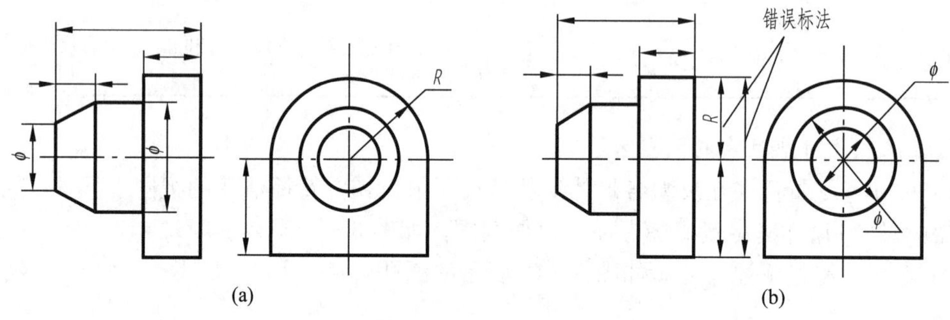

图 3－14 同轴回转体的尺寸标注
（a）正确；（b）不正确

第四节 读组合体的三视图

根据立体的视图想象出该立体的空间形状，称为读图。

读图是绘图的逆过程。如前所述，立体的一个视图不能完全确定其空间形状和组成立体的各基本体的相互位置。因此，在读图时不能孤立地看一个视图，需要以主视图为中心，几个视图对照起来看。如图 3－15 所示，四个立体的主视图完全相同，但它们的俯视图不同，因而空间形状也不同。

读图的基本方法有两种：一是形体分析法；二是线面分析法。前者是从立体的角度构思立体的空间形状，后者是通过分析立体表面的“线”和“面”构思立体的空间形状。

一、形体分析法

利用形体分析法读图就是将组合体的视图分解为若干个部分，找出各视图中的相关部分，分别想象出各个部分的形状，然后综合起来，把各个组成部分按视图位置加以组合，构思出立体的整体形状。下面以图 3－16 为例说明读图的具体步骤。

（1）如图 3－16（a）所示，将主视图分为四个线框，其中，线框 3 为左、右两个完全相同的三角形，因此可归结为三个线框。每个线框各代表一个基本形体。

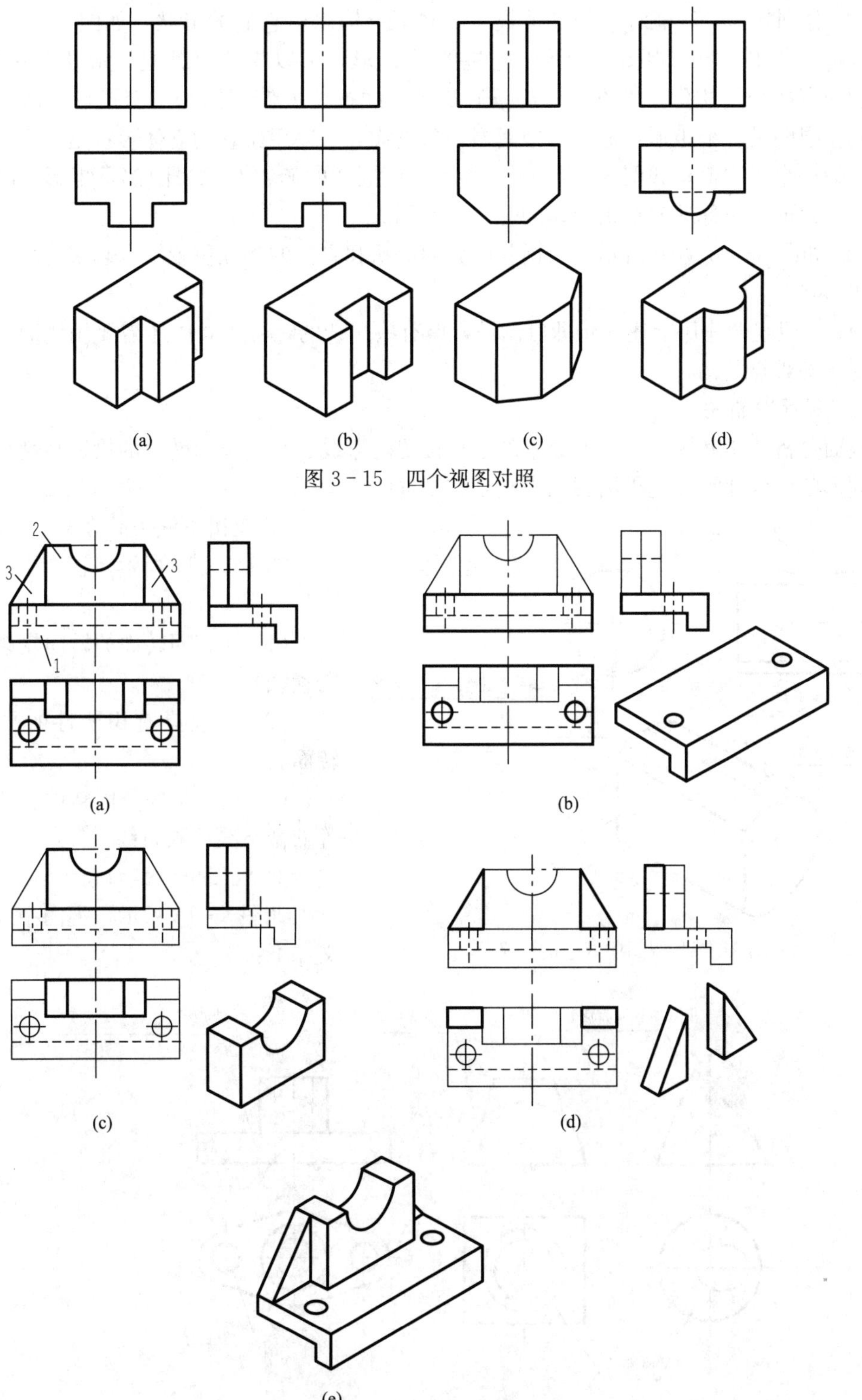

图 3-15 四个视图对照

图 3-16 用形体分析法读图

(a) 将主视图分为四个线框；(b) 线框 1 所对应的基本形状；(c) 线框 2 所对应的基本形状；(d) 线框 3 所对应的基本形状；(e) 综合起来想整体

（2）分别找出各线框对应的其他投影，并逐一构思出它们的形状。如图 3－16（b）所示，线框 1 的主、俯二视图是矩形，左视图是 L 形，可以想象出其立体形状是一块弯板，板上制作有两个圆柱孔；如图 3－16（c）所示，线框 2 的俯视图是一个矩形中间多两条直线，其左视图是一个矩形，矩形的中间多一条虚线，可以想象它的立体形状是一个长方体上中部切掉一个半圆槽；如图 3－16（d）所示，线框 3 的俯、左二视图都是矩形，因此它们是两块三角形板对称地放在组合体的左、右两侧。

（3）如图 3－16（e）所示，根据各部分的形状和它们的相互位置综合起来构思出组合体的整体形状。

（4）一般组合体用上述三步即可读懂，但有些复杂的综合式立体还需要用线面分析法构思某些局部难点结构。

二、线面分析法

线面分析法是利用第二章所介绍的各种位置的直线、平面及回转面的投影特性构思立体的空间形状，因此需要先弄清视图中线条和线框的含义。

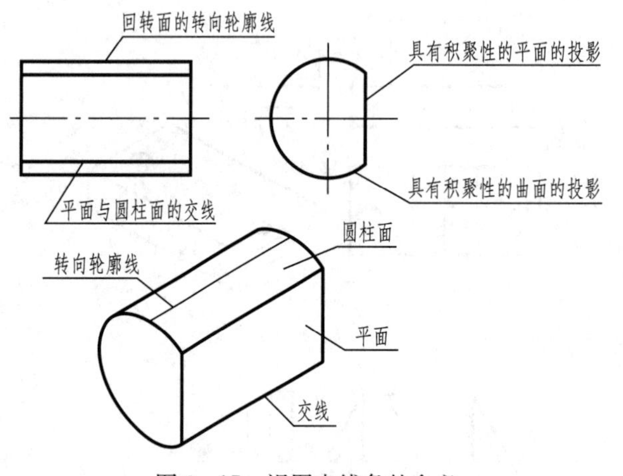

图 3－17 视图中线条的含义

1. 视图中线条的含义

如图 3－17 所示，视图中线条的含义如下：

（1）代表回转面的转向轮廓线（转向素线）。

（2）代表具有积聚性的平面或回转面。

（3）代表平面与回转面、两回转面等的截交线或相贯线。

2. 视图中线框的含义

如图 3－18 所示，视图中线框的含义如下：

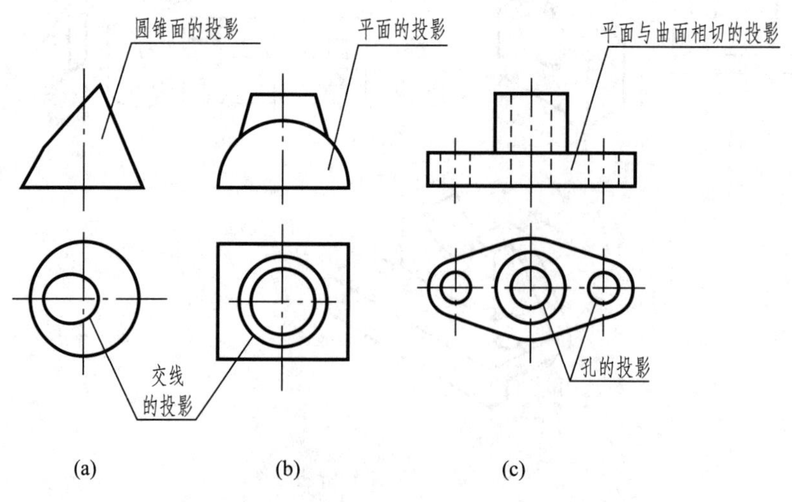

图 3－18 视图中线框的含义

(1) 代表单一平面或单一回转面的投影。

(2) 代表交线的投影。

(3) 代表由回转面与该回转面相切的平面或回转面所构成的组合面的投影。

(4) 代表孔的投影。

3. 用线面分析法读图的步骤

如图 3-19 所示，该组合体基本属于切割式立体，在读图时可以想象该立体由一个长方体切割而成。由主视图可以看出，长方体的左、右两侧分别用一水平面和一侧平面各切去一个小长方体，在长方体的上部中间用两个斜面和一个水平面切去一个槽，再由左视图可以看出，立体的前面切出一个斜面。

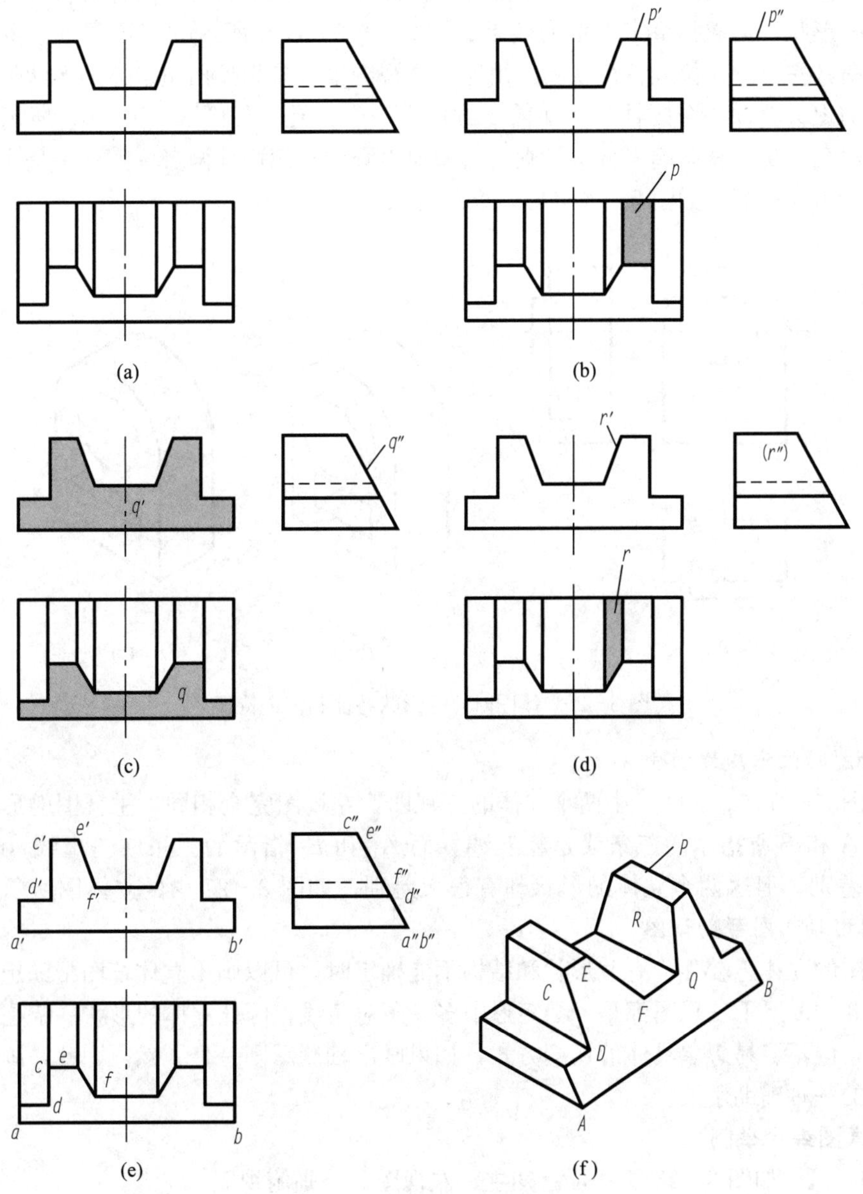

图 3-19　用线面分析法读图

在读图时一般先用形体分析法想象出立体的大致形状，然后对一些比较难的斜线和斜面进行线面分析，最后构思出立体的整体形状。

三、读图中应注意的几个问题

1. 抓住形状特征和位置特征视图

在组合体的几个视图中，有的视图能够较多地反映其形状特征，称为形状特征视图；有的视图能够比较清晰地反映各基本体的相互位置关系，称为位置特征视图；也有的视图既不反映形状特征，也不反映位置特征。因此，在读图时，抓住形状特征和位置特征视图来想象立体的空间形状，会起到事半功倍的效果。如图 3－20（a）所示的三视图中，主视图是形状特征视图，左视图是位置特征视图，由这两个视图很容易想象出组合体的形状是在一个倒U形柱的前上方叠加一个圆柱，而在前下方挖去一个方孔，如图 3－20（b）所示。如果在读图时不把三个视图联系起来分析，则无法想象出圆柱和四棱柱两者中哪一个是实体、哪一个是孔，会出现多解，如图 3－20（b）、（c）所示。

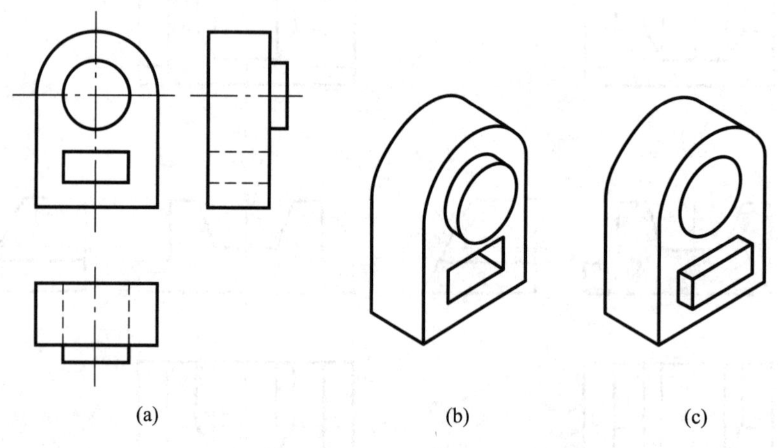

图 3－20　读图时注意形状特征和位置特征

2. 读图时注意虚线的含义

比较图 3－21（a）、（b）中两个立体的三视图，左视图完全相同，主视图的形状基本相同，只有 A 和 B 所指示的三条线是粗实线。而 A_1 和 B_1 指示的三条线是虚线，俯视图的右侧略有差别，但这两个立体的形状却有很大差别，如图 3－21 中的立体图所示。

3. 利用轴测图帮助读图

轴测图的立体感较强，有些形状和结构不能确定时，可以画出立体草图帮助想象空间形状。如图 3－22 所示三视图都是一个矩形中多一条对角线，因此立体的形状一定是一个长方体被切割，但不容易想象具体的切割方式，如果画出轴测图则一目了然。因此，画轴测图是帮助读图的一种辅助手段。

四、读图综合举例

【例 3－1】 如图 3－23 所示，已知主、左视图，补画俯视图。

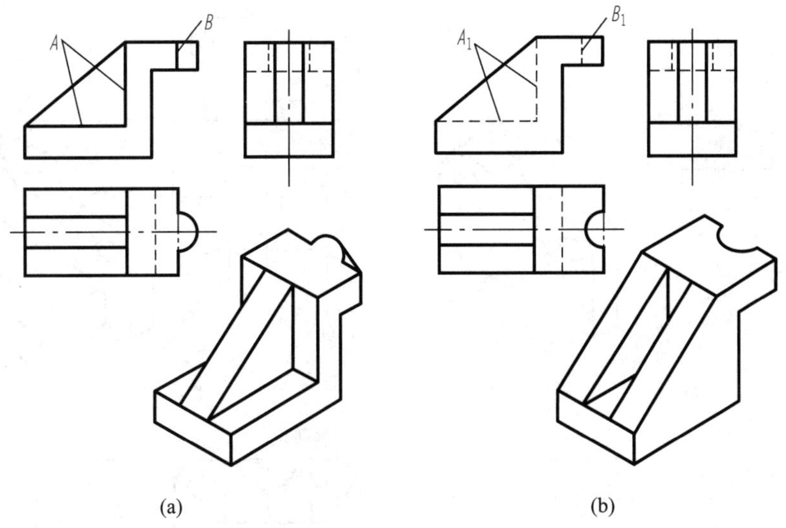

图 3-21 读图时注意虚线

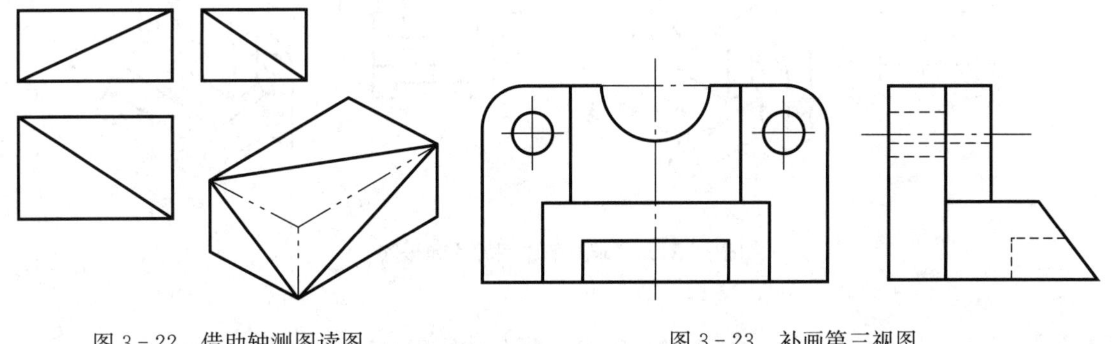

图 3-22 借助轴测图读图

图 3-23 补画第三视图

根据两个视图求第三个视图（简称二求三）的实质是读图，同时也是检查是否读懂图的一个重要手段。

解 由形体分析法可以看出，组合体的后面是一块带圆角和两个圆柱孔的长方形板，前下方是切了一个斜面和一个方槽的长方形板，在它的上方又叠加一块矩形板，在此板及后面圆角板的上部挖去一个半圆柱槽。

画第三视图是整体按形体分析法、局部按线面分析法和长对正、高平齐、宽相等三个相等关系顺序作图。作图步骤如下：

(1) 如图 3-24 (a) 所示，画圆角板的俯视图，包括两个圆柱孔和半圆槽。

(2) 如图 3-24 (b) 所示，画斜面槽板的俯视图，先画出长方形，再切去斜面和槽。

(3) 如图 3-24 (c) 所示，画上面矩形板的俯视图，同时画出上部的半圆柱槽。

(4) 如图 3-24 (d) 所示，整理加粗，因为作图是按形体分析法分别进行的，有时会出现多线的情况，如后面的圆角板和上面的矩形板，两者的上面是同一个平面，半圆柱槽为同一个圆柱面，中间没有分界线。

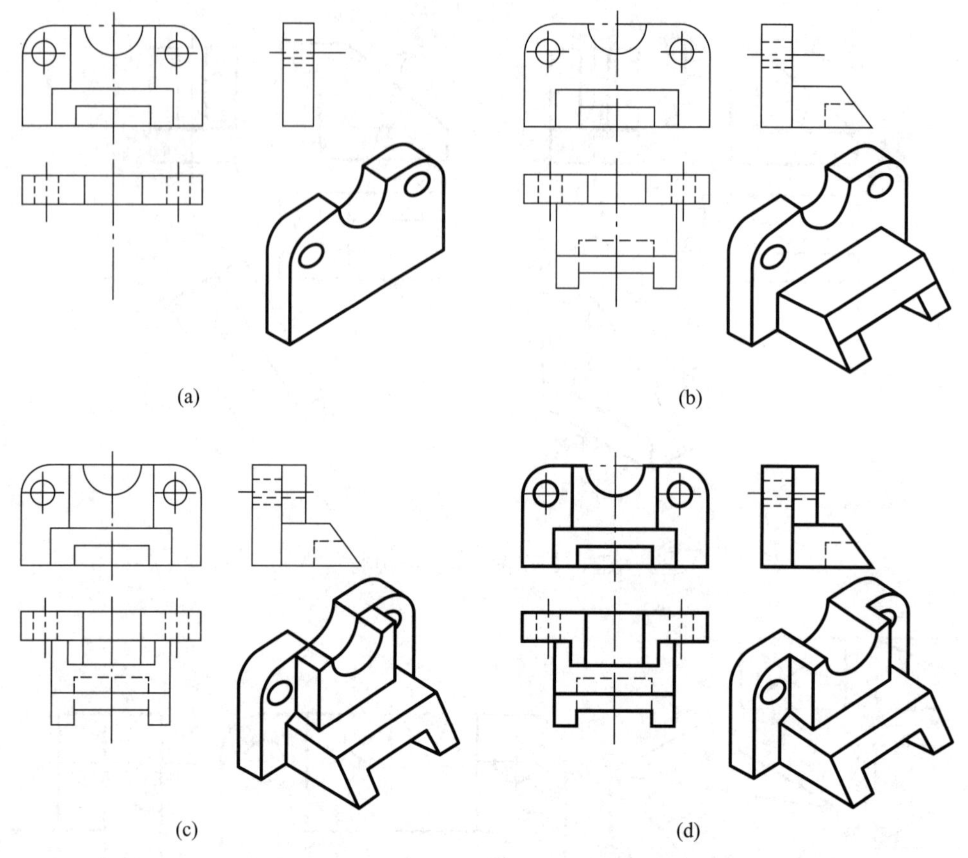

图 3-24 二求三的作图方法和步骤

第五节 组合体的轴测图

在工程制图中，主要是用正投影图来表达立体的形状和大小。但正投影图缺乏立体感，因此，在工程图样中有时也用一种富有立体感的轴测图作为辅助图样来表达机件立体的形状。

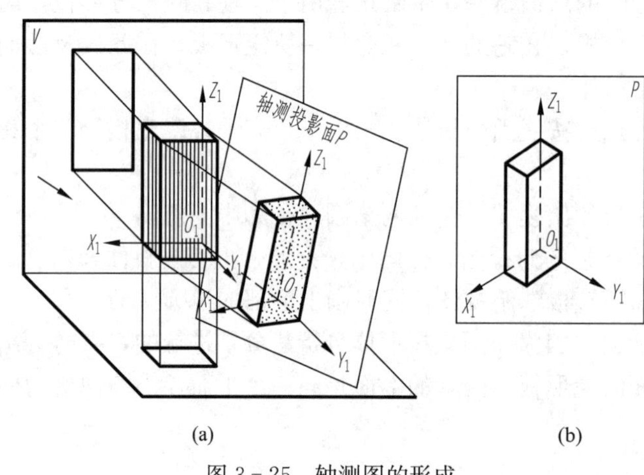

图 3-25 轴测图的形成

一、轴测图的基本知识

1. 基本概念

（1）轴测图的形成。将立体连同确定其空间位置的直角坐标系，用平行投影法投射到给定平面上所获得的图形，称为轴测图。图 3-25（a）所示为空间情况，其投影结果放正之后如图 3-25（b）所示。由于这样的图形能同时反映出物体长、宽、高三个方向的形状，所以具有立体感。

(2) 轴测轴。空间直角坐标系中的三根坐标轴 OX、OY、OZ 在轴测投影面上的投影 O_1X_1、O_1Y_1、O_1Z_1，称为轴测轴。

(3) 轴间角。相邻两轴测轴间的夹角$\angle X_1O_1Y_1$、$\angle X_1O_1Z_1$、$\angle Z_1O_1Y_1$，称为轴间角。

(4) 轴向变形系数。沿轴测轴方向，线段长度与其在空间真实长度的比值，称为轴向变形系数。$p=O_1X_1/OX$，$q=O_1Y_1/OY$，$r=O_1Z_1/OZ$ 分别为三根轴的轴向变形系数。

2. 轴测图的基本性质

(1) 立体上互相平行的线段，在轴测图上相互平行；立体上平行于坐标轴的线段，在轴测图上必定平行于相应的轴测轴，且具有相同的轴向变形系数。物体上与坐标轴平行的线段，它的轴测投影必与相应的轴测轴平行。

(2) 立体上两相互平行的线段或同一条直线上的两条线段之比值，在轴测图上保持不变。

为此，在绘制轴测图时必须沿着轴测轴或平行于轴测轴方向度量，轴测图也由此而得名。

轴测图有很多种，常用的有正等测图和斜二测图两种。

二、正等轴测图

当直角坐标系的三根坐标轴与轴测投影倾角的角度相等时，用正投影法得到的投影图称为正等轴测图，简称正等测图。

1. 轴间角和轴向变形系数

正等轴测图中的轴间角均为 120°，如图 3-26 (a) 所示。轴测轴的画法如图 3-26 (b) 所示。

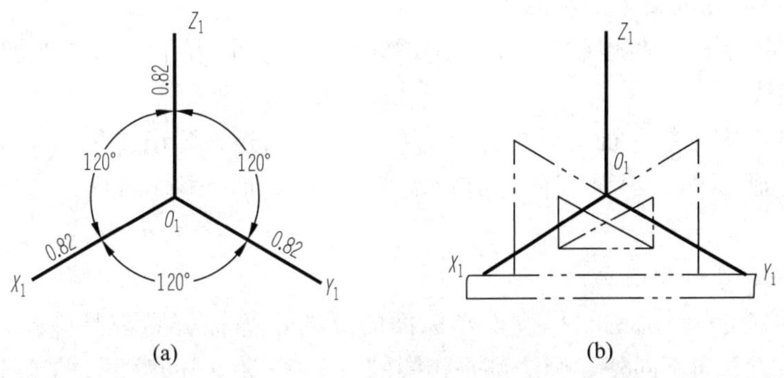

图 3-26　正等轴测图的轴间角和轴向变形系数及轴测轴画法

由于空间立体的三根坐标轴与轴测投影面的倾角相同，所以它们的轴测投影缩短程度也相同，轴向变形系数 $p=q=r=0.82$。绘图时，为方便起见，一般都把轴向变形系数简化为 1 (1 称为简化变形系数)，即所有与坐标轴平行的线段，在作图时其长度都取实长。这样画出的图形，其轴向尺寸均为原来的 1/0.82 (≈1.22) 倍。图形虽然大了一些，但形状和直观性都不发生变化，如图 3-27 所示。

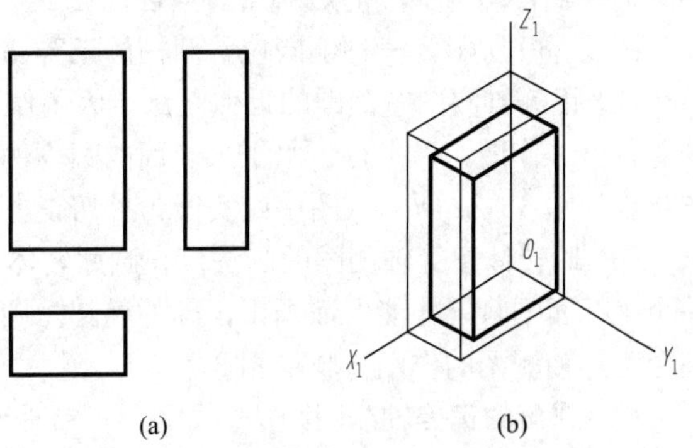

图 3-27　轴向变形系数不同的两种正等轴测图的比较

2. 平面立体的正等轴测图画法

画平面立体的正等轴测图常用坐标法。一般先定出直角坐标系，画出轴测轴，再按立体表面上各顶点或线段的端点坐标画出其轴测图投影，最后分别连线，完成轴测图。

【例 3-2】 如图 3-28 所示，作正六棱柱的正等轴测图。

解 由于正六棱柱前后、左右对称，故选择顶面的中点作为坐标原点，棱柱的轴线作为 Z 轴，顶面的两对称线作为 X、Y 轴。作图步骤如图 3-28 所示。

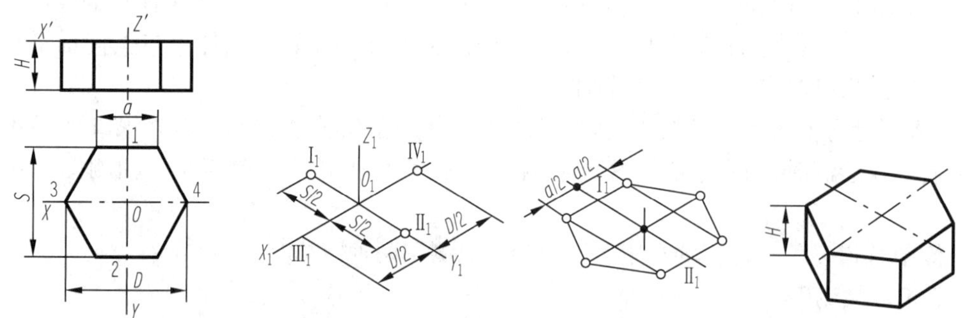

图 3-28　正六棱柱正等轴测图的画法

画平面立体的轴测图的步骤：

(1) 选好坐标轴并画出轴测轴。

(2) 根据坐标确定各顶点的位置。

(3) 依次连线，完成整体的轴测图。

(4) 为使图形清晰，轴测图中一般不画虚线。但有些情况下，为了增加图形的直观性，也可画出少量虚线。

具体画图时，应分析平面立体的形体特征，一般总是先画出物体上一个主要表面的轴测图。通常是先画顶面，再画底面；有时需要先画前面，再画后面，或者先画左面，再画右面。

3. 回转体的正等轴测图画法

(1) 圆的正等轴测图画法。平行于坐标面的圆的正等轴测图都是椭圆，如图 3-29 所示。除了长短轴的方向不同外，画法都是相同的。图 3-29 中的菱形为与圆外切的正方形轴测投影，从图中可以看出，椭圆长轴的方向与菱形的长对角线重合，椭圆短轴的方向垂直于椭圆的长轴，即与菱形的短对角线重合。

图 3-30 所示为三种不同位置圆柱的正等测图。

(2) 正等轴测图中椭圆的近似画法。为了作图方便，正等轴测图中的椭圆常采用近似画法即菱形法作图，以平行于水平投影面的圆为例，说明正等轴测图中椭圆的近似画法，其作图步骤如图 3-31 所示（图中细实线为外切正方形）。

(3) 回转体正等轴测图的画法。在画回转体正等测轴图时，只有明确圆所在的平面与哪一个坐标面平行，才能保证画出正确的椭圆。圆柱正等轴测图的作图步骤如图 3-32 所示，圆台正等轴测图的作图步骤如图 3-33 所示。

(4) 圆角的正等轴测图画法。如图 3-34 所示，连接直角的圆弧，等于整圆的 1/4，在轴测图上，它是 1/4 椭圆弧。

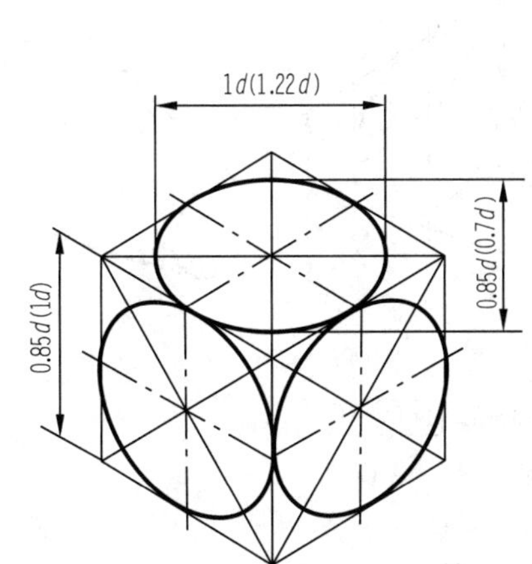

图 3-29　平行于坐标面的圆的正等轴测图

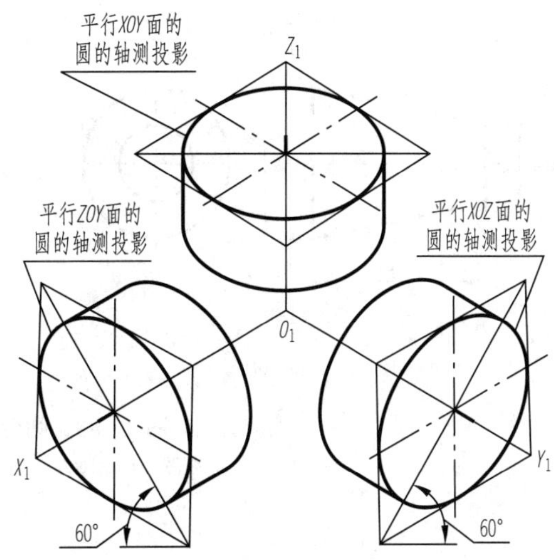

图 3-30　底圆平行各坐标面的圆柱的正等轴测图

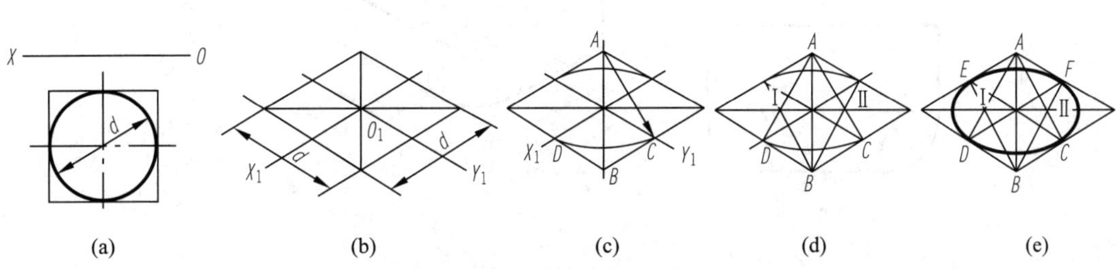

图 3-31　菱形法画椭圆

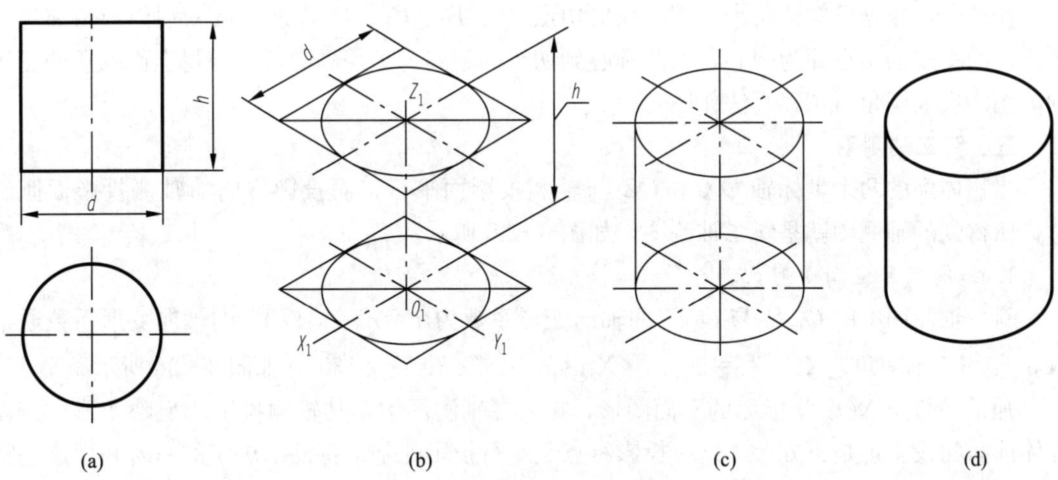

图 3-32　圆柱正等轴测图的画法

（a）视图；（b）画轴测轴，定上、下底圆中心，画上、下底椭圆；

（c）画两边轮廓线（注意切点）；（d）描深

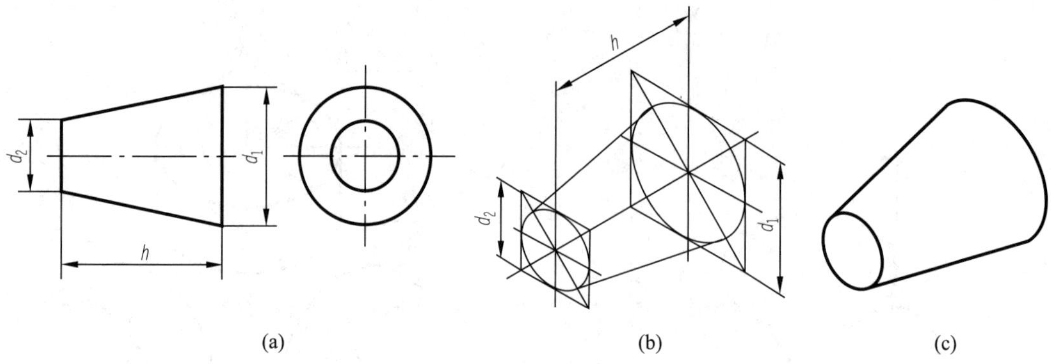

图 3－33　圆台正等轴测图的画法

（a）视图；（b）画左、右两端椭圆、画切线；（c）描深

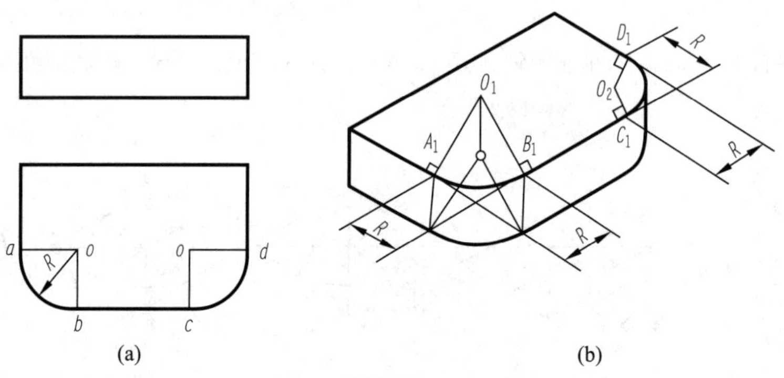

图 3－34　圆角正等轴测图的画法

（a）视图；（b）画圆角

作图时，根据已知圆角半径 R，找出切点 A_1、B_1、C_1、D_1，过切点分别作圆角邻边的垂线，两垂线的交点即为圆心，以此圆心到切点的距离为半径画圆弧，即得上面圆角的正等轴测图。底面圆角可用移心法作图。

三、斜二轴测图

当物体上的两个坐标轴 OX 和 OZ 与轴测投影面平行，而投影方向与轴测投影面倾斜时，所得到的轴测图就是斜二轴测图，如图 3－35 所示。

1．轴间角和轴向变形系数

斜二轴测图中的 O_1X_1 与 O_1Z_1 的轴向变形系数为 $p=r=1$，O_1Y_1 的轴向变形系数通常取 $q=0.5$。轴间角 $\angle X_1O_1Z_1=90°$，$\angle X_1O_1Y_1=\angle Z_1O_1Y_1=135°$，如图 3－36 所示。

凡是平行于 XOZ 坐标面的平面图形，在斜二轴测图中，其轴测投影均反映实形。正立方体前面的投影仍是正方形，这一投影特点是平行投影的基本特性所决定的。若利用这一特点来画沿单方向形状复杂的物体，可使其轴测图简便易画。

2．平面立体的斜二轴测图画法

【例 3－3】 画正四棱台的斜二轴测图。

解　正四棱台斜二轴测图的画法如图 3－37 所示。

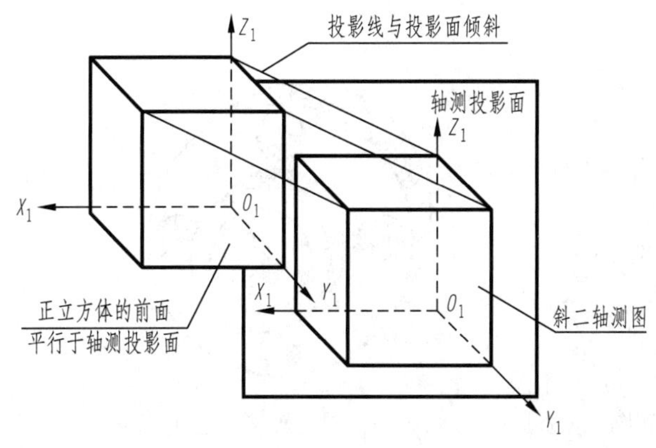

图 3-35 斜二轴测图的形成

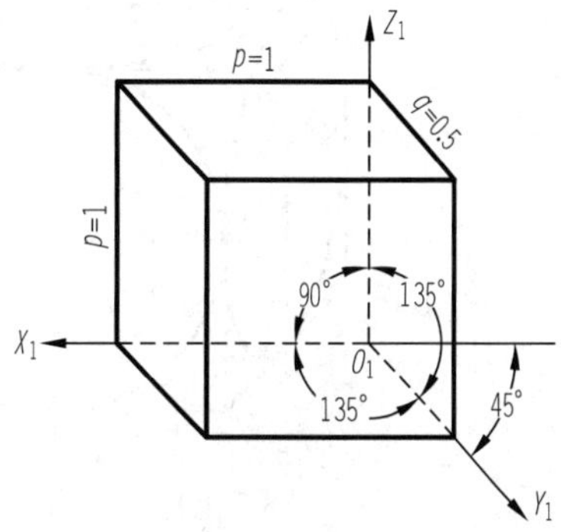

图 3-36 斜二测轴测图的轴间角及轴向变形系数

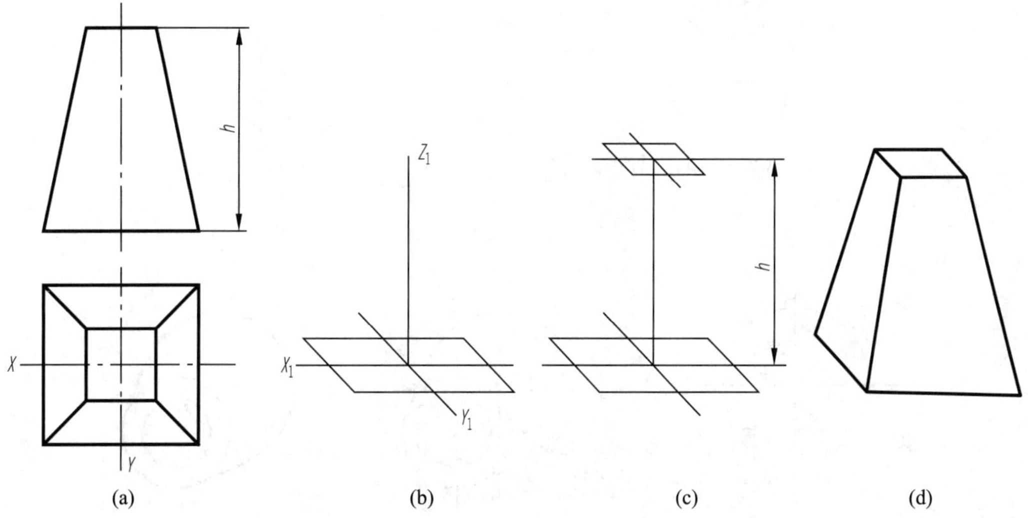

图 3-37 正四棱台的斜二轴测图的画法

(a) 视图；(b) 画轴测轴，画底面的轴测图；(c) 在 Z 轴上量取四棱台的高度 h，画顶面轴测图；(d) 连线，描深（虚线不要画出）

3. 回转体的斜二轴测图画法

(1) 圆的斜二轴测图画法。图 3-38 所示为平行于坐标面的圆的斜二轴测图。圆在 XOY 和 ZOY 面上的斜二轴测图都是椭圆，且形状相同，但长短轴方向不同，它们的长轴与圆所在坐标面上的一根轴测轴呈 $7°1'$。在 XOZ 面上圆的斜二轴测图还是圆。

(2) 回转体的斜二轴测图画法。由于平行于 V 面的圆的轴测图仍是一个圆，且大小与实物的圆相同，因此，当物体上具有较多平行于一个方向的圆时，画斜二测图比画正等测图简便，如图 3-39 所示。

【例 3-4】 画空心圆台的斜二轴测图。

解 由空心圆台的视图中可以看出，前、后面及通孔的圆均平行于 XOZ 面，故画斜二轴测图比较简便，如图 3-40 所示。

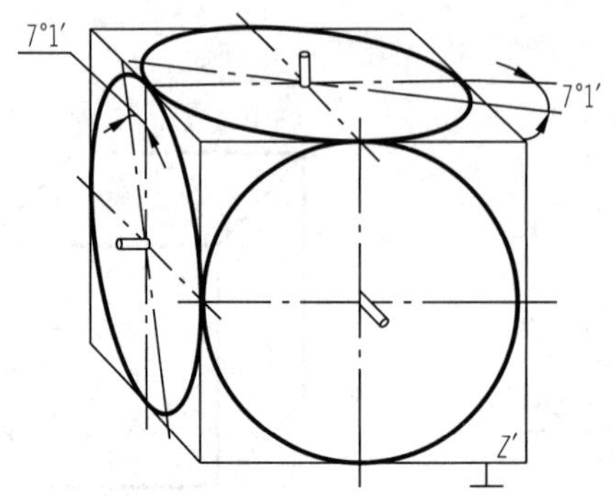

图 3-38 坐标面上圆的斜二轴测图

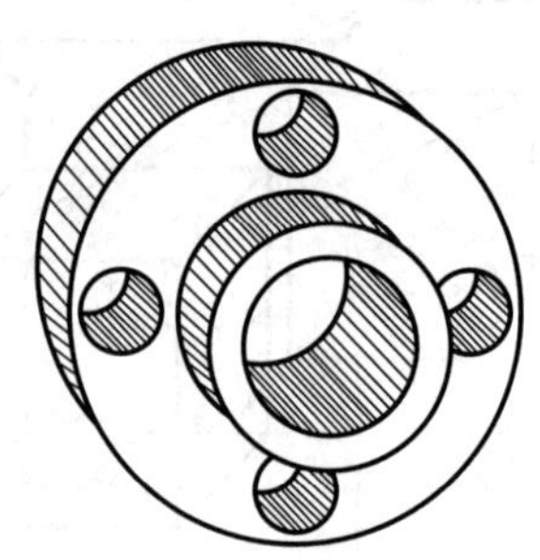

图 3-39 斜二轴测图应用实例

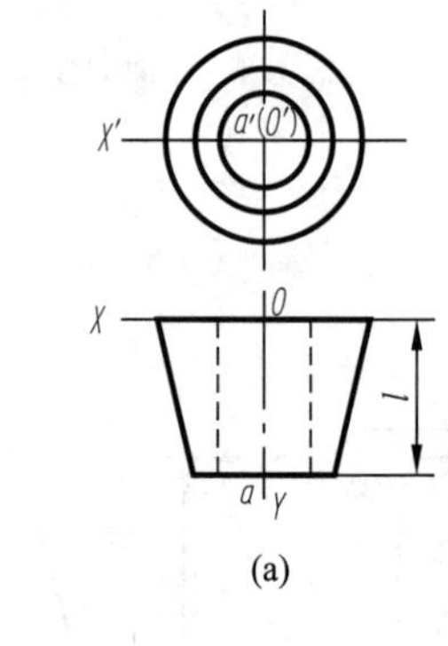

(a)

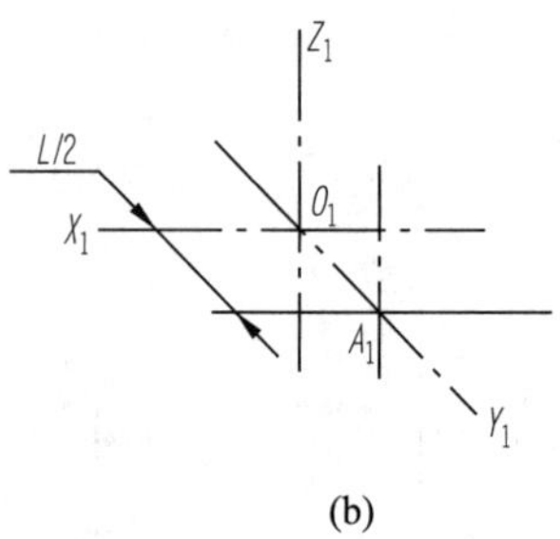

(b)

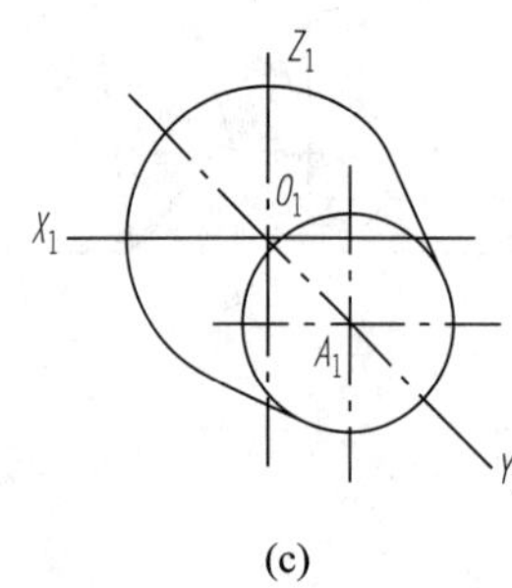

(c)

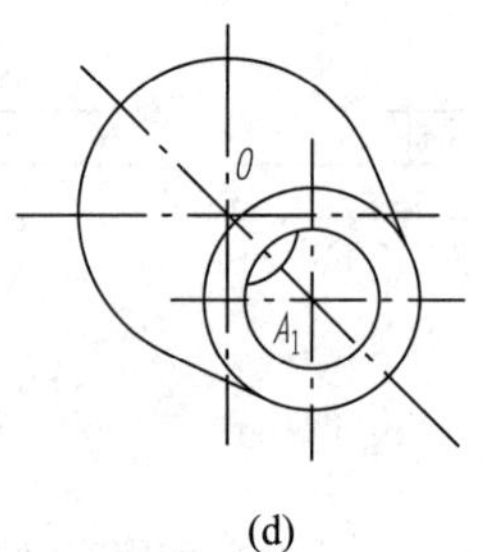

(d)

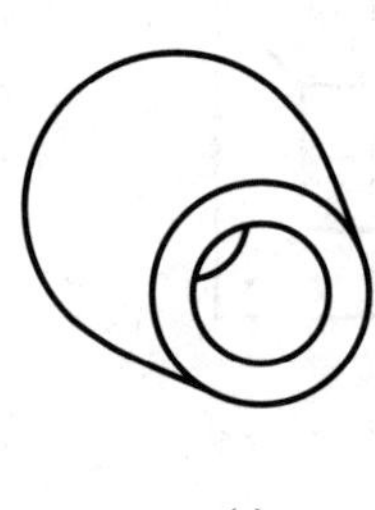

(e)

图 3-40 画空心圆台的斜二轴测图

(a) 视图；(b) 画轴测轴，定前、后圆的中心位置；(c) 画圆台；(d) 画通孔；(e) 描深，完成全图

拓展视频

第四章　机件形状常用表达方法

在现实生产中，机件的形状是多种多样的。有些简单的机件，用一个视图（标注尺寸）或两个视图就可以表达清楚；有些复杂的机件，即使采用三个视图也难以表达清楚其结构形状。对于内部结构复杂的机件，其不可见部分如果都用虚线去表达，则会出现虚线过多、图线相互重叠、层次不清的情况。

在国家标准《机械制图》与《技术制图》关于图样画法的总则中规定：绘制机械图样时，应首先考虑看图方便，根据机件的结构特点，选择适当的表达方法；在准确、完整、清晰地表达机件各部分内外结构形状的前提下，力求绘图简便。本章介绍国家标准规定的视图、剖视图、断面图等表达方法，并对常用的简化画法做简单的介绍。

第一节　视　　图

用正投影法将机件向投影面投射所得到的图形，称为视图。

视图主要用来表达机件的外部结构形状（即可见部分），一般不表达机件的内部结构，必要时才画出其内部不可见部分。

视图一般分为基本视图、向视图、局部视图、斜视图。

一、基本视图

机件向基本投影面投射所得的视图称为基本视图。

如图 4-1 所示，在原有三个投影面（正面、水平面、右侧面）的基础上，再增加三个投影面（前面、顶面、左侧面），组成一个正六面体，该六面体的六个面称为基本投影面。

将机件放置在六面体中，分别向六个基本投影面投射，所得到的六个视图称为基本视图。

主视图——由前向后投射所得到的视图；

俯视图——由上向下投射所得到的视图；

左视图——由左向右投射所得到的视图；

右视图——由右向左投射所得到的视图；

仰视图——由下向上投射所得到的视图；

后视图——由后向前投射所得到的视图。

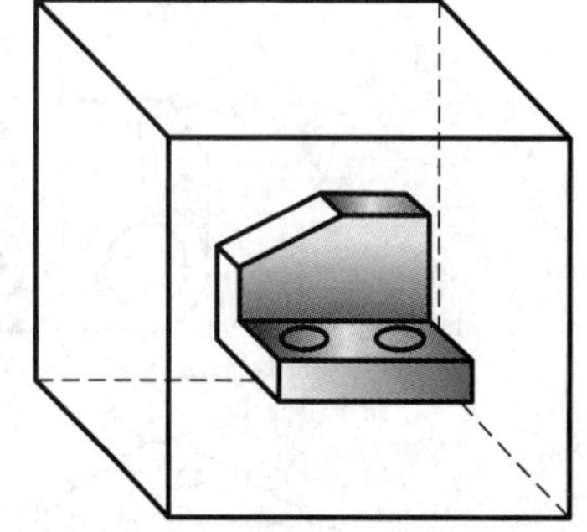

图 4-1　基本投影面

六个基本投影面的展开方法如图 4-2 所示，以正立投影面不动，其余按箭头方向旋转，使其与正立投影面共面。

展开后各视图的位置如图 4-3 所示。如果在同一张图纸上按照如图 4-3 所示布置视图，则一律不注图名，即不需要加任何标注。

六个基本视图仍然符合“长对正、高平齐、宽相等”的投影规律，除后视图外，左

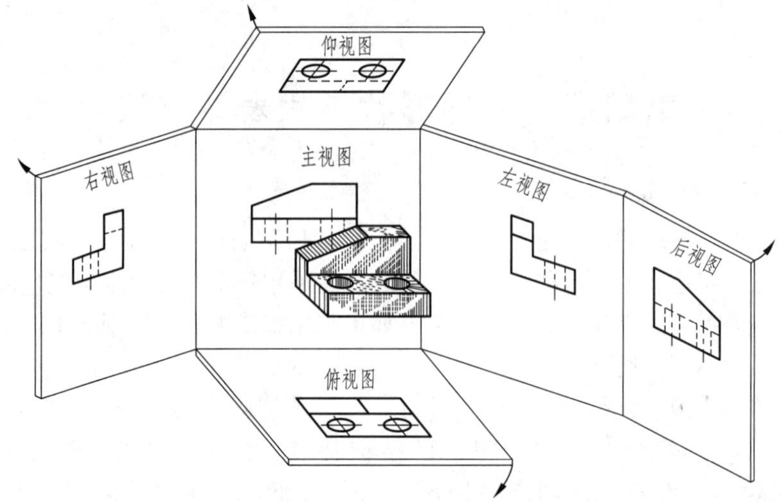

图 4-2 六个基本投影面的展开

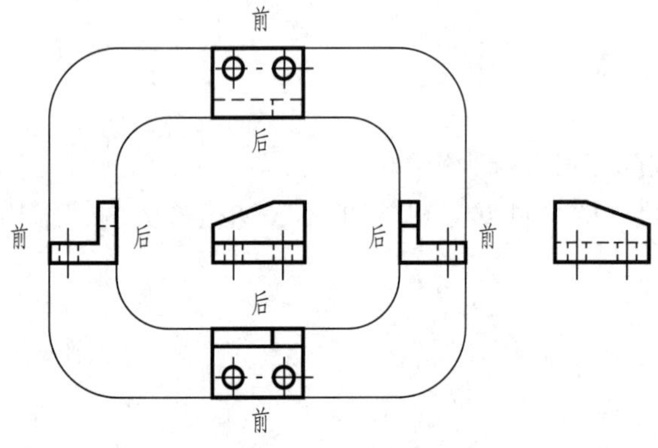

图 4-3 六个基本视图的位置

视图、右视图、俯视图、仰视图中远离主视图的部分为机件的前面，靠近主视图的部分为机件的后面。绘图时，不是任何机件都需要画出六个基本视图的，而是要根据机件本身的结构特点和复杂程度，选择合适的基本视图。如图 4-4 所示的机件就采用了四个基本视图。

二、向视图

可自由配置的基本视图，称为向视图。

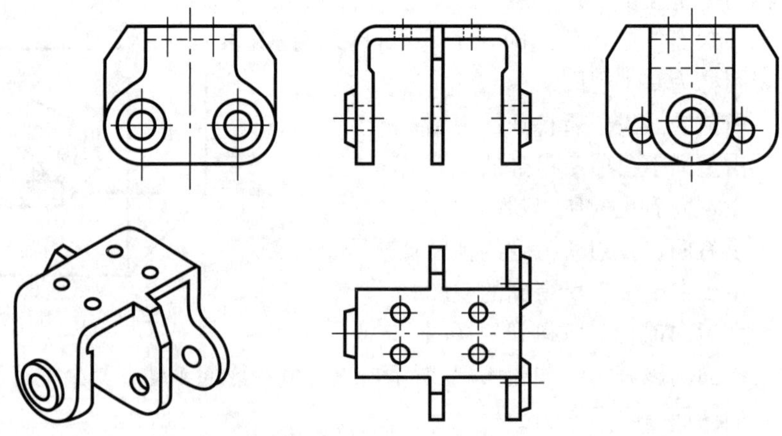

图 4-4 基本视图的应用

在实际绘图中，由于其他条件的限制（如图纸空间有限等），很难按照以上基本视图的形式布置视图。根据机件需要，可以采用向视图的形式配置，即在向视图的上方标注“×”

（“×”为大写拉丁字母，如A、B、C等），在相应视图的附近用箭头指明投射方向，并标注相同的字母，如图4－5所示。

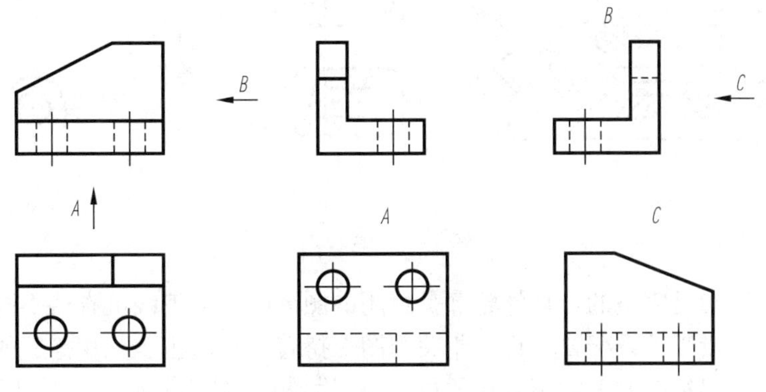

图4－5　向视图及其标注

三、局部视图

将机件的某一部分向基本投影面投射所得的视图，称为局部视图。

局部视图可以看成是不完整的基本视图，可以减少基本视图的数量，补充基本视图尚未表达清楚的部分。

如图4－6所示，选用主、俯两个基本视图后，只有机件左侧和右侧凸台没有表达清楚。此时，采用A向和B向局部视图进行补充，可以省去左视图和右视图两个基本视图。这样表达机件更加清晰、简明，而且减少了绘图的工作量，也利于看图。

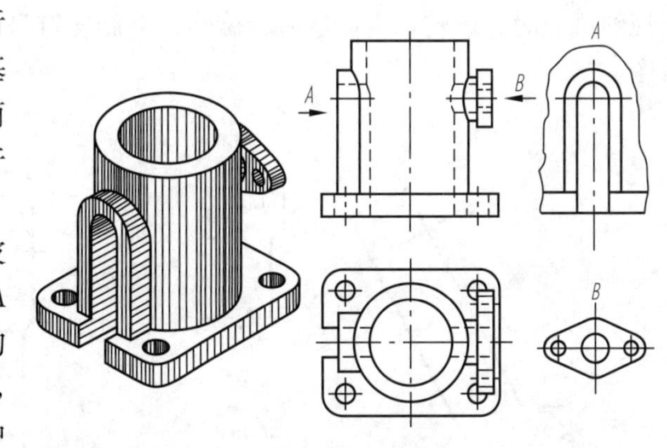

图4－6　局部视图

局部视图的断裂处边界线一般用波浪线或双折线表示，如图4－6中的A向视图所示。当所表示的局部视图结构是完整的，且外轮廓是封闭的图形时，波浪线或双折线可省略，如图4－6中的B向视图所示。

画局部视图时，可按基本视图的配置关系配置，也可以按照向视图配置关系配置。如果按基本视图的配置关系配置，中间又没有其他视图隔开，可省略标注。如果按照向视图关系配置，一般在局部视图的上方标出视图的名称“×”，在相应的视图附近用箭头指明投影方向并注上相同的字母，如图4－6所示的B向。

四、斜视图

将机件向不平行于任何基本投影面的平面投射所得的视图，称为斜视图。

为了表达出机件上倾斜表面的实形，可选用一个与倾斜面平行的平面作为新的投影面，将机件的倾斜表面向该面投射，如此可得出反映倾斜表面真实形状的斜视图，如图4－7所示。

斜视图通常只用来表达倾斜结构的形状，其断裂处的边界线以波浪线或者双折线表示；

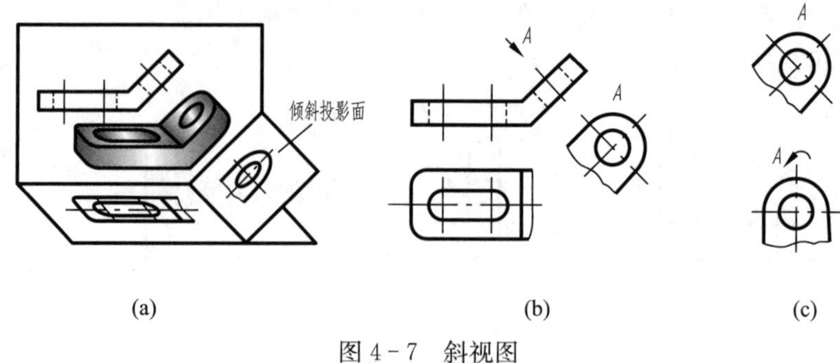

(a)　(b)　(c)

图 4-7　斜视图

当所表示的倾斜结构是完整的，且外轮廓是封闭的图形时，波浪线可省略不画。

斜视图一般按投影关系配置，且与相关视图保持着“长对正、宽相等”的投影关系。画斜视图时，必须在斜视图的上方用大写的拉丁字母标出视图的名称“×”，同时在相应视图的附近用箭头指明投射方向，并水平地注上同样的字母，如图 4-7（b）所示。

必要时，也可将斜视图配置在其他适当的位置。在不致引起误解时，允许将图形按照顺时针或者逆时针方向旋转放正，且在图形上方表示图名的字母旁标注旋转符号，其箭头方向为旋转方向，如图 4-7（c）所示。

旋转后斜视图名称的大写字母应靠近旋转符号的箭头端，如图 4-8 所示；也允许将旋转角度标注在字母之后，如图 4-9 所示。旋转符号为带箭头的圆弧，其半径等于字体高度。斜视图可顺时针旋转，也可逆时针旋转，但旋转符号的方向要与实际旋转方向相一致，便于看图。

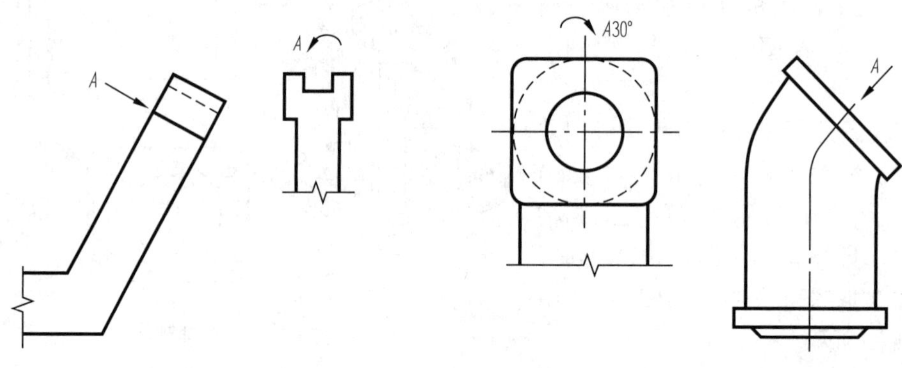

图 4-8　旋转配置的斜视图　　图 4-9　标明旋转角度的斜视图

第二节　剖　视　图

在表达机件内部不可见结构时，通常用虚线。但当机件内部结构复杂时，视图中会出现很多虚线，纵横交错，无论是绘图、读图还是标注尺寸都不方便。为了清晰地表达机件的内部结构，国家标准规定了剖视图的画法。

一、剖视图的概念

1. 剖视图的形成

假想用剖切面（通常用平面作剖切面）剖开机件，将处在观察者与剖切面之间的部分移去，而将其余部分向投影面投射所得的图形称为剖视图（简称剖视）。

如图 4-10（a）所示，剖切面剖开机件，里面的内部结构完全暴露出来。如图 4-10（b）所示，主视图用剖视的表达方法，内部的孔不再用虚线，而是用实线表达。这样的图样既清晰又利于识读。

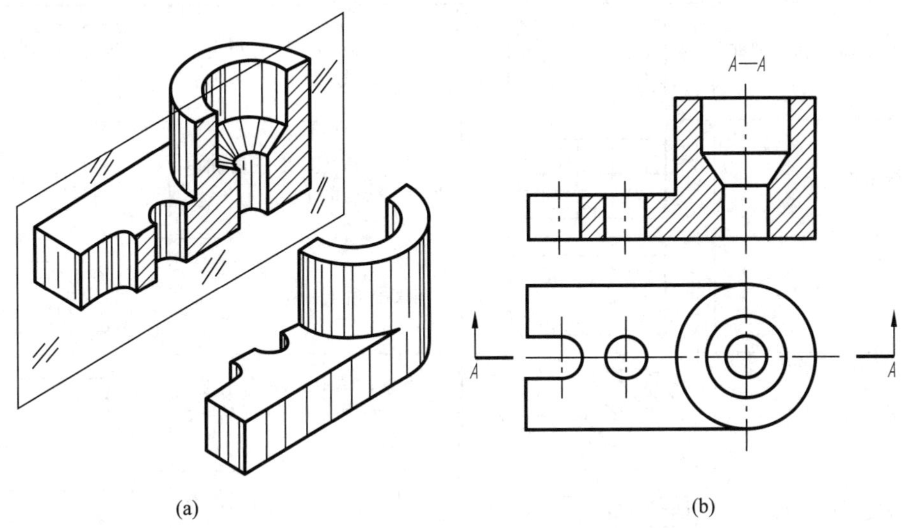

图 4-10　剖视的概念

2. 剖视图的画法

（1）剖切面位置的确定。剖切面一般为平面，通常和某投影面平行，一般要通过孔或槽的对称面或回转体的轴线，避免出现不完整结构，并尽可能多地表达机件的内部结构，如图 4-10（b)所示。

（2）剖切面为假想的。由于剖切只是假想把机件剖开，机件本身还是完整的，所以当将一个视图画成剖视时，其余视图应该完整画出，如图 4-11 所示的俯视图。

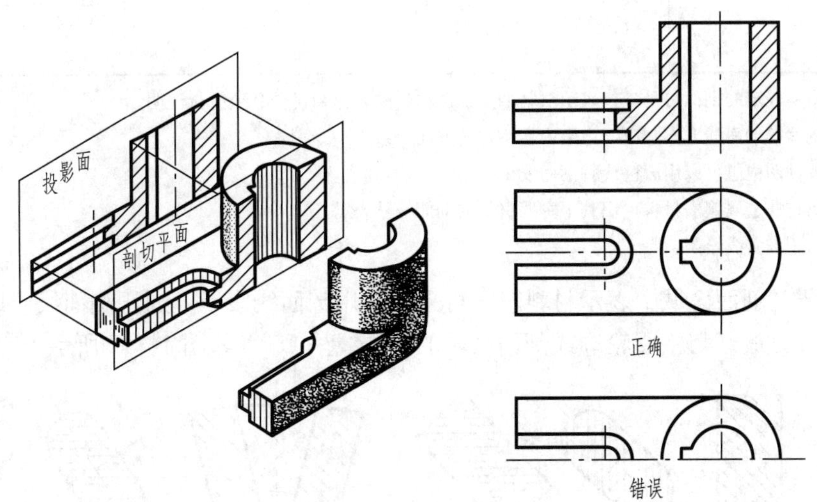

图 4-11　完整的俯视图

（3）剖面区域的画法。

1）当剖切面剖开机件时，剖切面接触到的实体部分应画上剖面符号，不同材质的剖面符号见表 4－1。工程制图中常用的有金属材料和非金属材料。

表 4－1　　剖　面　符　号

金属材料（已有规定剖面符号者除外）		非金属材料（已有规定剖面符号者除外）	
线圈绕组元件		转子、电枢、变压器和电抗器等的迭钢片	
混凝土		钢筋混凝土	
基础周围的泥土		型砂、填砂、粉末冶金、砂轮、陶瓷刀片、硬质合金刀片等	
木质胶合板（不分层数）		玻璃及供观察用的其他透明材料	
木材　纵剖面		格网（筛网、过滤网等）	
木材　横剖面		液体	
砖			

注　1. 表中所规定的剖面符号，仅表示材料的类别。材料的名称和代号必须另行注明。

2. 迭钢片的剖面线方向，应与束装中迭钢片的方向一致。

3. 在零件图中也可以用涂色代替剖面线。

4. 金属与非金属镶嵌材料，用其中主要材料的剖面符号表示。

5. 液面用细实线绘制。

当不需要在剖面区域中表示材料时，可采用通用剖面线表示。通用剖面线应以适当角度的细实线绘制，最好与主要轮廓或剖面区域的对称线呈 45°，如图 4－12 所示。

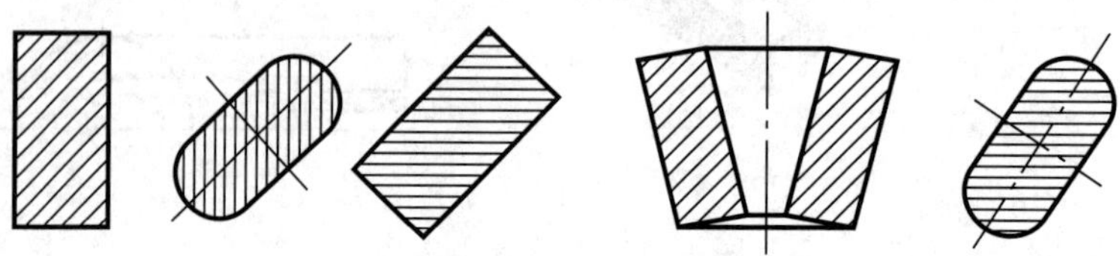

图 4－12　通用剖面线的画法

2）同一金属材料机件的剖面符号，应用细实线绘制，画成间隔相等、方向相同而且与水平呈 45°的平行线，如图 4－12 所示。

3）在同一金属材料机件中，当主要轮廓线与水平呈 45°时，其剖面线应画成与水平呈 30°或 60°的平行线，其倾斜方向仍应与其他图形的剖面线一致，如图 4－13 所示。

4）同一机件的各个剖面区域，其剖面线方向和间隔必须一致。

（4）剖切面后面的可见轮廓线必须全部画出，如图 4－14 所示。

（5）视图或剖视图中不可见轮廓线的画法。在剖视图中，一般应省略虚线。对于没有表达清楚的结构形状，在不影响视图清晰的前提下，如果画出少量的虚线可以省略一个视图，允许在剖视图中画出少量的虚线，如图 4－15 所示。

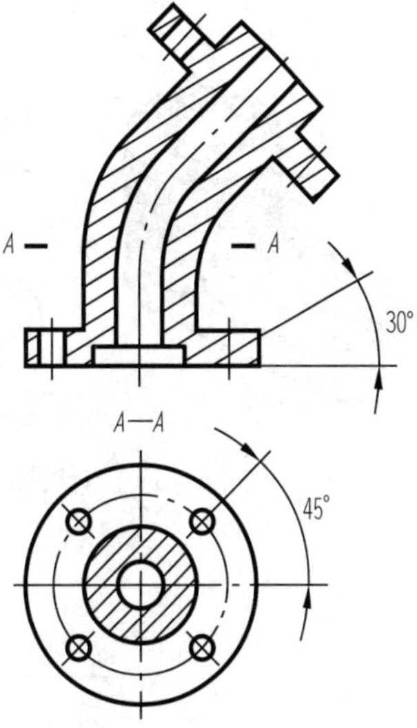

图 4－13　30°与 60°剖面线的画法

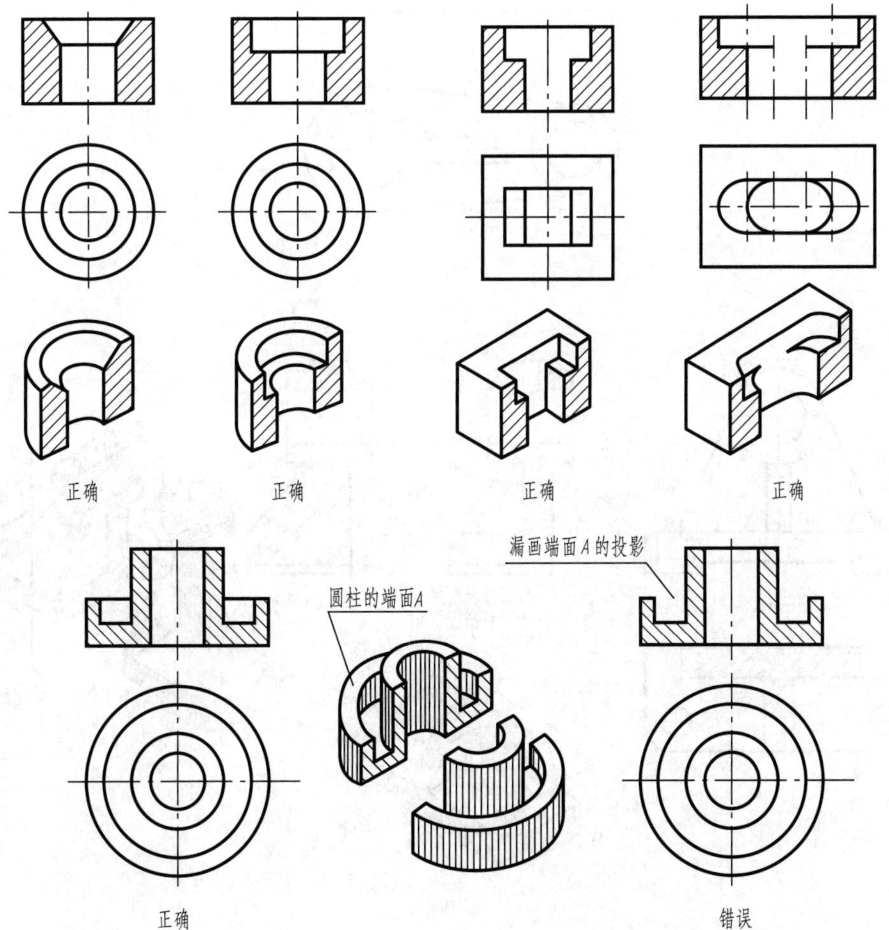

图 4－14　剖切面后面的可见轮廓线应画出

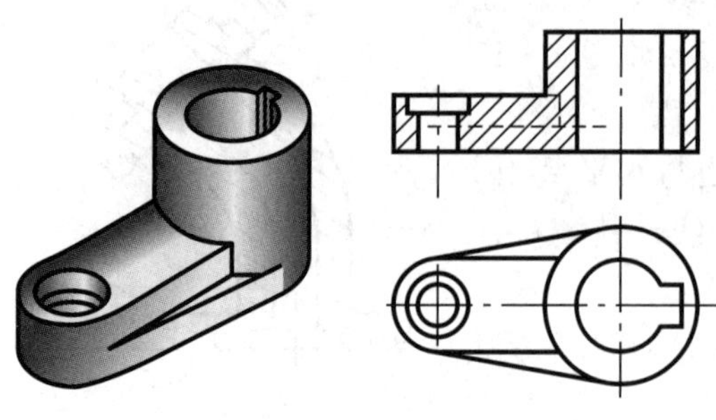

图 4 - 15 剖视图上的虚线

(6) 剖视图中的肋板、薄壁、轮辐、实心件的画法。对于机件中的肋板、薄壁、轮辐、实心件等结构，若按纵向剖切，这些结构不能画剖面符号，而是用粗实线将它们与邻接部分分开；若按横向剖切，仍须画出剖面符号，如图 4 - 16 所示。

3. 剖视图的标注

为便于看图，在画剖视图时一般应标注出剖切位置、投射方向和剖视名称，如图 4 - 17 所示。

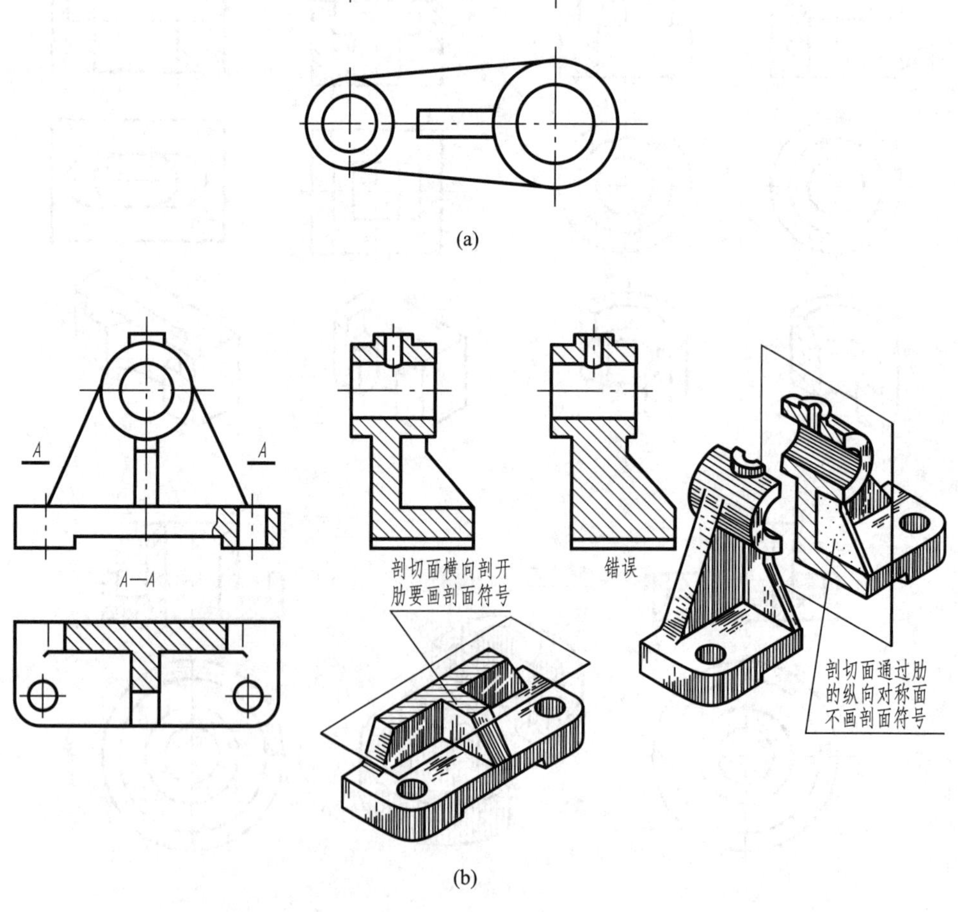

图 4 - 16 剖视图中肋的规定画法

（1）剖切位置。剖切位置由剖切符号表示，剖切符号线宽为（1～1.5）d，线长5～8mm，在相应视图上用剖切符号表示剖切面的起、讫和转折处位置，并尽量不与机件的轮廓线相交。

（2）投射方向。在剖切符号起、讫处的外端用箭头表示投射方向。

（3）剖视的名称。在剖视图的上方用大写的拉丁字母标注剖视的名称“×—×”（如A—A），并在剖切符号附近注上同样的字母。

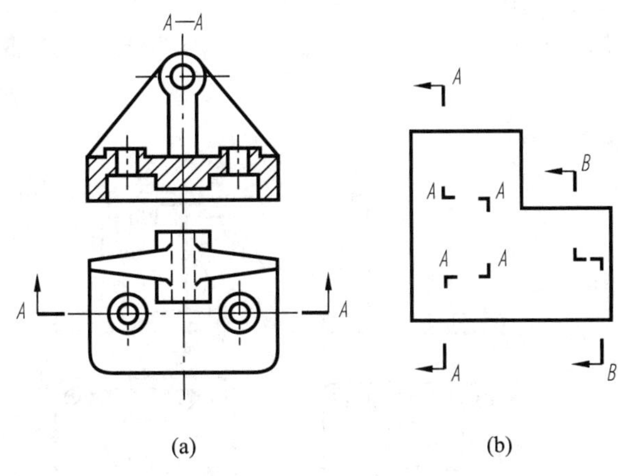

图4-17　剖视图的标注

（4）根据国家标准规定，在以下情况下可省略或简化标注。

1）剖视图按投影关系配置，中间又没其他图形隔开时，可省略箭头，如图4-16（b）所示。

2）当单一剖切面通过机件的对称平面或基本对称平面，且剖视图按投影关系配置，中间又没有其他图形隔开时，可省略标注，如图4-15所示。

二、剖视图的种类

剖视图一般分为全剖视图、半剖视图和局部剖视图。

1. 全剖视图

用剖切平面完全剖开机件所得的剖视图称为全剖视图，如图4-18所示。

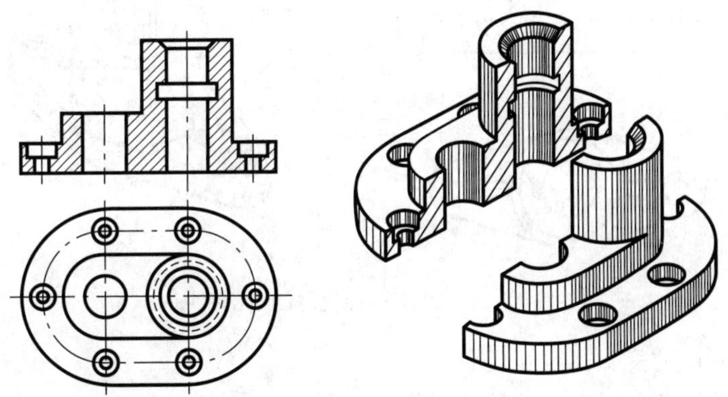

图4-18　全剖视图

全剖视图一般适用于内部结构复杂，而外形比较简单或者外形已经由其他视图中表达清楚的机件。

全剖视图的标注如前所述。

2. 半剖视图

当机件具有对称平面时，在垂直于对称平面的投影面上投影所得的图形，可以对称中心线为界，一半画成剖视，另一半画成视图，这种剖视图称为半剖视图。

如图4-19（b）所示，主视图采用半剖视图，以对称平面为界，左半部分表达外形，右半部分用粗实线表达内部的阶梯孔；俯视图也采用半剖视图，以对称平面为界，前半部分表达顶部方板下边的凸台部分，后半部分表达顶部方板的外形及四个小孔的分布。

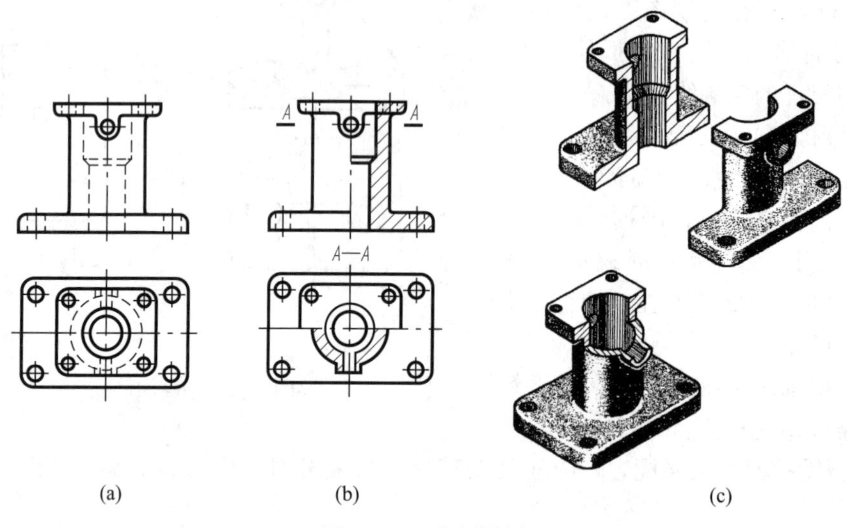

图 4-19 半剖视图

半剖视图主要适用于对称机件，既能表达内部结构也可兼顾外部形状。对于机件的形状接近于对称，且不对称部分已另有图形表达清楚时，也可以画成半剖视图，如图 4-20 所示。

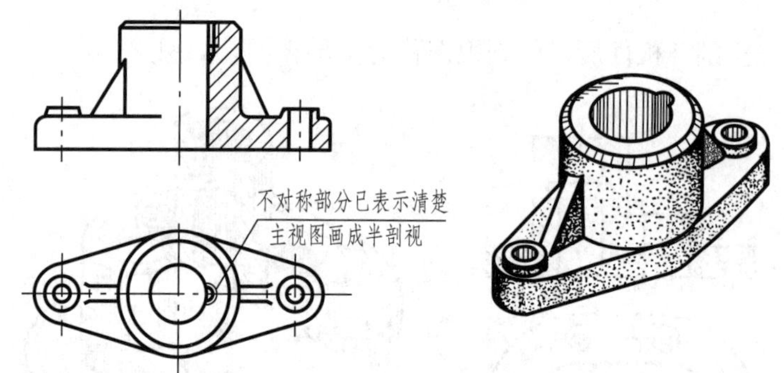

图 4-20 基本对称机件的半剖视图

画半剖视图时应注意：

(1) 半个视图与半个剖视之间的分界线为点画线。

(2) 半个剖视中已经表达清楚的内部结构在半个视图中不再用虚线表达。

半剖视图的标注如全剖视图，其剖切符号仍应画在图形轮廓线以外，如图 4-19 中的 $A—A$。

3. *局部剖视图*

用剖切平面局部地剖开机件所得的剖视图，称为局部剖视图，如图 4-21 所示。

以下情况适宜采用局部剖视图：

(1) 当对称机件的轮廓线与对称中心线重合，不宜采用半剖时，可采用局部剖，如图 4-22 (a) 所示。

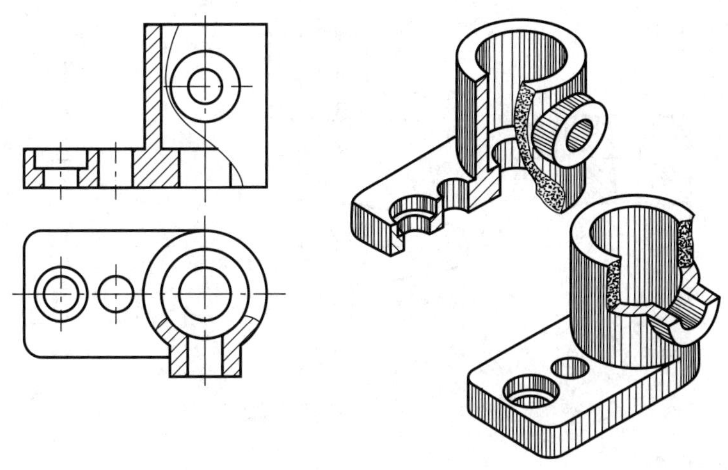

图 4-21　局部剖视图

（2）当被剖结构为回转体时，允许用该结构的中心线作为外形与内部结构的分界线，如图 4-22（b）所示。

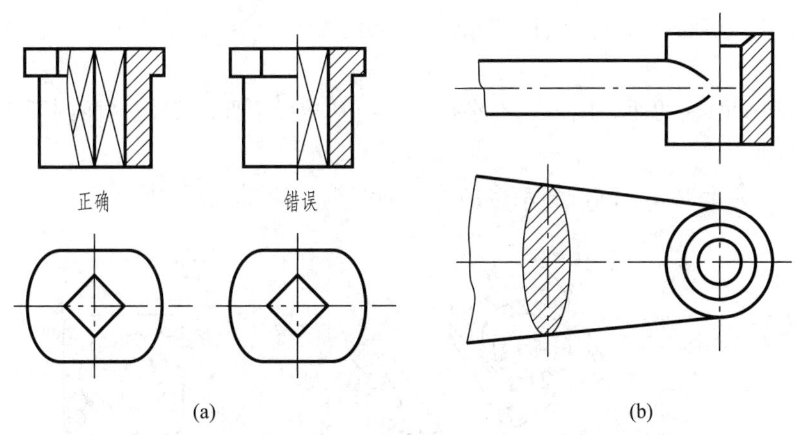

图 4-22　局部剖图例

（a）不宜采用半剖的图例；（b）中心线作局部剖的分界线

（3）对实心轴等零件上的结构如孔、键槽、凹坑，通常应采用局部剖，如图 4-23 所示。

局部剖视图中视图与剖视的边界线应以波浪线为界。

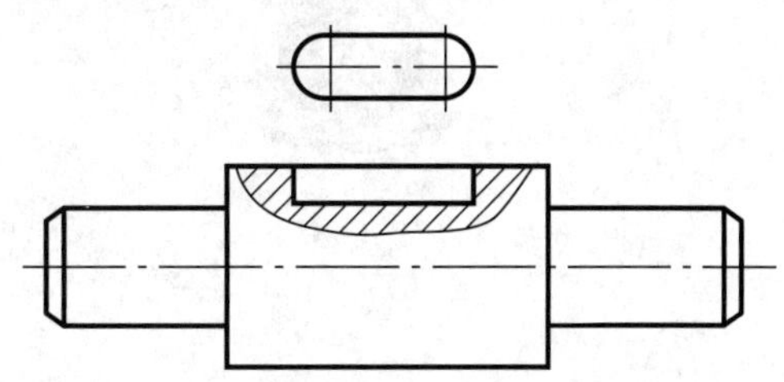

图 4-23　实心轴上的键槽采用局部剖

画波浪线时应注意：

（1）波浪线不能和其他轮廓线重合，如图 4-24（a）所示；也不能成为其他轮廓线的延长线，如图 4-24（b）所示。

（2）波浪线不能超出实体以外，如图 4-24（c）所示。

（3）波浪线不能封闭通孔部分，如图 4-24（c）所示。

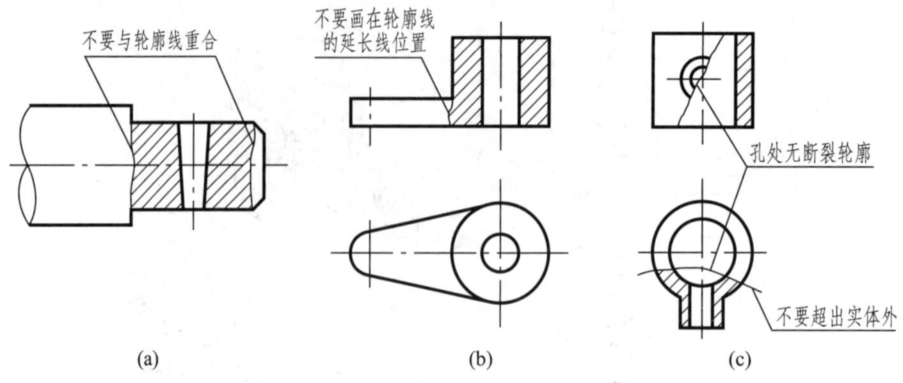

图 4－24 波浪线的错误画法

三、剖切面的种类

机件的结构多种多样，画剖视时，应该根据机件的结构形状，采用不同的剖切方法和选用合适的剖切面。

1. 单一剖切面

(1) 单一平面剖切面。用一个平行于基本投影面的剖切平面剖开机件所画出的剖视图，称为单一平面剖。前面讲到的全剖、半剖、局部剖都属于这种剖切方式，也是比较常用的形式。

(2) 单一斜平面剖切面。用一个不平行于任何基本投影面的剖切平面剖开机件所画出的剖视，称为斜剖。

斜剖主要适合于机件上的倾斜结构而采用的剖视，如图 4－25 所示。

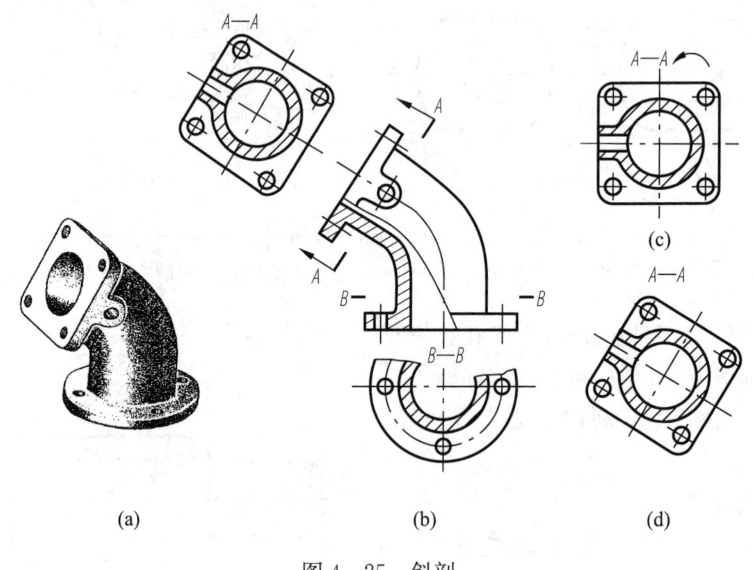

图 4－25 斜剖

采用这种剖视，可以按照投影关系布置视图，也可以按照向视图的方式布置到其他位置，而且必须按照规定进行标注，即标明剖切面位置、投射方向和视图名称，如图 4－25 中的 *A*—*A*。在不致引起误解时，允许将图形旋转，标注形式为“×—×旋转”，如图 4－25 (c)

所示。

2. 几个平行的剖切平面

用两个或两个以上平行的剖切平面剖开机件所画出的剖视，称为阶梯剖。

阶梯剖主要适合于机件上不在一个平面上的内部结构所采用的剖视，如图 4－26 所示。

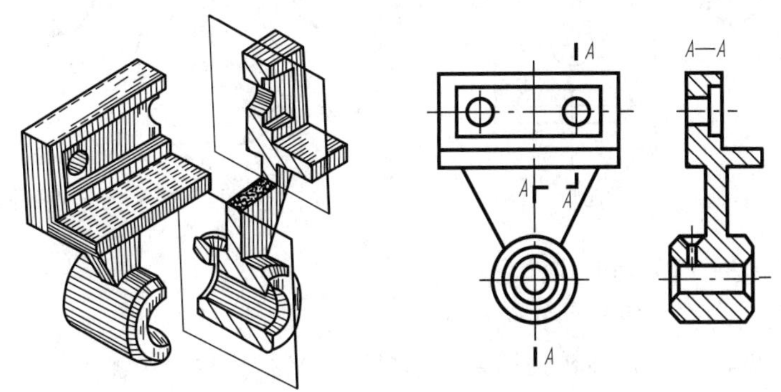

图 4－26　阶梯剖

用几个平行的剖切平面剖切时应注意：

(1) 由于剖切是假想的，所以剖切平面转折处不应画线，如图 4－27 (a) 所示。

(2) 不应出现不完整要素，如图 4－27 (b) 所示。

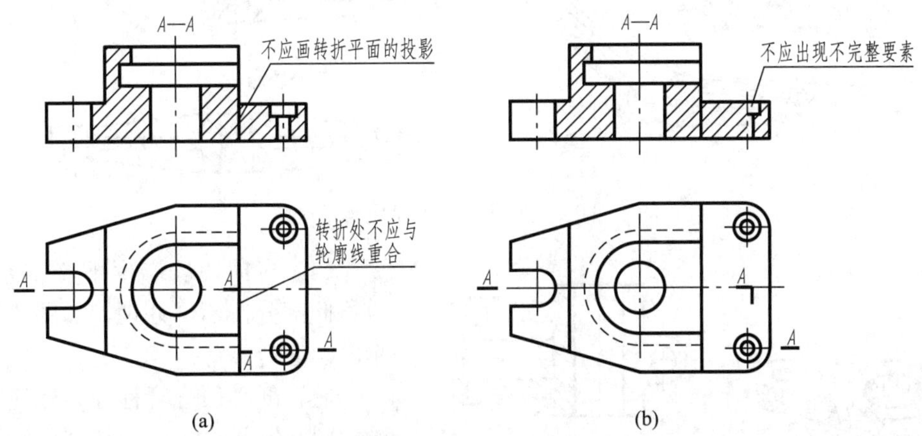

图 4－27　阶梯剖中的错误画法

(a) 剖切平面转折处不应画线；(b) 不应出现不完整要素

(3) 当两个要素在图形上具有公共对称中心线或轴线时，可以各画一半，此时应以对称中心线或轴线为界，如图 4－28 所示。

阶梯剖必须进行标注，如图 4－26 所示。

3. 两个相交的剖切平面

用两个相交的剖切平面（交线垂直于某一基本投影面）剖开机件所画的剖视，称为旋转剖。

旋转剖主要适合于机件上不处于同一平面上且又共有一个回转轴线的两部分内部结构所采用的剖视，如图 4－29 所示。

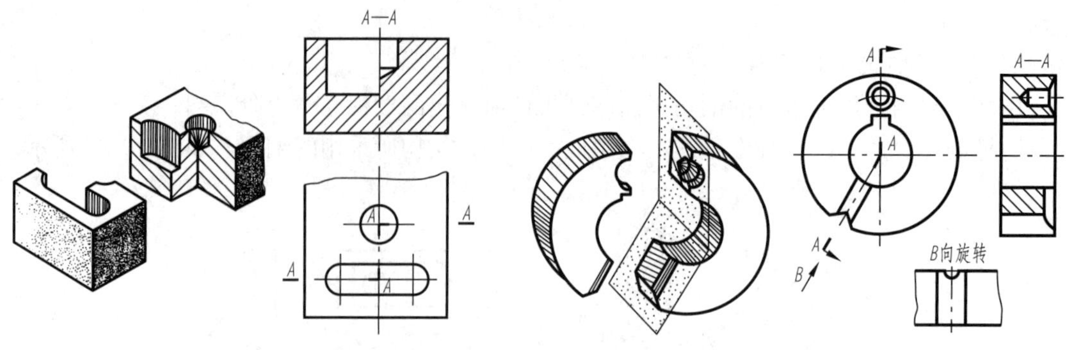

图 4－28 各画一半的图例　　　　图 4－29 旋转剖的画法

用两相交的剖切平面剖切时应注意：

（1）两剖切平面的交线应与回转轴线重合。

（2）剖切后倾斜部分应先旋转到和某基本投影面平行后再投影。

（3）剖切平面后的其他结构一般按原来位置投影，如图 4－30 所示的小油孔。

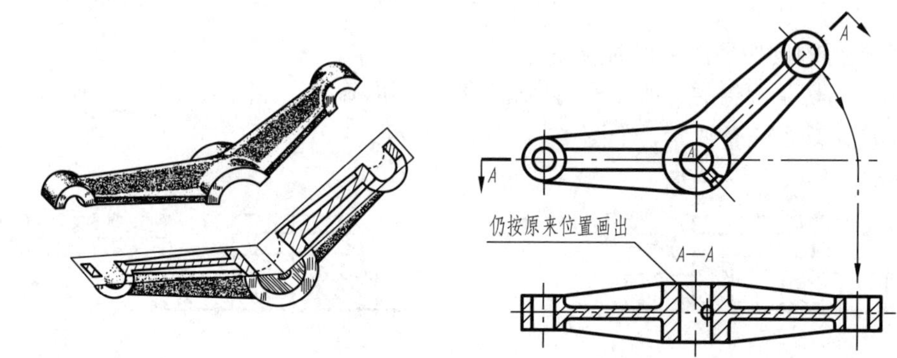

图 4－30 剖切平面后其他结构的画法

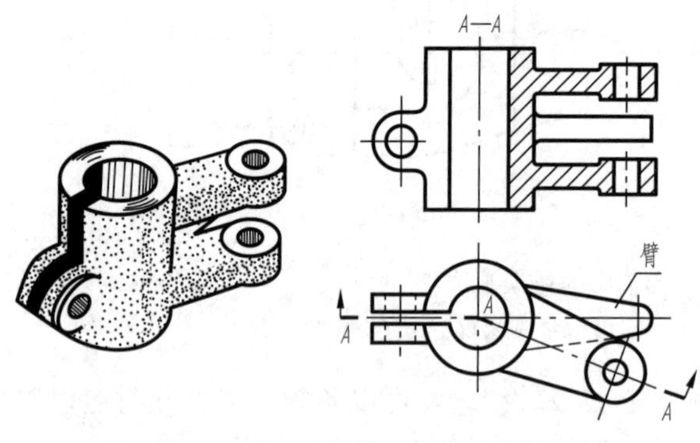

图 4－31 剖切后产生不完整要素的画法

（4）当剖切后产生不完整要素时，应将此部分按不剖处理，如图 4－31 所示的实心臂。

旋转剖必须进行标注，标注方法如阶梯剖，但要注意箭头与剖切符号应垂直，如图 4－31 所示。

4. 组合的剖切平面

除旋转、阶梯剖以外，用组合的剖切平面剖开机件所画出的剖视称为复合剖。

复合剖主要适合于内部结构比较复杂的机件，这些结构通常需要多个剖切面，如多个相交的剖切面或平行的剖切平面与相交的剖切面的组合等，如图 4－32 所示。

复合剖必须进行标注，标注方法如阶梯剖和旋转剖，即标明剖切面位置、投射方向和视图名称。

复合剖可采用展开画法，此时应标注“×—×展开”，如图 4－33 所示。

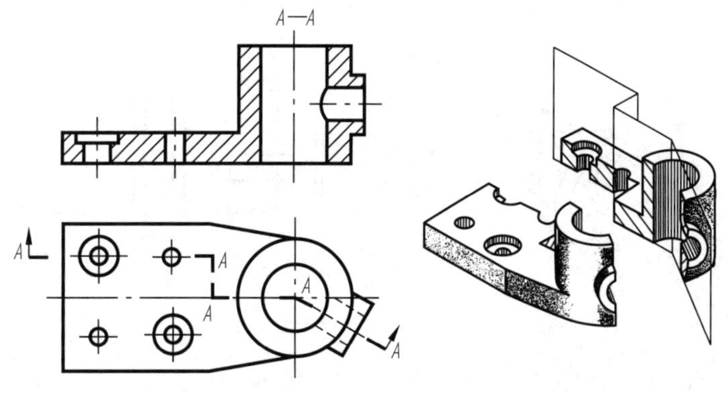

图 4 - 32　复合剖（一）

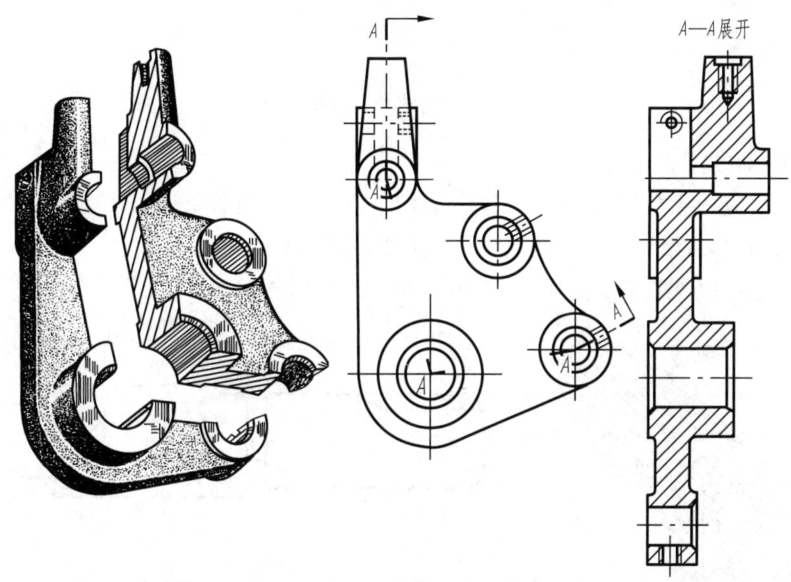

图 4 - 33　复合剖（二）

第三节　断　面　图

一、断面图的概念

假想用剖切平面将机件的某处切断，仅画出断面的图形，称为断面图，简称断面。

断面图和剖视图是有区别的：断面图只表达剖切面切断的部分，而剖视图除了表达剖切面剖到的部分外，还要表达剖切平面后面的可见部分，如图 4 - 34 所示。

断面图通常用来表达轴类零件上的键槽、小孔和凹槽，以及肋板、型材、轮辐等结构的断面形状。画图时，合理运用断面图的表达方法，可使图形简明、清晰。

二、断面图的种类

1. 移出断面

画到视图外面的断面图称为移出断面，如图 4 - 35 所示。移出断面的轮廓线用粗实线绘制。

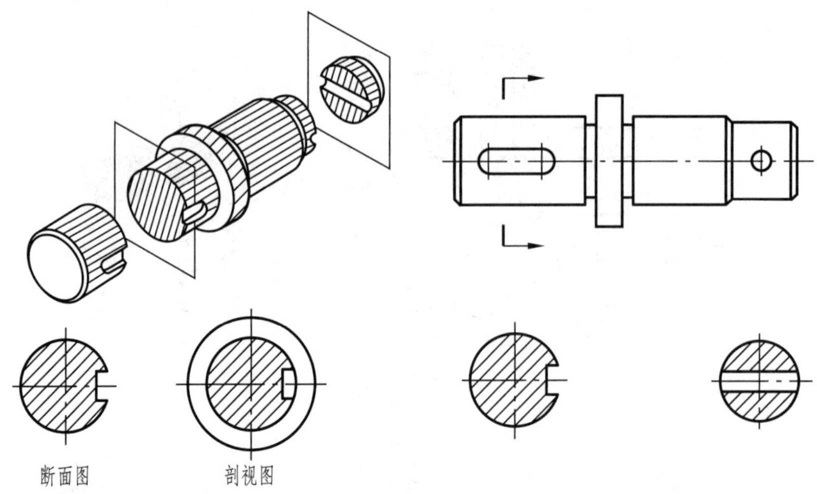

图 4-34　断面图与剖视图的区别

(1) 移出断面的配置位置。

1) 移出断面应尽量配置在剖切符号和剖切平面迹线的延长线上，如图 4-35 和图 4-36 所示。剖切平面迹线是剖切平面与投影面的交线，用细点画线表示。

2) 必要时也可以配置在其他位置，如图 4-35 所示的 A—A。

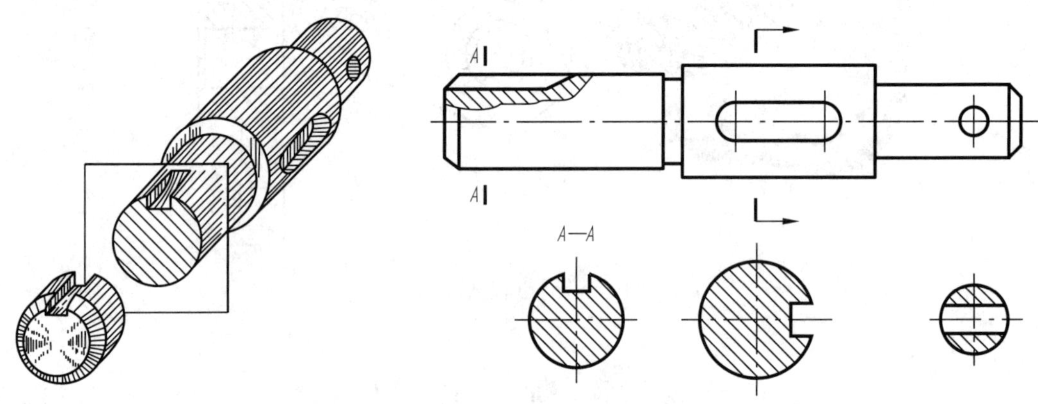

图 4-35　移出断面图（一）

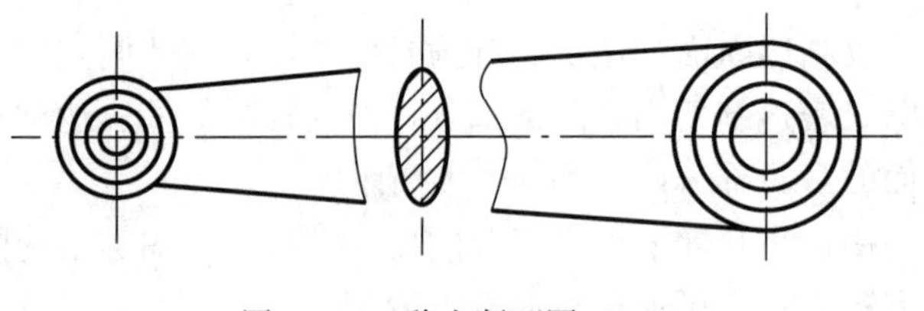

图 4-36　移出断面图（二）

3) 断面图形对称时也可画在视图的中断处，如图 4-36 所示。

(2) 绘制移出断面的注意事项。

1) 由两个或多个相交的剖切平面得出的移出剖面，中间一般断开，如图 4-37 所示。

2) 当剖切平面通过回转面形成的孔或凹坑的轴线时，这些结构按剖视绘制，如图 4-38 所示。

3) 剖切平面通过非圆孔，会导致出现完全分离的两个剖视时，则这些结构按剖视绘制，如图 4-39 所示。

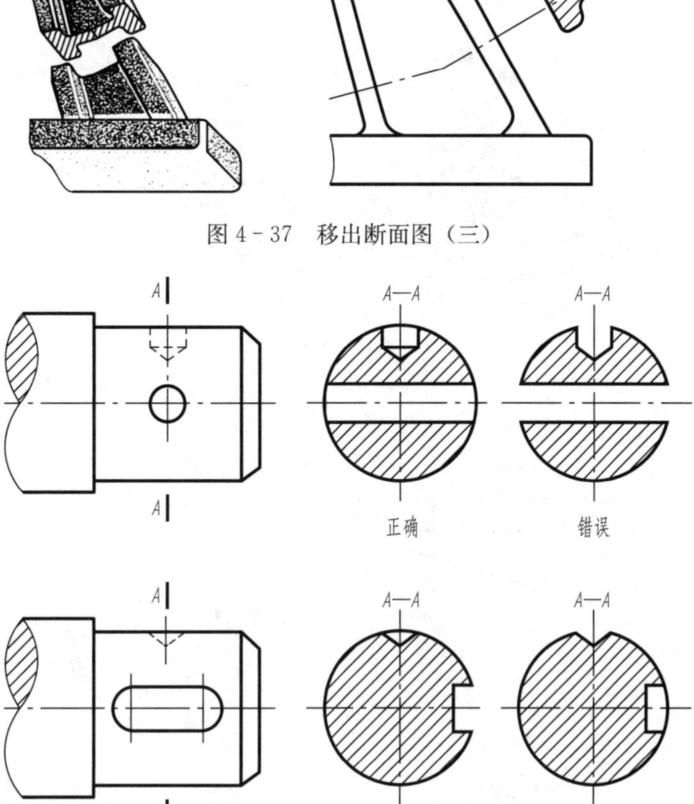

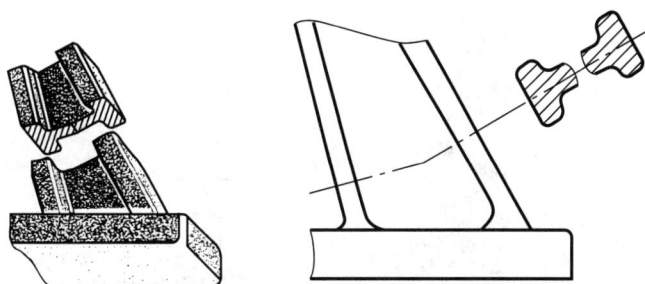

图 4－37　移出断面图（三）

图 4－38　移出断面图（四）

（3）移出断面的标注。

1）对称的移出断面。配置在剖切平面迹线延长线上，可省略标注；按投影关系配置以及布置在其他位置，应注出剖切符号和字母。

2）不对称的移出断面。配置在剖切符号延长线上，可省略字母；按投影关系配置，可省略箭头；配置在其他位置，应注出剖切位置、字母和箭头。

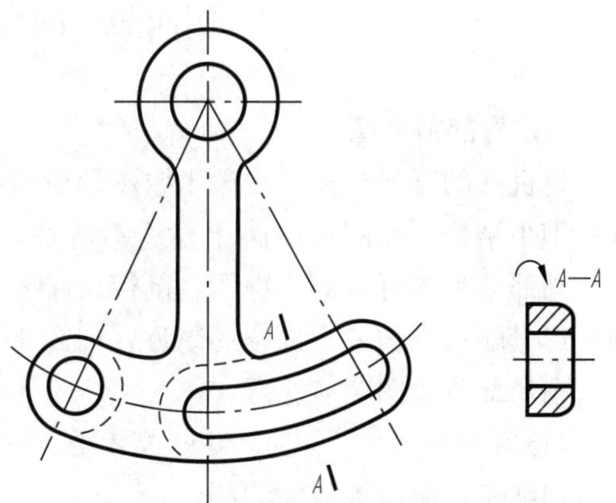

图 4－39　移出断面图（五）

2．重合断面

画到视图里面的断面图称为重合断面。如图 4－40 所示，重合断面的轮廓线用细实线绘制。当视图中的轮廓线与重合断面的图形重叠时，视图中的轮廓线仍应连续画出，不可间断。

重合断面的标注应注意：

(1) 不对称的重合断面可以省略字母，如图 4 - 40 (a) 所示。

(2) 对称的重合断面可以省略标注，如图 4 - 40 (b)、(c) 所示。

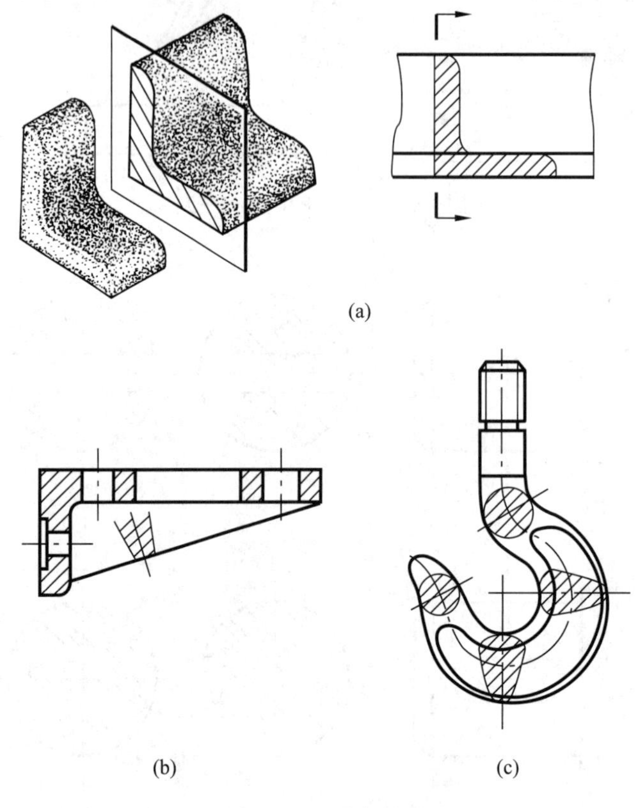

图 4 - 40 重合断面

第四节 图样的其他表达方法

一、局部放大图

将机件的部分结构，用大于原图形所采用的比例画出的图形，称为局部放大图。机件上有些细小结构，在图形中由于表达不清楚，或者不便于标注尺寸，通常采用局部放大图表达。局部放大图可以画成视图、剖视、断面，而与原图形所采用的表达方法无关。局部放大图应尽量配置在被放大部位的附近，如图 4 - 41 所示。

画局部放大图时应注意：

(1) 绘制局部放大图时，除螺纹牙型、齿轮和链轮的齿形外，应按图 4 - 41 和图 4 - 42 (a) 所示用细实线圈出被放大的部位。

(2) 当同一机件上有几个被放大的部分时，必须用罗马数字依次标明，并在局部放大图的上方标出相应的罗马数字和所采用的比例，如图 4 - 41 所示。

(3) 当机件上仅有一个被放大的部分时，在局部放大图的上方只需注明所采用的比例，如图 4 - 42 (a) 所示。

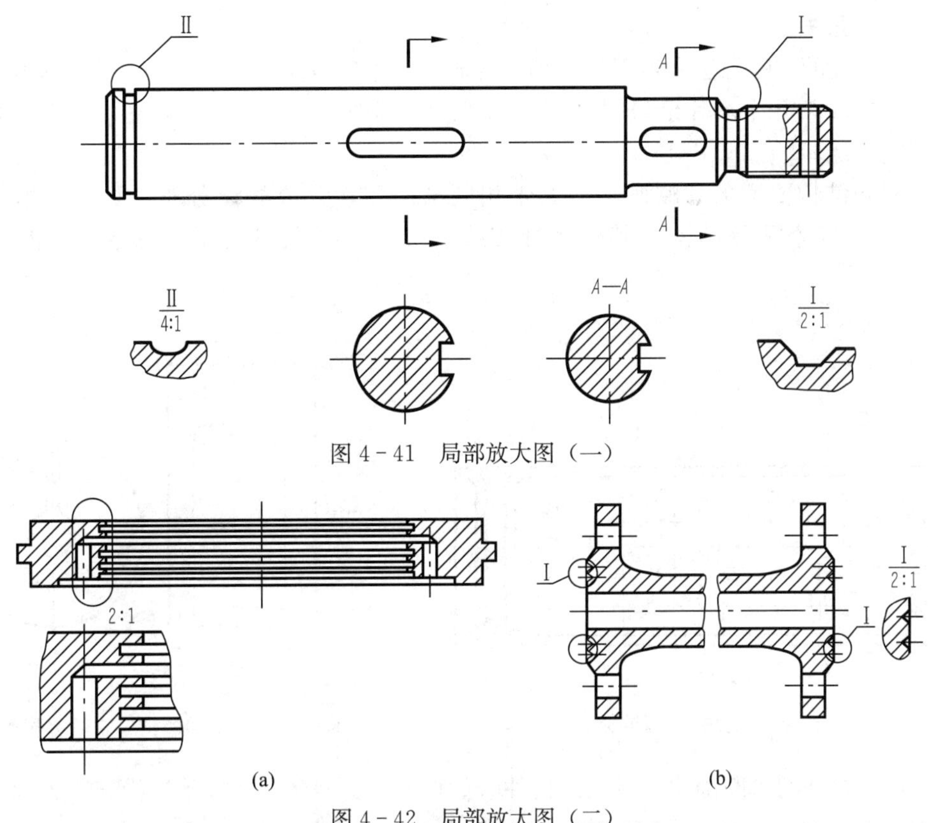

图 4-41　局部放大图（一）

图 4-42　局部放大图（二）

（4）同一机件上不同部位的局部放大图，当图形相同或对称时，只需画出一个，如图 4-42（b）所示。

二、规定画法

当回转体机件上均匀分布的肋、轮辐、孔等结构不处在同一剖切平面上时，可将这些结构旋转到剖切平面上画出。如图 4-43 所示，在剖视图上的肋和小孔均按对称画出。注意，其中一端小孔的位置须用点画线表示出来。

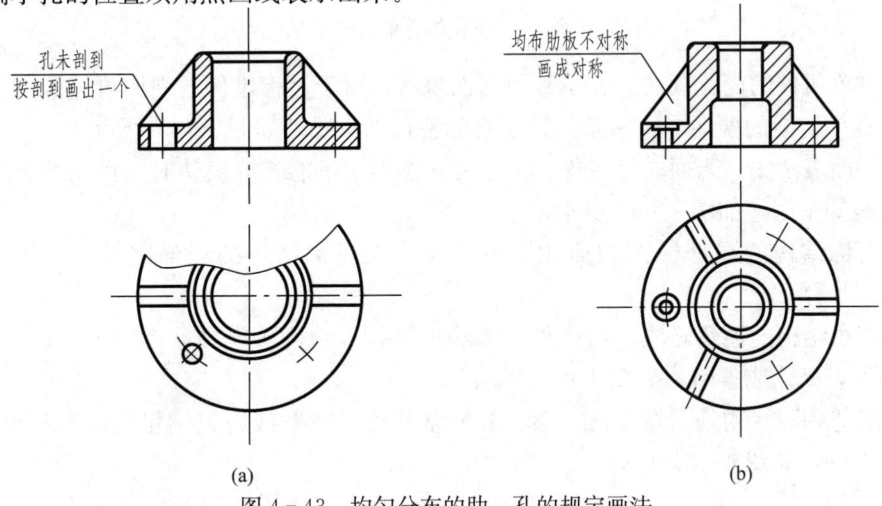

图 4-43　均匀分布的肋、孔的规定画法

三、简化画法

(1) 重复孔的省略画法。若干直径相同且成规律分布的孔，如圆孔、沉孔、螺孔等，可以画出一个或少量几个，其余只需用细点画线表示其中心位置，并要在图上注明总数，如图 4-44 所示。

(2) 相同结构要素的省略画法。若干相同结构要素且成规律分布，如齿、槽等，可以画出一个或几个重复结构，其余用细实线连接，并要在图上注明总数，如图 4-45 所示。

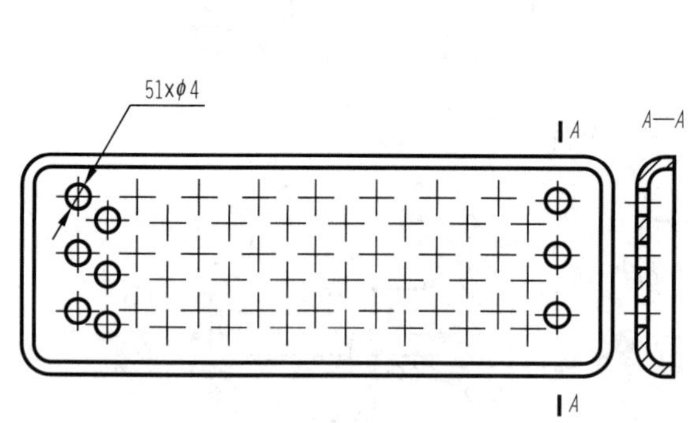

图 4-44 重复孔的省略画法

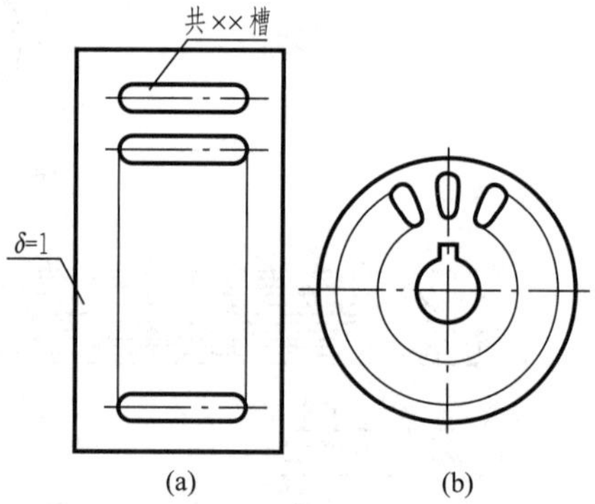

共××槽

δ=1

(a) (b)

图 4-45 相同结构要素的省略画法

(3) 较长机件的折断画法。较长的机件（如轴、杆、型材、连杆等）沿长度方向一致或按一定规律变化时，可断开后缩短绘制，但需标注实际尺寸，如图 4-46 所示。

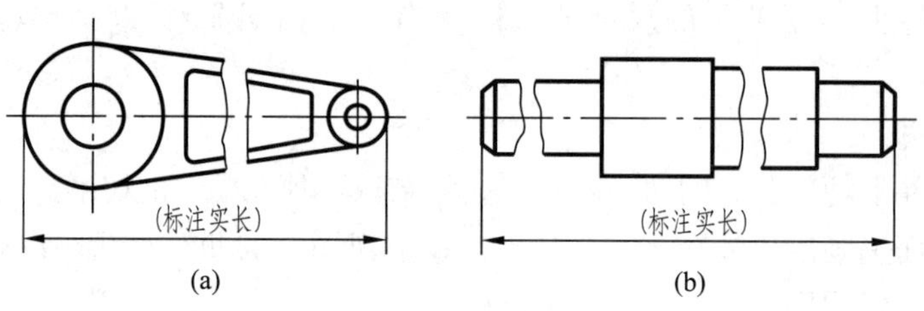

图 4-46 较长机件的折断画法

(4) 对称机件的简化画法。在不致引起误解时，对于对称机件的视图可只画一半或四分之一，并在中心线的两端画出两条与其垂直的平行细实线，如图 4-47 所示。

(5) 平面表示法。当回转体零件上的平面在图形中不能充分表达时，可用两条相交的细实线表示这些平面，如图 4-48 所示。

(6) 对称结构的局部视图的简化画法。零件上对称结构的局部视图，可按图 4-49 绘制。

(7) 细小结构的简化画法。当机件上较小的结构、斜度等已在一个图形中表达清楚时，其他图形可以简化或省略，如图 4-50 所示。

(8) 滚花和网状物的示意画法。滚花和网状物可在轮廓线附近用粗实线局部示意画出，也可省略不画，如图 4-51 所示。

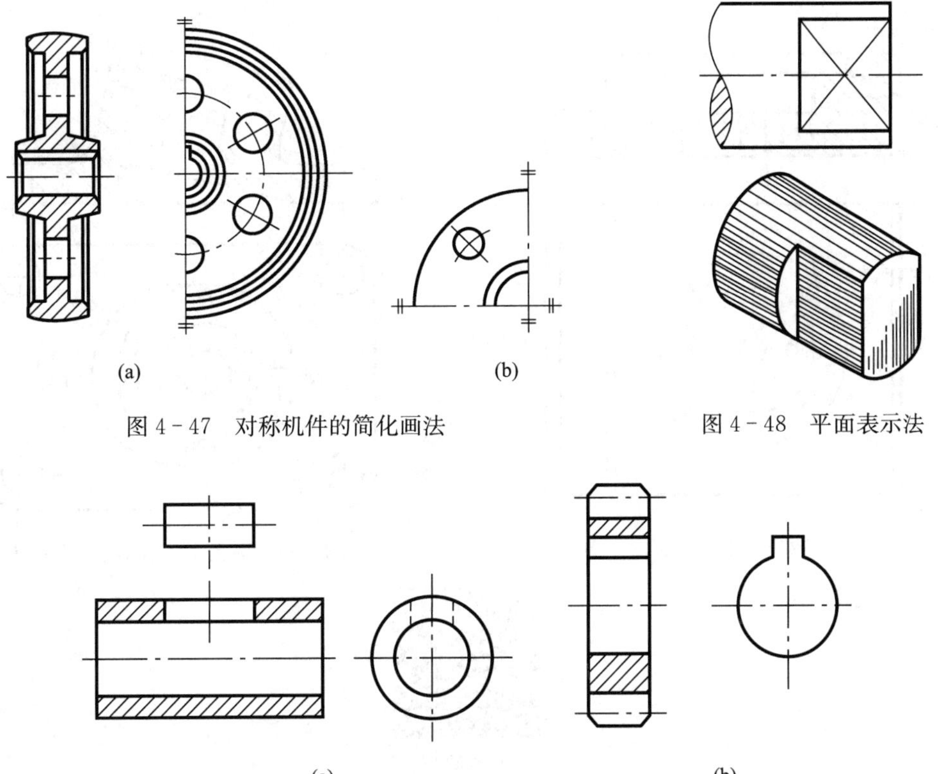
(a)　(b)

图 4-47　对称机件的简化画法

图 4-48　平面表示法

(a)　(b)

图 4-49　对称结构的局部视图的简化画法

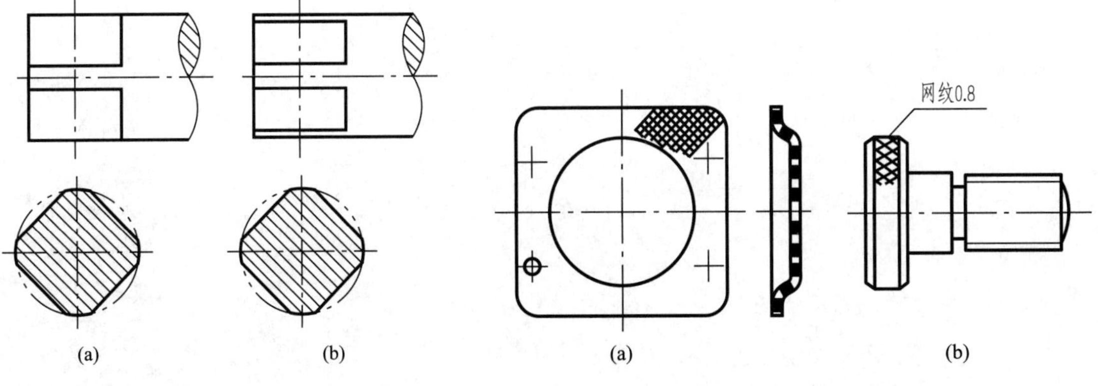

(a)　(b)

图 4-50　细小结构的简化画法
(a) 简化画法；(b) 实际投影

(a)　(b)

图 4-51　滚花和网状物的示意画法

(9) 剖中剖的画法。在剖视图的剖面中可再作一次局部剖。采用这种表达方法时，两个剖面的剖面线方向应相同、间隔一致，但必须错开，并用引线标注其名称。若剖切位置明显，可省略标注，如图 4-52 所示。

(10) 与投影面倾斜的圆及圆弧的简化画法。与投影面倾斜角度不大于 30°的圆及圆弧，其投影可用圆及圆弧代替，如图 4-53 所示。

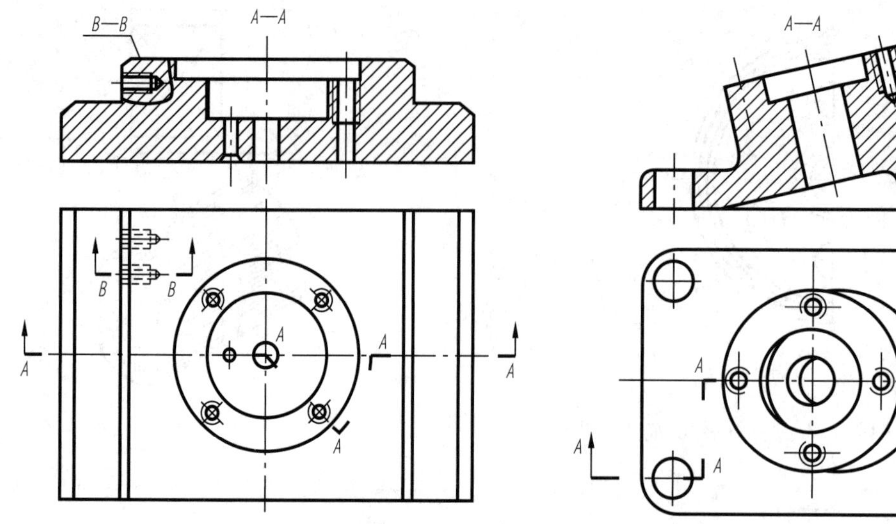

图 4－52 剖中剖的画法

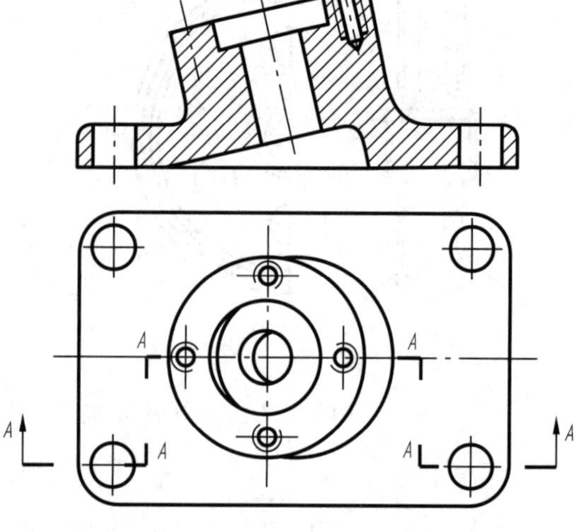

图 4－53 不大于 30°的圆简化画法

拓展视频

第五章　标准件和常用件

在机器或部件的装配、安装中，广泛使用螺纹紧固件或其他连接件进行紧固和连接。在机械的传动、支承、减振等方面，也大量使用齿轮、轴承、弹簧等机件。这些机件的应用范围非常广泛，需求量很大。对这些大量使用的机件，在结构、尺寸方面均已经标准化的，称为标准件；有的部分参数也已标准化和系列化，称为常用件。

国家标准对标准件和常用件都有统一规定的画法、符号和代号，并组织专业化生产。

本章主要介绍螺纹、螺纹紧固件、键、销、滚动轴承、齿轮及弹簧的规定画法、代号和标记。

第一节　螺纹及螺纹紧固件

一、螺纹

1. 螺纹的形成

在圆柱外表面上形成的螺纹称为外螺纹，如图 5－1（a）所示；在圆柱内表面上形成的螺纹称为内螺纹，如图 5－1（b）所示。

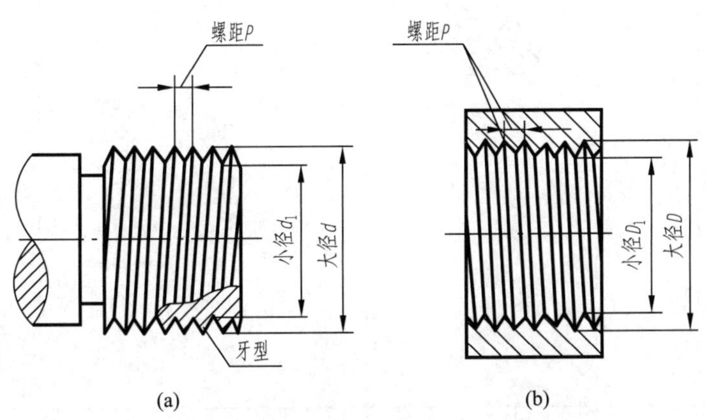

图 5－1　螺纹的牙型、大径、小径和螺距

(a) 外螺纹；(b) 内螺纹

2. 螺纹要素

螺纹由下列五要素确定。

(1) 螺纹牙型。用剖切平面沿螺纹的轴线进行剖切所得的螺纹截面轮廓形状，称为螺纹牙型。常见的螺纹牙型有三角形、梯形、锯齿形等，见表 5－1。

(2) 螺纹直径。

1) 大径。与外螺纹牙顶或内螺纹牙底相重合的假想圆柱面的直径，称为螺纹大径。外螺纹的大径用 d 表示，内螺纹的大径用 D 表示，如图 5－1 所示。

表 5-1 **常 见 螺 纹 牙 型**

螺纹种类		螺纹代号	牙型放大图	标注方法	标注示例
普通螺纹	粗牙	M	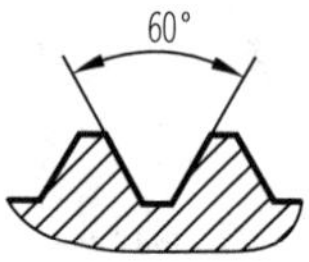 60°	M20－5g6g 公称直径 螺纹代号 （不标注螺距） 5g 表示中径、6g 顶径的螺纹公差带	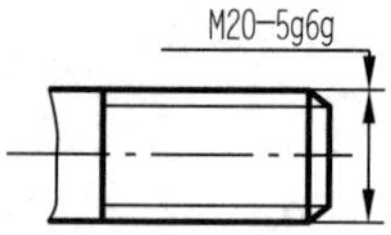 M20-5g6g
	细牙			M20×2－7H 螺距 公称直径 螺纹代号 7H 表示中径、顶径的螺纹公差带	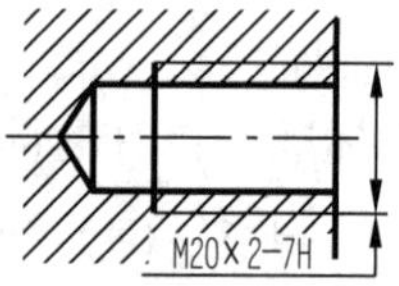 M20×2-7H
管螺纹	非螺纹密封的管螺纹	G	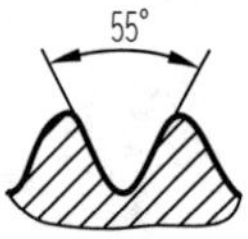 55°	G1/2 公称直径 螺纹代号 G1/2A 公差等级	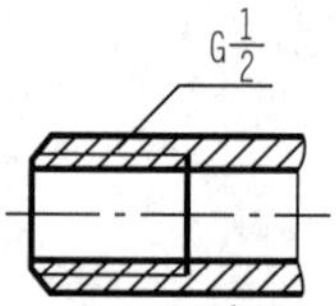 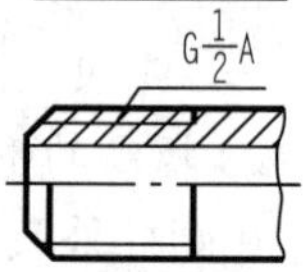 $G\frac{1}{2}$ $G\frac{1}{2}A$
	用螺纹密封的管螺纹	圆锥（内）Rc 圆柱（内）Rp 圆锥（外）R		$Rc1\frac{1}{2}$ $Rp1\frac{1}{2}$ $R1\frac{1}{2}$	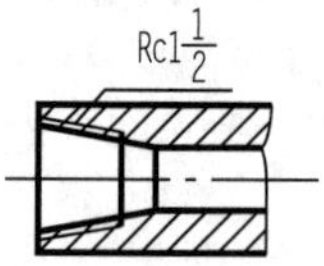 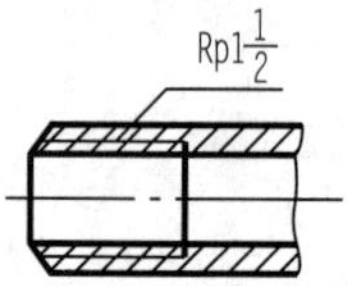 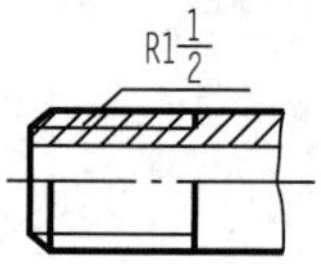 $Rc1\frac{1}{2}$ $Rp1\frac{1}{2}$ $R1\frac{1}{2}$
梯形螺纹		Tr	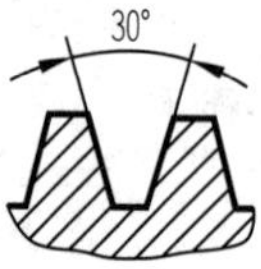 30°	Tr40×14(P7)－7H 线数 14/7 ＝ 2 导程 公称直径 螺纹代号	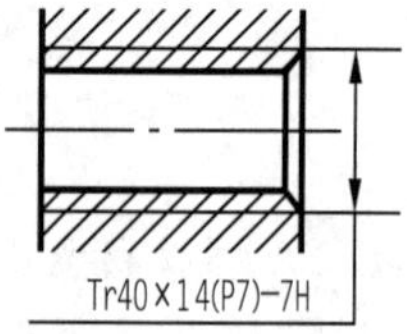 Tr40×14(P7)-7H
锯齿形螺纹		B	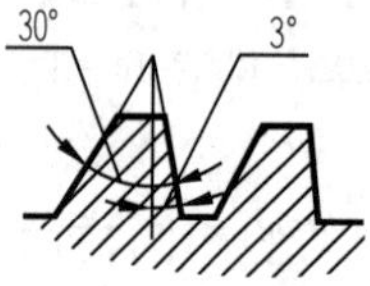 30° 3°	B32×6－LH 旋向 螺距 公称直径 螺纹代号	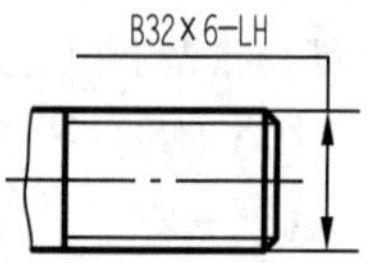 B32×6-LH

2）小径。与外螺纹牙底或内螺纹牙顶相重合的假想圆柱面的直径，称为螺纹的小径。外螺纹的小径用 d_1 表示，内螺纹的小径用 D_1 表示，如图 5－1 所示。

3）中径。在大径和小径之间有一假想圆柱，在其母线上牙型的沟槽宽度和凸起的宽度相等，其直径称为螺纹的中径。外螺纹的中径用 d_2 表示，内螺纹的中径用 D_2 表示。

（3）线数 n。螺纹有单线和多线之分。沿一条螺旋线形成的螺纹称为单线螺纹，沿两条或两条以上且在轴向等距离分布的螺旋线形成的螺纹称为多线螺纹，如图 5－2 所示。

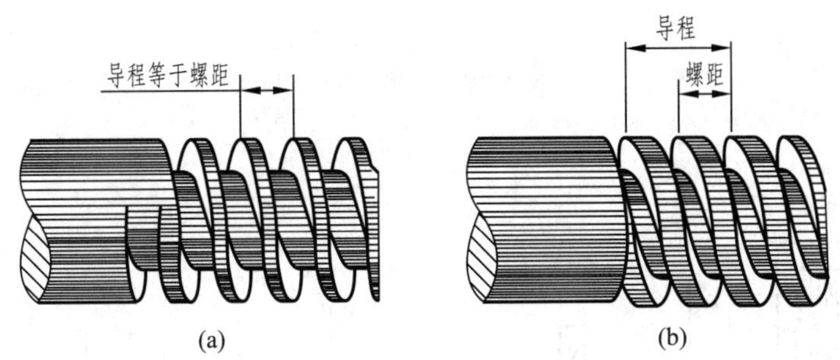

图 5－2　螺纹的线数、导程与螺距

（a）单线螺纹；（b）双线螺纹

（4）螺距 P 与导程 S。螺纹相邻两牙在中径线上对应两点间的轴向距离，称为螺距，如图 5－1 所示。沿同一条螺旋线形成的螺纹上的相邻两牙，在中径线上对应两点间的轴向距离，称为导程，如图 5－2 所示。单线螺纹的螺距等于导程，即 $S=P$，如图 5－2（a）所示。多线螺纹的导程等于线数乘以螺距，即 $S=nP$，图 5－2（b）所示为双线螺纹，其导程等于螺距的两倍，为 $S=2P$。

（5）旋向。螺纹旋进的方向称为旋向。顺时针旋转时旋入的螺纹称为右旋螺纹，逆时针旋转时旋入的螺纹称为左旋螺纹。在实际使用中，大多采用右旋螺纹。

螺纹由牙型、大径、导程、线数和旋向五个因素所确定，只有当外螺纹和内螺纹的五要素完全相同时才能旋合使用，称旋合条件。

在螺纹的五要素中，如果牙型、公称直径和螺距这三项都符合国家标准的螺纹，称为标准螺纹；若牙型符合标准，而大径、螺距不符合标准的螺纹，称为特殊螺纹；牙型不符合标准的螺纹，称为非标准螺纹。

螺纹的线数和旋向如果没有注明，则为单线、右旋螺纹。

3. 螺纹的规定画法

（1）外螺纹的规定画法。在非圆视图中，螺纹牙顶所在的轮廓线（即大径）画成粗实线；螺纹牙底所在的轮廓线（即小径）画成细实线，小径一般画成大径的 $0.85d$。在表现圆的视图中，表示牙顶的圆用粗实线圆画出；表示牙底的圆用 3/4 的细实线圆画出，倒角圆规定不画，如图 5－3（a）所示。当需要表示螺纹收尾时，螺尾部分的牙底用与轴线呈 30°的细实线绘制，如图 5－3（b）所示。

（2）内螺纹的规定画法。对于通孔螺孔，在非圆视图中，当剖开表示时［见图 5－4（a）］，牙底（螺纹大径）为细实线，牙顶（小径）及螺纹终止线为粗实线；不剖开表示时［见图 5－4（b）］，牙底、牙顶、螺纹终止线均为虚线。在表现圆的视图中，牙底画成 3/4 圈的细实线圆，同时规定，螺纹孔的倒角圆也省略不画。

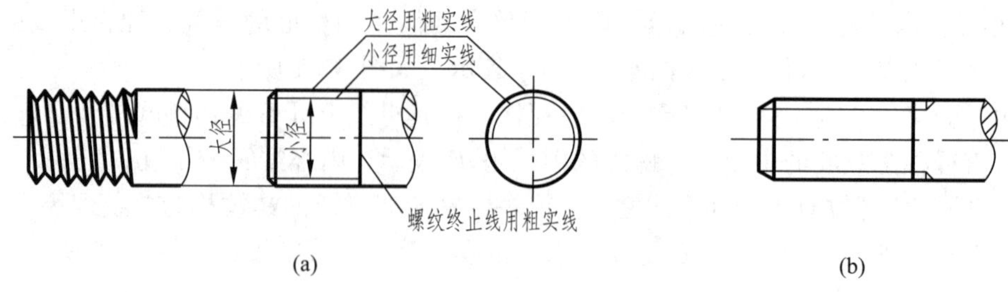

图 5-3　外螺纹的规定画法

(a) 一般画法；(b) 螺纹收尾的画法

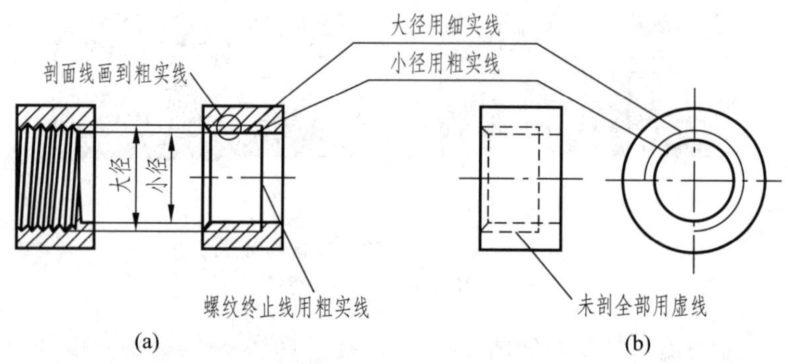

图 5-4　内螺纹的画法

(a) 剖开画法；(b) 不剖画法

对于不通螺孔，在非圆视图中画剖视或剖面图时，内螺纹大径所在的轮廓线用细实线表示；小径［含钻孔部分，一般钻孔深度比螺纹深度大 $(0.2\sim0.5)d$］所在的轮廓线、螺纹终止线用粗实线表示；钻孔底部的锥顶角画成 120°，如图 5-5（a）所示。

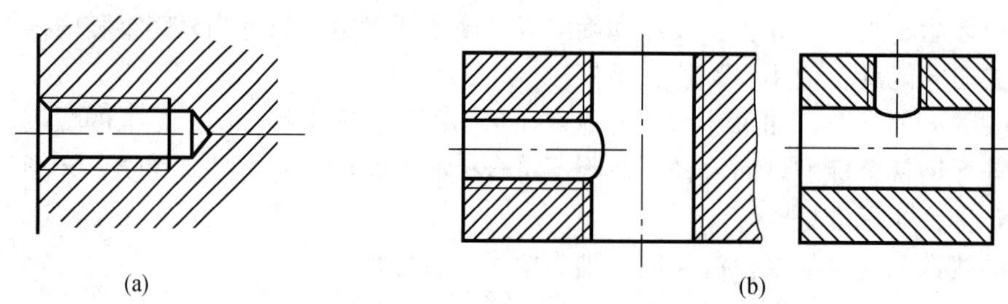

图 5-5　不通孔及螺纹孔中相贯线的画法

(a) 不通螺纹孔的画法；(b) 螺纹孔中相贯线的画法

螺纹孔中相贯线的画法见图 5-5（b）。

注意，无论是外螺纹或内螺纹，在剖视或断面图中的剖面线都必须画到粗实线处。

(3) 内、外螺纹连接的规定画法。螺纹要素全部相同的内、外螺纹才能形成连接。螺纹连接画成剖视图时，其旋合部分按外螺纹绘制，其他部分仍按各自的画法表示。应该注意，表示大、小径的粗实线和细实线应分别对齐，而与倒角的大小无关，如图 5-6 所示。

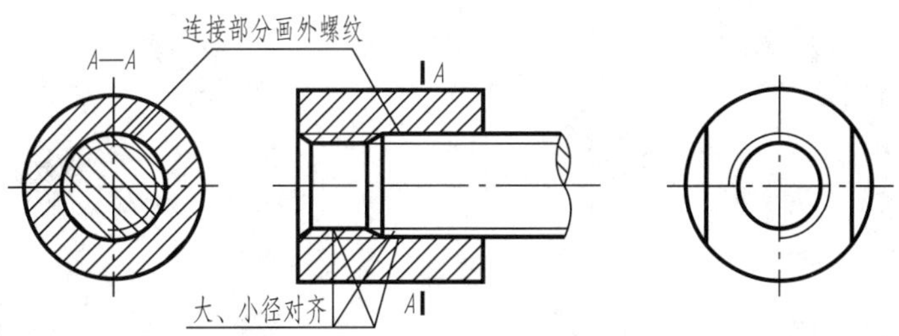

图 5-6 螺纹连接的画法

4. 常用螺纹的种类和标注

螺纹按用途可分为连接螺纹和传动螺纹。

普通螺纹（公制）是最常用的连接螺纹，有细牙和粗牙之分。在大径相同的条件下，细牙普通螺纹的螺距和螺纹高度都比粗牙的小。

管螺纹（英制）主要用于管子的连接、密封。

梯形螺纹和锯齿形螺纹（公制）是常用的传动螺纹，锯齿形螺纹只能传递单向动力。

由于螺纹采用规定画法后，不能表达其牙型、公称直径、大径、螺距、线数、旋向等要素，因此由标注来说明，见表 5-1。

(1) 普通螺纹的标注。普通螺纹应注出：

螺纹代号—螺纹公差带代号—螺纹旋合长度代号

螺纹代号的标注形式为

牙型代号（M）公称直径×螺距（导程/线数）旋向

(2) 梯形螺纹和锯齿形螺纹的标注。对于这两种螺纹应该标注螺纹牙型代号（Tr 或 B），大径、螺距或导程与线数（多线螺纹）、制造精度、旋向等内容。当螺纹为左旋时，要在尺寸规格之后加注“LH”。单线螺纹的尺寸规格用“公称直径×螺距”表示，多线螺纹的尺寸规格用“公称直径×导程（P 螺距）”表示，见表 5-1。

(3) 管螺纹的标注。管螺纹包括非螺纹密封的内、外管螺纹和用螺纹密封的各类圆锥管螺纹。圆柱管螺纹、圆锥管螺纹应标注牙型代号（G、Rc、Rp、R）和公称直径，公称直径是英寸制，不表示螺纹的大径，故标注时应采用指引线指向大径的标注方式，见表 5-1。

(4) 特殊螺纹与非标准螺纹的标注。特殊螺纹应在牙型代号前加注“特”字。非标准螺纹则应画出牙型的轴向剖面图，并标注全部尺寸。

二、螺纹紧固件

螺纹紧固件的连接形式通常有螺栓连接、双头螺柱连接和螺钉连接。常用的紧固件有螺栓、双头螺柱、螺母、垫圈、螺钉等，如图 5-7 所示。

1. 螺纹紧固件的标记及画法

螺纹紧固件的结构、尺寸已标准化，可从相关国家标准中查得。

螺纹紧固件的规定标记一般格式为

名称　标准编号　规格公称尺寸、必要形式等　性能等级或材料及热处理　表面处理

常用螺纹紧固件的规定标记及比例画法见表 5-2。

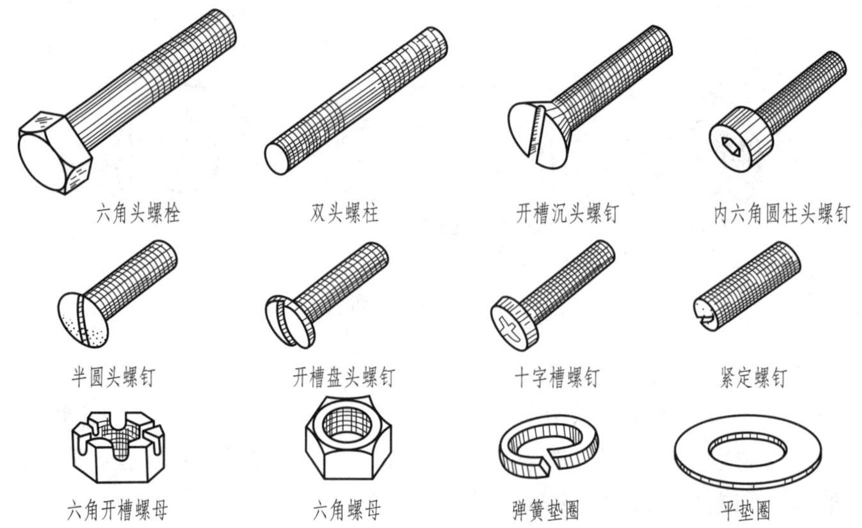

图 5-7 常用的螺纹紧固件

表 5-2 常用螺纹紧固件的规定标记及比例画法

名称及视图	规定标记示例	比例画法
六角头螺栓 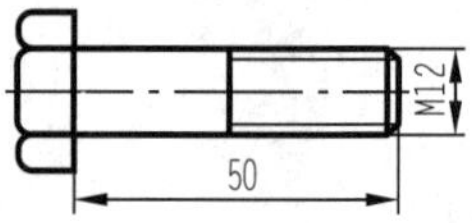	螺栓 GB/T 5782—2016 M12×50	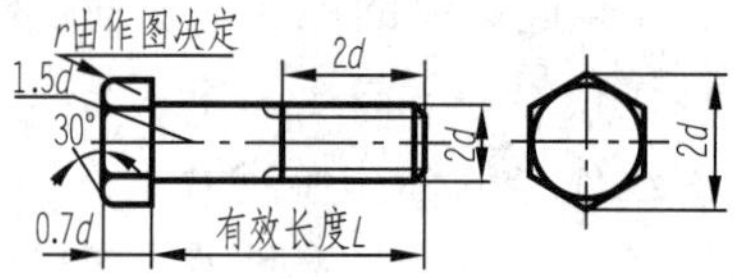
双头螺柱 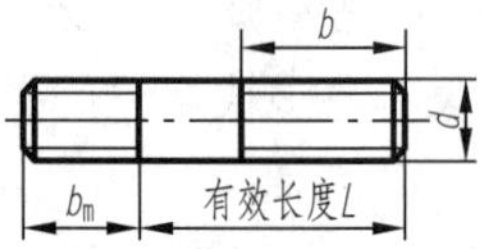	螺柱 GB 899—1988 M12×50	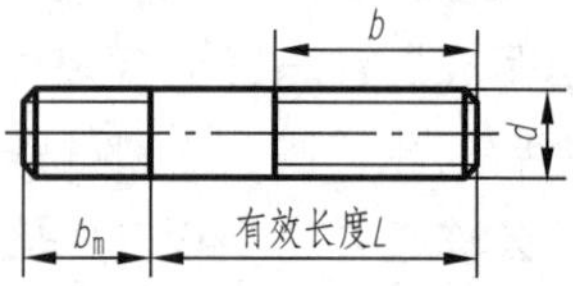
开槽盘头螺钉 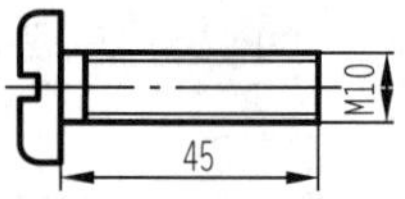	螺钉 GB/T 67—2016 M10×45	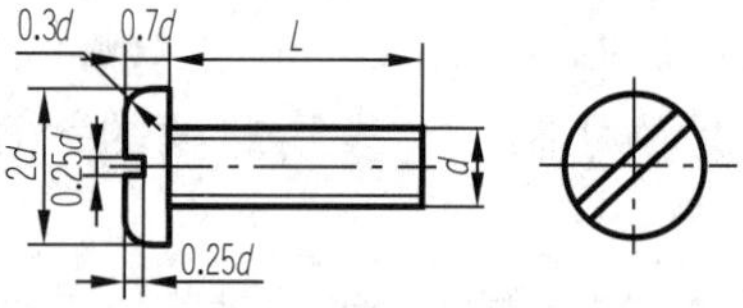
内六角圆柱头螺钉 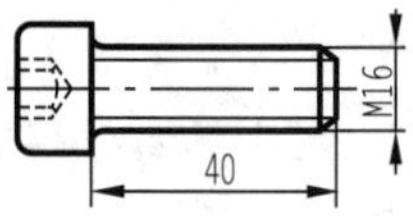	螺钉 GB/T 70.1—2008 M16×40—12.9	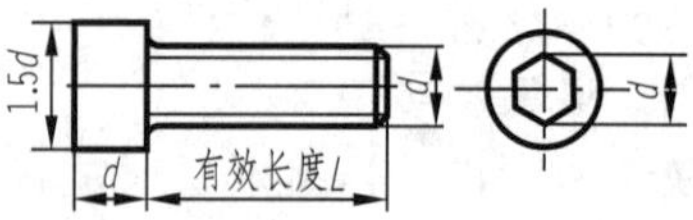
开槽沉头螺钉 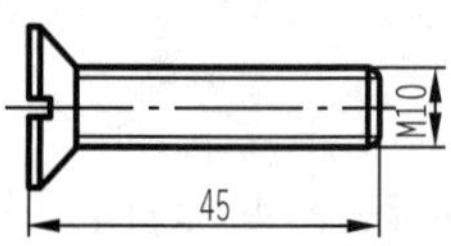	螺钉 GB/T 68—2016 M10×45	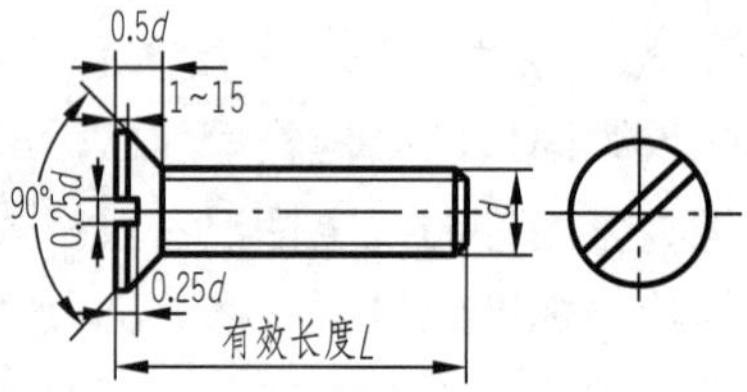

续表

名称及视图	规定标记示例	比例画法
开槽锥端紧定螺钉	螺钉 GB/T 71—2018 M12×40	
平垫圈	垫圈 GB/T 97.1—2018 16	

实际上，六角头螺母（六角头螺栓头部）外表面的曲线为双曲线，采用比例画法时，为方便作图，可用圆弧来代替双曲线，如图 5-8 所示。

2. 螺纹紧固件连接图的画法

（1）螺栓连接及其画法。螺栓连接用于两被连接件不是很厚，可钻成通孔的情况，钻孔直径约为螺栓螺纹大径的 1.1 倍。螺栓连接的两个被连接件上没有螺纹，其连接是由螺栓、螺母和垫圈组成的，螺栓连接的三视图如图 5-9（b）所示。

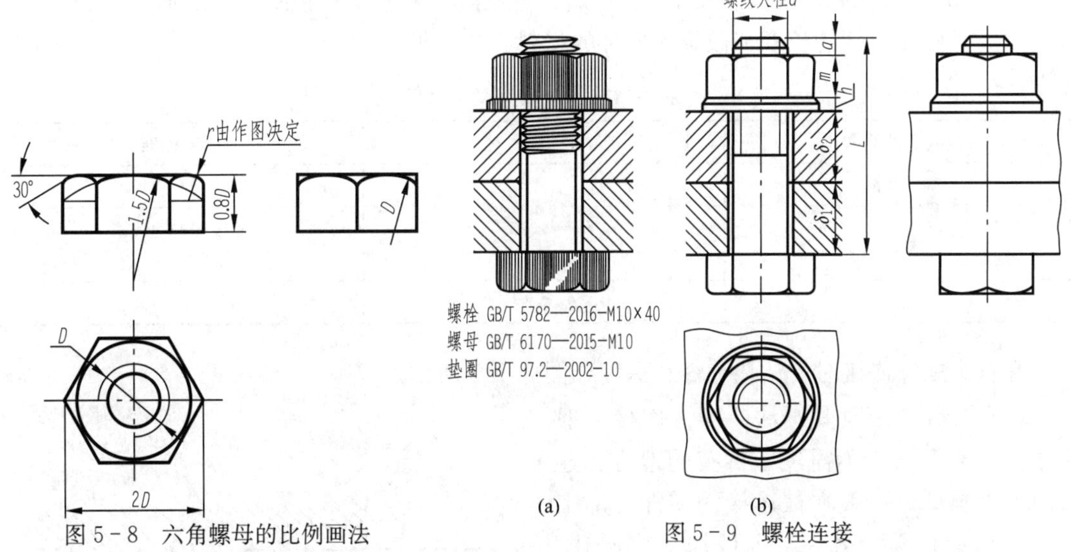

图 5-8　六角螺母的比例画法　　图 5-9　螺栓连接

螺栓公称长度 L 按下式计算，根据螺栓标准所规定的长度系列，选取接近的标准长度：

$$L \geqslant \delta_1 + \delta_2 + h + m + a \quad (a \approx 0.3d)$$

式中：δ_1、δ_2 为被连接两零件的厚度；a 为螺栓伸出螺母的长度，一般取 3～5mm；h、m 分别为垫圈、螺母的厚度，如果采用比例画法，$h=0.15d$，$m=0.8d$。

螺纹紧固件连接图属于装配图，画图时应遵守以下规定：

1）两零件接触面处画一条粗实线，不接触面处画两条粗实线。

2）表示两相邻金属零件的剖面线方向应相反，或方向一致间隔不等。同一零件在各个

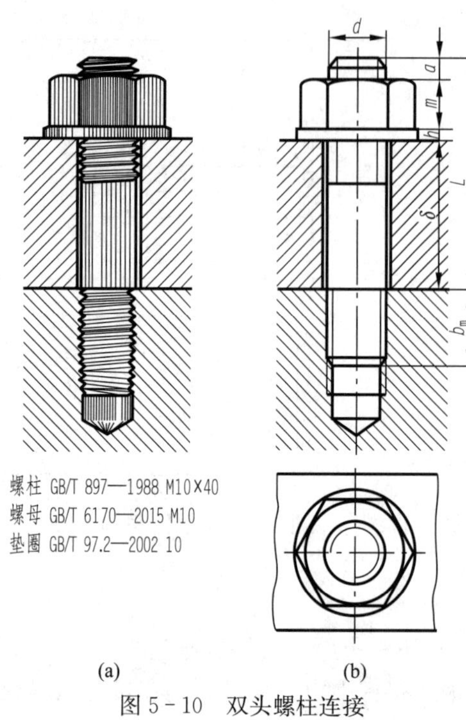

图 5－10　双头螺柱连接

剖视图中，剖面线的方向和间隔要相同。

3）剖切平面通过螺纹紧固件的轴线时，这些零件均按不剖绘制，只画其外形。

（2）双头螺柱连接及其画法。双头螺柱连接用于被连接零件之一较厚不宜钻出通孔或由于结构上的限制不宜用螺栓连接的情况。被连接件中，其中一个加工出螺孔，另外一个加工成通孔，连接件由螺柱、螺母、垫圈组成。

双头螺柱两端都有螺纹，一端必须全部旋入被连接零件的螺孔内，称为旋入端；另一端用以拧紧螺母，称为紧固端。旋入端的长度由螺纹的公称直径和被加工螺孔零件的材料而决定，其数值可由相关设计手册查出。

双头螺柱连接的三视图画法如图 5－10（b）所示。

标记中，双头螺柱的公称长度是指双头螺柱上没有螺纹部分的长度与紧固端螺纹长度之和，不是整个螺柱的长度。在图 5－10 中，$L \geqslant \delta + h + m + a$，$a = 3 \sim 5$mm，根据该式算出数值后，再根据相关标准规定的长度系列，选取 L。

双头螺柱旋入端的长度和被旋入零件的材料有关，见表 5－3。

表 5－3　　双头螺柱旋入端长度参考值

被旋入零件的材料	旋入端长度 b_m	国家标准
铜、青铜	$b_m = d$	GB 897—1988
铸铁	$b_m = 1.25d$ $b_m = 1.5d$	GB 898—1988 GB 899—1988
铝	$b_m = 2d$	GB 900—1988

在双头螺柱连接时的钻孔和螺孔深度如图 5－11 所示。

（3）螺钉连接及其画法。螺钉连接一般用于受力不大而又不需经常拆装的地方。连接时不用螺母，一般在被连接的零件上加工成不通的螺钉孔，另一个零件加工成通孔，与螺柱连接类似。

螺钉种类很多，但区别主要在于头部结构不同，按照用途可分为连接螺钉和紧定螺钉。

螺钉连接的画法如图 5－12 所示。

画图时要注意，螺钉头部的一字槽（在投影为圆的视图上）不按投影关系绘制，要画成与中心线呈 45°的角度。

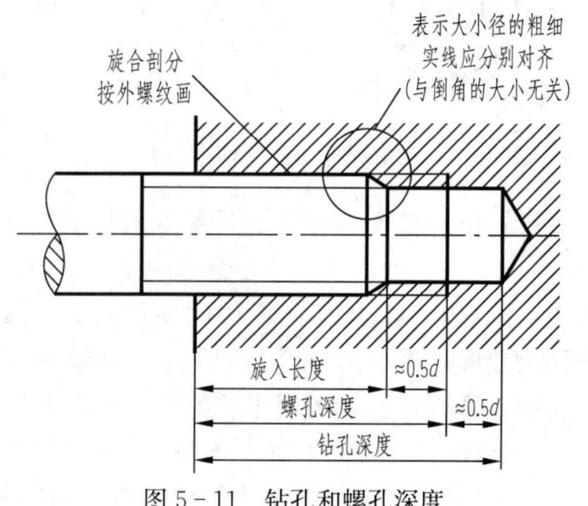

图 5－11　钻孔和螺孔深度

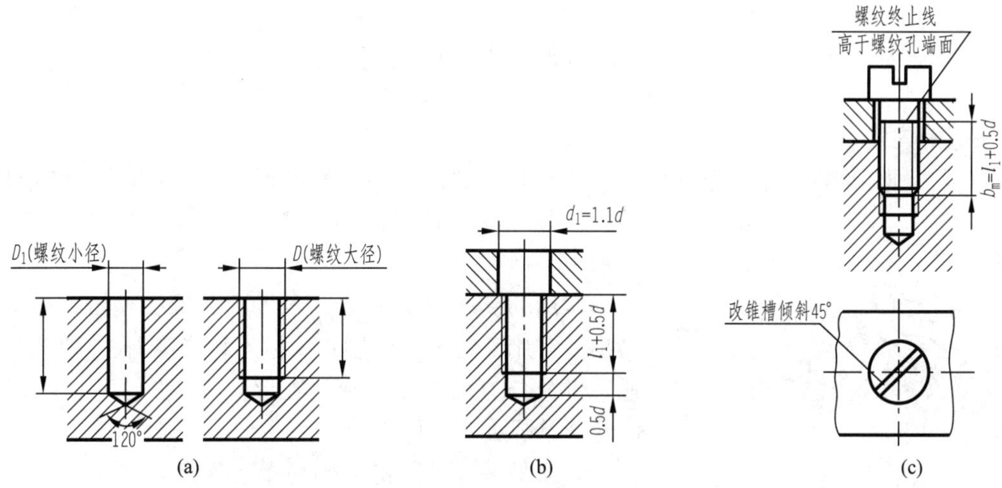

(a) (b) (c)

图 5－12 螺钉连接的画图步骤

(a) 画螺钉孔；(b) 画被连接的上部零件；(c) 拧入螺钉完成全图

在实际中，为使螺钉连接可靠，螺钉的螺纹长度 b 和螺孔的螺纹长度必须要大于旋入深度 b_m。也就是说，螺钉旋入后，螺钉上的螺纹终止线一定要在被连接两零件的结合面上方。螺钉的下端到螺纹孔的终止线之间要有 $0.5d$ 的间隙，画图时 b 和 b_m 的尺寸按图 5－14 所示的比例关系确定。

各种不同螺钉的头部尺寸按图 5－13 所示的比例关系尺寸绘制。

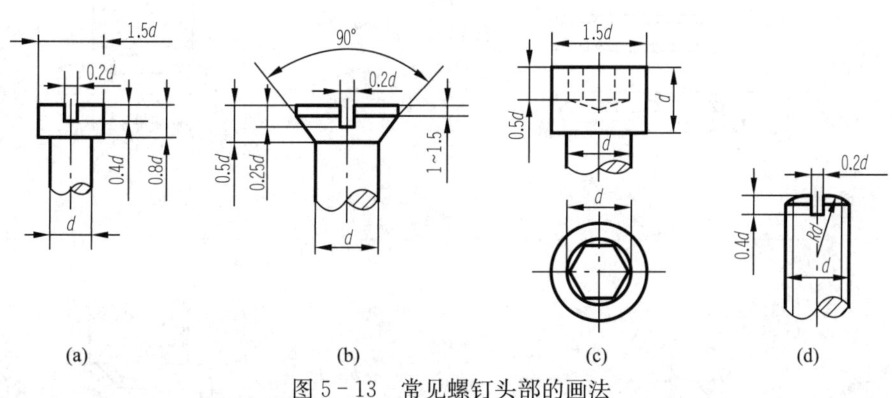

(a) (b) (c) (d)

图 5－13 常见螺钉头部的画法

紧定螺钉一般用于定位和需要防松，受力较小的地方，其画法如图 5－14 所示。

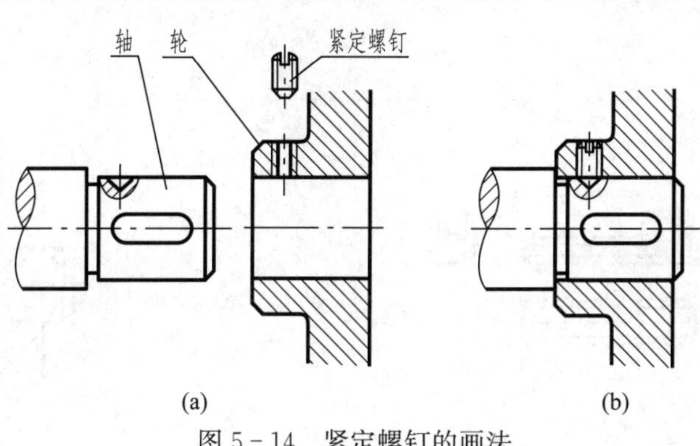

(a) (b)

图 5－14 紧定螺钉的画法

第二节 键连接和销连接

一、键连接

键是一种标准件，常用于连接轴和装在轴上的传动件（如齿轮、皮带轮等），使轴与传动件一起转动，起传递动力和运动的作用，如图 5-15 所示。

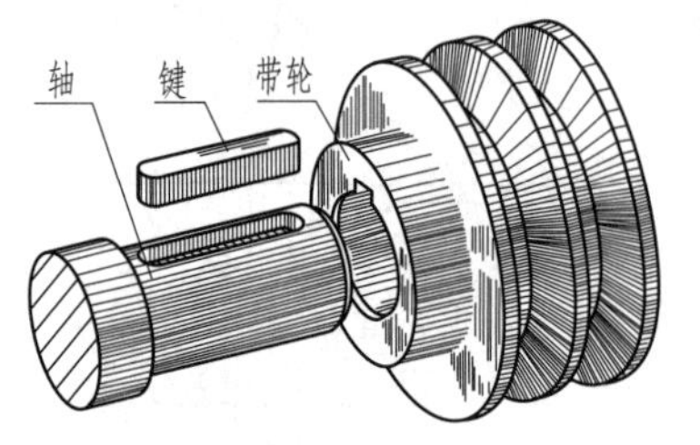

图 5-15 键连接

常用的键有普通平键、半圆键和钩头楔键。表 5-4 给出了常用键的种类、形式、标记和连接画法。其中，普通平键又分为 A 型（两头是圆形）、B 型（两头为方头）、C 型（单圆头）三种。

普通平键和半圆键的侧面是工作面，在工程实际中，键与轴、孔的键槽侧面无间隙。因此画图时，这些互相接触的部位要画一条线，键的底面与轴相接触，也要画一条线；而键的顶面与轮毂键槽之间有空隙，应画两条线。普通平键的画图步骤见图 5-16。半圆键的画图步骤见图 5-17。

表 5-4 常用键的种类、形式、标记和连接画法

名称及标准编号	形式	标记	连接画法
普通平键 A 型 GB/T 1096—2003	h b L	键 $b\times L$ GB/T 1096—2003	A A—A A
半圆键 GB/T 1098—2003	d_1 h b	键 $b\times d_1$ GB/T 1098—2003	A A—A A
钩头楔键 GB/T 1565—2003	⊿1:100 h b L	键 $b\times L$ GB/T 1565—2003	A A—A A

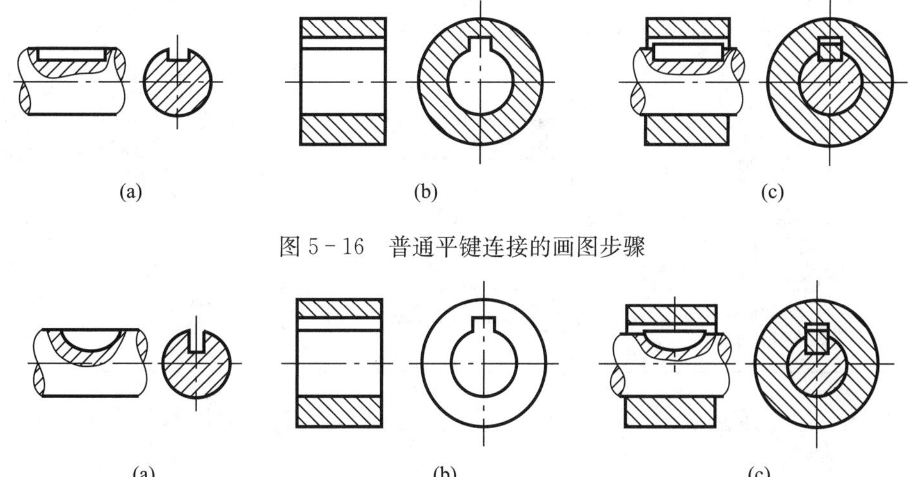

图 5－16 普通平键连接的画图步骤

图 5－17 半圆键的画图步骤

钩头楔键的顶面有 1∶100 的斜度，在实际连接时是将键打入键槽的，因此，键的底面、顶面是工作面，只画一条线。

轴和轮毂上的尺寸根据轴的直径可以在本书附表中或有关的标准中查得。其轴、轮毂上键槽的画法和尺寸标注形式，见图 5－18。

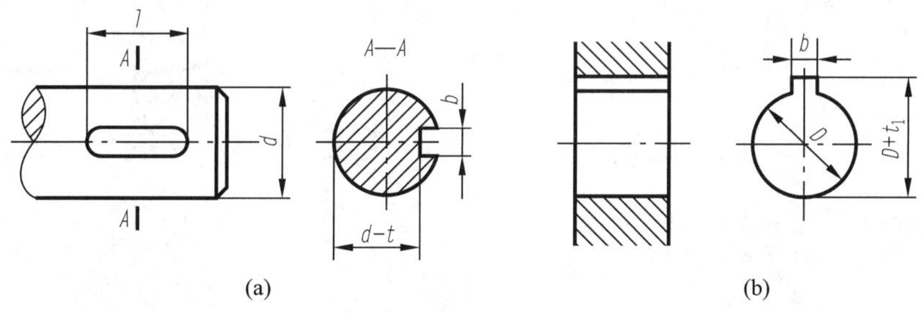

图 5－18 键和轮毂上的键槽尺寸标注

(a) 轴；(b) 轮毂

二、销连接

销的种类很多，主要用于零件之间的连接和定位。常用的销有圆柱销、圆锥销、开口销。开口销通常和开槽螺母配合使用，用来锁定螺母，防止松动。

销也是标准件，其结构、形式、尺寸都可以从标准中查出。圆锥销的公称直径指小端直径，开口销的直径指用于连接该开口销的销孔直径，销孔直径大于销本身的直径。

常用销的简图和规定标记见表 5－5。

表 5－5 **常用销的简图和规定标记**

名称及标准编号	简图	标记及说明
圆柱销 GB/T 119.1—2000	ϕ10 60	销 GB/T 119.1—2000 B10×60 表示 B 型圆柱销，公称直径 d＝10mm，公称长度 l＝60mm

续表

名称及标准编号	简图	标记及说明
圆锥销 GB/T 117—2000	ϕ12 60	销 GB/T 117—2000 12×60 表示 A 型圆锥销，公称直径 $d=12$mm，公称长度 $l=60$mm
开口销 GB/T 91—2000	45 ϕ7.5	销 GB/T 91—2000 8×45 表示开口销，销孔的公称直径 $d=8$mm，公称长度 $l=45$mm

销连接图一般采用剖视画法，当剖切平面通过销的轴线时，销按不剖绘制，销连接的画法如图 5－19 所示。

用销连接，尤其是用销定位时，装配要求较高。为了保证精度，两个零件的销孔需要一起加工，并在图上注明"与件×配制"，如图 5－20 所示。

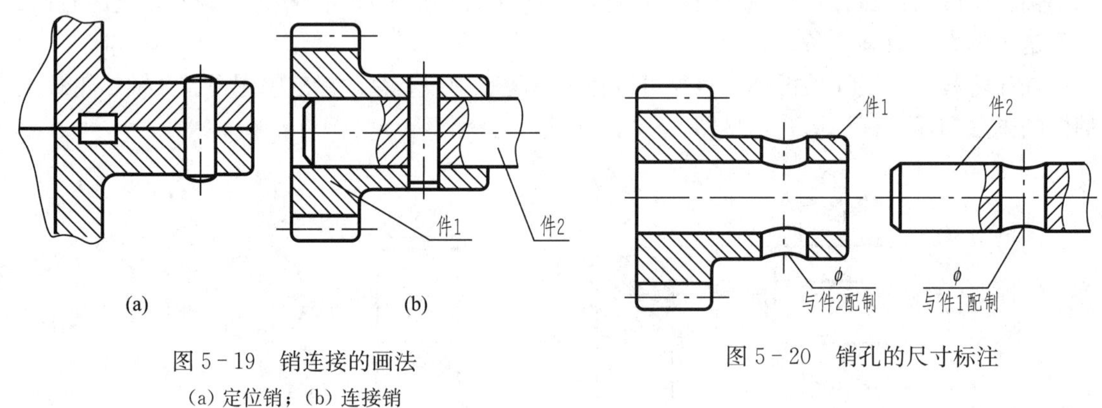

图 5－19 销连接的画法
(a) 定位销；(b) 连接销

图 5－20 销孔的尺寸标注

第三节 齿 轮

一、齿轮的基本知识

齿轮由于用量比较大，它们的部分结构要素和尺寸参数已经标准化，称为常用件。

与标准件类似，在绘图时，对齿轮等常用件的结构可以不必按照真实的形状绘制，而只需依照国家标准《机械制图》的规定画法，并配以适当的标注，极大地简化了作图步骤。

齿轮是一种应用广泛的传动零件，除用来传递动力外，还可以改变转动方向、转动速度、运动方式等。图 5－21 所示的齿轮分别是圆柱齿轮、圆锥齿轮、蜗轮与蜗杆传动，这三种情况是最常见的齿轮传动形式。

常见圆柱齿轮按轮齿的方向不同又分为直齿圆柱齿轮和斜齿圆柱齿轮和人字齿圆柱齿轮三种，如图 5－22 所示。其中，直齿圆柱齿轮应用最多。下面主要介绍直齿圆柱齿轮的基本知识和规定画法。

二、直齿圆柱齿轮的各部分名称、主要参数

1. 轮齿各部分名称

圆柱齿轮上的齿称为轮齿，各部分的名称如图 5－23 所示。

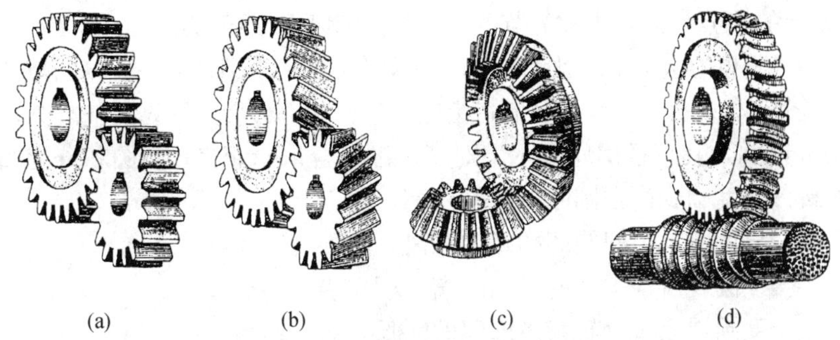

图 5-21　常见的齿轮传动形式

(a) 直齿圆柱齿轮；(b) 斜齿圆柱齿轮；(c) 圆锥齿轮；(d) 蜗轮与蜗杆

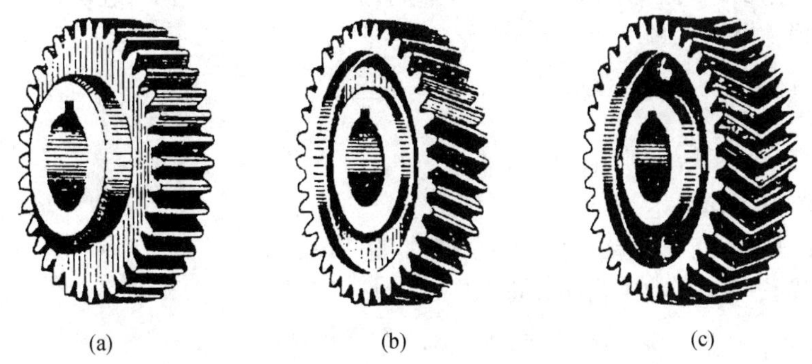

图 5-22　圆柱齿轮的类别

(a) 直齿圆柱齿轮；(b) 斜齿圆柱齿轮；(c) 人字齿圆柱齿轮

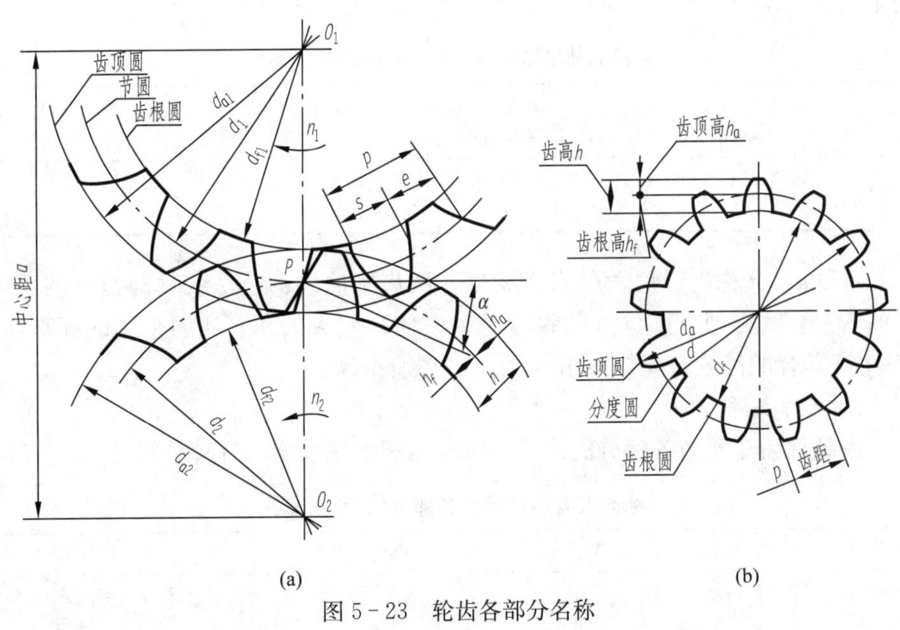

图 5-23　轮齿各部分名称

(a) 啮合图；(b) 单个齿轮图

(1) 齿顶圆：通过齿轮齿顶的圆，其直径用 d_a 表示。

(2) 齿根圆：通过齿轮根部的圆，其直径用 d_f 表示。

(3) 节圆和分度圆：在图 5-23 中，O_1O_2 分别为两啮合齿轮的中心，两齿轮齿廓的啮合点

在连心线 O_1O_2 上的 P 点（此点也称为节点）处。分别以 O_1、O_2 为圆心，O_1P、O_2P 为半径作圆，齿轮的传动可假想为这两个圆做无滑动的纯滚动，这两个圆称为该齿轮的节圆，其直径以 d' 表示。对于单个齿轮而言，在设计、制造齿轮时进行各部分尺寸计算的基准圆，也是分齿的圆，所以称为分度圆，其直径用 d 表示。对于标准啮合齿轮而言，节圆和分度圆是重合的。

（4）齿顶高：分度圆到齿顶圆间的径向距离，用 h_a 表示。

（5）齿根高：分度圆到齿根圆间的径向距离，用 h_f 表示。

（6）齿高：齿顶圆到齿根圆间的径向距离，用 h 表示，$h=h_a+h_f$。

（7）齿厚：分度圆周上每个轮齿齿廓间的弧长，用 s 表示。

（8）齿槽宽：分度圆周上每个齿槽的齿廓间的弧长，用 e 表示。

（9）齿距：分度圆周上相邻两轮齿对应点间的弧长，用 p 表示。在分度圆周上标准齿轮的齿厚 s 与槽宽 e 相等，即

$$s = e = \frac{1}{2}p$$

2. 齿轮的基本参数

（1）齿数：用 z 表示。

（2）模数：是设计、制造齿轮的重要参数，用 m 表示。

因分度圆周长等于齿数乘齿距，即

$$\pi d = zp, \quad 故 \quad d = pz/\pi$$

令 $p/\pi=m$，则 $d=mz$。

从上式中看出，m 越大，则 p 越大，齿厚 s 也随着增大，齿轮的承载能力也大。

为便于设计和制造齿轮，模数已经标准化，其数值见表 5-6。

表 5-6　齿轮标准模数系列（GB/T 1357—2008）

第一系列	0.1，0.2，0.25，0.3，0.4，0.5，0.6，0.8，1，1.25，1.5，2，2.5，3，4，5，6，8，10，12，16，20，25，32，40，50
第二系列	0.35，0.7，0.9，1.75，2.25，2.75，(3.25)，3.5，(3.75)，4.5，5.5，(6.5)，7.9，(11)，14，18，22，28，(30)，36，45

（3）压力角 α：又称齿形角，在节点 p 处，两齿廓曲线的公法线（即齿廓的受力方向）与两节圆的内公切线（即节点 p 处的瞬时运动方向）所夹的角。我国采用的标准压力角是 20°。一对相互啮合的齿轮，模数 m 和压力角 α 必须相等。

3. 齿轮间尺寸关系

标准直齿圆柱齿轮轮齿各部分的尺寸都可根据模数来确定，计算公式见表 5-7。

表 5-7　标准直齿圆柱齿轮各部分的计算公式　mm

名称及代号	计算公式	名称及代号	计算公式
齿顶高 h_a	$h_a=m$	齿根圆直径 d_f	$d_f=d-2h_f=m(z-2.5)$
齿根高 h_f	$h_f=1.25m$	齿距 p	$p=\pi m$
齿高 h	$h=h_a+h_f=2.25m$	齿厚 s	$s=p/2$
分度圆直径 d	$d=mz$	中心距 a	$a=(d_1+d_2)/2=m(z_1+z_2)/2$
齿顶圆直径 d_a	$d_a=d+2h_a=m(z+2)$		

三、圆柱齿轮的画法

1. 单个齿轮的画法

圆柱齿轮的规定画法如图 5－24 所示。

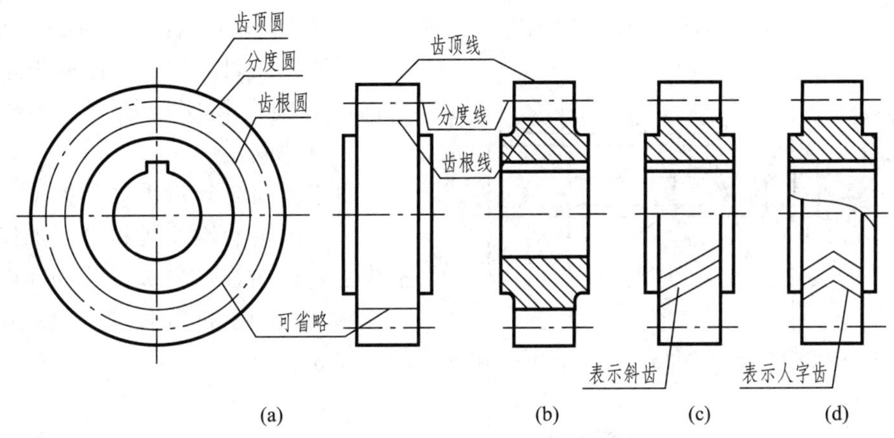

图 5－24　圆柱齿轮的规定画法

(a)、(b) 直齿；(c) 斜齿；(d) 人字齿

(1) 齿顶线和齿顶圆用粗实线绘制。

(2) 分度线和分度圆用细点画线绘制。

(3) 齿根线和齿根圆在视图中用细实线绘制，也可以省略不画；在剖视图中，当剖切平面通过齿轮的轴线时，轮齿一律按不剖处理，齿根线用粗实线绘制。

(4) 当表示斜齿齿轮、人字齿齿轮的时候，用三条方向与轮齿方向一致的细实线表示，如图 5－24 (c)、(d) 分别表示斜齿齿轮、人字齿齿轮。

2. 齿轮啮合的画法

当两标准圆柱齿轮正确安装时，两个分度圆是相切的，此时的分度圆也称为节圆，如图 5－25所示。

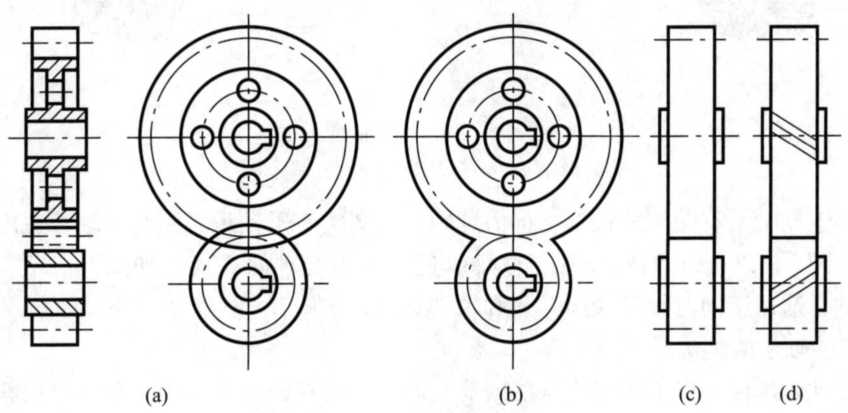

图 5－25　圆柱齿轮啮合的规定画法

非啮合区，按单个齿轮的画法绘制。

在啮合区内，如果按剖视图绘制，一个齿轮的轮齿用粗实线绘制，另一个齿轮的轮齿被遮挡的部分用虚线绘制，如图 5－25（a）主视图所示。在投影为圆的视图中，两节圆相切，齿顶圆均用粗实线绘制，如图 5－25（a）左视图所示；啮合区内的齿顶圆部分也可省略不画，如图 5－25（b）所示；齿根圆用细实线绘制，也可省略不画。若不画剖视，在画投影不为圆的视图时，啮合区内的齿顶线不需画出，节圆用粗实线绘制，如图 5－25（c）、（d）所示。

由于齿顶高与齿根高相差 $0.25m$，因此，一个齿轮的齿顶线和另一个齿轮的齿根线之间存在着 $0.25m$ 的径向间隙，这一点在画剖视图的时候要予以注意，如图 5－26 所示。

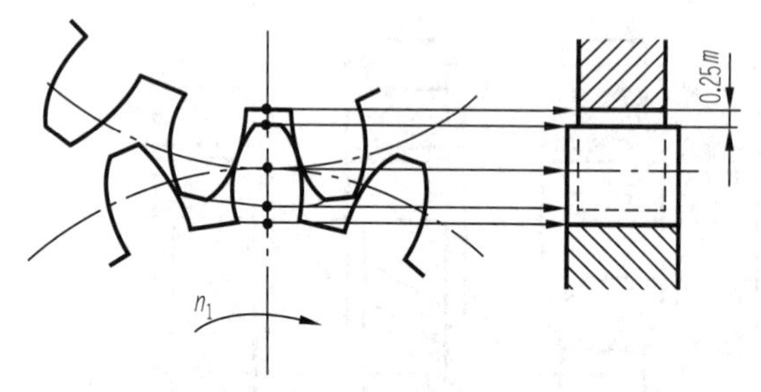

图 5－26　齿轮啮合时轮齿间的间隙及视图的画法

第四节　滚　动　轴　承

滚动轴承是支承轴的标准组件，具有结构紧凑、摩擦阻力小等特点，广泛应用于各类机器中。

滚动轴承的种类很多，但它们的结构大致相同，一般由外圈、内圈（或上圈、下圈）、滚动体和保持架四大部分组成，如图 5－27 所示。

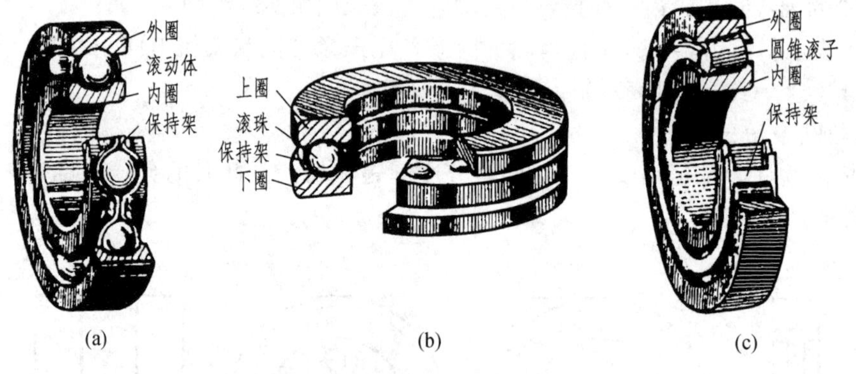

图 5－27　滚动轴承

（a）深沟球轴承；（b）推力球轴承；（c）圆锥滚子轴承

常用的滚动轴承有深沟球轴承、推力球轴承和圆锥滚子轴承。深沟球轴承适用于承受径向载荷，如图 5－27（a）所示；推力球轴承适用于承受轴向载荷，如图 5－27（b）所示；圆锥滚子轴承适用于同时承受径向载荷和轴向载荷，如图 5－27（c）所示。

一、滚动轴承的画法

绘制滚动轴承时，应采用规定画法或简化画法，但在同一图样中一般只采用其中一种画法，见表 5－8。图中的矩形线框及外形轮廓，一般根据相关手册中轴承的外径、内径、宽度等主要尺寸，按所属图样相同的比例用粗实线画出。

表 5-8　滚动轴承的简化画法及规定画法示例（GB/T 4459.7—2017）

名称	查表主要数据	画法			装配示意图
		简化画法		规定画法	
		通用画法	特征画法		
深沟球轴承	D d B		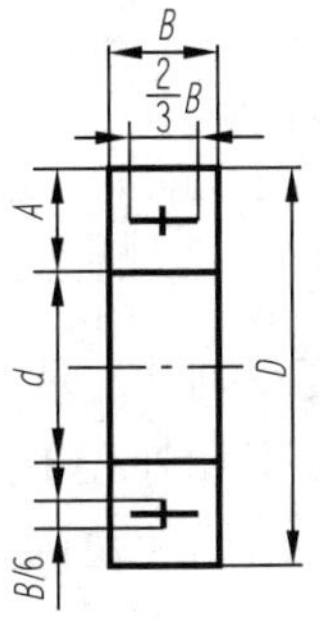	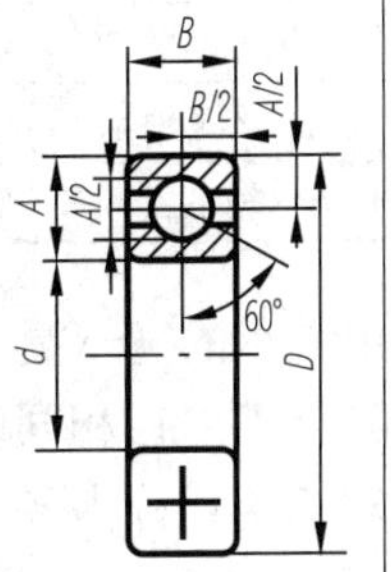	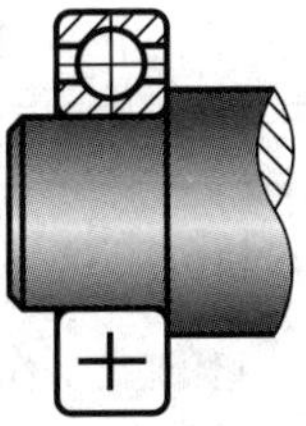
推力球轴承	D d T	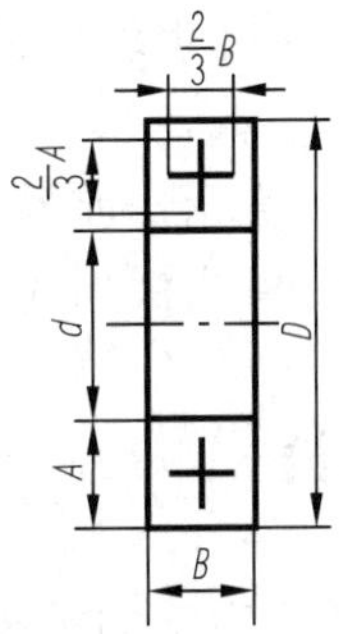	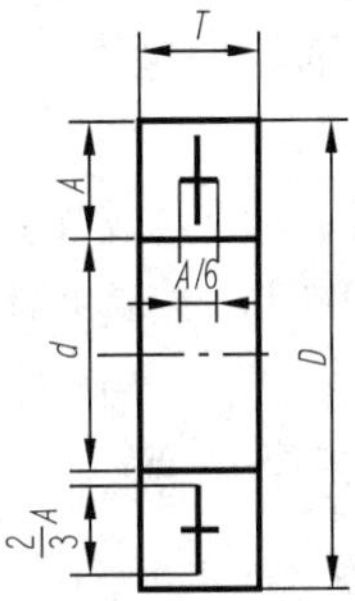	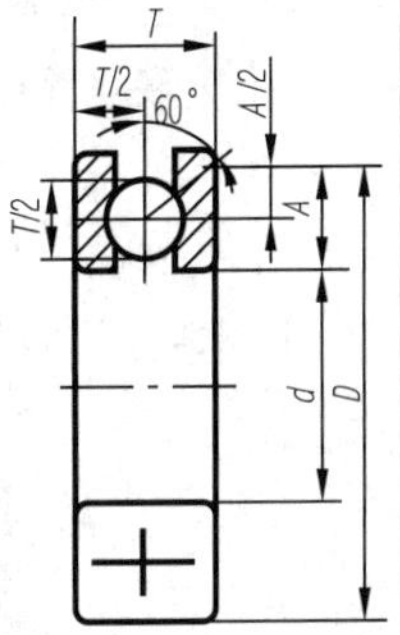	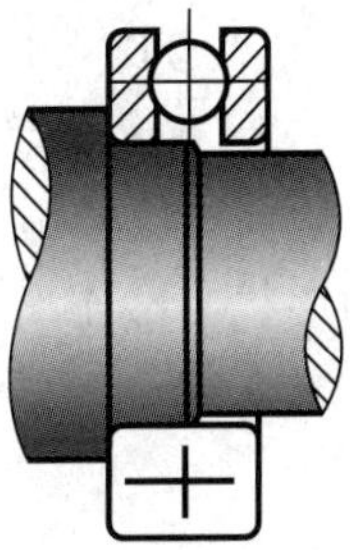
圆锥滚子轴承	D d B T C		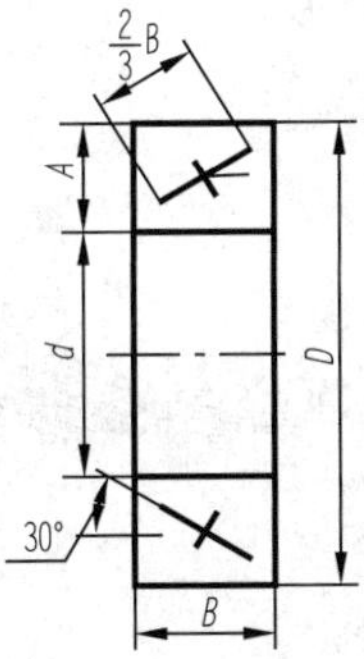	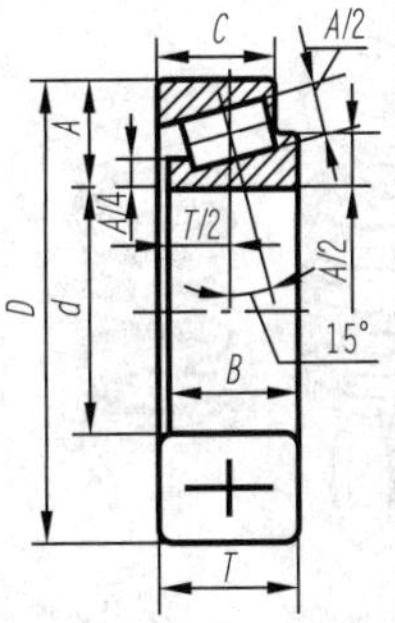	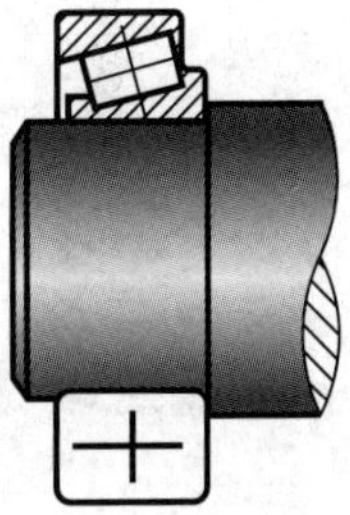

二、滚动轴承的代号

滚动轴承的代号是由字母加数字来表示滚动轴承的结构、尺寸、公差等级、技术性能等特征的产品符号，由前置代号、基本代号和后置代号构成。

1. 基本代号

基本代号是轴承代号的基础，表示轴承的基本类型、结构和尺寸。

基本代号由轴承类型代号、尺寸系列代号、内径代号构成，排列方式如下：

轴承类型代号　尺寸系列代号　内径代号

轴承类型代号用数字或字母来表示，见表 5-9。

表 5-9 **轴承类型代号（摘自 GB/T 272—2017）**

代号	轴承类型	代号	轴承类型
0	双列角接触球轴承	6	深沟球轴承
1	调心球轴承	7	角接触球轴承
2	调心滚子轴承和推力调心滚子轴承	8	推力圆柱滚子轴承
3	圆锥滚子轴承	N	圆柱滚子轴承，双列或多列用 NN
4	双列深沟球轴承	U	外球面球轴承
5	推力球轴承	QJ	四点接触球轴承

尺寸系列代号由轴承的宽（高）度系列代号和直径系列代号组合而成，用两位数字来表示。它的主要作用是区别内径相同而宽度和外径不同的轴承。

内径代号表示轴承的公称内径，一般用两位阿拉伯数字表示。代号数字为 00、01、02、03 时，分别表示轴承内径 $d=10$、12、15、17mm；代号数字为 04～96 时，代号数字乘 5，就是轴承内径；轴承公称内径为 1～9mm 时，用公称内径毫米数直接表示；公称内径为 22、28、32、500mm 时，也用公称内径毫米数直接表示，但在尺寸系列之间用“/”分开。

2. 前置、后置代号

前置代号用字母表示，后置代号用字母（或加数字）表示。前置、后置代号是轴承在结构形状、尺寸、公差、技术要求等改变时，在其基本代号左右添加的代号。

第五节 弹 簧

弹簧是一种常用作减振、储能、夹紧和测力的零件。弹簧的种类很多，有圆柱螺旋弹簧、板弹簧、涡卷弹簧等，如图 5-28 所示。

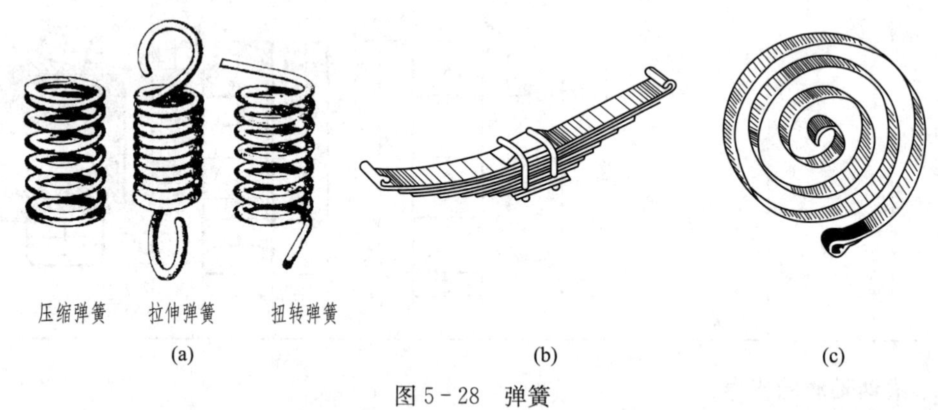

图 5-28 弹簧

(a) 圆柱螺旋弹簧；(b) 板弹簧；(c) 涡卷弹簧

圆柱螺旋弹簧根据工作时承受外力的不同，分为压缩弹簧、拉伸弹簧和扭转弹簧。本节重点介绍应用最广的圆柱螺旋压缩弹簧的画法。

一、圆柱螺旋压缩弹簧各部分名称

圆柱螺旋压缩弹簧由金属丝绕成，为使压缩弹簧工作平稳，端面受力均匀，在制造时，一般将两端并紧后磨平，使其端面与轴线垂直，便于支承，如图 5-29（a）所示。并紧磨平的若干圈不产生弹性变形，称为支承圈。通常支承圈圈数有 1.5、2 和 2.5 三种。弹簧中参加弹性变形进行有效工作的圈数，称为有效圈数。弹簧并紧磨平后在不受外力情况下的全部高度，称为自由高度。

圆柱螺旋压缩弹簧的形状和尺寸由以下参数决定，如图 5-29（b）所示。

（1）钢丝直径 d。

（2）弹簧外径 D。

（3）弹簧内径 D_1：

$$D_1 = D - 2d$$

（4）弹簧中径 D_2：

$$D_2 = D - d$$

（5）节距 t。

（6）有效圈数 n。

（7）总圈数 n_1：$n_1 = n +$ 支承圈数。

（8）自由高度 H_0：

支承圈数为 2.5 圈　　$H_0 = nt + 2d$

支承圈数为 2 圈　　$H_0 = nt + 1.5d$

支承圈数为 1.5 圈　　$H_0 = nt + d$

（9）旋向：分左旋、右旋，一般为右旋。

（10）弹簧丝展开长度 L：

$$L \approx n_1 \sqrt{(\pi D_2)^2 + t^2}$$

二、弹簧的规定画法

弹簧的真实投影很复杂，因此，国家标准对弹簧的画法做了具体规定。

（1）在平行螺旋弹簧轴线的视图中，其各圈的轮廓应画成直线，如图 5-29 所示。

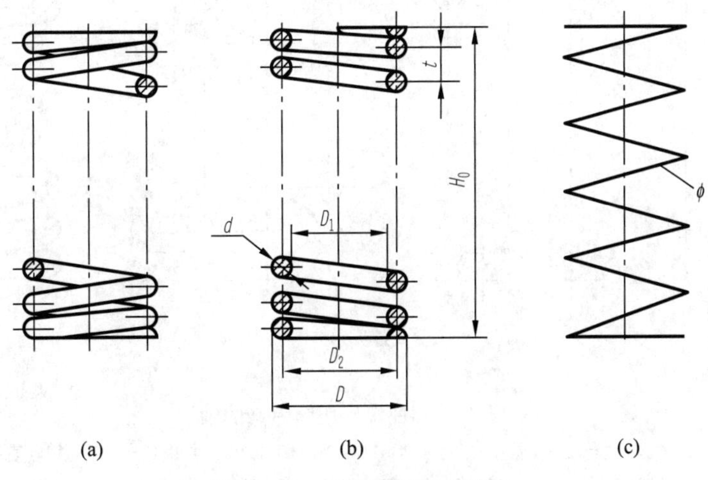

图 5-29　圆柱螺旋压缩弹簧

（a）外形图；（b）剖视图；（c）示意图

（2）有效圈数在 4 圈以上的螺旋弹簧只画出两端的 1 或 2 圈（支承圈不算在内），中间只需用通过弹簧丝断面中心的细点画线连起来。非圆形剖面的锥形弹簧，中间部分用细实线连起来。

（3）右旋螺旋弹簧在图上要画成右旋；左旋螺旋弹簧可以画成左旋，也可以画成右旋，不管画成什么形式，在图上均需加注“左”字。

（4）在装配图中画螺旋弹簧时，在剖视图中允许只画出簧丝剖面。当弹簧丝直径在图形上不大于 2mm 时，簧丝剖面全部涂黑，或采用示意画法。不论采用何种画法，弹簧后面被挡住的零件轮廓不得画出，如图 5－30 所示。

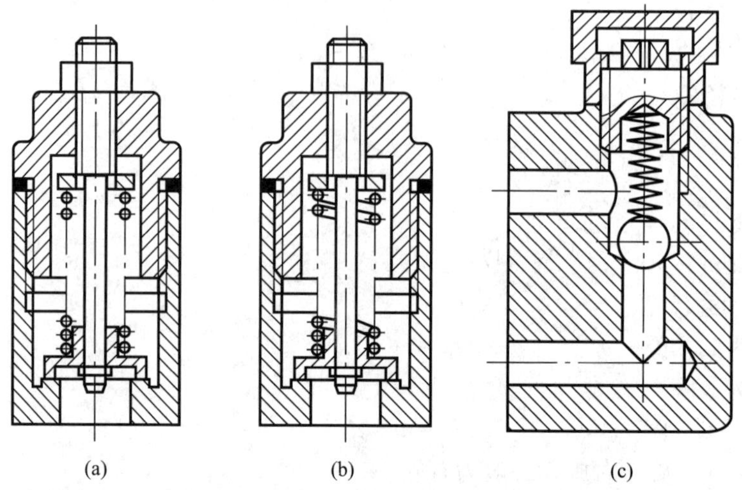

图 5－30 装配图中弹簧的画法

三、圆柱螺旋压缩弹簧的画图步骤

国家标准规定，无论支承圈数多少，均可按 2.5 圈形式绘制。

圆柱螺旋压缩弹簧的画法如图 5－31 所示。

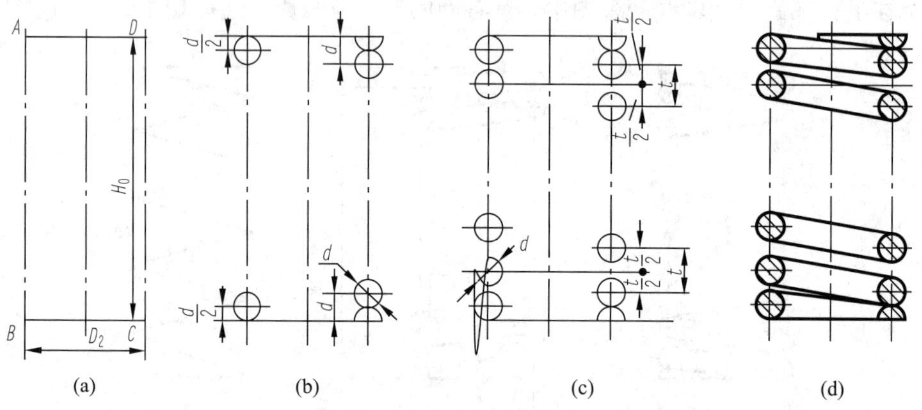

图 5－31 圆柱螺旋压缩弹簧的画法

（a）以自由高度 H_0 和弹簧中径 D_2 矩形 $ABCD$；（b）画出支承圈部分，d 为簧丝直径；（c）根据节距 t 作簧丝剖面；（d）按右旋方向作簧丝剖面的切线，画剖面线

拓展视频

第六章 零　件　图

第一节 零件图的作用和内容

一、零件图的作用

任何机器或部件都是由零件组成的，零件是组成机器的基本单元。图 6－1 所示的齿轮油泵是机器润滑系统的一个部件，它由泵体、泵盖、传动齿轮轴等十多种零件组成。

零件图是制造和检验零件的依据，用来表达零件的结构形状、尺寸大小及制造时要求达到的技术要求，是直接用于指导生产的重要技术文件。图 6－2 所示为齿轮油泵中的传动齿轮轴零件图。

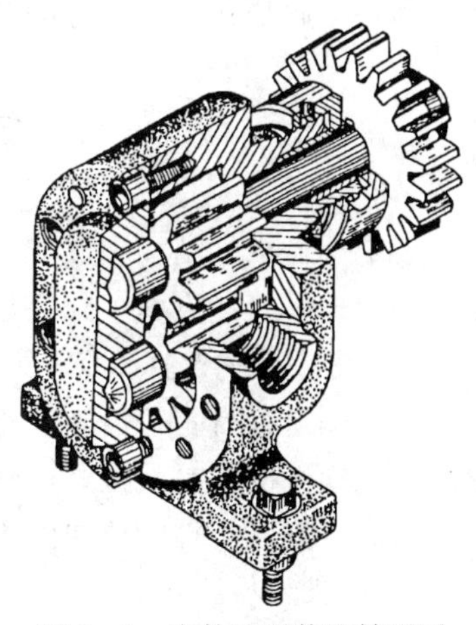

图 6－1　齿轮油泵装配轴测图

二、零件图的内容

参看图 6－2，一张完整的零件图应包括以下几项内容。

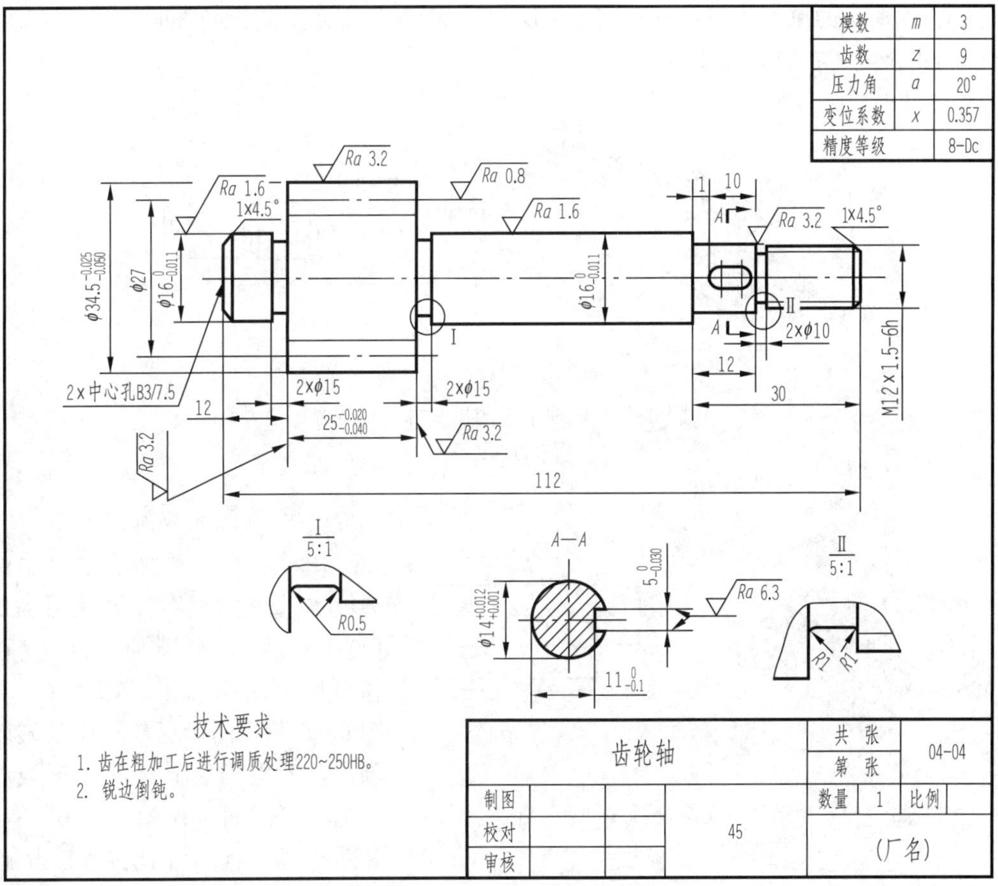

模数	m	3
齿数	z	9
压力角	α	20°
变位系数	x	0.357
精度等级		8-Dc

技术要求

1. 齿在粗加工后进行调质处理220~250HB。
2. 锐边倒钝。

齿轮轴			共　张		04-04
			第　张		
制图		45	数量	1	比例
校对			(厂名)		
审核					

图 6－2　齿轮轴零件图

（1）一组图形：用必要的视图、剖视、断面及其他表达方法将零件的内外结构形状完整清晰地表达出来。

（2）一组尺寸：正确、完整、清晰、合理地标注制造零件所需的全部尺寸。

（3）技术要求：标注或说明零件在制造和检验时应达到的一些要求，如表面粗糙度、尺寸公差、热处理等。

（4）标题栏：注写零件的名称、材料、数量、图号、比例及设计人员的签名等。

第二节 零件的表达方案

要把零件内外结构和形状正确、完整、清晰地表达出来，又能便于读图和绘图，关键在于合理地选择表达方案，即应认真考虑主视图和其他视图的选择、画法。

一、主视图的选择

主视图选择得是否恰当，将直接关系到能否把零件内外结构和形状表达清楚，同时也关系到其他视图的数量及位置，从而影响是否方便读图及绘图。选择主视图时，一般应从主视图的投影方向和零件的位置两方面来考虑。

1. 形状特征原则

一般应把最能反映零件结构形状特征的一面作为画主视图的方向，如图 6－3 所示的转轴和图 6－4 所示的尾架体，可分别用 A、B、C 方向作为主视图的投影方向，显而易见，以 A 向作为主视图的投影方向比较好。

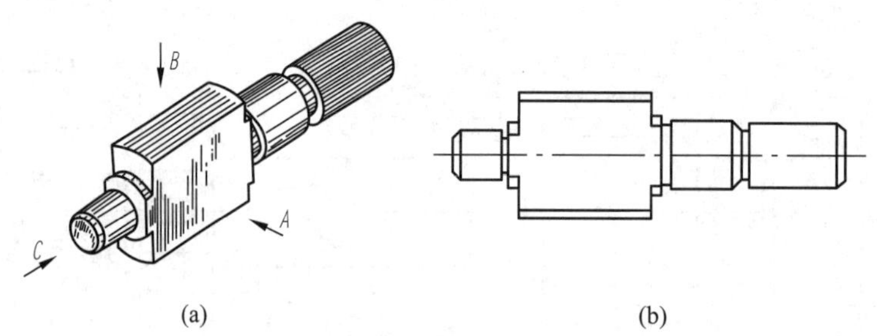

图 6－3 转轴主视图投影方向及位置

（a）可选方向；（b）A 向

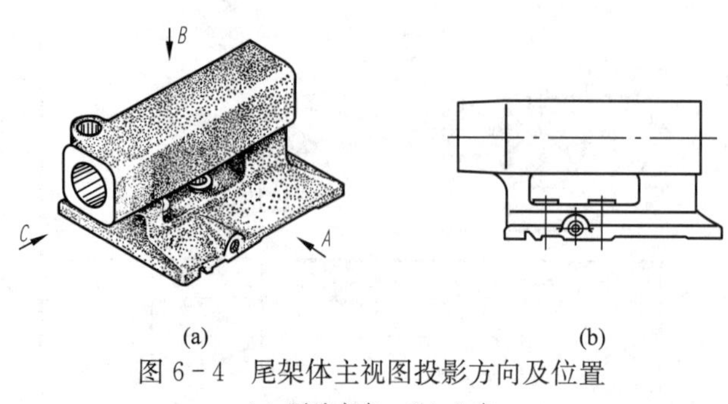

图 6－4 尾架体主视图投影方向及位置

（a）可选方向；（b）A 向

2. 加工位置原则

按零件在主要加工工序中的装夹位置选取主视图。主视图和加工位置一致，有利于加工者进行图、物对照，便于加工。如图 6－3 和图 6－5 所示的行程气阀中的转轴和轴承，考虑到它们多在车床或磨床上加工，因而主视图以图 6－3（b）和图 6－5（a）所示的位置较为合理。

3. 工作位置原则

按照零件在机器或部件中的工作位置选取主视图。主视图与工作位置一致，有利于了解该零件的工作情况并和装配图进行直接对照。如图 6 - 4（b）中所示的位置较为合理，这样便于把零件和整个机器联系起来想象其工作情况。

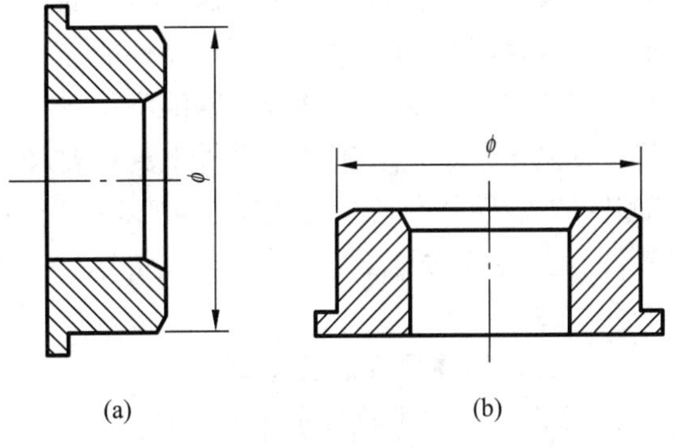

图 6 - 5　轴承主视图应符合加工位置
(a) 合理；(b) 不合理

二、其他视图的选择

主视图选定以后，应根据零件内外结构形状的复杂程度来决定其他视图或剖视图、剖面图的数量、画法及位置。

应使每一个视图都有表达的重点内容，具有独立存在的意义。正确地选用视图、剖视图、剖面图或简化画法是为了把零件内外结构形状表达得更完整、清晰，使读图、绘图更为方便，而不应该为表达而表达，使图形复杂化。

零件表达方案的选择是一个具有灵活性的问题，在选择时应假想几种方案加以比较，力求用较好的方案表达零件。同时，只有多看生产图样、多画、多比较，不断实践，才能逐步提高表达能力。

第三节　零件图的尺寸标注

在零件图中标注尺寸，是在形体分析的基础上，对零件进行结构分析，了解零件的作用、零件之间的相互关系及其结构特点，使所注尺寸尽量能反映零件的设计要求和工艺要求，保证产品的质量。

一、尺寸的种类

零件的尺寸与零件的功用、性能有密切的关系，根据零件上尺寸的作用，尺寸一般可分为以下两类：

（1）功能尺寸。功能尺寸是保证零件在机器或结构中具有正确位置和装配精度的尺寸，这类尺寸直接影响产品的性能。例如零件的规格尺寸、配合尺寸、连接尺寸、安装尺寸等。

（2）非功能尺寸。非功能尺寸是指不影响机件的装配关系和配合性能的一般结构尺寸。这些尺寸一般精度不高。例如，无装配关系的外形尺寸、不重要的工艺结构（如倒角、退刀槽、凹槽、凸台、沉孔、倒圆等）的尺寸等。

根据零件几何特征，尺寸又可分为定形尺寸和定位尺寸。区分定形尺寸与定位尺寸有利于保证尺寸的完整性。

二、尺寸基准

零件图上标注尺寸，为了符合零件的设计和工艺要求，尺寸基准的选择是关键。根据基准的作用不同，把基准分为设计基准和工艺基准。在零件设计时，用以确定零件在机器中的位置所选定的点、线、面，称为设计基准。每个零件的长、宽、高三个方向都各有一个唯一的设计基准。零件在加工过程中，用以装夹定位或用于测量所依据的点、线、面，称为工艺基准。如果选择从设计基准出发标注零件的尺寸，能保证零件的设计要求。如果选择从工艺基准出发标注零件的尺寸，则便于零件的加工及测量。在标注尺寸时，最理想的是将设计基准和工艺基准统一起来。这样，既能满足设计要求，又能满足工艺要求。二者无法重合时，应将设计基准作为主要基准（零件上的主要尺寸应从设计基准出发来标注），工艺基准作为辅助基准，辅助基准与主要基准之间必须有直接的尺寸联系。在选择零件的基准时，一般是以零件上主要的对称面、回转体的轴线、主要支撑面和装配面、主要加工面作为尺寸基准的。

三、合理标注尺寸的注意事项

1. 避免注成封闭的尺寸链

封闭尺寸链是指由首尾相连的多个尺寸构成的闭合尺寸组，如图 6－6（a）所示。如果注成封闭的尺寸链，很难同时保证每个尺寸的精度，因此，标注尺寸时，对于精度最低、最不重要的尺寸，通常不标注，让其在制造加工时自然形成，如图 6－6（b）、（c）所示。

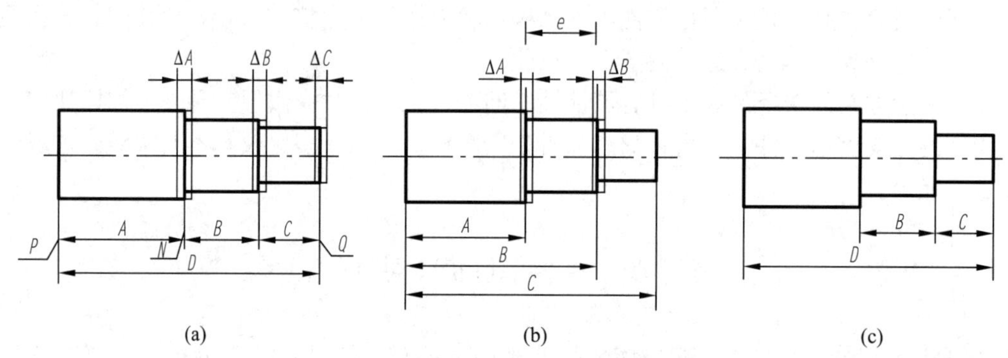

图 6－6 避免注成封闭的尺寸链

（a）不合理；（b）、（c）合理

2. 功能尺寸要直接标注

由于功能尺寸影响产品性能、精度，因此功能尺寸要直接进行标注，避免加工误差的积累，以保证设计要求。如图 6－7（a）所示，尺寸 a、d 标注合理，a 为安装孔定位尺寸，d 为从设计基准直接出发标注的高度的定位尺寸，均直接标注；如图 6－7（b）所示，尺寸标注不合理尺寸 a、d 通过间接方式得到，保证尺寸精度的难度加大。

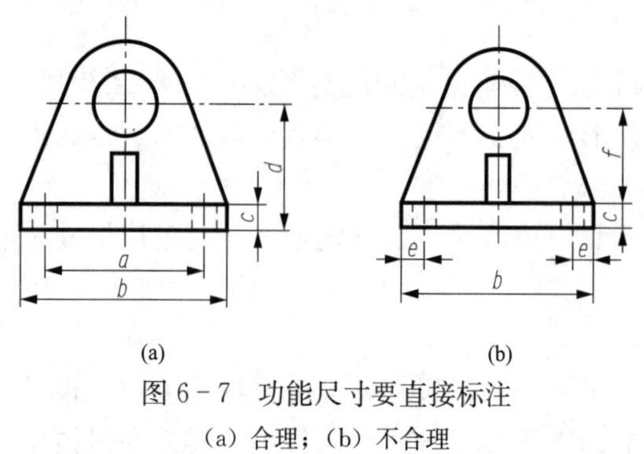

图 6－7 功能尺寸要直接标注

（a）合理；（b）不合理

3. 配合尺寸要直接标注

两零件有关表面有配合关系时，应直接标注配合尺寸。如图 6－8（a）所示轴套外表面和轴承内孔有配合要求，所以在标注尺寸时，轴套外表面和轴承内孔应注成一致的基本尺寸 $\phi30$，如图 6－8（c）、（d）所示；轴套内孔和轴的外表面也有配合要求，亦应注成一致的基本尺寸 $\phi20$，如图 6－8（b）、（c）所示。

4. 应考虑加工顺序

同一工种的加工尺寸，要适当集中标注，以便加工时查找，如图 6－9 所示。

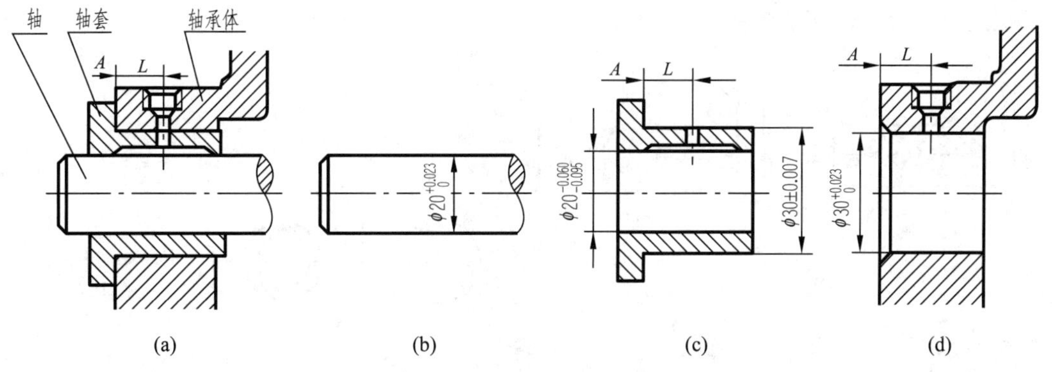

图 6－8　配合尺寸直接注出

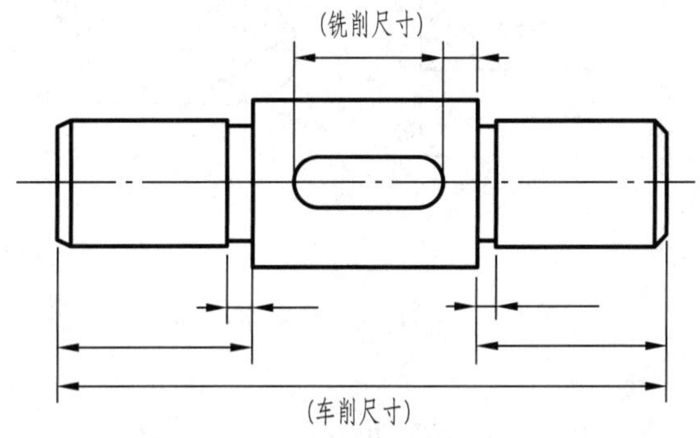

图 6－9　同一工种加工的尺寸注法

5．要考虑加工的可能性

标注尺寸应考虑能否实现加工。有的尺寸若标注不合理，就无法加工。如图 6－10 所示，φ8 斜孔的定位尺寸注成如图 6－10（a）所示的形式，便于加工。如果按图 6－10（b）标注，将会给钻孔造成困难。

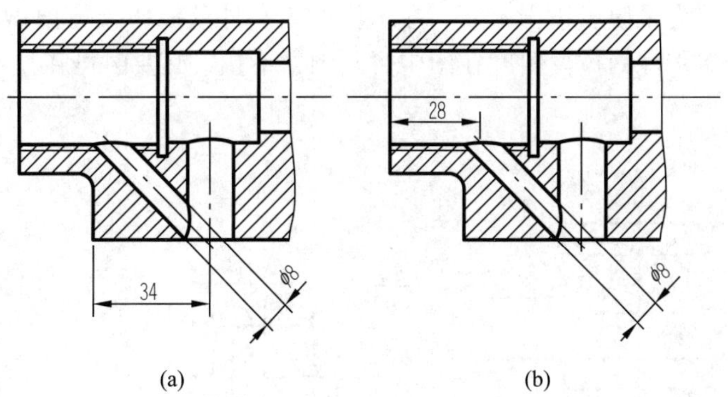

图 6－10　标注尺寸要考虑便于加工

（a）合理；（b）不合理

6．要便于测量

标注零件尺寸时，在符合设计要求的前提下，应考虑便于测量。如图 6－11（a）左图所示，分别标出高 26 及槽深 14，便于测量；如果注成右图厚 12，则不好测量。图 6－11（b）、 （c）也是标注尺寸便于测量的例子。

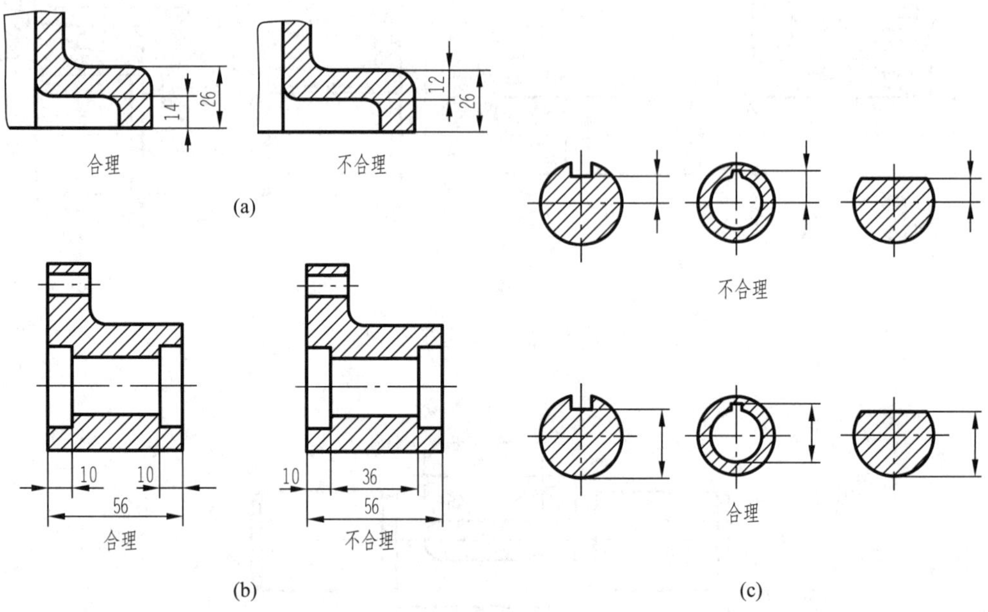

图 6－11　标注尺寸要便于测量

第四节　零件的工艺结构

零件的结构形状，不仅要满足零件在机器中使用的要求，而且在制造零件时还要符合制造工艺的要求。下面介绍零件常见的工艺结构。

一、铸造工艺结构

1. 拔模斜度

在铸件造型时，为了便于拔出木模，在木模的内、外壁沿拔模方向做成 1∶20 的斜度，称为拔模斜度。铸造零件的拔模斜度在图中可不画、不注，必要时可在技术要求或图形中注明，如图 6－12 所示。

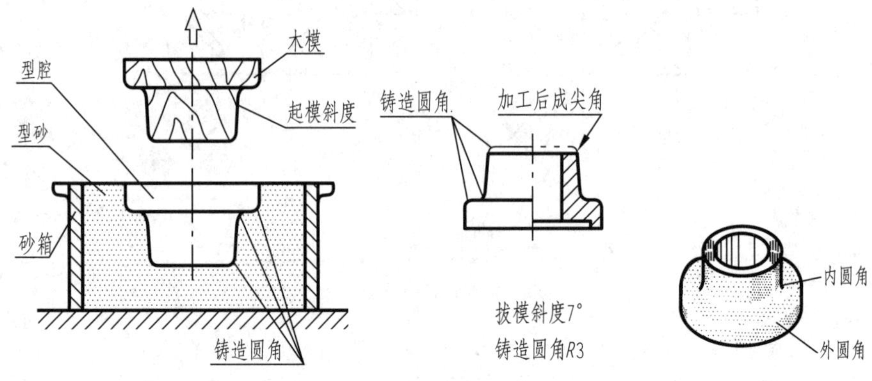

图 6－12　拔模斜度及铸造圆角

2. 铸造圆角及过渡线

为了便于铸件造型时拔模，防止铁水冲坏转角处，以及冷却时产生缩孔和裂缝，将铸件的转角处制成圆角，这种圆角称为铸造圆角。

画图时应注意毛坯面的转角处都应有圆角。

由于铸件毛坯表面的转角处有圆角，因此其表面交线模糊不清，为了便于看图仍然要画出交线，但交线两端空出不与轮廓线的圆角相交，这种交线称为过渡线。图 6－13 和图 6－14 所示为常见过渡线的画法。

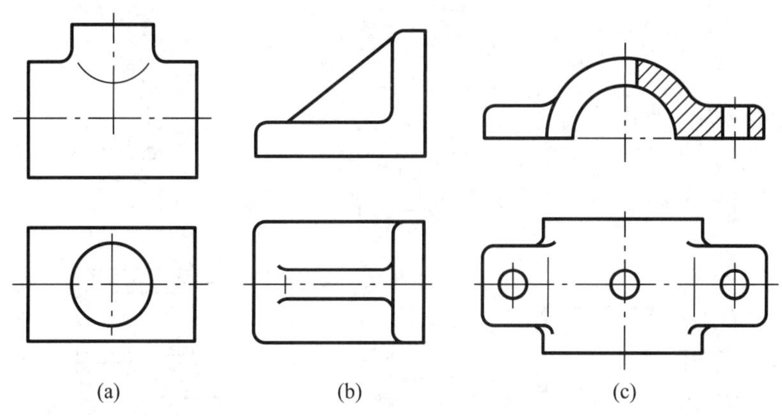

图 6－13　圆柱相交、肋板与平面相交的过渡线

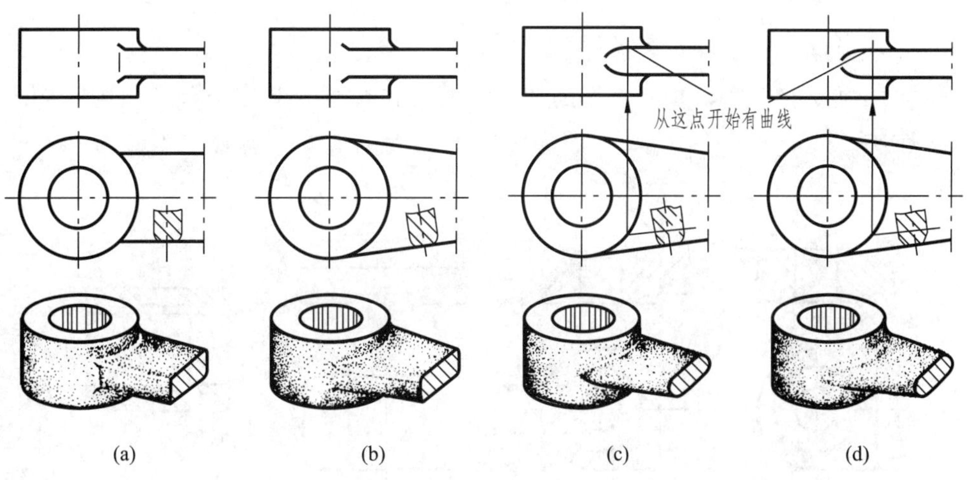

图 6－14　连杆头与连杆相交、相切

3. 铸件壁厚

在浇注铸型时，铸件的壁厚应保持均匀或逐渐过渡，否则各部分会因金属液体冷却速度不同而产生缩孔和裂缝，如图 6－15 所示。

二、零件机械加工工艺结构

1. 倒角和倒圆

为了去除零件加工表面转角处的毛刺、锐边，便于零件装配，在轴或孔的端部一般加工成 45°倒角；为了避免阶梯轴轴肩的根部因应力集中而容易断裂，在轴肩的根部加工成圆角过渡，称为倒圆，如图 6－16 所示。

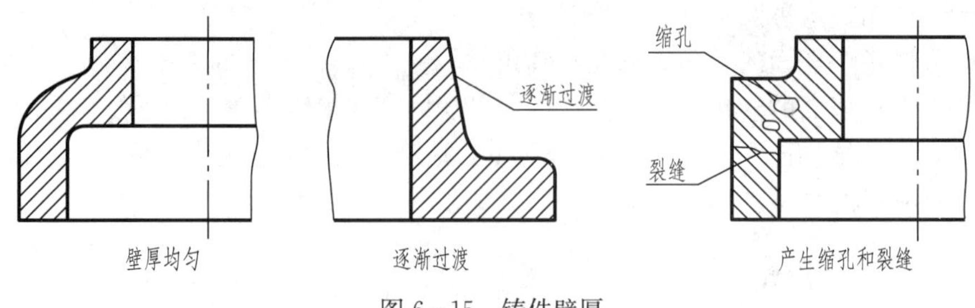

图 6－15 铸件壁厚

2. 退刀槽和砂轮越程槽

在车削加工、车削螺纹或磨削加工时，为了便于退出刀具或使砂轮能稍微超过磨削部位，常在被加工部位的终端加工出退刀槽或越程槽，如图 6－17 所示。

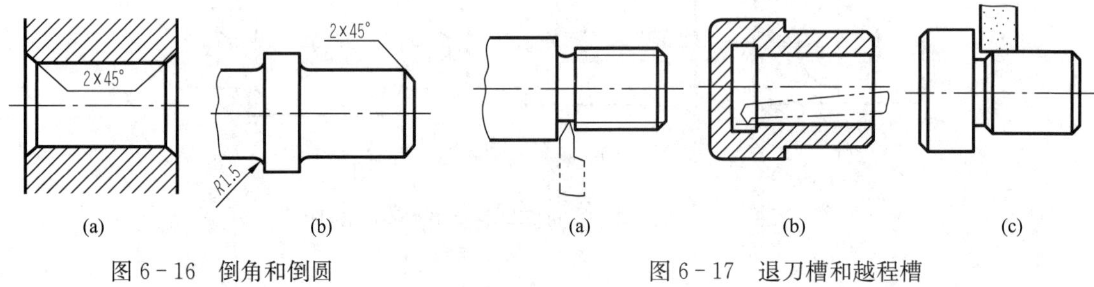

图 6－16 倒角和倒圆　　图 6－17 退刀槽和越程槽

3. 凸台和凹坑

为使配合面接触良好，并减小切削加工面积，在接触处制成凸台、凹坑等结构，如图 6－18 所示。

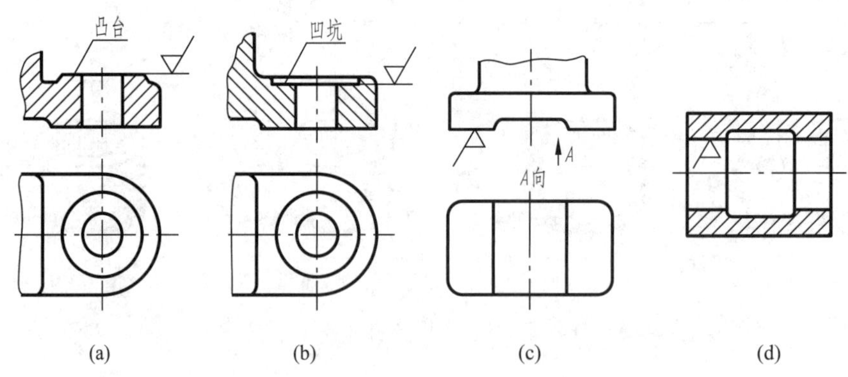

图 6－18 凸台和凹坑等结构

4. 钻孔结构

钻孔时，为使钻头与钻孔端面垂直，对斜孔、曲孔，应制成与钻头垂直的凸台或凹坑，如图 6－19（a）所示。钻削加工的不通孔，在孔的底部有 120°的锥角，如图 6－19（b）所示。

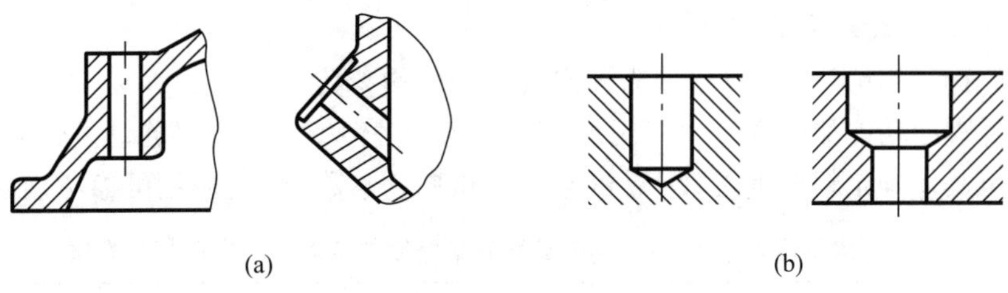

图 6－19　钻孔工艺结构

第五节　技术要求在零件图上的标注

一、图样中表面结构的表示法简介（GB/T 131—2006）

1. 表面结构的术语、定义、评定参数

不论采用何种加工方法所获得的零件表面，都不是绝对平整和光滑的，其表面上均会产生微小的凸凹不平的痕迹。图 6－20 所示为零件表面在放大镜下呈现的景象。表面上这种微观不平滑的情况，一般是受刀具和工件之间的运动与摩擦、机床的振动、零件的塑性变形等各种因素的影响而形成的。度量这种零件表面的高低不平和峰谷起伏所组成的微观几何形状的参数，称为表面结构参数。

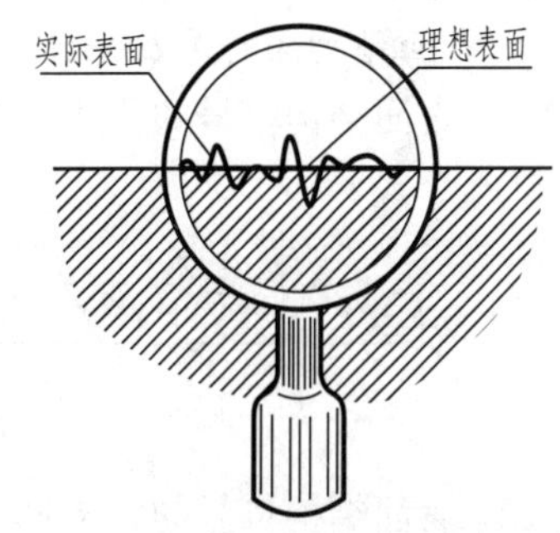

图 6－20　零件的实际表面（微观）

GB/T 131—2006 适用于对零件表面结构有要求时的图样表示法，不适合有表面缺陷（如划痕等）的标注方法。

2. 表面结构的主要评定参数及数值

国家标准规定表面结构的评定参数可用轮廓算术平均偏差 Ra、微观不平度十点高度 Rz。从测量和使用方便考虑，通常以 Ra 为优先选用参数。

（1）轮廓算术平均偏差 Ra。在取样长度内，被测轮廓偏距（在测量方向上轮廓线上的点与基准线之间的距离）绝对值的算术平均值称为轮廓算术平均偏差 Ra（也称粗糙度参数），如图 6－21 所示。用公式可表示为

$$Ra = \frac{1}{l}\int_0^l |y(x)|\,\mathrm{d}x$$

近似为

$$Ra = \frac{1}{n}\sum_{i=1}^{n} |y_i|$$

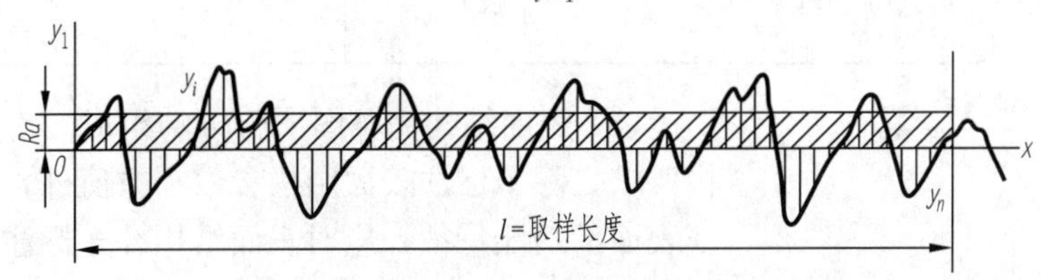

图 6－21　算术平均偏差 Ra

（2）微观不平度十点高度 Rz。在取样长度内，五个最大的轮廓峰高的平均值与五个最大的轮廓谷深的平均值之和称为微观不平度十点高度 Rz。

3. 表面结构参数的选择

通常优先选用粗糙度参数 Ra 作为评定表面结构的参数。

根据零件表面功能的要求，也考虑加工工艺的经济性，参考经过验证的经验实例，采用类比法，即可具体确定粗糙度参数 Ra 的数值。粗糙度参数 Ra 的应用可参考表 6－1。

表 6－1　轮廓算术平均偏差 *Ra*（粗糙度参数）数值表与其对应的主要加工方法

表面特征		Ra 值（μm）	主要加工方法	适用范围
加工面	可见加工刀痕	100，50，25	粗车、粗刨、粗铣	钻孔、倒角、没有要求的自由表面
	微见加工刀痕	12.5，6.3，3.2	精车、精刨、精铣、精磨	接触表面，较精确定心的配合面
	微辨加工痕迹方向	1.6，0.8，0.4	精车、精磨、研磨、抛光	要求精确定心的、重要的配合面
	有光泽面	0.2，0.1，0.05	研磨、超精磨、抛光、镜面磨	高精度、高速运动零件的配合面、重要装饰面
毛坯面		—	铸、锻、轧制等经表面清理	无须进行加工的表面

4. 表面结构的符号及含义

（1）表面结构符号的画法如图 6－22 所示。

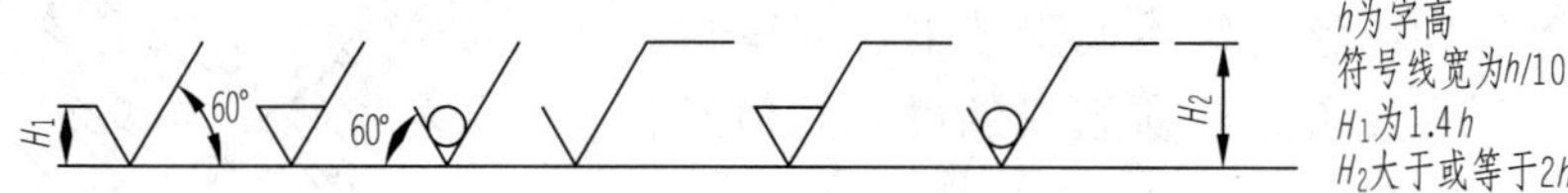

图 6－22　表面结构符号的画法

（2）表面结构符号的含义见表 6－2。

表 6－2　表面结构符号的含义

代号	含　义	代号	含　义
	表面结构的基本图形符号（仅用于简化代号标注，没有补充说明时不能单独使用）		允许任何工艺的完整图形符号
	表示去除材料的扩展图形符号		去除材料的完整图形符号
	表示不去除材料的扩展图形符号，或保持上道工序形成的表面		不去除材料的完整图形符号

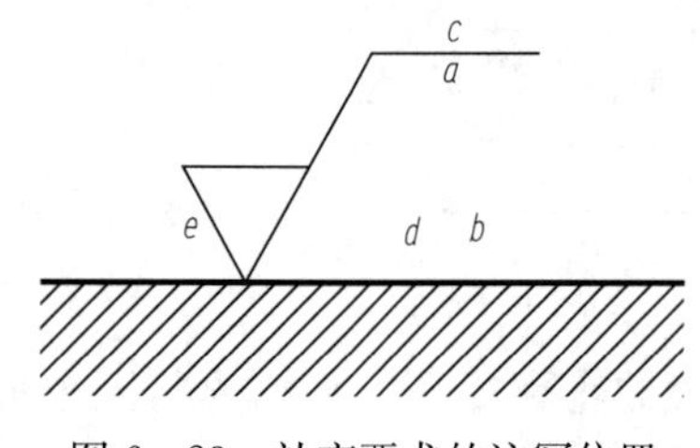

图 6－23　补充要求的注写位置

（3）表面结构完整图形符号的组成。为了明确表面结构要求，除了标注表面结构参数和数值外，必要时为了保证表面的功能特征，应对表面结构补充标注不同要求的规定参数。在完整符号中，对表面结构的单一要求和补充要求应注写在图 6－23 所示的指定位置。

在图 6－23 中，位置 a～e 分别注写以下内容：

位置 a——注写表面结构的单一要求；

位置 a 和 b——注写两个或多个表面结构要求；

位置 c——注写加工方法、表面处理、涂层或其他加工工艺要求等，如车、磨、镀等加工表面；

位置 d——注写所要求的表面纹理、纹理的方向；

位置 e——注写加工余量，注写所要求的加工余量，数值以毫米为单位。

5. 图样中表面结构要求的标注

表面结构要求对每一表面一般只标注一次，并尽可能注在相应的尺寸及公差的同一视图上，其注写和读取方向应与尺寸的注写和读取方向一致，见表 6 - 3。

表 6 - 3　　表面结构要求标注形式和特点

标注形式	说明
Rz 12.5　Ra 6.3　Ra 1.6　Ra 1.6　Rz 12.5　Rz 1.6	表面结构要求可标注在轮廓线上，其符号应从材料外指向并接触表面
铣 Rz 3.2　车 Rz 3.2	表面结构要求符号可用带箭头或黑点的指引线引出标注
ϕ120H7 Rz 12.5　ϕ120h6 Rz 6.3	在不致引起误解时，表面结构要求可以标注在给定的尺寸线上
Ra 6.3　0.1　Ra 6.3　ϕ10±0.1　ϕ0.02 A B	表面结构要求可标注在几何公差的框格上方
Ra 6.3　Rz 6.3　Rz 6.3　Ra 1.6　Ra 1.6	表面结构要求可以直接标注在延长线上，或用带箭头的指引线引出标注

续表

标注形式	说明
	圆柱和棱柱的表面结构要求的注法

6. 图样中表面结构要求的简化注法

表面结构要求的简化注法见表 6－4。

表 6－4　　表面结构要求的简化注法

标注形式	说明
Rz 6.3 Rz 1.6 Ra 3.2 (√)	如果工件的多数（包括全部）表面有相同的表面结构要求，则可统一标注在图样的标题栏附近。此时，除全部表面有相同要求外，表面结构要求的符号后面应有在圆括号内给出无任何其他标注的基本符号
Rz 6.3 Rz 1.6 Ra 3.2 (Rz 1.6 Rz 6.3)	不同的表面结构要求应直接标注在图形中
Z Y Z = U Rz 1.6 L Ra 0.8 Y = Ra 3.2	当多个表面具有相同的表面结构要求或图纸空间有限时，可以用带字母的完整符号的简化注法 可用带字母的完整符号，以等式的形式在图形或标题栏附近，对有相同表面结构要求的表面进行简化标注
Z = U Rz 1.6 L Ra 0.8	未指定工艺方法的多个表面结构要求
Y = Ra 3.2	要求去除材料的多个表面结构要求
= Ra 3.2	不允许去除材料的多个表面结构要求
Fe/Ep·Cr25b Ra 0.8 Rz 1.6	同时给出镀覆前后的表面结构要求

二、极限与配合

1. 互换性

成批生产的机器在进行装配时，要求一批相配合的零件，不经任何修配，任取一对装配起来，就能达到设计的工作性能要求，零件间的这种性质称为互换性。它对成批生产、装配、维修等工作和降低生产成本都有很大作用。

为使零件具有互换性，在加工零件的相应尺寸时，就应当尽量准确。但是，由于机床振动、刀具磨损、测量误差等一系列原因，零件的尺寸实际上不可能制造得绝对准确，只能限定尺寸在一定合理的范围内变动。为此，图样上常标注有极限与配合方面的技术要求。

2. 极限与配合的基本概念及名词术语

(1) 基本术语及定义。

1) 公称尺寸。设计时给定的尺寸称为公称尺寸，它是计算极限尺寸和确定尺寸偏差的起始尺寸。

2) 实际尺寸。通过测量获得的某一孔、轴的尺寸称为实际尺寸。

3) 极限尺寸。允许尺寸变化的两个极限称为极限尺寸。

实际尺寸应位于其中，也可以达到极限尺寸。孔或轴允许的最大尺寸为最大极限尺寸，孔或轴允许的最小尺寸为最小极限尺寸，如图 6-24 所示。

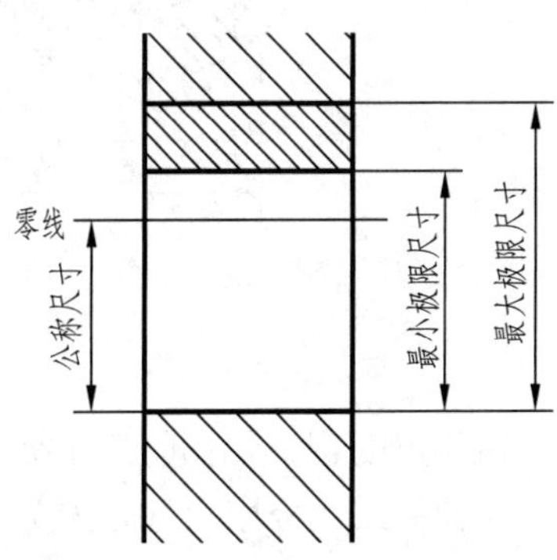

图 6-24　公称尺寸、最大极限尺寸和最小极限尺寸

4) 尺寸偏差。某一尺寸（实际尺寸、极限尺寸等）减其公称尺寸所得的代数差称为尺寸偏差。

上极限偏差＝最大极限尺寸－公称尺寸

下极限偏差＝最小极限尺寸－公称尺寸

国家标准规定：孔的上、下极限偏差代号用大写拉丁字母 ES、EI 表示；轴的上、下极限偏差代号用相应的小写字母 es、ei 表示。

5) 尺寸公差（简称公差）。允许尺寸的变动量称为尺寸公差。

公差＝最大极限尺寸－最小极限尺寸＝上极限偏差－下极限偏差

尺寸公差为正值，且不能为零，如图 6-25 所示。

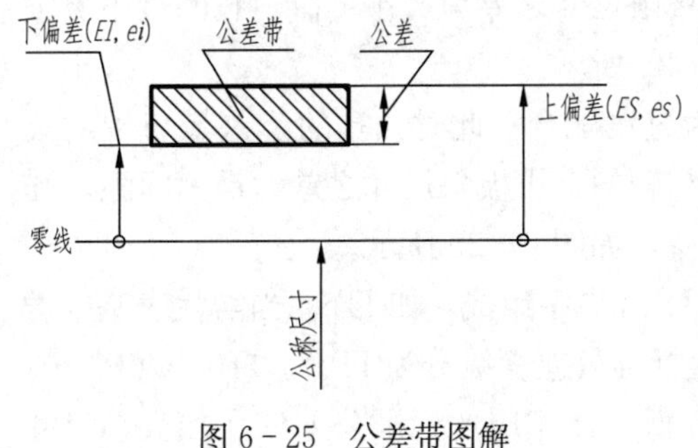

图 6-25　公差带图解

6) 公差带和零线。所谓公差带就是在公差带图解中，由代表上极限偏差和下极限偏差或最大极限尺寸和最小极限尺寸的两条直线所限定的一个区域，如图 6-25 所示。

(2) 配合。公称尺寸相同的、相互结合的孔和轴公差带之间的关系称为配合。由于孔和轴的实际尺寸不同，装配后可能产生间隙或过盈，如图 6-26 所示。

从零件的工作要求和生产实际需要出发，国家标准将配合分为三大类。

1）间隙配合。具有间隙（包括最小间隙等于零）的配合称为间隙配合。此时，孔的公差带在轴的公差带之上。

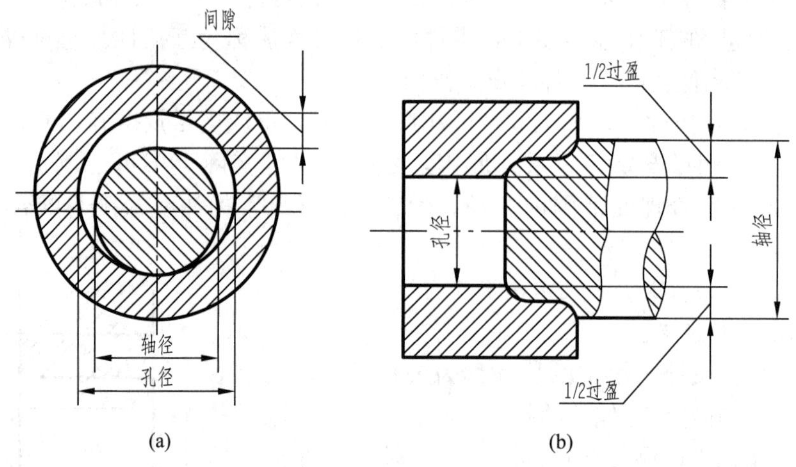

图 6－26　配合

在间隙配合中，孔的最小极限尺寸与轴的最大极限尺寸之差为最小间隙，孔的最大极限尺寸与轴的最小极限尺寸之差为最大间隙，如图 6－27 所示。

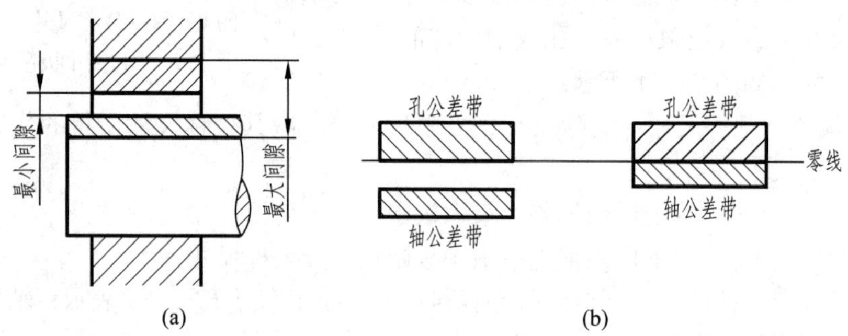

图 6－27　间隙配合示意图

2）过盈配合。具有过盈（包括最小过盈等于零）的配合称为过盈配合。此时，孔的公差带在轴的公差带之下。

在过盈配合中，孔的最大极限尺寸与轴的最小极限尺寸之差为最小过盈，孔的最小极限尺寸与轴的最大极限尺寸之差为最大过盈，如图 6－28 所示。

3）过渡配合。可能具有间隙或过盈的配合称为过渡配合。此时，孔的公差带与轴的公差带相互交叠。在过渡配合中，孔的最大极限尺寸与轴的最小极限尺寸之差为最大间隙，孔的最小极限尺寸与轴的最大极限尺寸之差为最大过盈，如图 6－29 所示。

（3）标准公差（IT）。标准公差等级代号由符号 IT 和数字组成，如 IT6。当与代表基本偏差的字母一起组成公差带时，省略 IT 字母，如 h6。标准公差等级分为 IT01、IT0、IT1、…、IT18，共 20 级，从 IT01 到 IT18，公差等级依次降低，而相应的标准公差依次加大，尺寸精度依次降低。

（4）基本偏差。基本偏差用来确定公差带相对零线位置的上极限偏差或下极限偏差。一般指靠近零线的那个偏差，当公差带位于零线上方时，其基本偏差为下极限偏差；当公差带位于零线下方时，其基本偏差为上极限偏差，如图 6－30 所示。

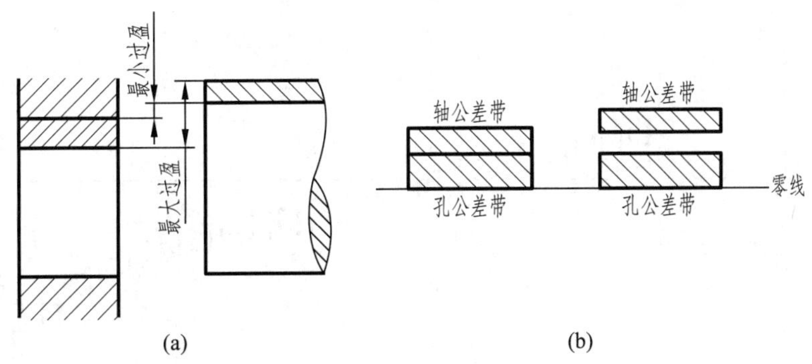

图 6－28 过盈配合示意图

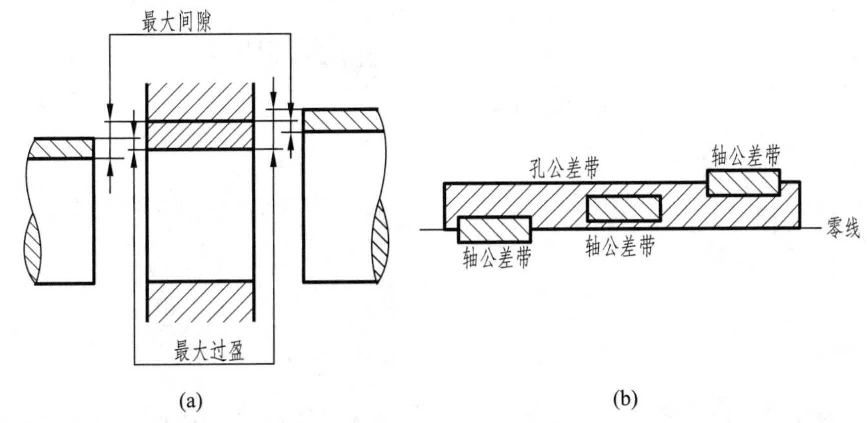

图 6－29 过渡配合示意图

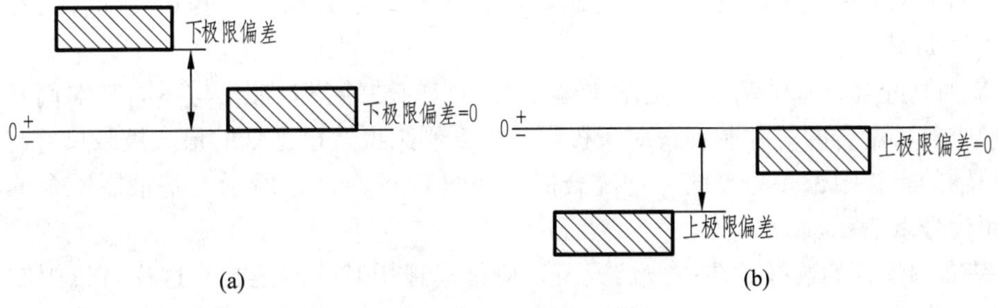

图 6－30 基本偏差示意

(a) 基本偏差为下偏差；(b) 基本偏差为上偏差

基本偏差代号，对孔用大写字母 A、…、ZC 表示，对轴用小写字母 a、…、zc 表示，孔与轴各有 28 个基本偏差，基本偏差系列如图 6－31 所示。图 6－31 中只画出了公差带图的一端，此端即为基本偏差，开口的一方表示公差带的延伸方向，而公差的终端未指明，取决于标准公差等级和这个基本偏差的组合。

(5) 配合制度。国家标准规定有基孔制和基轴制两种配合制度。

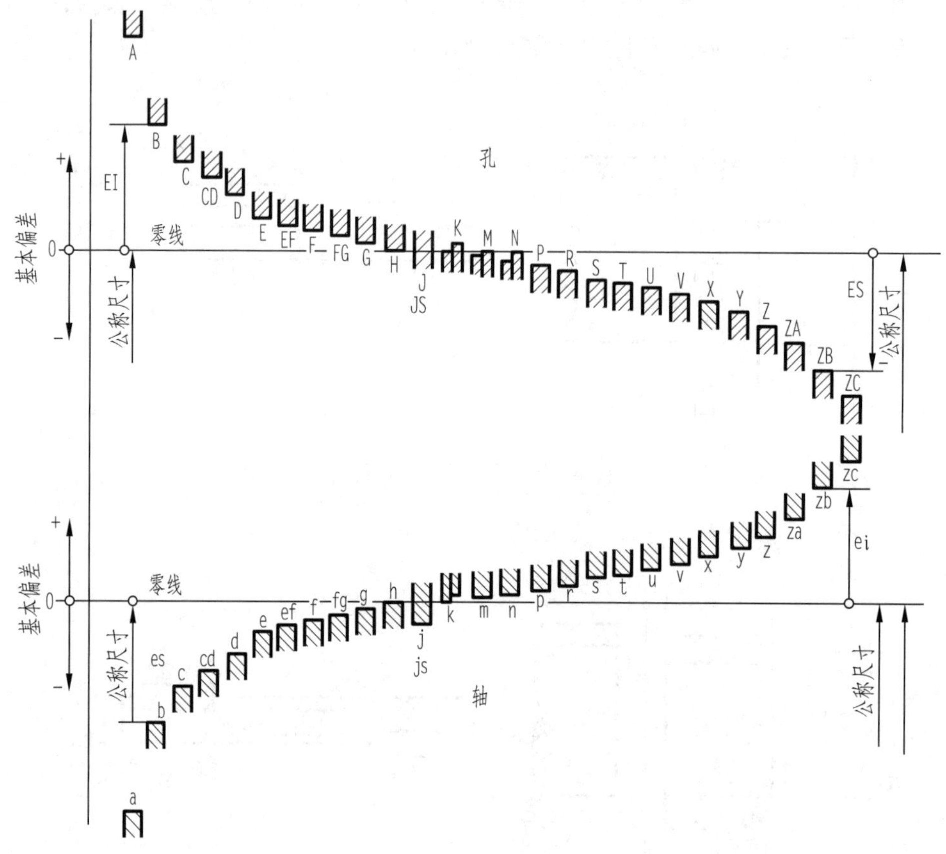

图 6-31 基本偏差系列示意图

1）基孔制配合。基孔制配合基本偏差为一定的孔的公差带，与不同基本偏差的轴的公差带形成各种配合的一种制度。对于极限与配合制来说，也是孔的最小极限尺寸与公称尺寸相等、孔的下极限偏差为零的一种配合制，如图 6-32（a）所示。基孔制配合的孔为基准孔，用代号 H 表示。

2）基轴制配合。基轴制配合是基本偏差为一定的轴的公差带，与不同基本偏差的孔的公差带形成各种配合的一种制度。对于极限与配合制来说，也是轴的最大极限尺寸与公称尺寸相等、轴的上极限偏差为零的一种配合制，如图 6-32（b）所示。基轴制配合的轴为基准轴，用代号 h 表示。

3）基准制配合的选择。在一般情况下，应优先选用基孔制配合。这样可以限制加工孔所需用的定值刀具、量具的规格数量，有利于生产。基轴制配合通常仅用于结构设计不适宜采用基孔制配合的情况，或者采用基轴制配合具有明显经济效果的场合。

3. 极限与配合在图样中的标注方法

(1) 在装配图中的标注方法。在装配图上标注配合代号时，必须在公称尺寸的右边用分数形式注出，分子为孔的公差带代号，分母为轴的公差带代号，如图 6-33 所示。

在装配图上标注的配合代号中，如果分子中含 H 的，即为基孔制配合；如果分母中含有 h 的，即为基轴制配合；如果分子为 H，分母为 h 时，一般视为基孔制配合。

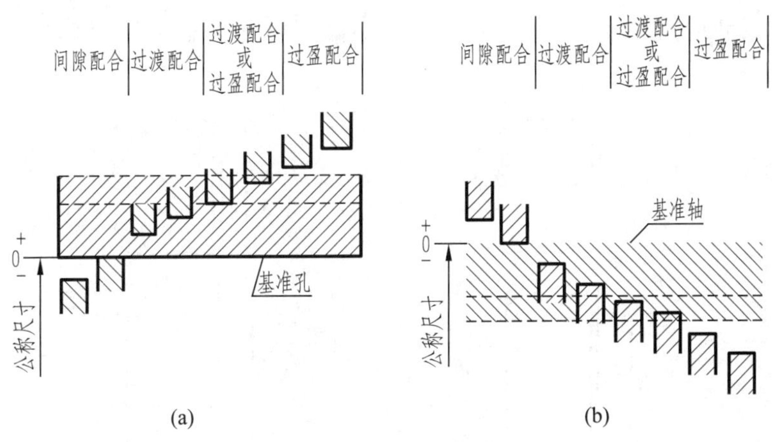

图 6-32 基孔制和基轴制
(a) 基孔制；(b) 基轴制

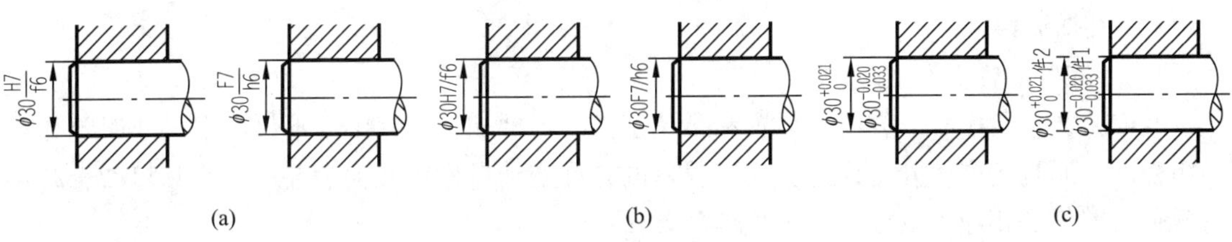

图 6-33 配合的注法

若标注标准件与零件（轴和孔）的配合代号时，可以仅标注相配合零件的公差带代号。例如，滚动轴承的外圈与孔配合，仅标注孔的公差带代号；其内圈与轴配合，仅标注轴的公差带代号，如图 6-34 所示。

(2) 在零件图中的标注方法。在零件图中标注公差的尺寸通常有以下三种形式。

1) 在公称尺寸后标注公差带代号，如图 6-35 所示。

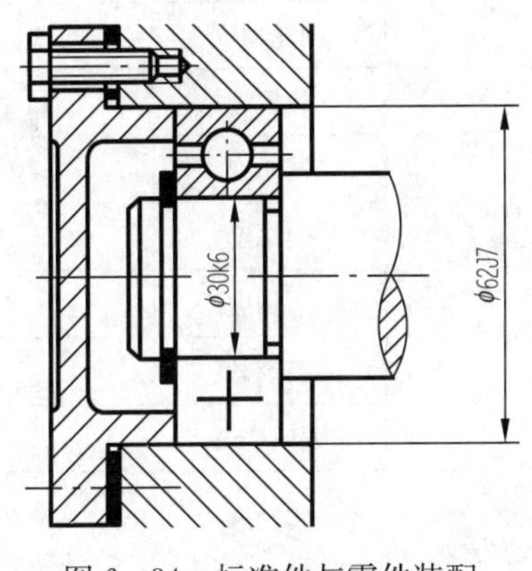

图 6-34 标准件与零件装配时配合代号的注法

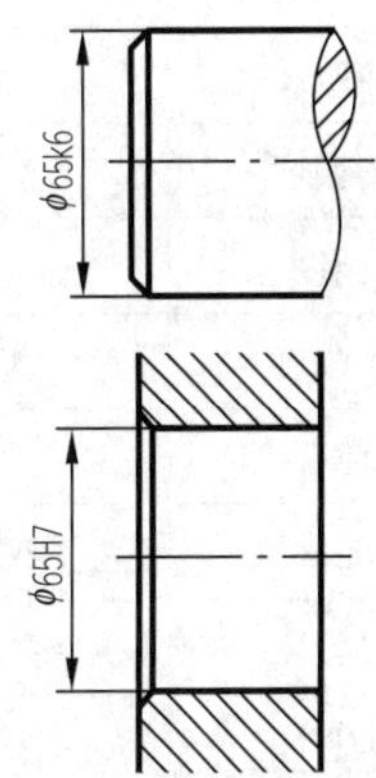

图 6-35 标注公差带代号

2) 在公称尺寸后标注极限偏差数值，如图 6-36 所示。

3）在公称尺寸后同时标注公差带代号和极限偏差数值，极限偏差值应加上圆括号，如图 6－37 所示。

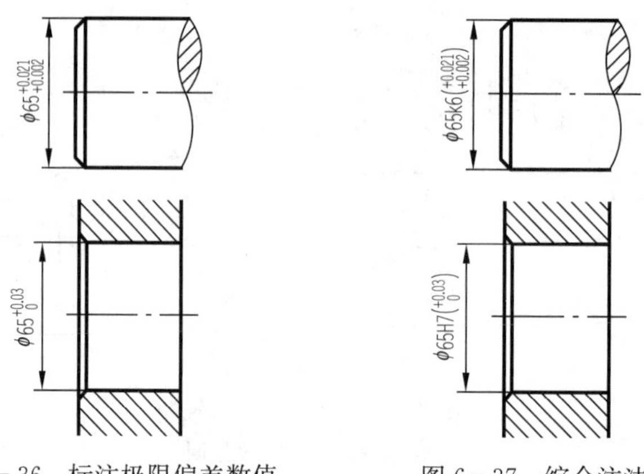

图 6－36 标注极限偏差数值　　图 6－37 综合注法

三、几何公差

1. 几何公差的基本概念

几何公差包括形状、方向、位置和跳动公差。零件加工过程中，不仅产生尺寸误差和表面粗糙度，而且会产生几何误差。几何误差的允许变动量称为几何公差。GB/T 1182—2018 对几何公差作了相应的规定，本书只作简要介绍。

（1）形状误差：零件上的实际几何要素的形状与理想几何要素的形状之间的误差。

（2）位置误差：零件上各个几何要素之间实际相对位置与理想相对位置之间的误差。

（3）方向误差：零件上各几何要素之间实际方向与理想方向之间的误差。

（4）跳动误差：零件上各几何要素相对基准的跳动量。

几何公差特征项目及符号见表 6－5。

表 6－5　　几何公差特征项目及符号

公差类型	特征项目	符号	公差类型	特征项目	符号
形状公差（无基准）	直线度	—	方向公差（有基准）	面轮廓度	⌓
	平面度	▱		位置度	⌖
	圆度	○		同心度	◎
	圆柱度	⌭		同轴度	◎
	线轮廓度	⌒		对称度	⌯
	面轮廓度	⌓		线轮廓度	⌒
方向公差（有基准）	平行度	//		面轮廓度	⌓
	垂直度	⊥	跳动公差（有基准）	圆跳动	↗
	倾斜度	∠		全跳动	⌰
	线轮廓度	⌒			

如图 6－38（a）所示，经过加工的销轴，轴线变弯曲，产生了直线度误差。如图 6－38（b）

所示，阶梯轴加工后，其两段圆柱轴线不在同一条直线上，因而两圆柱间产生了同轴度误差。

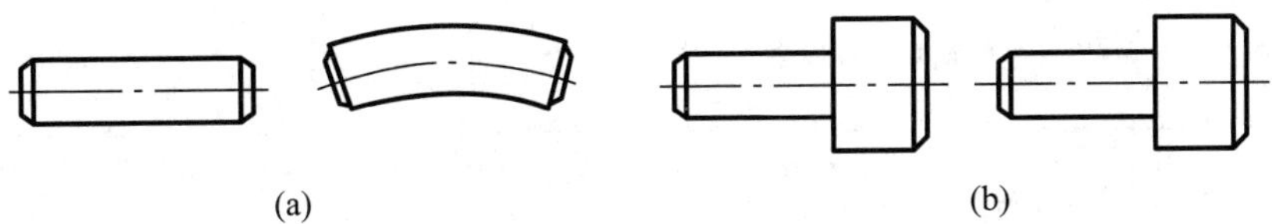

图 6-38　形状、位置误差

2. 几何公差的标注

在工程图样中，几何公差采用代号的形式标注，代号由公差框格和带箭头的指引线组成，如图 6-39 所示。

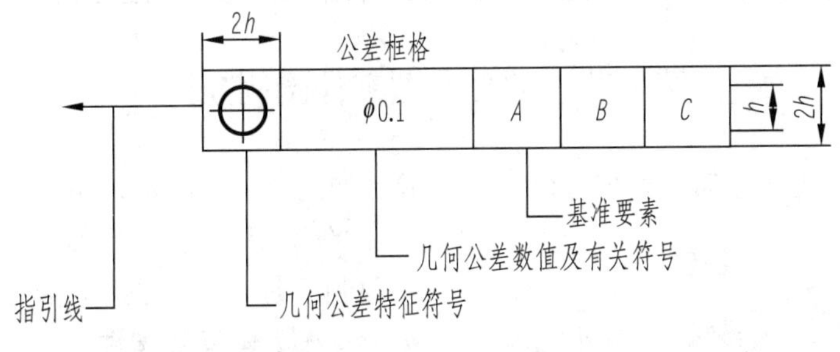

图 6-39　几何公差代号

图 6-40 所示为几何公差标注实例。从图 6-40 中可以看到，当被测要素是表面或素线时，从框格引出的指引线箭头应绘制在该要素的轮廓线或其延长线上；当被测要素是轴线时，应将箭头与该要素的尺寸线对齐，如 M8×1 轴线的同轴度注法；当基准是轴线时，应将基准符号与该要素的尺寸线对齐，如基准 A。

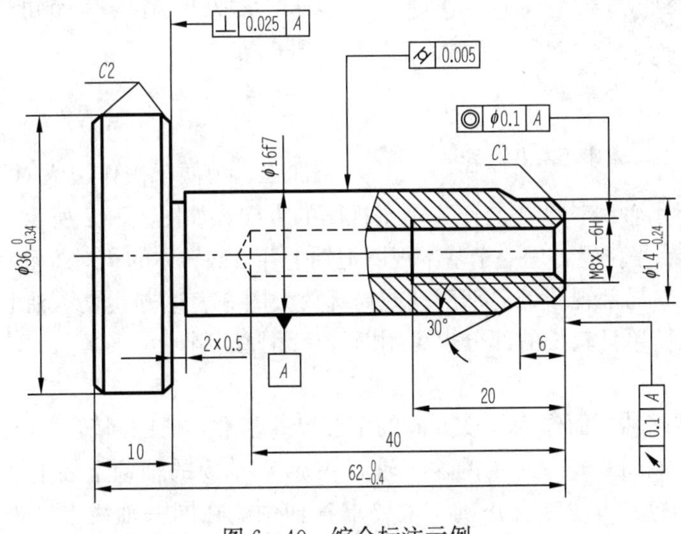

图 6-40　综合标注示例

图 6-40 中标注的各个几何公差代号含义说明见表 6-6。

表 6-6 综合标注示例说明

标注代号	含义说明
▼ A	以 ϕ16f7 圆柱的轴心线为基准
⌭ 0.005	ϕ16f7 圆柱面的圆柱度公差为 0.005mm，其公差带是半径差为 0.005mm 的两同轴圆柱面，是该圆柱面纵向和正截面形状的综合公差
◎ ϕ0.1 A	M8×1 的轴线对基准 *A* 的同轴度公差为 0.1mm，其公差带是与基准 *A* 同轴，直径为公差值 0.1mm 的圆柱面
↗ 0.1 A	$\phi14_{-0.24}^{0}$ 的端面对基准 *A* 的端面圆跳动公差为 0.1mm，其公差带是与基准轴线同轴的任一直径位置的测量圆柱面上，沿母线方向宽度为公差值 0.1mm 的圆柱面区域
⊥ 0.025 A	$\phi36_{-0.34}^{0}$ 的右端面对基准 *A* 的垂直度公差为 0.025mm，其公差带是垂直于基准轴线的距离为公差值 0.025mm 的两平行平面内

第六节 常见典型零件图例分析

任何一台机器或部件都由许多零件装配而成，如图 6-41 所示。由于每个零件在装配体中的作用不同，因而它们的结构、形状、材料、加工过程也不相同。

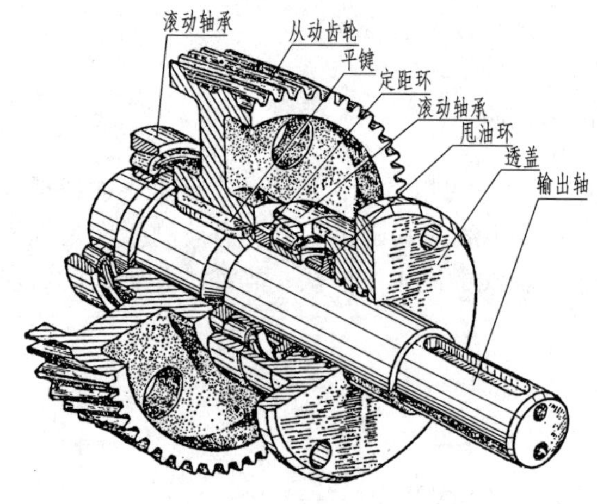

图 6-41 减速器输出轴系

一、轴套类零件

1. 结构分析

轴套类零件大多数由位于同一轴线上数段直径不同的回转体组成，它们长度方向的尺寸一般比回转体直径尺寸大，如图 6-42 所示的输出轴。根据设计、安装、加工等要求，常见的结构有倒角、圆角、退刀槽、锥度等。

2. 表达方法

(1) 轴套类零件一般多在车床、磨床上加工，为便于操作工人对照图纸进行加工，采用加工位置、显示轴线长度方向作为画主视图的方向，如图 6-42 所示。

(2) 轴线放成水平位置，用一个基本视图把轴上各段回转体的相对位置和形状表达清楚。

(3) 用断面图、局部视图、局部剖视或局部放大图等表达方式表示轴上的结构形状。

(4) 对于形状简单且较长的部分也可用断开后缩短绘制。

3. 尺寸标注

轴套类零件常以轴端面作为长度方向的主要尺寸基准，而以回转轴线作为另外两个方向的主要尺寸基准。如图 6-42 所示的输出轴，在 ϕ40、ϕ35 的轴颈上装上从动齿轮及滚动轴承，为保证传动平稳，齿轮啮合正确，就要求各轴颈能在同一轴线上，为此标注径向尺寸时，以轴线作为主要基准。轴肩端面 *E* 为从动齿轮装配时的定位端面，因而以 *E* 面为该轴长度方向尺寸标注时的主要基准，由此定出 38、键槽位置尺寸 2 等，端面 *F* 是长度方向尺寸标注的第一辅助基准，以此注出 55、全长 200 等尺寸。*G* 面为长度方向尺寸标注时的第二辅助基准，由此注出 38、8 等尺寸。

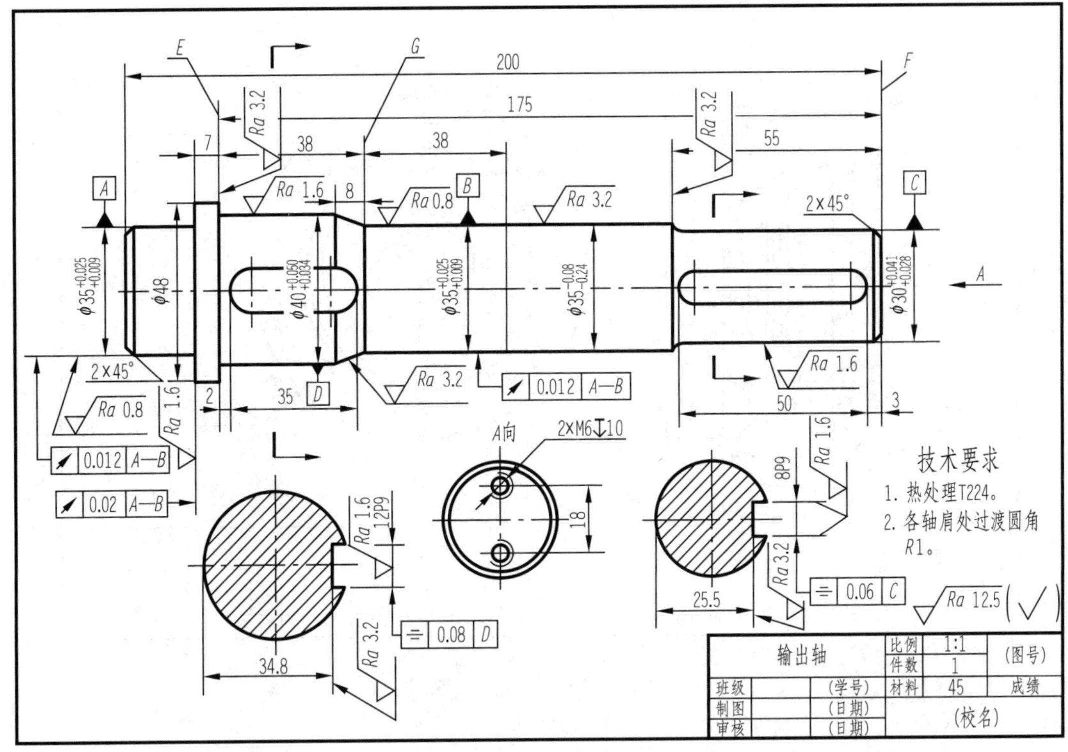

图 6－42　输出轴零件图

4. 技术要求

根据零件具体工作情况来确定表面粗糙度、尺寸公差，如 $\phi35$、$\phi40$ 等轴颈，由于分别同滚动轴承及从动齿轮配合，因而表面粗糙度为 *Ra* 0.8、*Ra* 1.6，尺寸精度也较高。这类轴颈及重要端面应标注几何公差，如图 6－42 中的径向圆跳动、端面圆跳动及键槽的对称度。

二、盘盖类零件

1. 结构分析

盘盖类零件的主体一般为回转体或其他平板形，厚度方向的尺寸比其他两个方向的尺寸小，如图 6－43 所示的透盖，通常由铸或锻成毛坯，经必要的切削加工而成，常见的结构有凸台、凹坑、螺孔、轮辐、键槽等。

2. 表达方法

盘盖类零件一般采用主、左或主、俯两个基本视图，以工作或加工位置，反映盘盖厚度方向一面作为画主视图的方向，用单一剖切面或旋转剖、阶梯剖等剖切方法作出全剖视图或半剖视图表示各部分结构之间的相对位置。可用断面、局部剖视、局部放大图等剖切方法表示各部分细节，如图 6－43 所示。

3. 尺寸标注

盘盖类零件通常以主要回转面的轴心线、主要形体的对称轴线或经加工的较大的结合面作为长、宽、高方向的尺寸基准。如图 6－43 所示的透盖，它的端面 *C* 是透盖厚度方向尺寸的主要基准，*E*、*F* 轴线为另外两个方向的尺寸基准，其中透盖的 *D* 面是厚度方向尺寸辅助基准。

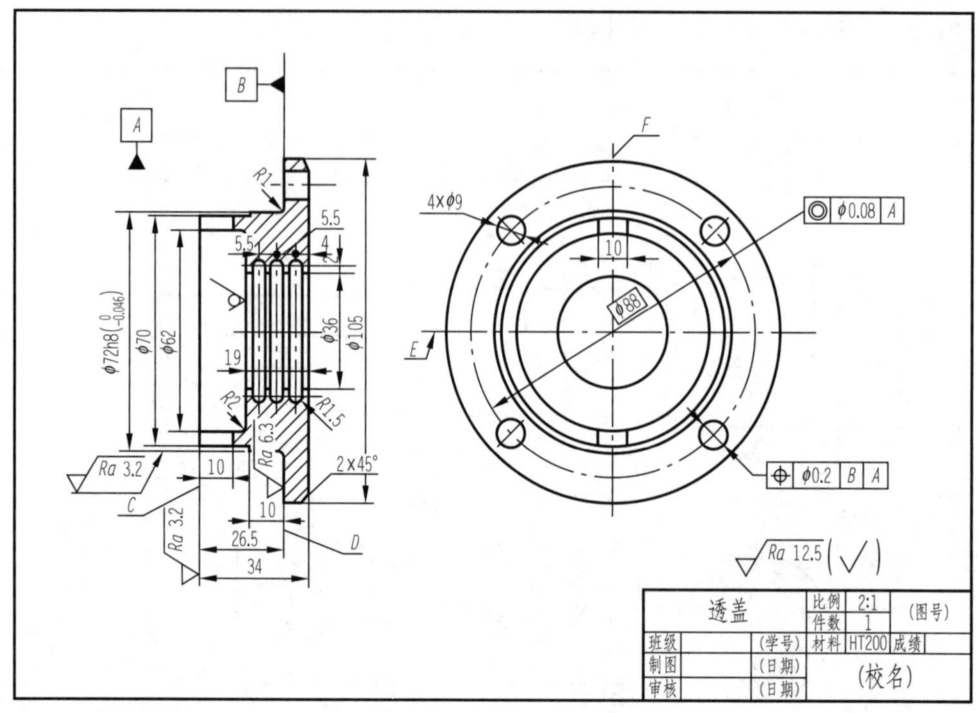

图 6-43 透盖零件图

4. 技术要求

有配合要求或起定位作用的表面，其表面要求光滑，尺寸精度相应地要高。端面、轴心线与轴心线之间或端面与轴心线之间常应有几何公差要求。

三、叉架类零件

1. 结构分析

叉架类零件通常有轴座、拨叉等几个主体部分，用不同截面形状的肋板或实心杆件支撑连接起来，形式多样，结构复杂，常由铸造或模锻制成毛坯，经必要的机械加工而成，具有铸（锻）造圆角、拔模斜度、凸台、凹坑等常见结构，如图 6-44 所示。

2. 表达方法

叉架类零件的形式较多，一般以自然位置或工作位置放置，以形状结构特征方向作为画主视图的方向。用 1 或 2 个基本视图，根据具体结构需要画斜视图或局部视图，用斜剖等方式作全剖视图或半剖视图来表达内部结构，对于连接支撑部分的截面形状，可用断面图表示。

3. 尺寸标注和技术要求

叉架类零件常常以主要轴心线、对称平面、安装平面或较大的端面作为长、宽、高三个方向的尺寸基准。如图 6-44 所示的摇臂，对称平面 B 为长度方向尺寸的主要基准，端面 C 为宽度方向的尺寸基准，而高度方向尺寸的主要基准为 $\phi9$ 孔的轴心线。

四、箱壳类零件

1. 结构分析

箱壳类零件的结构比较复杂。它的总体特点是由薄壁围成不同形状的空腔，以容纳运动零件及油、汽等介质；多数通过铸造得到毛坯，经必要的机械加工而成；具有加强肋、凹坑、凸台、铸造圆角、拔模斜度等常见结构，如图 6-45 所示。

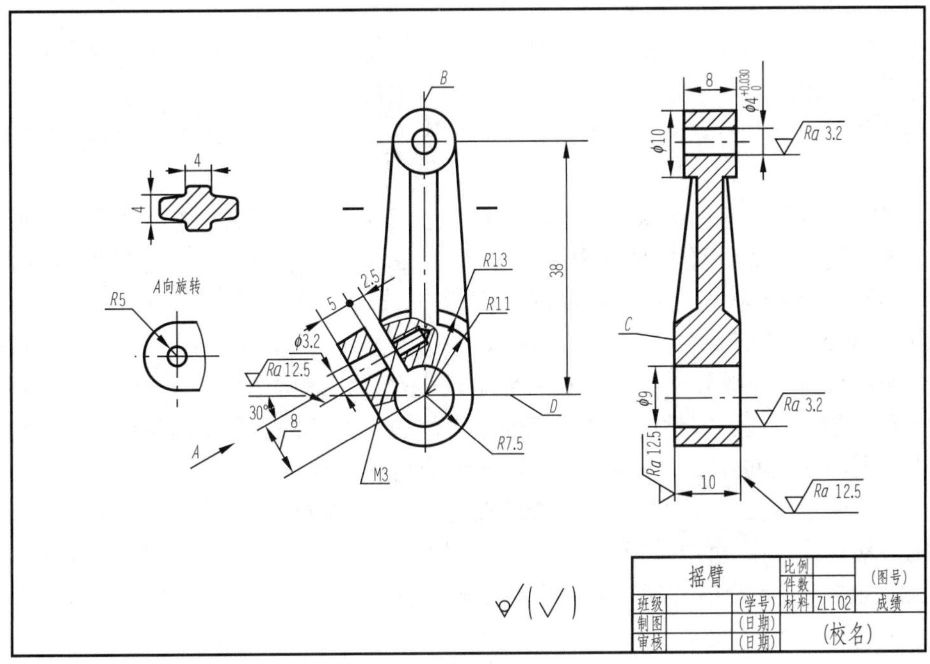

图 6-44 摇臂零件图

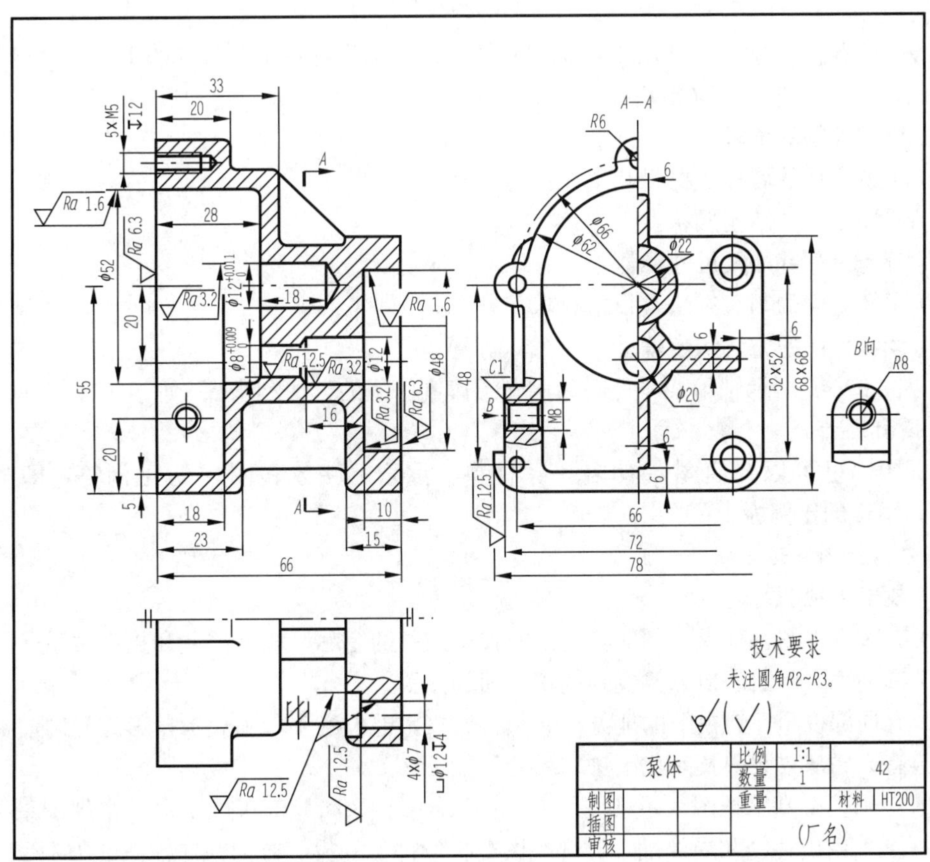

图 6-45 泵体零件图

2. *表达方法*

箱壳类零件由于结构、形状比较复杂，加工位置变化多，通常以自然位置或工作位置安放，选取最能反映形状特征及相对位置的一面作为主视图的投影方向，一般需用三个以上的基本视图，并可根据具体零件的需要选择合适的视图、剖视图、剖面图来表达其复杂的内外结构。

图 6－45 所示泵体零件图采用主、俯、左三个基本视图，主视图作全剖视，左视图作半剖视，因零件前后对称，俯视图仅画一半，并在安装孔处作局部剖，肋板处用重合断面，M8 螺孔所在凸台的形状用 B 向局部视图表达。

3. *尺寸标注及技术要求*

箱壳类零件由于形状比较复杂，尺寸数量较多，通常运用形体分析的方法来标注尺寸，常选用主要孔的轴心线，零件的对称平面或较大的加工平面、结合面作为长、宽、高方向的尺寸基准。孔与孔之间以及孔与加工面之间的距离应直接注出。

图 6－45 中泵体长度方向的主要基准选在左端面，右端面为辅助基准；宽度方向的主要基准为前后对称面，由此注出外形尺寸 78，定位尺寸 72、66 等；高度方向基准为 $\phi8^{+0.009}_{0}$ 和 $\phi12$ 的公共轴线，由此标出与 $\phi52$ 轴线的中心距 20 等尺寸。

第七节 识 读 零 件 图

在设计、生产、学习等活动中，识读零件图是一项经常且十分重要的工作。看组合体视图的方法，是读零件图的重要基础。

一、读零件图的要求

(1) 了解零件的名称、材料和用途。

(2) 看懂零件的结构形状。

(3) 分析尺寸基准及尺寸标注。

(4) 了解零件的制造方法及技术要求。

二、读零件图的方法和步骤

现以图 6－46 所示轴承架零件图为例介绍读零件图的方法和步骤。

1. *看标题栏*

从标题栏里可以知道零件的名称、材料、重量、件数和图样的比例等，即材料为 HT200，图样的比例为 1∶1。

2. *分析视图表达方案*

(1) 找出主视图。

(2) 有多少视图、剖视、剖面等。同时找出它们的名称、相互位置和投影关系。

(3) 有剖视、剖面的地方要找到剖切平面的位置。

(4) 有局部视图、斜视图的地方，必须找到投影部位的字母和表示投影方向的箭头。

(5) 有无局部放大图及简化画法。

轴承架由两个基本视图（主视图、左视图）、一个 B 向局部视图组成。主视图采用局部剖，左视图采用旋转剖和局部剖，局部视图的投影部位和投影方向在左视图的 B 处。

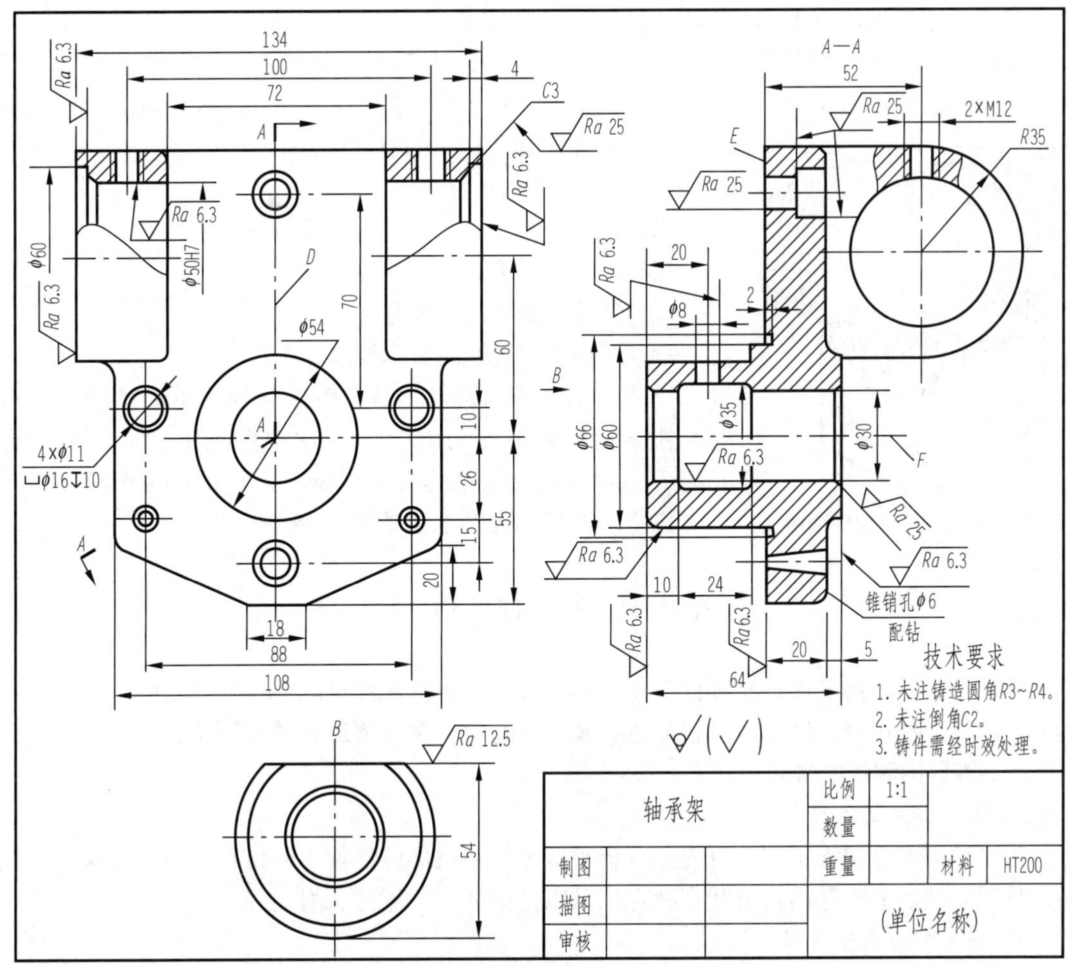

图 6-46　轴承架零件图

3. 进行形体及结构分析

(1) 先看大致轮廓，再分几个较大的部分进行形体分析，逐个看懂。

(2) 对外部结构进行分析，逐个看懂。

(3) 对内部结构进行分析，逐个看懂。

(4) 对于零件的个别部分在进行形体分析时还要结合线面分析同时进行，搞清投影关系，最后分析细节。

(5) 综合分析结果，想象出整个零件形状和结构。

4. 进行尺寸分析

(1) 根据零件的结构特点，了解基准及尺寸标注形式。

(2) 根据形体和结构分析，了解定形尺寸和定位尺寸。

(3) 了解功能尺寸及非功能尺寸。

(4) 确定零件的总体尺寸。

轴承架的尺寸基准：长度方向选取轴承架左右对称面 D 为基准，宽度方向则以安装面 E 为尺寸基准，高度方向选取轴承架的轴线 F 为基准。

定形尺寸：134、ϕ35、R35 等。

定位尺寸：以 D 为基准，在主视图注出的 100、88 等尺寸为长度方向的定位尺寸；高度方向的定位尺寸比较多，在主视图标出的有 55、60、26、70、15、10 等；宽度方向上的定位尺寸，在左视图标出的有 20、52。

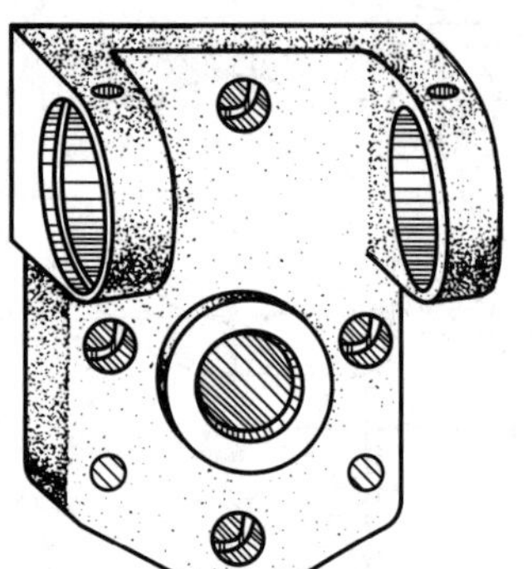
图 6-47 轴承架轴测图

5. 了解技术要求

(1) 热处理要求。

(2) 粗糙度要求。

(3) 尺寸公差与几何公差。

(4) 图中文字说明的技术要求。

该零件的毛坯为铸件，需经时效处理；重要接触面和圆柱孔配合面的粗糙度为 Ra 6.3，次要的加工表面粗糙度为 Ra 12.5、Ra 25，轴承孔有公差要求，其尺寸为 ϕ50H7。

图 6-47 所示为轴承架轴测图。

第八节 零 件 测 绘

根据已有的机器零件绘制零件草图，然后根据整理的零件草图绘制零件图的全过程，称为零件测绘。在仿制、维修或对机器进行技术改造时，常常要进行零件测绘。

一、零件的测绘方法和步骤

1. 了解和分析零件

为了做好零件测绘工作，首先要分析了解零件在机器或部件中的位置，与其他零件的关系、作用，然后分析其结构形状和特点以及零件的名称、用途、材料等。

2. 确定零件表达方案

首先，根据零件的结构形状特征、工作位置、加工位置等情况确定主视图的表达方案；然后，选择其他视图、剖视、断面等，要以完整、清晰地表达零件结构形状为原则。以图 6-48 所示压盖为例，选择其加工位置方向为主视图，并作全剖视图，它表达了压盖轴向方向的菱形结构和三个孔的相对位置。

3. 绘制零件草图

零件测绘工作一般多在生产现场进行，因此不便于用绘图工具和仪器画图，多以草图形式绘图。目测比例徒手画成的图，称为草图。零件草图是绘制零件图的依据，必要时还可以直接指导生产，因此它必须包括零件图的全部内容。草图绝没有潦草之意。

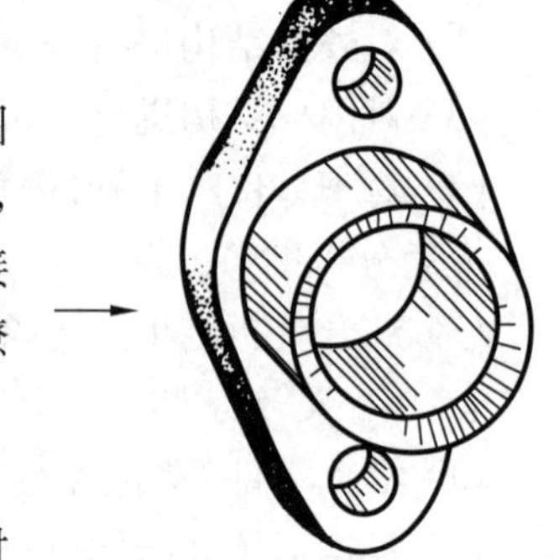
图 6-48 压盖立体图

绘制零件草图的步骤如下：

(1) 布置视图。画主视图、左视图的定位线。布置视图时要考虑标注尺寸的位置，如图 6-49 (a) 所示。

(2) 目测比例、徒手画图。从主视图入手按投影关系完成各视图、剖视图，如图 6-49 (b) 所示。

(3) 画剖面线。选择尺寸基准，画出尺寸界线、尺寸线和箭头，如图 6-49 (c) 所示。

(4) 量注尺寸。根据压盖各表面的工作情况，标注表面粗糙度代号、确定尺寸公差；注写技术要求和标题栏，如图 6－49（d）所示。

4. 绘制零件图

复核整理零件草图，再根据零件草图绘制压盖的工作图。

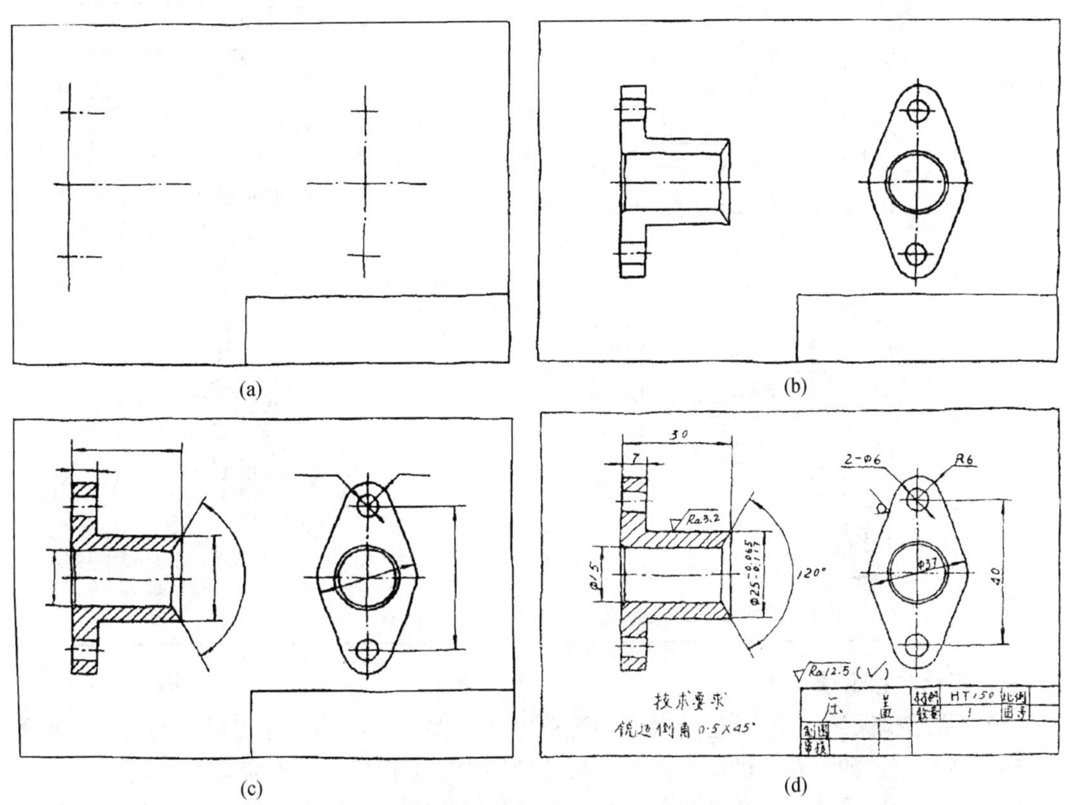

图 6－49 绘制零件草图的步骤

二、零件尺寸的测量方法

测量尺寸是零件测绘过程中的重要步骤，并应集中进行，这样既可提高工作效率，又可避免错误和遗漏。常用的基本量具有钢尺、内外卡钳、游标卡尺、螺纹规等，其测量方法见表 6－7。

表 6－7　　零件尺寸常用的测量方法示例

测量尺寸	测量方法	测量尺寸	测量方法
测量线性尺寸	L_1　L_2 线性尺寸可用钢尺、直角尺测量	测量壁厚	A　B　X　Y　C　D 壁厚尺寸可用钢尺、卡钳或用钢尺测量 $X=A-B$，$Y=C-D$

续表

测量尺寸	测量方法	测量尺寸	测量方法
测量中心高度	中心高可用钢尺结合外卡钳测量 $H=A+\frac{D}{2}$	测量孔的中心距	孔的中心距可用钢尺、内卡钳测量 $L=A+\frac{D_1}{2}+\frac{D_2}{2}$
测量直径、深度	直径、深度尺寸可用游标卡尺测量	测量螺纹	用螺纹规测量螺距，用卡尺测量螺纹大径，再查表核对螺纹标准

三、测绘注意事项

(1) 不要忽略零件上的工艺结构，如铸造圆角、倒角、倒圆、退刀槽、凸台、凹坑等。零件的制造缺陷，如缩孔、砂眼、加工刀痕、使用中的磨损等，都不应画出。

(2) 有配合关系尺寸，可测量出基本尺寸，其偏差值应经分析先用合理的配合关系查表得出。对于非配合尺寸或不重要尺寸，应将测得尺寸进行圆整。

(3) 对螺纹、键槽、沉头孔、螺孔深度、齿轮等已标准化的结构，在测得主要尺寸后，应查表采用标准结构尺寸。

拓展视频

第七章 装 配 图

第一节 装配图的作用和内容

机器或部件都是由零件按照设计要求生产、装配而成的。表达机器或部件的图样称为装配图。

一、装配图的作用

在设计新机器或改进原有机器时，一般先要画出装配图以确定各零件的结构、装配关系、连接方式等，然后根据装配图完成零件设计，画出零件图。在进行机器或部件的装配工作时，要根据装配图的要求进行装配和检验。因此，装配图是设计、制造、检验、安装和维修等项工作的重要技术文件。

二、装配图的内容

图 7－1 所示为滑动轴承轴测图，图 7－2 所示为其装配图。由图 7－2 可以看出，一张完整的装配图应具有下列基本内容。

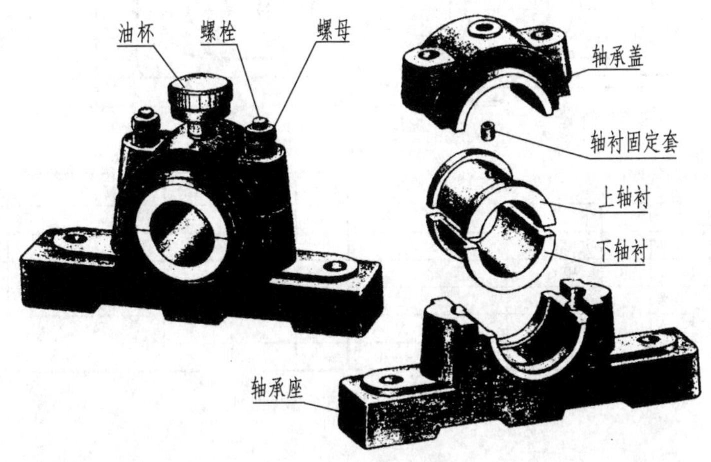

图 7－1　滑动轴承轴测图

(1) 一组图形：用以表达机器或部件的工作原理、结构特征及各零件间的相对位置、装配、连接关系等。

(2) 必要的尺寸：用以表达机器或部件的规格、特性及装配、检验、安装时所需要的一些尺寸。

(3) 技术要求：用符号或文字说明机器或部件在装配、调试、检验、安装及维修、使用等方面的要求。

(4) 零件序号、明细栏和标题栏：说明机器或部件及其所包含的零件的名称、代号、材料、数量、图号、比例及设计、审核者的签名等。

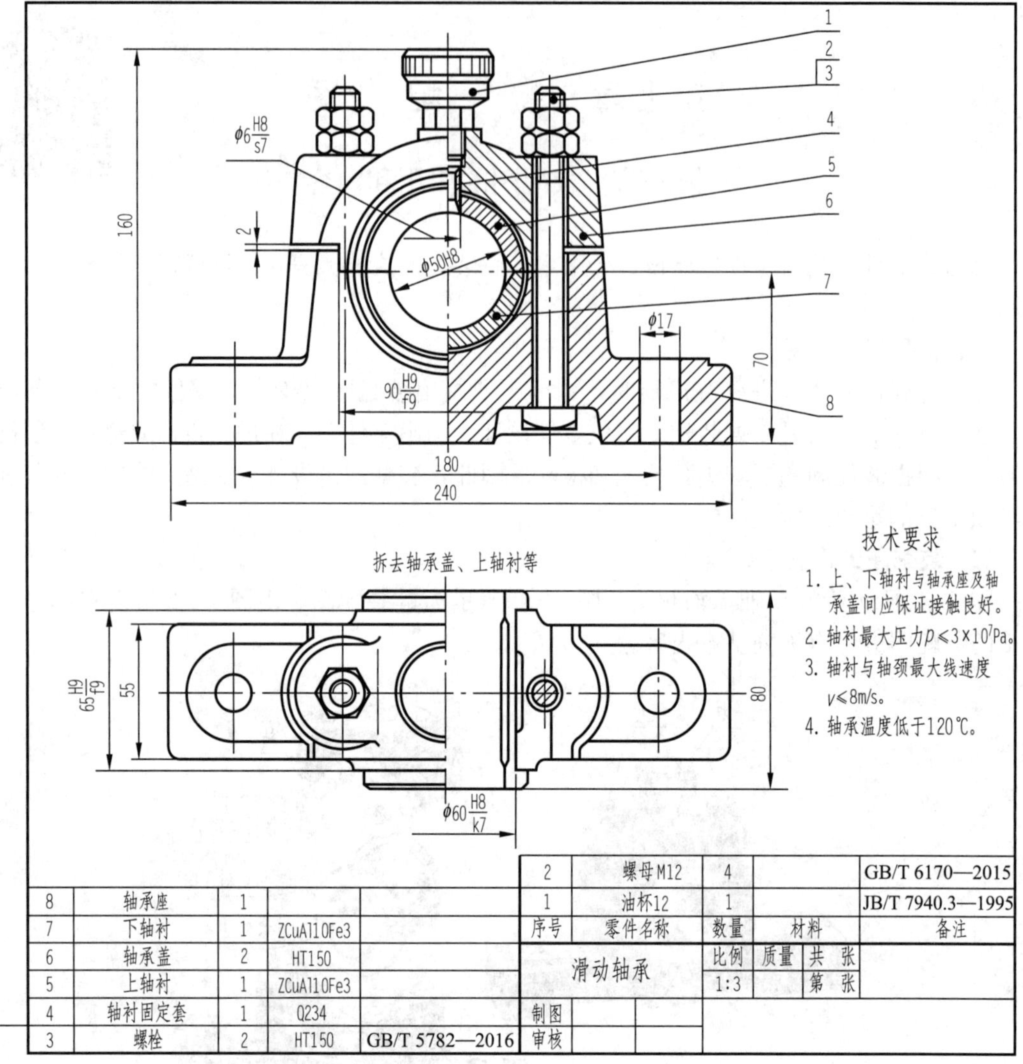

序号	零件名称	数量	材料	备注
8	轴承座	1		
7	下轴衬	1	ZCuAl10Fe3	
6	轴承盖	2	HT150	
5	上轴衬	1	ZCuAl10Fe3	
4	轴衬固定套	1	Q234	
3	螺栓	2	HT150	GB/T 5782—2016
2	螺母M12	4		GB/T 6170—2015
1	油杯12	1		JB/T 7940.3—1995

图 7-2　滑动轴承装配图

第二节　装配图的表达方法

机件的各种图样画法（表达方法）都适用于部件装配图的表达。由于装配图所要表达的是由若干零件所组成的机器或部件，因此除一般表达方法外，还有以下的规定画法和特殊表达方法。

一、装配图的规定画法

（1）相邻两个零件的接触面和配合面只画一条线；不接触或不配合的表面，即使间隙很小，也必须画出两条轮廓线。

（2）相邻的金属零件，剖面线方向相反，或方向一致而间隔不等；对于同一零件，在不同的剖视图或断面图中的剖面线方向和间隔必须相同。在图样中，宽度不大于 2mm 的狭小面积的剖面，允许用涂黑来代替剖面线，见图 7-3。

（3）对于螺栓、螺母、垫圈等螺纹紧固件，以及轴、连杆、球等实心零件，如果剖切平面通过其对称面或轴线时，这些零件均按不剖绘制，见图 7-3；如果剖切平面垂直于上述零件的轴线，则应在这些零件的断面上画剖面符号。

二、装配图的特殊表达方法

1. 沿零件的结合面剖切和拆卸画法

当某个或某些零件遮住了需要表达的其他部分时，可假想沿零件的结合面剖切或假想将某些零件拆卸后绘制，需要说明时可加注“拆去××等”字样，如图 7-2 中的俯视图；沿零件的结合面剖切时，零件的结合面不画剖面线，但被剖到的其他零件需画剖面线，如图 7-2 俯视图中的螺栓所示。

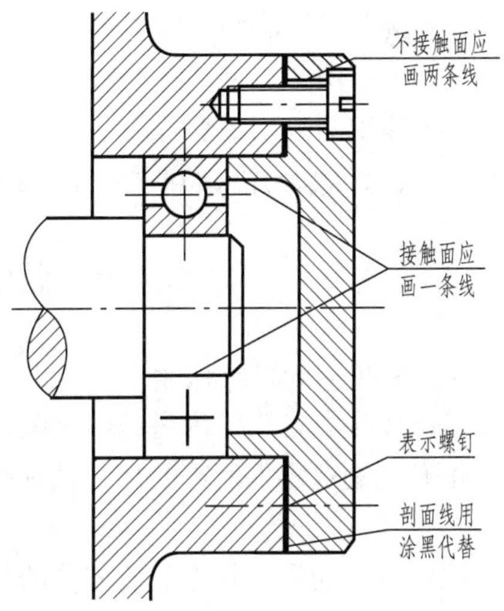

图 7-3　规定画法和简化画法

2. 假想画法

为了表达机器或部件的安装方法以及与其有装配关系的零件时，可将其相邻零件的部分轮廓线用双点画线画出，如图 7-4 所示；当需要表示运动零件的极限位置时，可用双点画线画出其另一极限位置的轮廓，如图 7-5 所示。

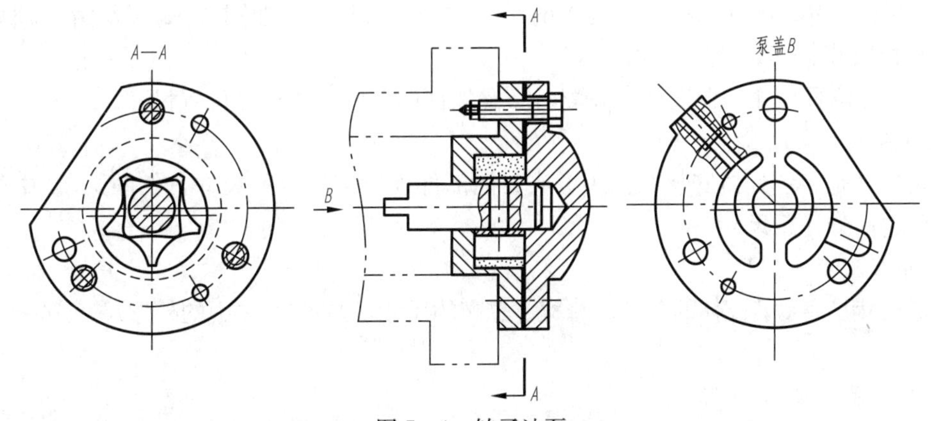

图 7-4　转子油泵

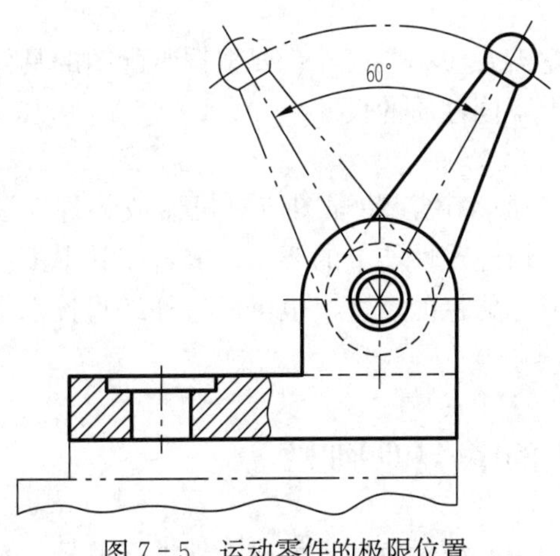

图 7-5　运动零件的极限位置

3. 夸大画法

装配图中的细小间隙、薄片等允许不按比例而适当夸大画出，以明显表示这些结构，如图 7-3 所示垫片的画法。

4. 单个零件的表示法

当某个零件的结构形状未表达清楚且对理解装配关系有影响时，可单独画出该零件的视图，但必须在视图上方注明该零件的名称或件号，在相应的视图附近用箭头指明投射方向，并注上同样的字母，如图 7-4 中的“泵盖 B”。

5. 简化画法

(1) 对于装配图中若干个相同的零件或零件组，

如螺栓连接等，可详细地画出一处，其余的仅用点画线表示其装配位置即可，如图 7－3 所示。

(2) 装配图中，零件的某些较小工艺结构（如拔模斜度、倒角、圆角等）可以不画。

(3) 装配图滚动轴承可以按简化画法或示意画法，如图 7－3 所示；当剖切平面通过某些标准产品的组合件（如油杯、油标等）的轴线时，可以只画外形。

第三节 装配图的尺寸标注和技术要求

一、装配图的尺寸标注

装配图主要是为了满足部件装配、检修、安装、运输的要求，所以在装配图中标注尺寸时，不必把制造零件所需的尺寸都标注出来，只需标注以下几类尺寸。

1. 规格、性能尺寸

规格、性能尺寸是表示装配体的规格或工作性能的尺寸，这类尺寸是设计产品的依据和要求，如图 7－2 中的轴孔直径 ϕ50H8。

2. 装配尺寸

装配尺寸是机器或部件在进行装配时所需要的尺寸。装配尺寸包括配合尺寸和相对位置尺寸。

(1) 配合尺寸。零件间有配合要求的尺寸称为配合尺寸，如图 7－2 所示滑动轴承装配图中的配合尺寸 ϕ60H8/k7、ϕ50H8 等。

(2) 相对位置尺寸。在设计或装配时需要保证的零件间的相对位置尺寸。

3. 安装尺寸

安装尺寸是将装配体安装在基座上或其他部件上所需的有关尺寸，如图 7－2 中的安装孔 ϕ17 和它们的孔距尺寸 180。

4. 外形尺寸

外形尺寸是表示装配体的总长、总宽、总高的尺寸，如图 7－2 中的外形尺寸 240、160 和 80。

5. 其他重要尺寸

其他重要尺寸是指设计过程中经过计算或选定的重要尺寸及其他必须保证的尺寸，如运动零件的极限位置尺寸、主体零件的重要尺寸等。

一张装配图中不一定同时有上述五类尺寸，究竟需要注哪些尺寸，要根据装配图的具体要求而定。另外，同一个尺寸有时也可属于两类以上不同性质的尺寸。

二、装配图的技术要求

不同性能的机器或部件，其技术要求也不同。一般来说，装配图应对机器或部件在装配、实验、调整、检验、使用等方面提出技术指标、措施及性能上的要求，或者就其中某些项目提出要求。技术要求一般注写在明细表的上方或标题栏的左边，也可以另外编写技术文件附于图样，如图 7－2 所示。

第四节 装配图中零、部件的序号和明细栏

为了方便看图、图样管理、生产准备，在装配图中必须对每种零件或部件进行编号，并

将其序号、名称、材料等有关内容填写明细栏内。

一、装配图中零、部件的序号

如图 7-6 所示，标注零件序号时，在所需标注零件的轮廓线内点一圆点，对薄件或涂黑的剖面，可用箭头指向轮廓线，然后用细实线画指引线、标注线或圆圈，在标注线上或圆圈内写上零件序号。

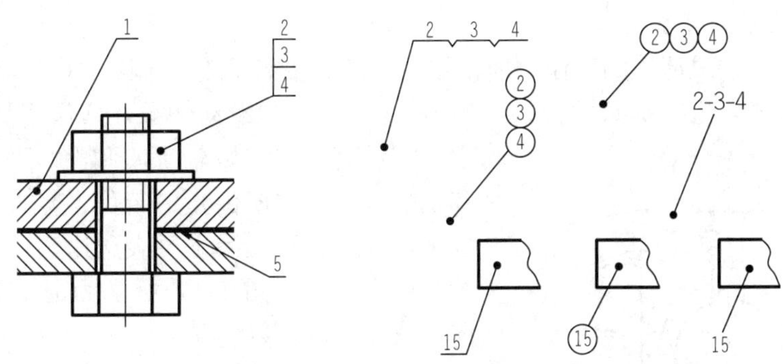

图 7-6　零部件序号的编注形式

(1) 装配图中形状、大小完全相同的零件应只有一个序号，不能重复。

(2) 指引线应从零件表达最清楚的视图中引出，尽可能少穿越其他零件。指引线不能互相交叉，必要时允许画成折线，但只能曲折一次。当通过有剖面线的区域时，指引线尽量不与剖面线平行。

(3) 一组紧固件及装配关系清楚的零件组，允许采用公共指引线。

(4) 序号应注在视图轮廓线的外边，按顺时针或逆时针方向顺序排列整齐。在整个图上无法连续时，可只在某个图的水平方向或垂直方向顺序排列。

(5) 序号的字体要比尺寸标注的字体大一号。

二、明细栏

明细栏是机器或部件中全部零件的详细目录，内容包括零件的序号、名称、数量、材料等。明细栏应紧接在标题栏的上方并对齐，顺序地由下向上填写。若位置不够，可在标题栏左方继续列表；若零件过多，在图中列不下明细栏时，也可另外用纸填写。明细栏格式及内容尚无统一标准，制图作业中标题栏及明细表的内容、格式可参考图 7-7。

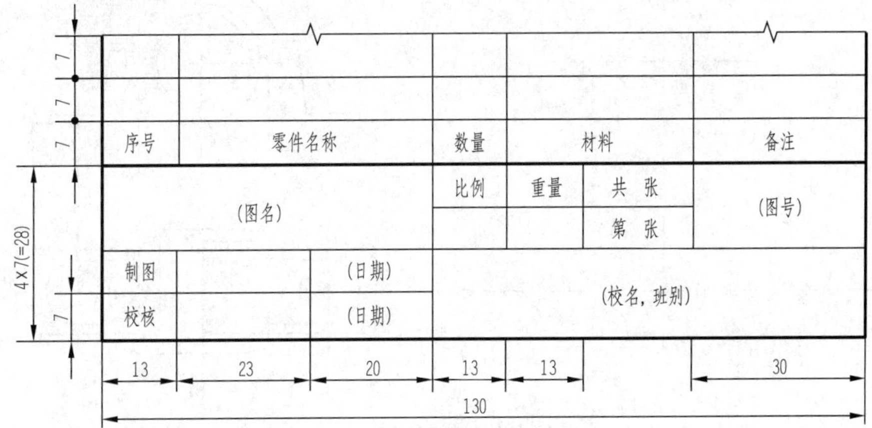

图 7-7　标题栏和明细栏

第五节 装配图的画法

一、装配图表达方案的选择

下面以图 7-1 所示的滑动轴承为例，说明装配图的画法。

1. 分析机器或部件

对要绘制的机器或部件的工作原理、装配关系及主要零件的形状、零件与零件之间的相对位置、定位方式等进行细致的分析。如图 7-1 所示的滑动轴承，其作用是支承旋转轴，主要零件有轴承盖、轴承座和上、下轴衬。轴承盖和轴承座水平方向由止口定位，竖直方向由轴衬的外圆定位。装配关系主要表达这四个零件的相对位置和结构形状。图 7-8 所示为滑动轴承装配示意图，依此可拼画装配图。

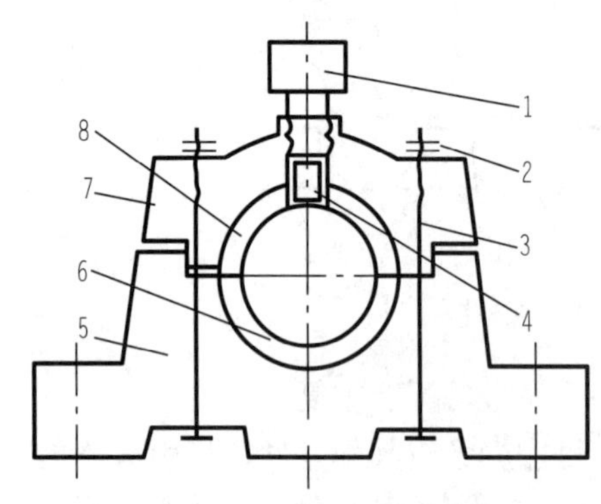

图 7-8 滑动轴承装配示意图

1—油杯；2—螺母；3—螺栓；4—固定套；5—轴承座；6—下轴衬；7—轴承盖；8—上轴衬

2. 确定主视图

主视图的选择应能较好地表达机器或部件的工作原理和主要装配关系，并尽可能按工作位置放置，使主要装配轴线处于水平或垂直位置。由于结构对称，所以图 7-2 所示滑动轴承主视图采用了半剖。这样既清楚地表达了轴承盖和轴承座由螺栓连接、止口定位的装配关系，也表达了盖和座的外形结构。

3. 选择其他视图

针对主视图还没有表达清楚的装配关系和零件间的相对位置，选用其他视图及采用视图上的剖视图（包括拆卸画法、沿零件结合面剖切）、断面图等表达清楚。

装配图中的每一个视图都应有其表达的侧重内容。

二、绘制装配图的步骤

绘制滑动轴承装配图的步骤如图 7-9 所示。

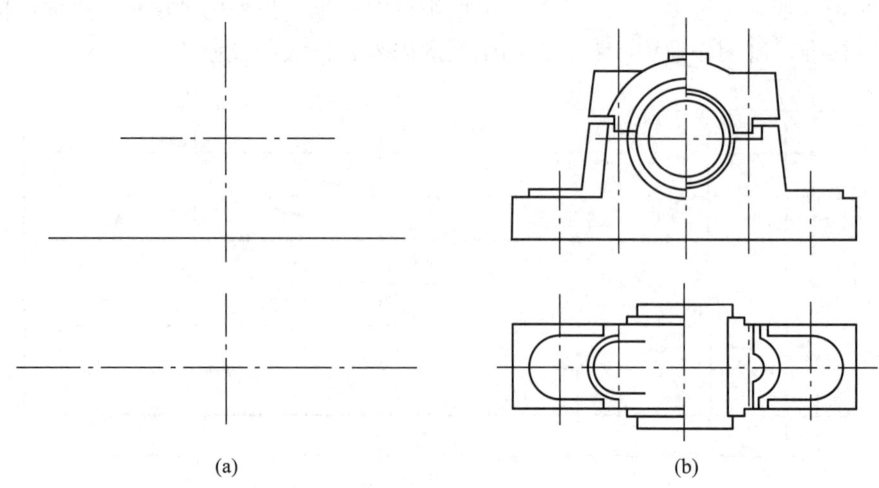

图 7-9 绘制滑动轴承装配图的步骤（一）

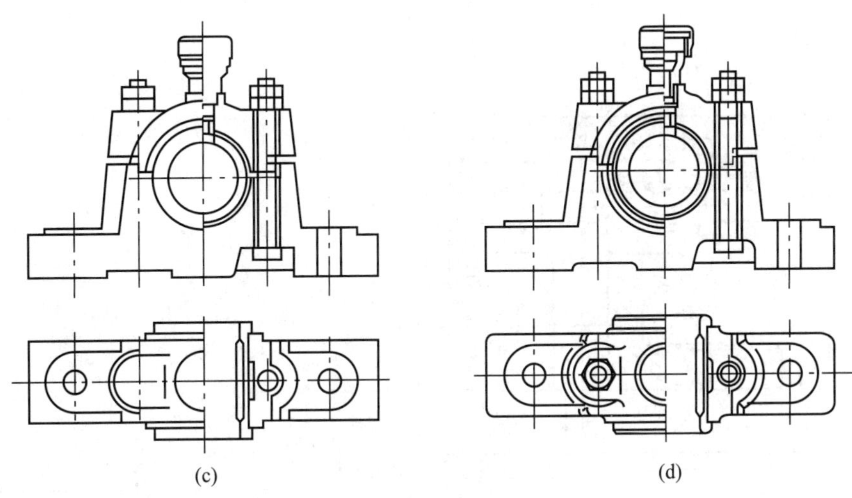

图 7-9 绘制滑动轴承装配图的步骤（二）

(1) 根据所确定的视图表达方案，选取适当比例及图幅，合理布图。画图的比例及图幅大小，应根据装配体的大小、复杂程度及所确定的表达方案而定，同时还要考虑尺寸标注。

(2) 画图时，应先画出各视图的作图基准线，以装配干线为准，由里向外逐一画出。

(3) 检查、修改底稿。

(4) 填写明细栏、标题栏和技术要求。

第六节 装 配 图 的 识 读

在生产中无论是机器的设计制造、技术交流，还是机器的使用、维修，都要用到装配图，因此从事工程技术的人员必须能读懂装配图。

一、读装配图的基本要求

通过识读装配图一般应了解以下内容：

(1) 装配体的名称、用途和工作原理。

(2) 各零件的相对位置及装配关系，调整方法和装拆顺序。

(3) 主要零件的形状和在该装配体中的作用。

现以图 7-10 所示的推杆阀装配图为例，说明装配图的看图方法。

二、读装配图的方法和步骤

1. 概括了解

从标题栏中了解部件名称，按图上序号对照明细表，了解组成该装配体各零件的名称、材料和数量。

通过初步观察，对装配体结构、工作原理有一个概括了解。通过概括了解可知该推杆阀的工作原理：推杆阀安装在低压管路系统中，用以控制管路的“通”或“不通”，当推杆受外力作用向左移动时，钢球压缩弹簧，阀门被打开，当去掉外力时，钢球在弹簧力的作用下，将阀门关闭。

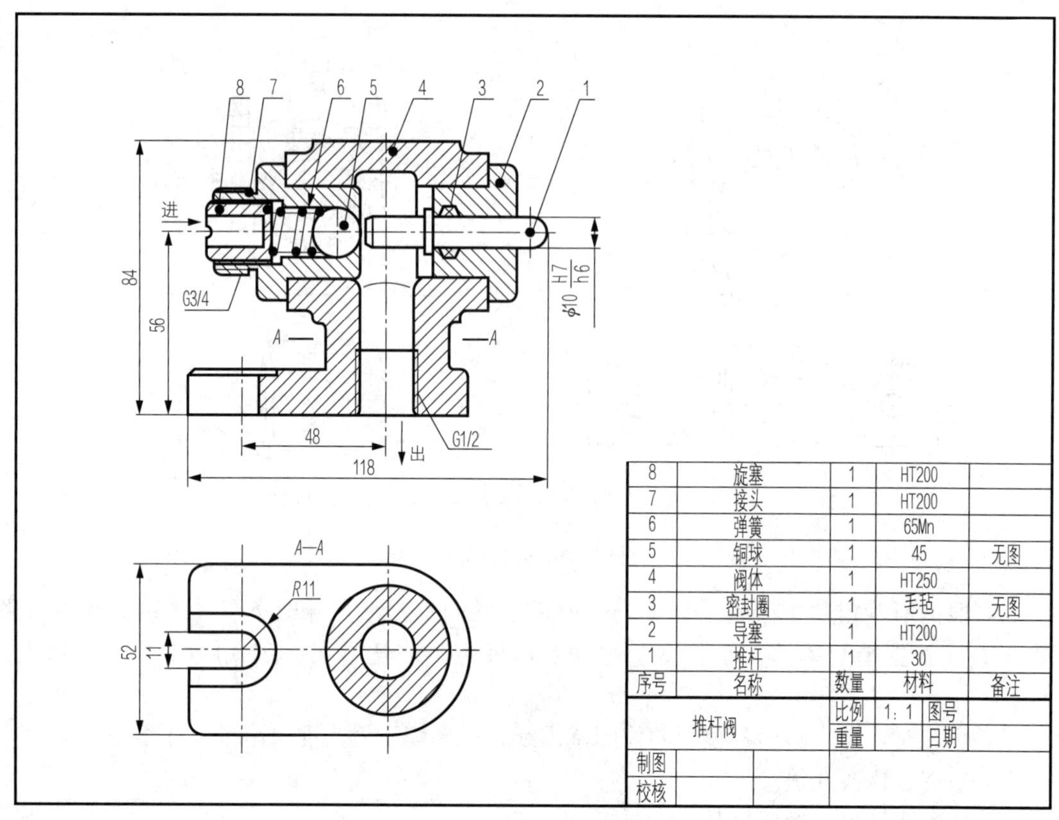

图 7-10 推杆阀的装配图

2. 分析视图

通过阅读了解推杆阀的表达方案，分析选用的视图、剖视图、剖面图及其他表达方法所侧重表达的内容，了解装配关系。

推杆阀装配图选用了主、俯两个基本视图。主视图按装配体的工作位置绘制，作了全剖；俯视图针对阀体作了全剖视图，主要表达阀体的安装部分形状。

3. 搞清装配关系

从图 7-10 可以看出，阀杆 1 与导塞 2 为间隙配合，导塞 2 和接头 7 与阀体通过螺纹连接，旋塞 8 与接头 7 采用螺纹连接，旋塞 8 通过弹簧 6 连接钢球 5。

4. 看懂零件

在看清了各视图表达的内容后，对照明细栏和图中的序号，按先简单后复杂的顺序，逐一了解各零件的结构形状。对于我们比较熟悉的连接件、常用件以及一些较简单的零件，可先将它们看懂，从图中逐一“分离”出去，最后剩下个别较复杂的零件（如图 7-11 所示的阀体），再集中力量去分析、看懂。

通过上述各项分析，把我们所获得的对推杆阀的全部认识，加以归纳及综合。装配体的工作原理、各零件的传动关系、装配关系、装拆顺序、使用和维护的注意事项等就更为明确，从而全面看懂装配图。

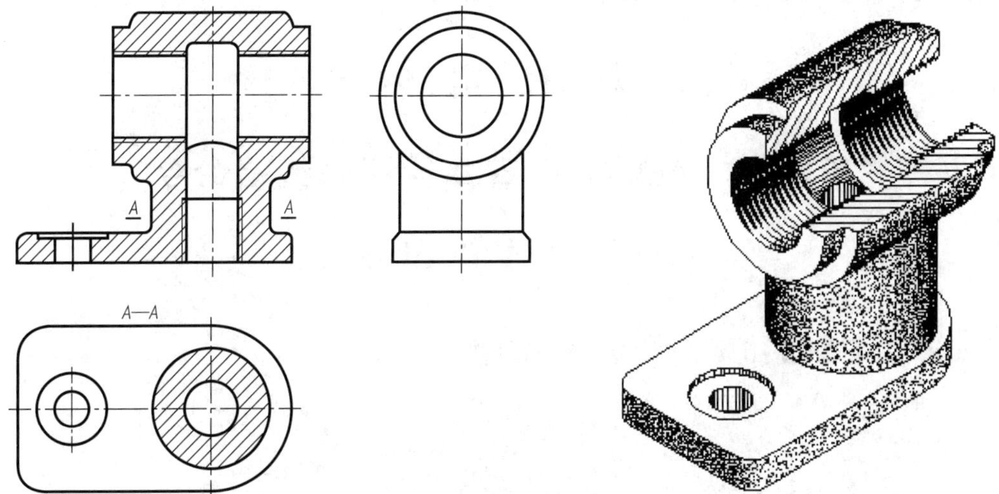

图 7-11　阀体

拓展视频

下篇　机 械 电 气 CAD

第八章　AutoCAD 基本绘图和编辑命令

第一节　基 本 绘 图 命 令

AutoCAD【绘图】工具栏的命令按钮如图 8 - 1 所示。

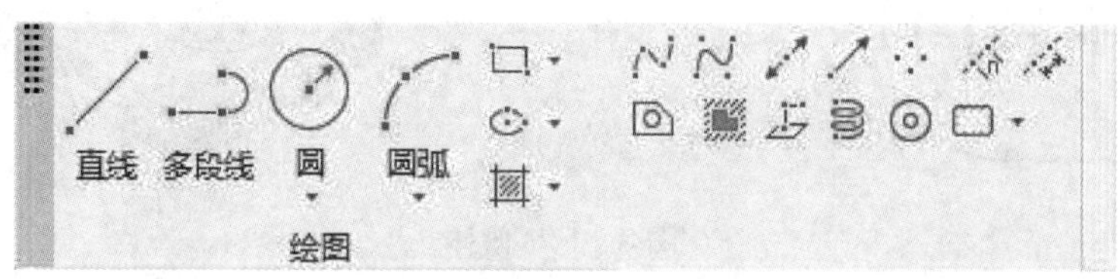

图 8 - 1　【绘图】工具栏命令按钮

一、直线

直线是图形中最常见、最简单的对象，绘制直线的命令是 Line。执行该命令，一次可画一条线段，也可以连续画多条线段（其中每一条线段都彼此相互独立）。

直线段是由起点和终点来确定的，可以通过鼠标或键盘来决定起点或终点。

启动直线命令有如下方法：

(1) 菜单栏：选择【绘图】—【直线】命令。

(2) 工具栏：单击【绘图】工具栏中的【直线】按钮。

(3) 命令：Line。

在“命令:”提示下输入快捷命令 L 并按 Enter 键，也可启动直线命令。

启动直线命令后，AutoCAD 给出如下操作提示：

指定第一点：（确定线段起点）

指定下一点或［放弃（U）］：（确定线段终点或输入 U 取消上一线段）

指定下一点或［放弃（U）］：（如果只想画一条线段，则可在该提示下直接按 Enter 键或单击鼠标右键确认以结束画线操作，若还想画多条线段，则可在该提示下确定线段终点）

另外，当连续画两条以上的直线段时，AutoCAD 将反复给出如下操作提示：

指定下一点或［闭合（C）/ 放弃（U）］：（要求用户确定线段的终点，或输入 C 将最后端点和最初起点连线形成一闭合的折线，也可输入 U 以取消最近绘制的直线段）

在画多条线段后要结束画线命令操作，方法与画一条线段时一样。

(1) 在“指定下一点或［闭合（C）/放弃（U）］:”提示下，单击鼠标右键，弹出如

图 8-2 所示的快捷菜单。这是 AutoCAD 2022 提供轻松设计环境的具体表现之一。有了这个快捷菜单，用户可以集中精力于绘图区域内以提高工作效率，而不用频繁地将目光在屏幕和键盘之间来回切换。

(2) 单击状态行上的【正交】按钮（或按 F8 键），可画正交线。

【例 8-1】 用直线命令以相对坐标输入方式绘制图 8-3 所示的图形，操作步骤如下：

命令： line↵（“↵”表示按 Enter 键，下同）

指定第一点：（用鼠标拾取任意点 A）

指定下一点或［放弃（U）］：@0，25↵（输入 B 点）

指定下一点或［放弃（U）］：@20，20↵（输入 C 点）

指定下一点或［闭合（C）/ 放弃（U）］：@10，0↵（输入 D 点）

指定下一点或［闭合（C）/ 放弃（U）］：@0，−20↵（输入 E 点）

指定下一点或［闭合（C）/ 放弃（U）］：@70，−10↵（输入 F 点）

指定下一点或［闭合（C）/ 放弃（U）］：@0，−15↵（输入 G 点）

指定下一点或［闭合（C）/ 放弃（U）］：c↵（自动封闭图形）

图 8-2　AutoCAD 快捷菜单

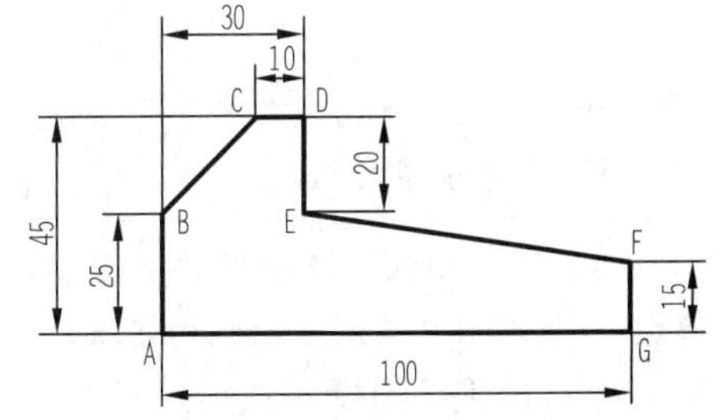

图 8-3　用直线命令绘制图形

二、构造线（无限长线）

构造线实际类似于手工绘图的辅助线，用作创建其他对象的参照。

启动构造线命令有如下方法：

(1) 菜单栏：选择【绘图】—【构造线】命令。

(2) 工具栏：单击绘图工具栏中的【构造线】按钮。

(3) 命令：Xline。

执行命令后，首先根据提示输入选项，然后按提示进行操作。

以下仅以二等分角作为示例。执行构造线命令后，AutoCAD 提示：

指定点或［水平（H）/ 垂直（V）/ 角度（A）/ 二等分（B）/ 偏移（O）］：b↵（使用对象捕捉角的起点）

指定角的顶点：（使用对象捕捉角端点 1）

指定角的起点：（使用对象捕捉角端点 2）

指定角的端点：（使用对象捕捉角的端点，即可实现二等分角，此时角的二等分线已经完成，结果如图 8-4 所示）

指定角的端点：（在该提示下，如果按 Enter 键，则结束构造线命令）

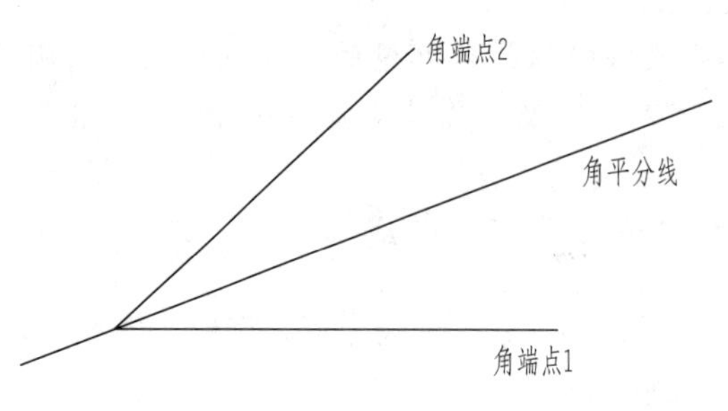

图 8-4　使用 Xline 命令绘制二等分角

三、多段线（复合线）

多段线是由多个直线段和圆弧相连而成的单一对象。多段线是 AutoCAD 绘图中比较常用的一种对象，它为用户提供了方便快捷的绘图方式。通过绘制多段线，可以得到一个由若干直线和圆弧连接而成的折线或曲线。并且，无论这条多段线中包含多少条直线或圆弧，整条多段线都是一个对象，可以统一对其进行编辑。另外，多段线中各段线条还可以有不同的线宽，这对于制图非常有利。

功能：多段线可由直线和弧线组成，可改变宽度，画成等宽或不等宽的线。由一次命令画成的直线或弧线是一个整体。

启动多段线命令有如下方法：

(1) 选择【绘图】—【多段线】命令。

(2) 单击绘图工具栏中的【多段线】按钮。

(3) 命令：Pline。

提 示

在“命令:”提示下输入快捷命令 PL 并按 Enter 键，也可以启动多段线命令。

启动该命令后，AutoCAD 给出如下提示：

指定起点：（要求用户确定多段线的起点）

之后，命令行出现一组操作选项，提示如下：

指定起点：（确定多段线的起点）

指定下一个点或［圆弧（A）/ 半宽（H）/ 长度（L）/ 放弃（U）/ 宽度（W）］：

当前线宽为 0.0000

提示中的第二行说明当前绘图宽度。

在第三行的提示下，确定一点后，AutoCAD 提示：

指定下一点或［圆弧（A）/ 半宽（H）/ 长度（L）/ 放弃（U）/ 宽度（W）］：

该提示中的各选项含义如下所述。

(1) 指定下一点：确定多段线的另一个端点位置。用户响应后，AutoCAD 会以当前线宽设置从起点到该点绘出一段多段线，而后又重复出现前面的提示。

(2) 圆弧（A）：执行该选项，则由绘制直线方式改为绘制圆弧方式。此时，AutoCAD 提示：

指定圆弧的端点或［角度（A）/ 圆心（CE）/ 闭合（CL）/ 方向（D）/ 半宽（H）/ 直线（L）/ 半径（R）/ 第二个点（S）/ 放弃（U）/ 宽度（W）］：

用户可以执行该提示中的相应选项绘制圆弧。具体方法与前面所介绍的绘制圆弧的方法相同。

(3) 闭合（CL）：执行该选项，AutoCAD 从当前点向多段线的起始点以当前线宽绘制多段线，即封闭所绘制的多段线，然后结束命令的执行。

(4) 半宽（H）：确定所绘制多段线的半宽度，即所设置的值为多段线宽度的一半。执行该选项，AutoCAD 提示：

指定起点半宽 <0.0000>：（用户根据提示可输入半线宽值）

指定端点半宽 <0.0000>：（用户根据提示可输入半线宽值）

（5）长度（L）：从当前点绘制指定长度的多段线。执行该选项，AutoCAD 提示：

指定直线的长度：

在此提示下输入长度值，AutoCAD 会以该长度沿着上一次所绘制直线方向绘制直线。如前一段是圆弧，所绘制直线的方向为该圆弧终点的切线方向。

（6）放弃（U）：删除最后绘制的直线或圆弧，利用该选项及时修改在绘制多段线过程中出现的错误。

（7）宽度（W）：确定多段线的宽度。执行该选项，AutoCAD 提示：

指定起点宽度 <0.0000>：（用户根据提示可输入线宽值）

指定端点宽度 <0.0000>：（用户根据提示可输入线宽值）

用户可以根据命令行中的提示输入起点和端点线宽值，AutoCAD 即可根据所设置的线宽绘制多段线。

【例 8-2】 利用多段线命令绘制图 8-5 所示环形管。

单击【绘图】工具栏上的按钮，启动多段线命令：

命令：_pline

指定起点：（在绘图区适当位置拾取一任意点作为起点）

指定下一个点或［圆弧（A）/ 半宽（H）/ 长度（L）/ 放弃（U）/ 宽度（W）］：w↲

指定起点宽度 <0.0000>：0.5↲

指定端点宽度 <0.5000>：↲

图 8-5　使用 Pline 命令绘制环形管

指定下一个点或［圆弧（A）/ 半宽（H）/ 长度（L）/ 放弃（U）/ 宽度（W）］：a↲

指定圆弧的端点或［角度（A）/ 圆心（CE）/ 方向（D）/ 半宽（H）/ 直线（L）/ 半径（R）/ 第二个点（S）/ 放弃（U）/ 宽度（W）］：a↲

指定包含角：-270↲

指定圆弧的端点或［圆心（CE）/ 半径（R）］：@5，5↲

指定圆弧的端点或［角度（A）/ 圆心（CE）/ 方向（D）/ 半宽（H）/ 直线（L）/ 半径（R）/ 第二个点（S）/ 放弃（U）/ 宽度（W）］：l↲

指定下一个点或［圆弧（A）/ 闭合（C）/ 半宽（H）/ 长度（L）/ 放弃（U）/ 宽度（W）］：（捕捉圆弧的圆心）

指定下一个点或［圆弧（A）/ 闭合（C）/ 半宽（H）/ 长度（L）/ 放弃（U）/ 宽度（W）］：（捕捉圆弧的上象限点）

指定下一个点或［圆弧（A）/ 闭合（C）/ 半宽（H）/ 长度（L）/ 放弃（U）/ 宽度（W）］：↲

绘制结果如图 8-5 所示。

注 意

当起点宽度与终点宽度相同时，可画出指定宽度的等宽线；当起点宽度与终点宽度不同时，可画出锥度线或宽度变化的线，当某宽度为零时，可画出尖点（如画箭头等）。

四、正多边形

由多条（3 条以上）线段组成的封闭图形即多边形。在工程制图中正多边形用处很多，AutoCAD 提供了 Polygon 命令，利用这一命令，可以方便地绘制正多边形。启动正多边形命令有如下方法：

（1）菜单栏：选择【绘图】—【正多边形】命令。

（2）工具栏：单击绘图工具栏中的【正多边形】按钮。

（3）命令：Polygon。

提 示

在“命令:”提示下，输入快捷命令 POL 并按 Enter 键，也可启动正多边形命令。

使用 Polygon 命令最多可以画出有 1024 条边的等边多边形。绘制正多边形有三种方法，下面逐一介绍。

1. 内接法画正多边形

这是绘制正多边形的第一种方法。假想有一个圆，要绘制的正多边形内接于其中，即正多边形的每一个顶点都落在这个圆周上。操作完毕后，圆本身并不画出来。这种画法需提供正多边形的三个参数：一是边数；二是外接圆半径，即正多边形中心至每个顶点的距离；三是正多边形中心点。

用内接法画正多边形的具体操作步骤如下：

（1）单击【绘图】工具栏中的【正多边形】按钮，启动正多边形命令。

（2）在“输入侧面数目＜4＞:”提示下，输入边数。

（3）在“指定正多边形的中心点或［边（E)］:”提示下，输入或选择正多边形中心点。

（4）在“输入选项［内接于圆（I)/ 外切于圆（C)］＜I＞:”提示下，选择外切或内接方式，I 为内接，C 为外切，内接方式为默认项，可直接按 Enter 键。

（5）在“指定圆的半径:”提示下，输入或选择圆的半径。

2. 外切法画正多边形

假想有一个圆，正多边形与之外切，即正多边形的各边均在假想圆之外，且各边与假想圆相切。这就是外切法画正多边形的原理。采用这一方式，需提供 3 个参数：正多边形边数、内切圆圆心和内切圆半径。假想圆在操作完毕后并未实际画出。

用外切法画正多边形的具体操作步骤如下：

（1）单击【绘图】工具栏上的【正多边形】按钮，启动正多边形命令。

（2）在“输入侧面数目＜4＞:”提示下，输入边数。

（3）在“指定正多边形的中心点或［边（E)］:”提示下，输入或选择正多边形中心点。

（4）在“输入选项［内接于圆（I)/外切于圆（C)］＜I＞:”提示下直接输入 C。

（5）在“指定圆的半径:”提示下，输入或选择圆的半径。

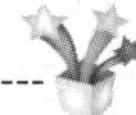

提 示

正多边形的边数存储在系统变量 polyside 中，当再次输入 polygon 命令时，“输入侧面数目”提示的默认值将是上次所给的边数。

3. 边长确定正多边形

这种方法需提供两个参数：正多边形的边数和边长。如果需要画一个正多边形，使之一角通过某一点，则适合采用这种方式。一般情况下，如果正多边形的边长是已知的，用这种方式就非常方便。使用边长方式画正多边形的操作步骤如下：

(1) 单击【绘图】工具栏上的【正多边形】按钮，启动正多边形命令。

(2) 在“输入侧面数目 <4>:”提示下，输入边数。

(3) 在“指定正多边形的中心点或［边 (E)]:”提示下，输入 E。

(4) 在“指定边的第一个端点:”提示下，确定一条边的一个端点。

(5) 在“指定边的第二个端点:”提示下，确定该边的另一个端点。

按三种方法绘制的正六边形如图 8-6 所示。

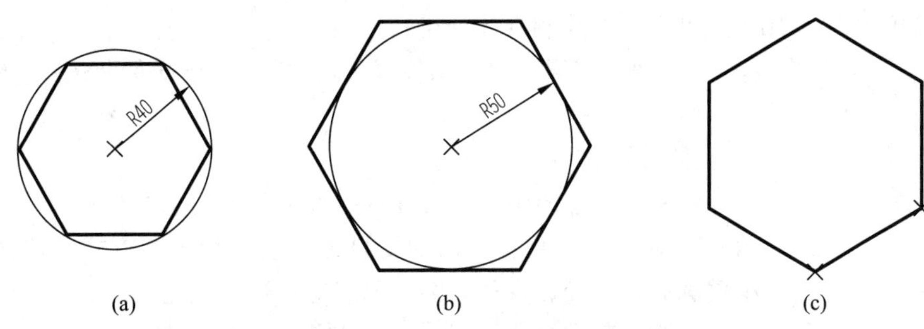

图 8-6　按三种方法绘制正多边形

(a) 内接方式；(b) 外切方式；(c) 指定边长方式

五、矩形

AutoCAD 提供的绘制矩形命令是 Rectangle。启动该命令后，只需先后确定矩形的两个对角点便可绘出。对角点的确定，可以通过十字光标直接在屏幕上点取，也可输入坐标。对角点的选择没有顺序，即用户可以从左到右选取，也可以从右到左选取。

功能：指定两对角点画矩形。可画出指定线宽的矩形、圆角矩形、倒角矩形等。

启动矩形命令有如下方法：

(1) 菜单栏：选择菜单【绘图】—【矩形】命令。

(2) 工具栏：【绘图】工具栏上的【矩形】按钮。

(3) 命令：Rectangle。

提示

在“命令:”提示下输入快捷命令 REC 并按 Enter 键，也可启动矩形命令。

系统分两步提示：

指定第一个角点或［倒角 (C)/ 标高 (E)/ 圆角 (F)/ 厚度 (T)/ 宽度 (W)]:

指定另一个角点或［尺寸 (D)]:

现将各选项说明如下：

(1) 指定第一个角点，指定第二个角点。可用鼠标沿对角线拖动画出两点，或用输入坐标值方式输入两点，如图 8-7 (a) 所示。

(2) 倒角 (C)：指定倒角大小，画出带倒角的矩形，如图 8-7 (b) 所示。

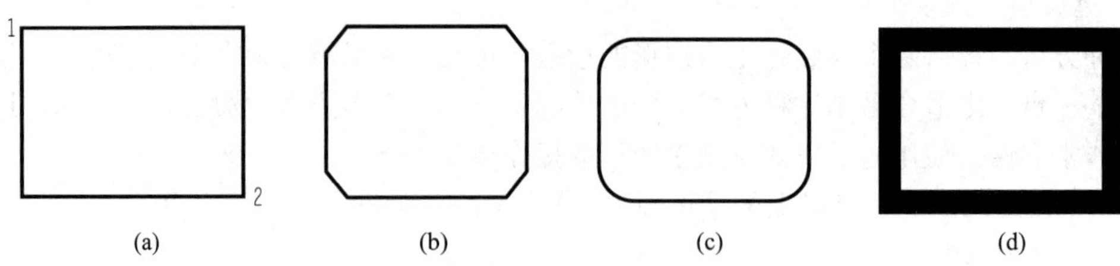

图 8－7 四种方式绘制矩形
(a) 指定对角点；(b) 倒角 C；(c) 圆角 F；(d) 宽度 W

(3) 标高 (E)：用于三维图形的绘制 (此处略)。

(4) 圆角 (F)：指定圆角大小，画出带圆角的矩形，如图 8－7 (c) 所示。

(5) 厚度 (T)：用于三维图形的绘制 (此处略)。

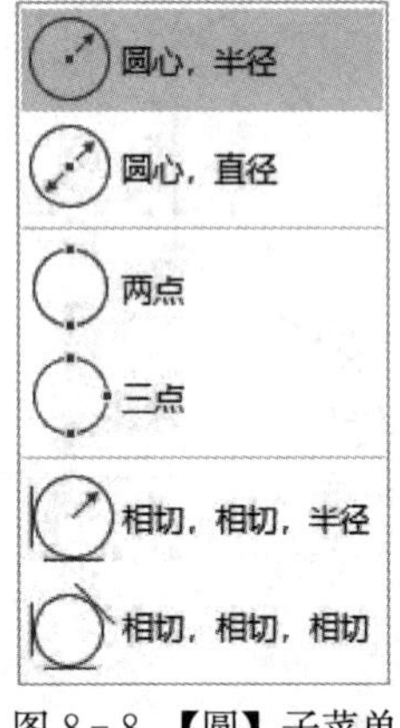

图 8－8 【圆】子菜单

(6) 宽度 (W)：指定线宽度，画出带一定线宽度的矩形，如图 8－7 (d) 所示。

六、圆

圆是工程绘图中除直线外另一种最常见的基本对象，可以用来表示柱、轴、轮、孔等。AutoCAD 提供了六种画圆方式，这些方式是根据圆心、半径、直径、圆上的点等参数来确定的。

画圆的基本命令是 Circle，【圆】子菜单见图 8－8。

启动圆命令有如下方法：

(1) 菜单栏：选择菜单【绘图】—【圆】命令。

(2) 工具栏：【绘图】工具栏上的【圆】按钮。

(3) 命令：Circle。

提示

在"命令:"提示下输入快捷命令 C 并按 Enter 键，AutoCAD 也可启动圆命令。

AutoCAD 提供了六种画圆方式：

(1) 指定圆心、半径 (默认方式)。

(2) 指定圆心、直径 (D)。

(3) 指定圆上两点 (2P) (该两点间距离即为直径)。

(4) 指定圆上三点 (3P)。

(5) 切点、切点、半径 (T) (即指定两个切点及半径)。

(6) 相切、相切、相切 (即指定三个切点目标，画公切圆。该条命令须用菜单命令输入)。

【例 8－3】 画一个公切圆与一个圆和一条直线相切。

启动画圆的命令后，系统提示：

_circle 指定圆的圆心或 [三点 (3P) 两点 (2P) 相切、相切、半径 (T)]：t↵

指定对象与圆的第一个切点：(选取点 1)

指定对象与圆的第二个切点：(选取点 2)

指定圆的半径 <20>：(输入半径大小)

结果如图 8-9 所示。

【例 8-4】 画一个圆与圆 A、圆 B、圆 C 公切。

选择【绘图】—【圆】—【相切、相切、相切】命令。

分别拾取 A、B、C 三个圆上一点即完成（见图 8-10）。

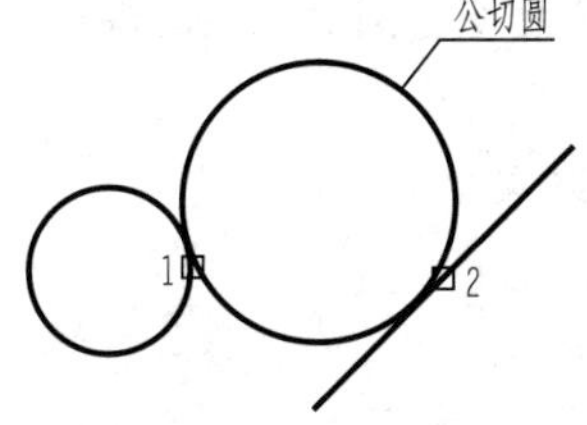

图 8-9　用切、切、半径方式画圆

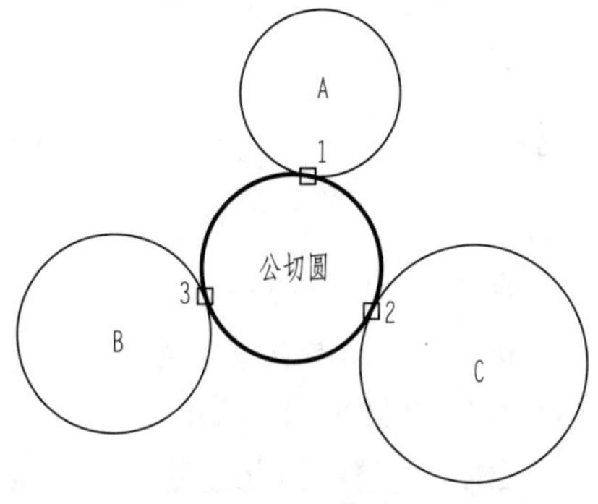

图 8-10　用切、切、切方式画圆

与 3 个实体相切的公切圆，其大小和形状与拾取点 1、2、3 的位置有关。

七、圆弧

圆弧是图形中重要的对象，AutoCAD 提供了多种不同的画弧方式。这些方式是根据起点、方向、中点、包角、终点、弦长等参数来确定的。

启动圆弧命令有如下方法：

（1）菜单栏：选择【绘图】—【圆弧】命令，打开图 8-11 所示的子菜单。

（2）工具栏：单击【绘图】工具栏中的【圆弧】按钮。

（3）命令：Arc。

在"命令:"提示下输入快捷命令 A 并按 Enter 键，也可以启动圆弧命令。

功能：按指定的方式画圆弧。

AutoCAD 提供了多种方式画圆弧，如图 8-11 所示。

【例 8-5】 三点画弧（默认方式）。

指定不在一直线上的三点即可画出圆弧。

操作提示：

如图 8-11 所示，选择三点画弧命令。

图 8-11　【绘图】菜单的【圆弧】子菜单

命令：_arc

指定圆弧的起点或［圆心（C）］：（输入第 1 点）

指定圆弧的第二个点或［圆心（C）/ 端点（E）］：（输入第 2 点）

指定圆弧的端点：（输入第 3 点）

结果如图 8-12 所示。

【例 8-6】 起点、圆心、端点画弧。

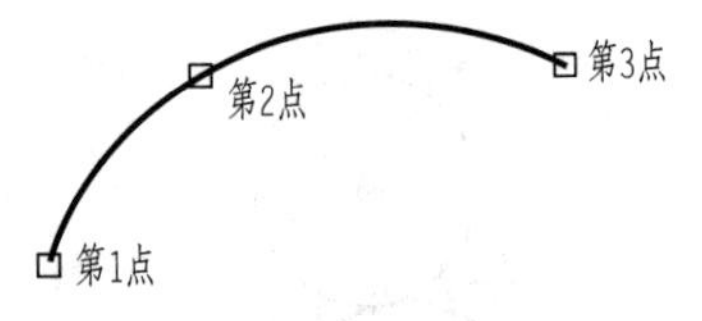

图 8－12 三点画弧

操作提示：

如图 8－11 所示，选择相应画弧命令。

命令：_arc

指定圆弧的起点或［圆心（C）］：（输入起点）

指定圆弧的第二个点或［圆心（C）/ 端点（E）］：c↵

指定圆弧的圆心：（输入圆心）

指定圆弧的端点或［角度（A）/ 弦长（L）］：（输入终点）

结果如图 8－13 所示。

【例 8－7】 起点、端点、角度画弧。

操作提示：

如图 8－11 所示，选择相应画弧命令。

命令：_arc

指定圆弧的起点或［圆心（C）］：（输入起点）

指定圆弧的第二个点或［圆心（C）/ 端点（E）］：e↵

指定圆弧的端点：（输入端点）

指定圆弧的圆心或［角度（A）方向（D）/ 半径（R）］：a↵

指定包含角：135↵

结果如图 8－14 所示。

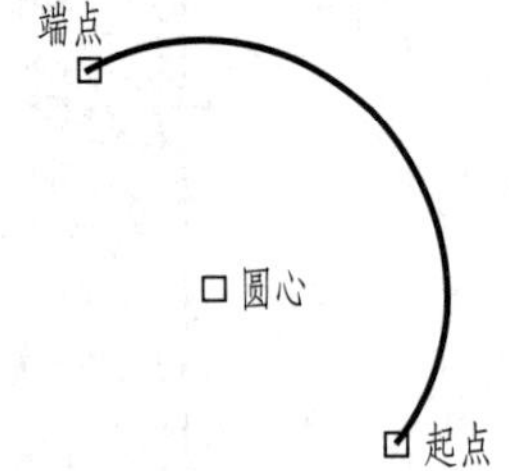

图 8－13 起点、圆心、端点画弧

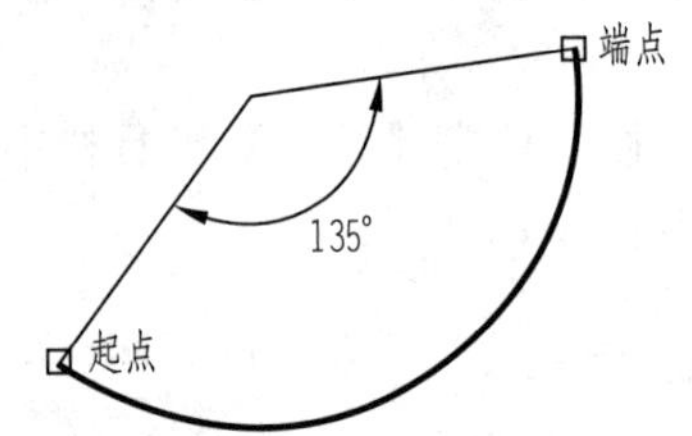

图 8－14 起点、端点、角度画弧

八、椭圆

在绘图中，椭圆是一种非常重要的对象。椭圆是一种特殊的圆，它与圆的差别就是其圆周上的点到中心的距离是变化的。在 AutoCAD 的绘图中，椭圆的形状主要由中心、长轴和短轴这三个参数来描述。

用 Ellipse 命令绘制椭圆有多种方式，但都是以不同的顺序相继输入椭圆的中心点、长轴、短轴三个要素。在实际应用中，用户应根据自己所绘椭圆的条件灵活选择这三者的输入，并使用合适的绘制方式。

（1）启动椭圆命令有如下方法：

1）菜单栏：选择【绘图】—【椭圆】命令。

2）工具栏：单击【绘图】工具栏上的【椭圆】按钮。

3）命令：Ellipse。

（2）AutoCAD 提供了三种画椭圆的方式：

1）指定椭圆两端点及另一半轴长画椭圆（默认方式）。

2）按长轴及旋转角度画椭圆。

3）给出圆心及两轴的半长画椭圆。

（3）画椭圆弧：启动画椭圆命令后（按选项）输入 A，先画出一个椭圆，再输入椭圆弧第一点的角度第二点的角度。

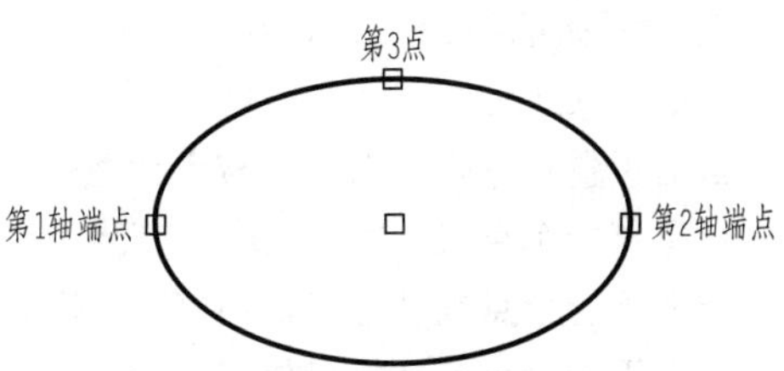

图 8－15　指定椭圆两端点及另一半轴画椭圆

【例 8－8】 指定椭圆两端点及另一半轴长画椭圆（见图 8－15）。

操作提示：

命令：_ellipse

指定椭圆的轴端点或［圆弧（A）/ 中心点（C）］：（输入第 1 点）

指定轴的另一个端点：（输入第 2 点）

指定另一条半轴长度或［旋转（R）］：（给出长度或输入第 3 点）

如果输入第三点，系统将会将圆心到第三点的距离作为另一半轴长计入。

【例 8－9】 按长轴及旋转角度画椭圆（见图 8－16）。

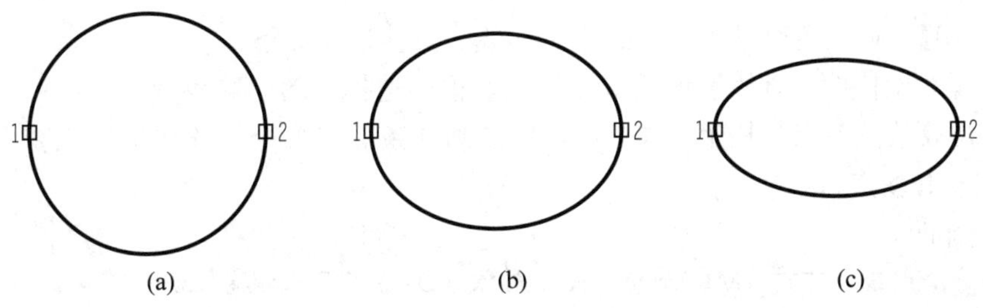

图 8－16　按长轴及旋转角度画椭圆

(a) 旋转角度 30°；(b) 旋转角度 45°；(c) 旋转角度 60°

操作提示：

命令：_ellipse

指定椭圆的轴端点或［圆弧（A）/ 中心点（C）］：（输入第 1 点）

指定轴的另一个端点：（输入第 2 点）

指定另一条半轴长度或［旋转（R）］：r↵

指定绕长轴旋转的角度：45↵

九、样条曲线

功能：样条曲线是按数学模型由一系列给定点控制（点通过或逼近）的光滑曲线，至少有三点才能确定一样条曲线（可用于表达波浪线、正弦曲线等）。

调用样条曲线命令有如下方法：

（1）菜单栏：选择【绘图】—【样条曲线】—【拟合点】命令。

（2）工具栏：单击【绘图】工具栏中的【样条曲线拟合点】按钮。

(3) 命令：Spline。

启动样条曲线命令后，系统提示：

命令：_spline

当前设置：方式＝拟合 节点＝弦

指定第一个点或［方式（M）/ 节点（K）/ 对象（O）］：

输入下一个点或［起点切向（T）/ 公差（L）］：

输入下一个点或［端点相切（T）/ 公差（L）/ 放弃（U）］：

输入下一个点或［端点相切（T）/ 公差（L）/ 放弃（U）/ 闭合（C）］：

按提示给出各点即可画出样条曲线。拟合公差 L 是指样条曲线与指定拟合点之间的接近程度，拟合公差越小，样条曲线与拟合点越接近，拟合公差为 0，样条曲线将通过拟合点；图 8－17 所示分别为以拟合公差为 0 和拟合公差为 5 时，所绘制得到的两条样条曲线；起点切向是指曲线在起点的切线走向；闭合 C 将封闭样条曲线。

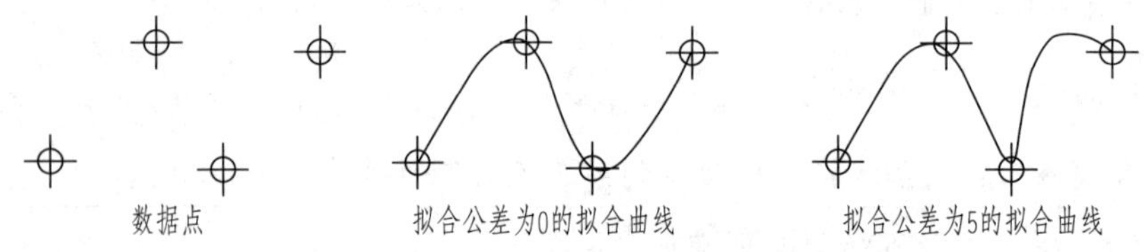

图 8－17 拟合比较

【例 8－10】 画一条通过 4 个点的正弦曲线。具体操作如下：

(1) 在【对象特性工具栏】的【线型控制】框中选择“随层”线型。

(2) 单击【绘图】工具栏上的按钮~，启动画样条曲线命令，依次确定正弦曲线的 4 个特征点（端点和拐点）。

命令：_spline

指定第一个点或［方式（M）/ 节点（K）/ 对象（O）］：（用光标捕捉任意节点作为起点）

输入下一个点或［起点切向（T）/ 公差（L）］：（用光标捕捉第二点）

输入下一个点或［端点相切（T）/ 公差（L）/ 放弃（U）］：（用光标捕捉第三点）

输入下一个点或［端点相切（T）/ 公差（L）/ 放弃（U）/ 闭合（C）］：（用光标捕捉第四点作为终点）

输入下一个点或［端点相切（T）/ 公差（L）/ 放弃（U）/ 闭合（C）］：

此时的效果如图 8－18 所示。

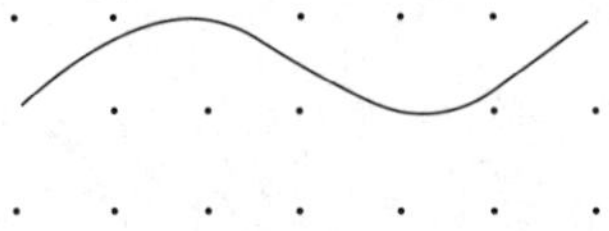

图 8－18 捕捉方式绘制通过 4 个点的样条曲线

十、点

功能：可按设定的点样式在指定位置画点，或画定数等分点、定距等分点等。

在同一图形中，只能有一种点样式，当改变点样式时，该图形文件中所画的所有点将随之改变。无论一次画出多少个点，每一个点都是一个独立的实体。

1. 点样式设置

选择【格式】—【点样式】命令，打开【点样式】对话框，如图 8－19 所示。在该对话框中，可设置点样式的类型、点大小等，单击【确定】按钮完成设置。

2. 画指定点

输入命令的方式：

(1) 菜单栏：选择【绘图】—【点】—【单点】或【多点】命令。

(2) 工具栏：单击【绘图】工具栏中的【点】按钮⊡。

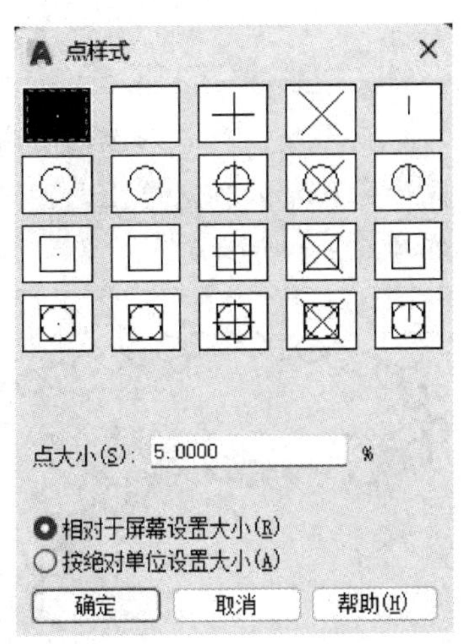

图 8-19 【点样式】对话框

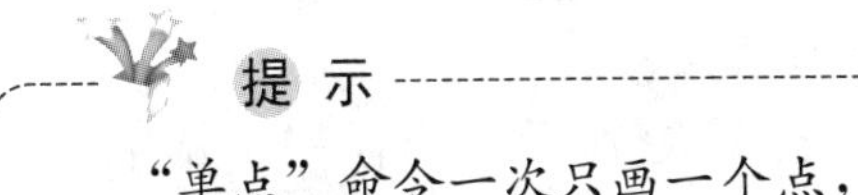

提 示

“单点”命令一次只画一个点，“多点”命令一次可画多个点。

3. 画定数等分点

输入命令的方式：

(1) 菜单栏：选择【绘图】—【点】—【定数等分】命令。

(2) 命令：Divide。

系统提示：

命令：_divide

选择要定数等分的对象：（选中对象）

输入线段数目或［块（B)］：6↵

注 意

B 为在等分点处插入块。

结果如图 8-20 所示。

4. 画定距等分点

输入命令的方式：

(1) 菜单栏：选择【绘图】—【点】—【定距等分】。

(2) 命令：Measure。

系统提示：

命令：_measure

选择要定距等分的对象：（选中对象）

指定线段长度或［块（B)］：20↵

其结果如图 8-21 所示。

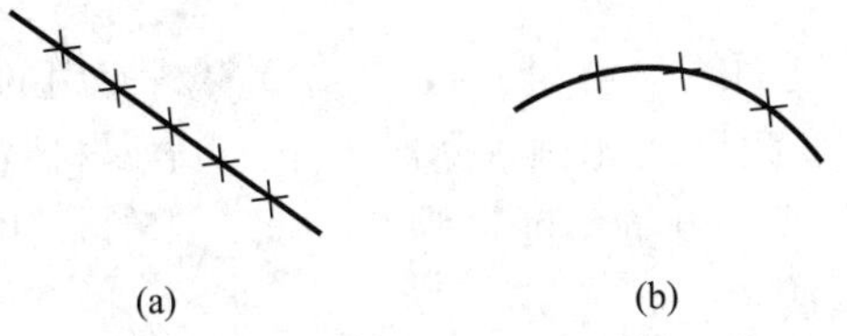

图 8-20 在对象上画定数等分点

(a) 6 等分；(b) 4 等分

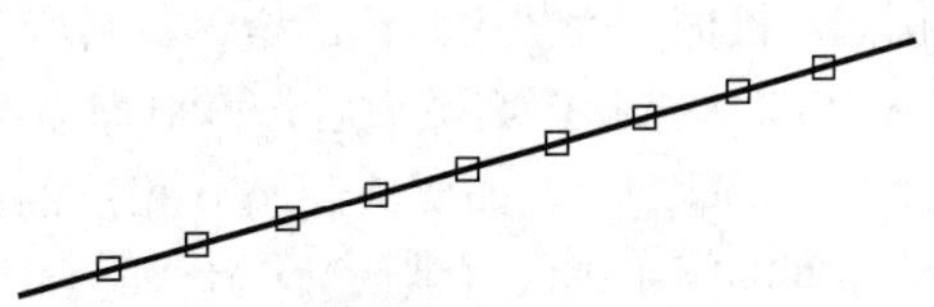

图 8-21 在对象上画定距等分点

（定距 20）

注意

画定数等分点和画定距等分点中都可插入块。选择 B 后，输入块名，便可将块按点的方式插入到对象上，图 8-22 所示为将图块“珍珠”按定距等分插入的实例（块将在项目三中讲述）。

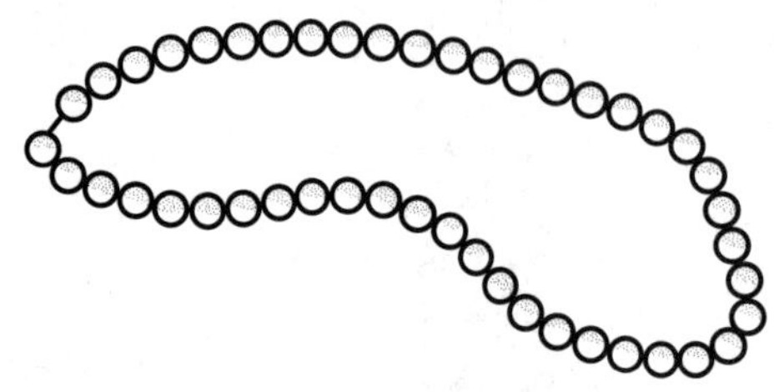

图 8-22 将“珍珠”图块按定距等分点的方式插入曲线上

十一、图案填充

在机械、建筑等各行业图样中，常常需要绘制剖视图或断面图。在这些图中，为了区分不同的零件剖面，常需要对剖面进行图案填充。AutoCAD 的图案填充功能是用于把各种类型的图案填充到指定区域中，用户可以自定义图案的类型，也可以修改已定义的图案特征。

图案填充的方法一般有两种：一是用图案填充命令 Bhatch；二是用鼠标将工具选项板中的图案拖到填充区域中。

1. 图案填充命令 Bhatch

功能：将选中的图案填充到指定的区域中。使用该命令时，区域的边界封闭或不封闭均可。

输入命令的方式：

(1) 菜单栏：选择【绘图】—【图案填充】命令。

(2) 工具栏：单击【绘图】工具栏上的【图案填充】按钮。

(3) 命令：Bhatch。

打开【图案填充和渐变色】对话框，如图 8-23 所示。

2.【图案填充】选项卡

(1) 类型：下拉列表框中有预定义、用户定义、自定义三个选项。

预定义：是指从 AutoCAD 的 acad. pat 文件中选择一种图案进行填充，这是常用的方法。

用户定义：该项允许用户用当前线型通过指定间距和角度自定义一种简单的剖面线。

自定义：该项允许用户从其他的“pat”文件中指定一种剖面线。

(2) 图案：下拉列表框中有预定义的几十种工程图中常用的剖面图案，如图 8-24 所示。

例如，机械工程图中常用的金属材料所用的剖面线为 ANSI31，非金属材料所用的剖面线为 ANSI37。选择图案类型后，再根据需要改变角度或比例（间距大小）。金属材料默认的角度是 0（即 45°），如要绘制与 0 相反的剖面线，可将角度设为 90（即 −45°），比例越大，线条间的间距越大（默认为 1），如图 8-25 所示。

(3) 拾取点：单击此按钮后，将返回绘图区，在某封闭的填充区域中指定一点，单击鼠标右键或按 Enter 键确认后，再返回图 8-23 所示的对话框，单击【确定】按钮完成图案填充。

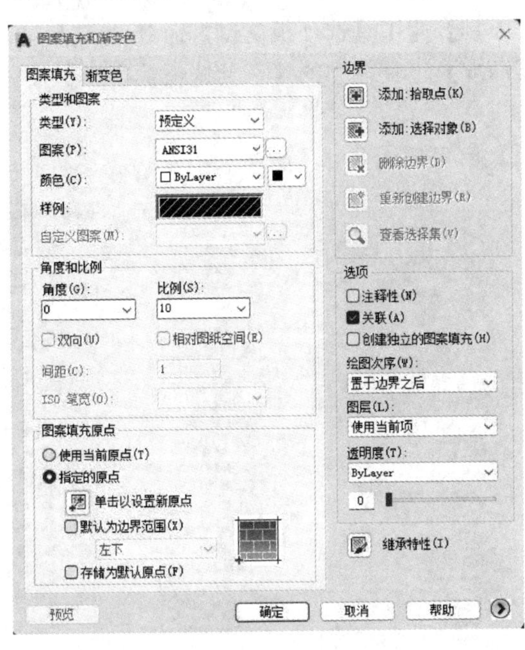

图 8-23 【图案填充】选项卡

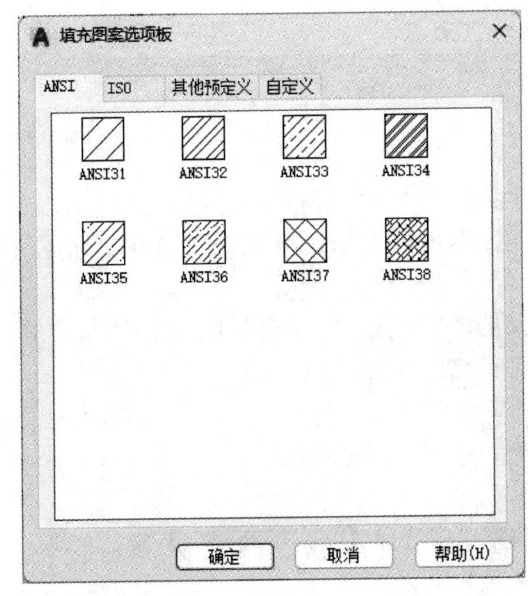

图 8-24　从下拉列表框选择图案

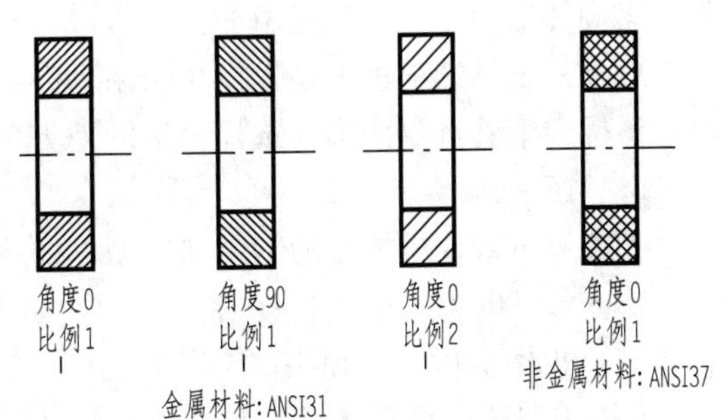

图 8-25　金属材料和非金属材料的填充图案示例

3.【渐变色】选项卡

该方法用于选择渐变的单色或双色作为填充图案进行填充，如图 8-26 所示。单击【颜色】右边的按钮▭，可打开【选择颜色】对话框选择所需颜色，【居中】和【角度】命令可控制渐变颜色的位置和角度。

4. 拖动工具选项板中的图案进行填充

工具选项板是一个新增的工具栏，其中预置了一些图案或符号，可方便地进行填充。打开该工具选项板的方法如下：

(1) 菜单栏：选择【工具】—【工具选项板窗口】命令。

(2) 工具栏：单击【标准】工具栏中的【工具选项板窗口】按钮。

(3) 组合键：Ctrl+3。

打开的【工具选项板】窗口如图 8 - 27 所示。

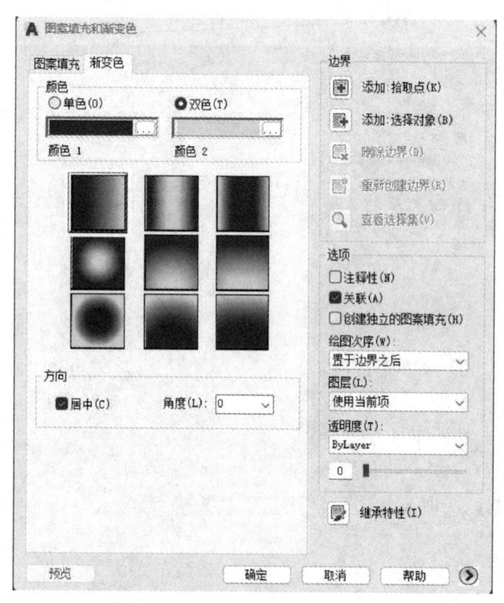

图 8 - 26 【边界图案填充】对话框的【渐变色】选项卡

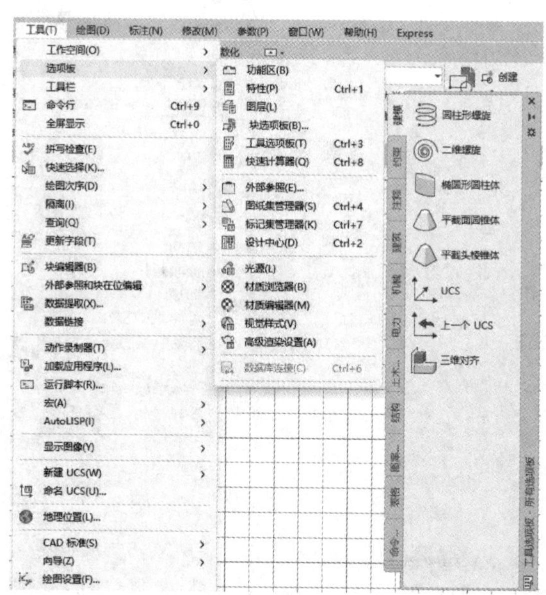

图 8 - 27 【工具选项板】窗口

工具选项板中预置了 ISO 图案及办公室项目图案等，用户可以方便地进行图案填充。填充的方法如下：单击所需的某图案，再单击某封闭图形实体，即完成填充；或用鼠标拖动某图案到图形中，也可完成填充。

此外，工具选项板中还提供了一系列办公用品的模型，用户从中调用时，只需单击某图形，鼠标会带着选定图形，选择合适的地方单击即可完成调用。

5. 剖面线编辑

功能：可修改已填充的剖面线类型、缩放比例、角度、填充方式等。

输入命令的方式如下：

(1) 单击某个已填充的图案，再右击，从快捷菜单中选择【图案填充编辑】命令。

(2) 菜单栏：选择【修改】—【对象】—【图案填充】命令。

(3) 命令：Hatchedit。

打开图 8 - 23 所示的【图案填充】对话框，对此对话框进行修改，操作同前。修改完成后，单击【确定】即可。

6. 剖面线的分解

一个区域的剖面线是一个整体图块，要想对一条剖面线进行编辑（如删除等），必须将这个整体分解为单个实体。

操作方法如下：

(1) 工具栏：单击【修改】工具栏上的【分解】按钮。

(2) 命令：Explode。

操作提示：启动分解命令后，选择实体，选中后，单击鼠标右键或按 Enter 键确认即完成分解。

十二、创建表格

在中文版 AutoCAD 中，用户可以使用新增的创建表命令自动生成数据表格，从而取代先前利用线段和文本来创建表格的方法。选择【绘图】—【表格】命令，打开【插入表格】对话框，如图 8-28 所示。

在该对话框中可以设置表格的行和列，以及表格的插入方式。表格创建完毕后，可以直接在表的单元格中输入数值和标签内容。此外还可以选择【格式】—【表格样式】命令，打开表格样式对话框，如图 8-29 所示。在该对话框中可以修改原有表的样式，或修改自定义表样式。

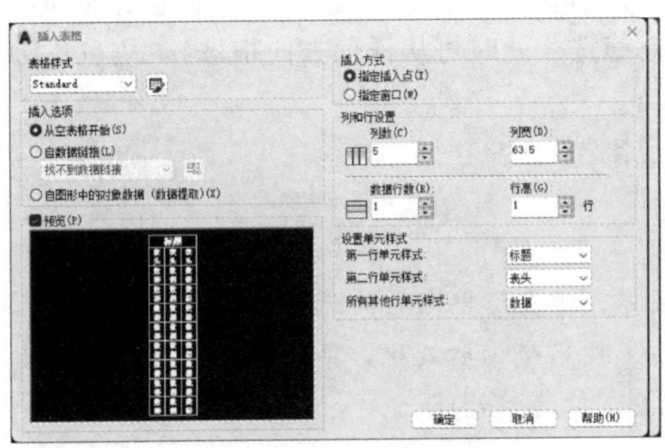

图 8-28 【插入表格】对话框

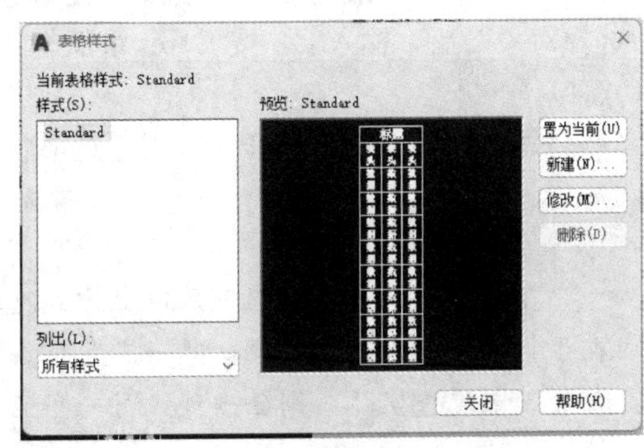

图 8-29 【表格样式】对话框

中文版 AutoCAD 加强了与其他程序的兼容性，用户可以从 Microsoft Excel 中直接复制表格，并将其作为 AutoCAD 表格对象粘贴到图形中。还可以输出来自 AutoCAD 的表格数据，以供在 Microsoft Excel 或其他应用程序中使用。

第二节 编辑图形对象命令

AutoCAD 的【修改】工具栏命令的使用，包括删除、复制、镜像、偏移、阵列、移动、旋转、缩放、拉伸、修剪、延伸、打断、分解等。【修改】工具栏的命令按钮如图 8-30 所示。

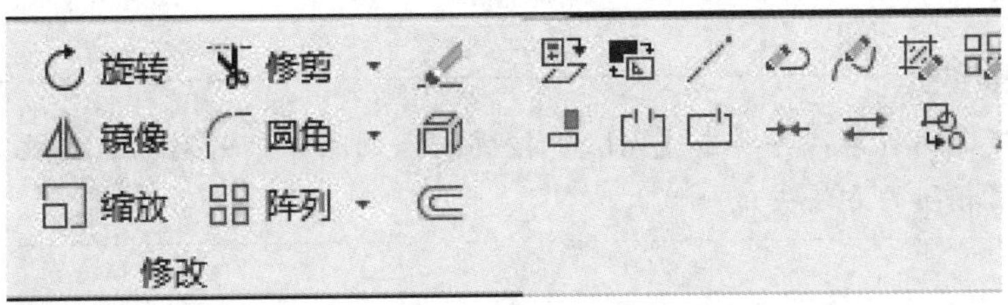

图 8-30 【修改】工具栏各命令按钮

一、选择对象

在 AutoCAD 中，选择对象是进行图形编辑的基础，几乎所有的编辑操作，首先便是选择对象。当一个实体被选中后，便以虚线呈高亮显示。每当选择实体后，“选择对象”提示会重复出现，直至单击鼠标右键或按 Enter 键结束。选择实体的方式有以下几种。

1. 直接（单个）选取

当出现“选择对象”提示后，鼠标便会变为一个小正方框（称为拾取框），用拾取框单击实体即选中。用鼠标左键选取，右键确认。若不终止命令，可连续选择下去。

2. 窗口选取

即指用鼠标拖出一个窗口框来选取实体的方式。

(1) W 窗口方式（左选窗口）。指拖动鼠标从左向右方向来框选对象方式，只有完全位于该窗口内的实体才能被选中。也可在命令行出现提示“选择对象”后，输入 W，按 Enter 键后，用鼠标拖选，故称为 W 窗口。

(2) C 交叉窗口方式（右选窗口）。指拖动鼠标从右向左方向来框选对象方式，当一个实体位于该窗口内或与该窗口相交，便被选中，故称为交叉窗口。也可在命令行出现提示“选择对象”后，输入 C，按 Enter 键后，用鼠标拖选（此时可从任何方向拖选），故也称为 C 窗口。

另外，按住左键不松开可以用任意形状的套索选择对象。

在无命令状态下，仍可用以上方式选取实体。单个选取与窗口选取在操作上的区别在于第一点是否选中对象：第一点定位在实体上按单个选取处理，第一点定位在屏幕空白处，未选中实体，则会出现“另一角点”，按窗口选取处理。

3. All（全选）方式

提示“选择对象”时，输入 all，按 Enter 键后即全部选中。

二、删除

功能：从已有图形中删除指定的实体。

输入命令的方式：

(1) 菜单栏：选择【修改】—【删除】。

(2) 工具栏：单击【修改】工具栏上的【删除】按钮。

(3) 命令：Erase（或 E）。

系统提示：

选择对象：

选中后，单击鼠标右键确认或按 Enter 键即可删除。

也可以先选择对象，再单击【删除】按钮来删除多余的对象。其他的编辑按钮，读者也可以用相同的方法去试一试。

三、复制

功能：将选中的实体复制到指定的位置。可进行单个复制，也可进行多重复制。

输入命令的方式：

(1) 菜单栏：选择【修改】—【复制】命令。

(2) 工具栏：单击【修改】工具栏上的【复制对象】按钮。

(3) 命令：Copy（或 Co）。

系统提示：

选择对象：（选择复制对象后，右击，结束对象选择）

指定基点或［位移（D）/ 模式（O）］＜位移＞：

指定第二个点或［阵列（A）］＜使用第一个点作为位移＞：

注 意

选择对象后，须指定位移的基点（并作为位移的第一点），再输入位移的第二点（用鼠标或键盘输入）即完成单个复制，如图 8－31 所示。选择对象后，按 M 键，可进行重复复制，如图 8－32 所示。

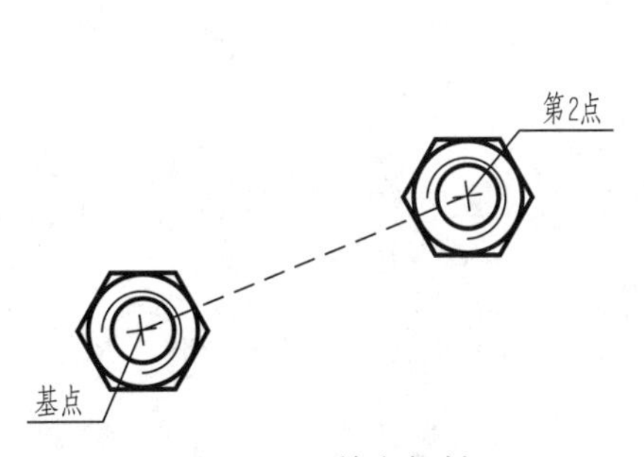

图 8－31　单个复制

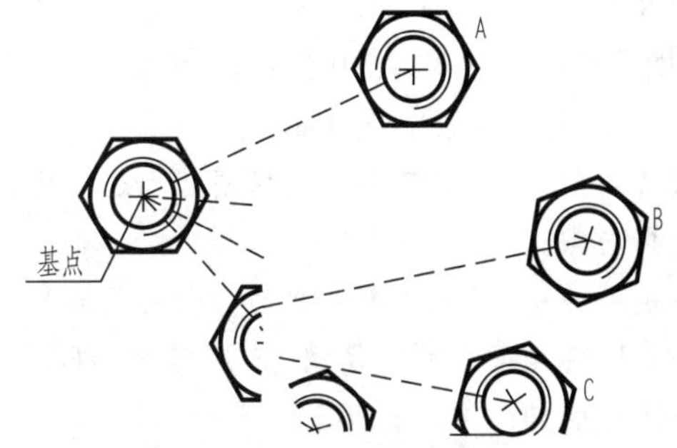

图 8－32　多重复制

四、移动

功能：将选中的实体平移到指定的位置。

输入命令的方式：

(1) 菜单栏：选择【修改】—【移动】命令。

(2) 工具栏：单击【修改】工具栏中的【移动】按钮。

(3) 命令：Move（或 M）。

启动移动命令后，系统提示：

选择对象：（选择要移动的对象后，单击鼠标右键，结束对象选择）

指定基点或位移：指定位移的第二点或＜用第一点作位移＞：

图 8－33 所示为移动示例。

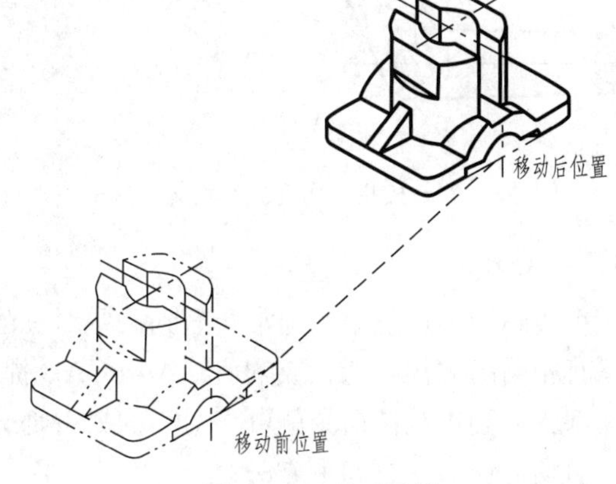

图 8－33　移动示例

五、旋转

功能：将选中的实体绕指定的基点旋转一指定角度，或参照一对象进行旋转。

输入命令的方式：

(1) 菜单栏：选择【修改】—【旋转】命令。

(2) 工具栏：单击【修改】工具栏中的【旋转】按钮 。

(3) 命令：Rotate。

输入的旋转角为正值，实体按逆时针方向旋转；旋转角为负值，实体按顺时针方向旋转。

【例 8-11】 按一指定角度旋转实体。

启动旋转命令后的操作提示：

选择对象：（用交叉窗口选择图 8-34 中虚线部分实体）

选择对象：↲

指定基点：（指定图中大圆的圆心为基点）

指定旋转角度，或［复制（C）/ 参照（R）］<0>：40↲

结果如图 8-34 所示。

【例 8-12】 按参照角度旋转实体。

启动旋转命令后的操作提示：

选择对象：（用交叉窗口选择图 8-35 中虚线部分实体）

选择对象：↲

指定基点：（指定图中大圆的圆心为基点）

指定旋转角度，或［复制（C）/ 参照（R）］<0>：r↲

指定参照角 <O>：20↲

指定新角度：75↲

结果如图 8-35 所示（原角度 20°、新角度 75°）。

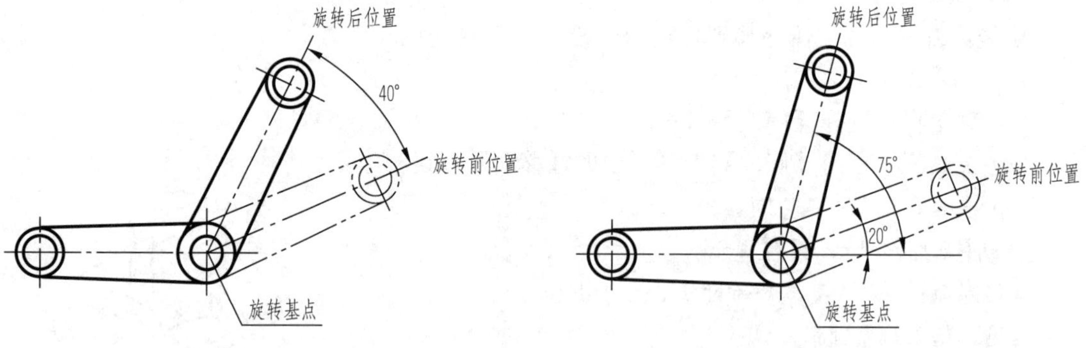

图 8-34 按指定角度旋转实体　　图 8-35 按参照角度旋转实体

六、镜像

在实际绘图过程中，经常会遇到一些对称的图形。例如在机械零件中的轴，其左右两端往往有相同的键槽、通孔或轴肩。AutoCAD 提供了图形镜像功能，即只需绘制出对称图形的一部分，利用镜像命令就可将对称的另一部分镜像复制出来。

启动镜像命令有如下方法：

(1) 菜单栏：选择【修改】—【镜像】命令。

(2) 工具栏：单击【修改】工具栏中的【镜像】按钮。

(3) 命令：Mirror。

操作提示：

选择对象：（选择要镜像的实体）

选择对象：↵

指定镜像线的第一点：（用鼠标左键单击中心线的左边交点）

指定镜像线的第二点：（用鼠标左键单击中心线的右边交点）

是否删除源对象？[是 (Y)/ 否 (N)] <N>：↵

注意

(1) 指定镜像线上两点，可任选两点，系统按两点连线作为镜像轴线；也可选已有的一条直线上的两点。

(2) 是否删除源对象？若回答 Y（是），则将删除源对象，生成实体的镜像；若回答 N（否），则保留源对象，完成对称复制。

图 8－36 所示为镜像实例。

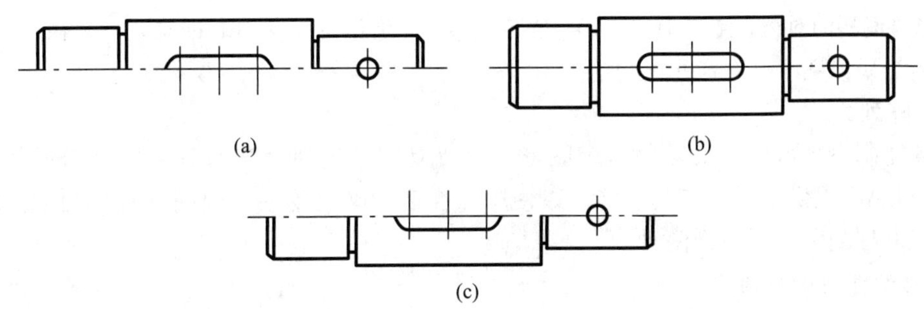

图 8－36 镜像示例

(a) 镜像前；(b) 镜像后（保留对象）；(c) 镜像后（删除对象）

七、偏移

在 AutoCAD 中，利用“偏移”命令偏移对象的方式有两种：一种是“定距”方式偏移对象，此方式是系统的默认方式，通过输入偏移距离值来偏移对象；另一种是“定点”方式，此方式用于指定一个点作为偏移对象进行定位。

“偏移”的功能是通过偏移复制来绘制同心圆、平行线、等距线等。

输入命令的方式：

(1) 菜单栏：选择菜单【修改】—【偏移】命令。

(2) 工具栏：单击【修改】工具栏中的【偏移】按钮。

(3) 命令：Offset。

操作提示：

命令：_offset

指定偏移距离或 [通过 (T)/ 删除 (E)/ 图层 (L)] <通过>：（输入一个正数作为偏移距离值）

选择要偏移的对象，或 [退出 (E)/ 放弃 (U)] <退出>：（选择要偏移的实体）

指定要偏移的那一侧上的点，或［退出（E）/多个（M）/放弃（U）］<退出>：指定往何方偏移↵（单击某侧一点）

选择要偏移的对象，或［退出（E）/放弃（U）］<退出>：（重复以上操作或按 Enter 键结束）

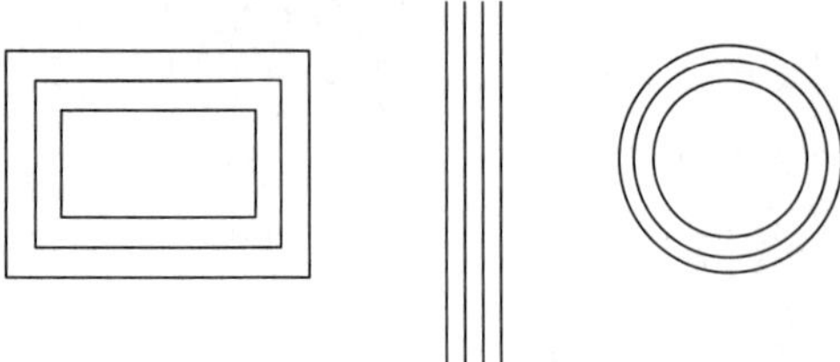

图 8-37 偏移实体绘制的图例（等距线）

偏移结果如图 8-37 所示。

下面通过偏移如图 8-38 所示的直线来介绍“定点”方式偏移对象的方法，操作步骤如下：

（1）任意绘制如图 8-38 所示的图形。

（2）选择【修改】—【偏移】命令，激活偏移命令，命令行的操作如下：

命令：_offset（启动偏移命令）

当前设置：删除源=否 图层=源 OFFSTGAPTYPE=0

指定偏移距离或［通过（T）/删除（E）/图层（L）］：t↵（切换到“通过点”模式）

选择偏移的对象，或［退出（E）/放弃（U）］<退出>：（选择图 8-38 左边的直线）

指定要偏移的那一侧上的点，或［退出（E）/多个（M）/放弃（U）］<退出>：（捕捉圆的圆心作为偏移后直线通过点）

选择要偏移的对象，或［退出（E）/放弃（U）］<退出>：（按 Enter 键，结束操作）

绘制结果如图 8-39 所示。

八、阵列

尽管复制命令可以一次复制多个图形，但要复制呈规则分布的对象目标仍不是特别方便。AutoCAD 提供了图形阵列功能，以便用户快速准确地复制呈规则分布的图形。阵列的方式有矩形阵列和环形阵列两种。

1. 启动阵列命令的方法

（1）选择【修改】—【阵列】命令。

（2）单击【修改】工具栏中的【阵列】按钮。

（3）命令：Array。

2. 矩形阵列操作步骤

输入命令后，进入绘图区选择如图 8-40 所示的矩形，按空格键、Enter 键或者单击鼠标右键确认，弹出【阵列】对话框，如图 8-41 所示。

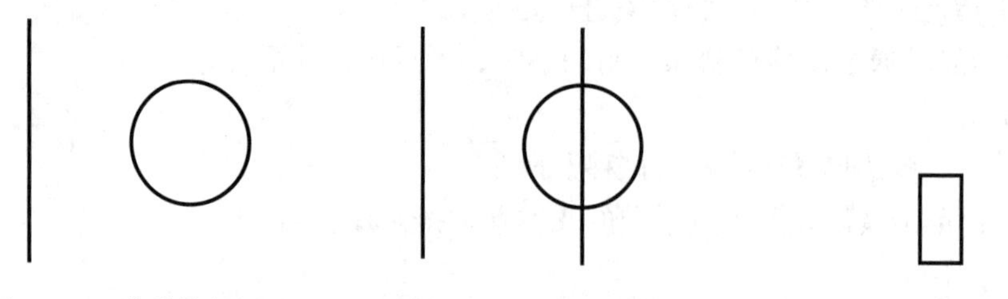

图 8-38 偏移前的图形　　图 8-39 偏移结果　　图 8-40 矩形阵列对象

（1）在“行”文本框内输入阵列的行数“3”。

（2）在“列”文本框内输入阵列的列数“4”。

（3）在“行偏移”文本框内输入矩形阵列的行距“30”（正值为向上，负值为向下）。

类型	列		行		层级		特性	关闭
矩形	列数:	4	行数:	3	级别:	1	关联	关闭阵列
	介于:	30	介于:	30	介于:	1	基点	
	总计:	90	总计:	60	总计:	1		

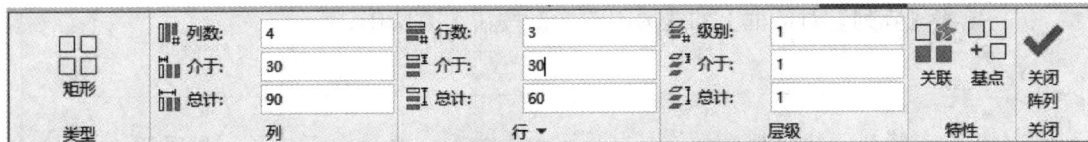

图 8－41　建立矩形阵列的【阵列】对话框

（4）在“列数”下的“介于”文本框内输入矩形阵列的列距“30”（正值为向右，负值为向左）。阵列角度默认为“0”，如果需要其他角度使用路径阵列，参数设置如图 8－41 所示。

（5）阵列结果如图 8－42 所示。

（6）单击【阵列】对话框上的【关闭阵列】按钮结束操作。

3．环形阵列操作步骤

输入命令后，进入绘图区选择如图 8－43 所示的矩形，按空格键、Enter 键或者单击鼠标右键确认，捕捉图 8－44 的圆心作为环形阵列中心点。弹出【阵列】对话框，如图 8－41 所示。

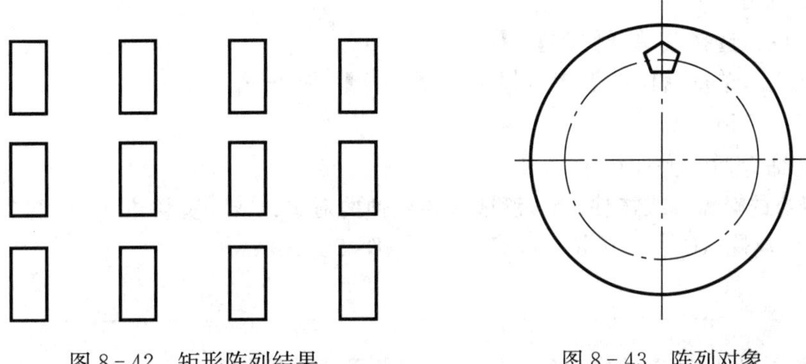

图 8－42　矩形阵列结果　　　图 8－43　阵列对象

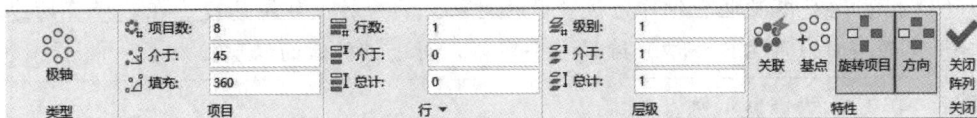

类型	项目		行		层级		特性	关闭
极轴	项目数:	8	行数:	1	级别:	1	关联 基点 旋转项目 方向	关闭阵列
	介于:	45	介于:	0	介于:	1		
	填充:	360	总计:	0	总计:	1		

图 8－44　建立环形阵列的【阵列】对话框

（1）设置“项目数”（环形阵列的对象数量）和“填充”（环形阵列的角度范围上限）分别为“8”和“360”，如图 8－43 所示。

（2）阵列结果如图 8－45 所示。

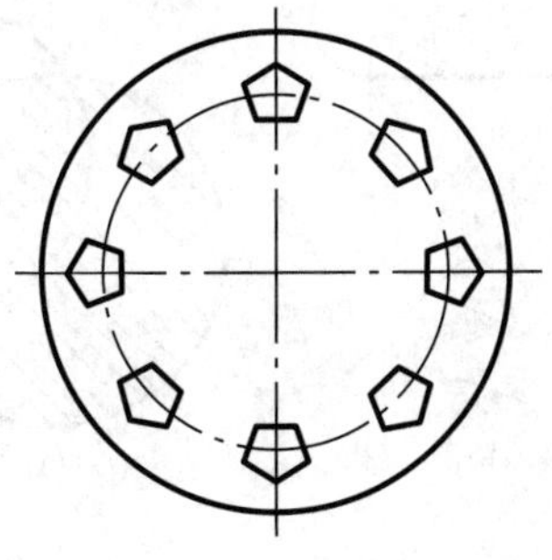

图 8－45　阵列结果

（3）单击【阵列】对话框上的【关闭阵列】按钮结束操作。

注意

（1）矩形阵列。行间距为正值，由原图向上排列，负值向下排列。列间距为正值，由原图向右排列，负值向左排列。行间距要包括被拷贝实体的高度。列间距要包括被拷贝实体的宽度。

（2）环形阵列。是否在阵列时将对象旋转（见图 8－43）是否选中“旋转项目”。项数应包含原来的那个图形。填充角即圆形阵列所占的圆心角。填充角为正值，按逆时针方向排列；填充角为负值，按顺时针方向排列。默认为 360°，在一个整圆上排列。

九、修剪

功能：以指定的对象为边界，将多余的部分剪去。该命令首先要定义一个剪切边界，然后再以此边界剪去实体的一部分。

输入命令的方式：

（1）菜单栏：选择菜单【修改】—【修剪】命令。

（2）工具栏：单击【修改】工具栏中的【修剪】按钮。

（3）命令：Trim。

启动修剪命令后，操作提示：

选择要修剪的对象，或按住 Shift 键选择要延伸的对象，或［剪切边（T）/ 窗交（C）/ 模式（O）/投影（P）/ 删除（R）］：（选择要修剪的对象，即可剪去）

注意

（1）按住 Shift 键选择要延伸的对象，相当于延伸操作。

（2）修剪边界本身也可以作为被修剪的对象。故为加快作图速度，在选择剪切边界时，用交叉窗口（即右选窗口）选择多个实体，再进行所需的修剪。

图 8－46 所示为修剪示例。

【例 8－13】 修剪剖面线。

启动修剪命令后，输入 T，按 Enter 键，先选择剪切边［即修剪部分的边界，如图 8－47（a）所示，也可用右选窗口选取］，再选择图案填充区域中要修剪的那个部分，可以像修剪其

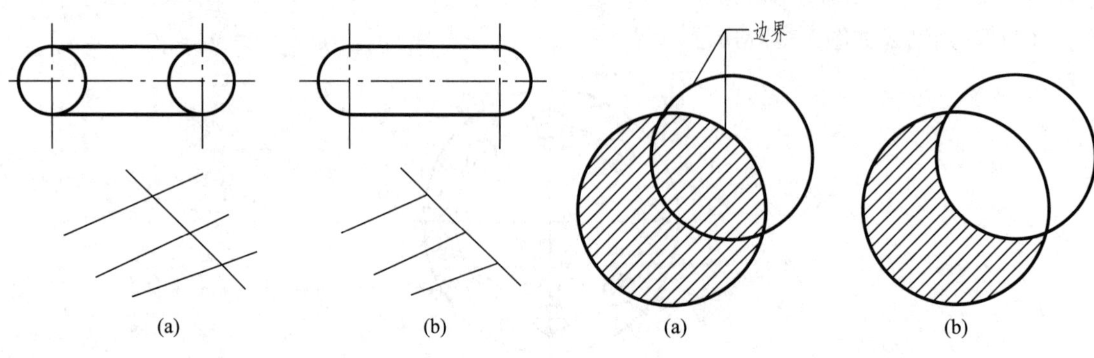

(a)　(b)

图 8－46　修剪示例

（a）修剪前；（b）修剪后

(a)　(b)

图 8－47　剖面线修剪示例

（a）修剪前；（b）修剪后

他对象一样来修剪图案填充。

修剪前后如图 8－47 所示。

十、延伸

功能：使实体延伸到一个或多个实体所限定的边界。

输入命令的方式：

(1) 菜单栏：选择【修改】—【延伸】命令。

(2) 工具栏：单击【修改】工具栏中的【延伸】按钮。

(3) 命令：Extend。

操作提示：

选择对象：(选择作为延伸目的边界实体)

选择要延伸的对象，或按住 Shift 键选择要修剪的对象，或［边界边（B)/ 窗交（C)/ 模式（O）投影（P)］:

注意

(1) 按住 Shift 键选择要修剪的对象，相当于修剪操作。

(2) 可选多个边界线，也可选多个要延伸的对象。

(3) 一条直线被延伸后，相关尺寸自动修改。

延伸示例如图 8－48 所示。

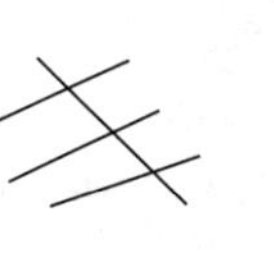
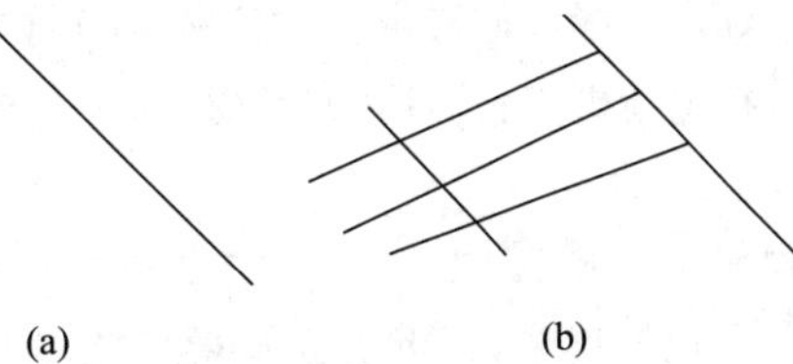

(a)　(b)

图 8－48　延伸示例

(a) 延伸前；(b) 延伸后

十一、拉伸

功能：使实体的部分拉伸或缩短到指定的位置，并保持与未动部分相连。

输入命令的方式：

(1) 菜单栏：选择【修改】—【拉伸】命令。

(2) 工具栏：单击【修改】工具栏中的【拉伸】按钮。

(3) 命令：Stretch。

操作提示：

以交叉窗口或交叉多边形选择要拉伸的对象...

选择对象：(用 C 窗口选择实体)

选择对象：↵

指定基点或位移：(指定拉伸的起点)

指定位移的第二个点或 <用第一个点作位移>：(指定拉伸的终点)

注意

(1) 必须用交叉 C 窗口（右选窗口）选择实体的一部分，若实体完全位于窗口内，则不能产生拉伸，只能产生平移。

(2) 若实体注有相应尺寸，则伸展后，尺寸数值自动修改。

拉伸示例如图 8－49 所示。

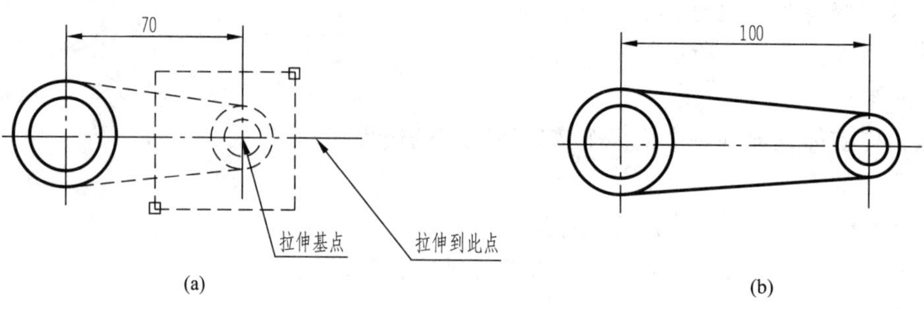

图 8-49 拉伸示例
(a) 拉伸前；(b) 拉伸后

十二、拉长

功能：改变直线或曲线的长度。

输入命令的方式：

(1) 菜单栏：选择【修改】—【拉长】命令。

(2) 命令：Lengthen。

操作提示：

选择对象或［增量（DE）/ 百分数（P）/ 总计（T）/ 动态（DY）］： dy↵

选择要修改的对象或［放弃（U）］：（选中要拉长的线段）

指定新端点：（拉伸到所需点）

注意

(1) 增量（DE）输入增量改变原长度，正值变长，负值缩短。

(2) 百分数（P）以总长的百分比形式改变原长度，大于 100 为拉长，小于 100 为缩短。

(3) 总计（T）以新长度改变原长度，按输入值全长拉长或缩短。

(4) 动态（DY）动态地改变原长度。

拉长示例如图 8-50 所示。

十三、缩放

【缩放】命令用于将所选对象按照指定的比例因子进行放大或缩小，以创建形状相同、大小不同的图形。在 AutoCAD 中调用缩放命令的方法有以下几种：

(1) 菜单栏：选择【修改】—【缩放】命令。

(2) 工具栏：单击【修改】工具栏中的缩放命令按钮。

(3) 命令：Scale。

利用“缩放”命令缩放对象的方式有两种，即“比例法”缩放和“参照法”缩放。其中“比例法”缩放对象是在绘图过程中最常用的。它是通过输入比例因子来改变选定对象的实际尺寸，当比例因子大于 1 时放大对象，当比例因子小于 1 时缩小对象。

现通过如图 8-51（a）所示的圆盘缩小为原来的 1/2 来介绍【缩放】命令的操作方法。

单击【修改】工具栏中的【缩放命令】按钮，命令行的操作如下：

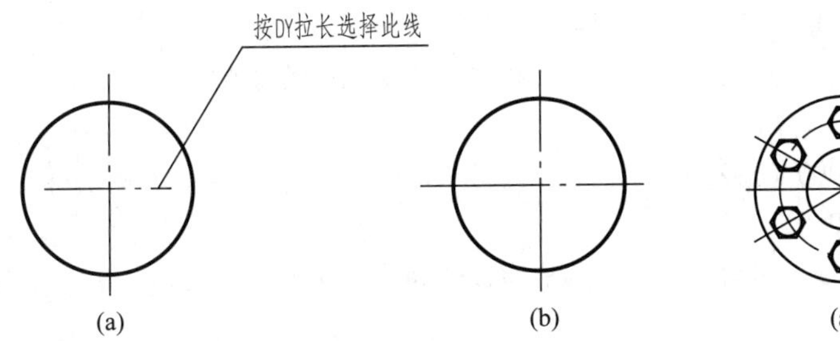

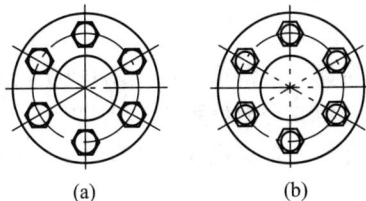

图 8-50　拉长示例
(a) 拉长前；(b) 拉长后

图 8-51　缩放前、后效果示例

命令：_scale（启动缩放命令）

选择对象：[选择如图 8-51（a）所示的整个图形]

选择对象：（结束选择对象）

指定基点：[捕捉如图 8-51（a）所示的圆盘的圆心作为缩放基点]

指定比例因子或［复制（C）/ 参照（R）］<1.0000>：0.5↵

结果如图 8-51（b）所示。

十四、打断

功能：前一个为断开（将一条线段断为两段），后一个可删除一段。

输入命令的方式：

(1) 菜单栏：选择【修改】—【打断】命令。

(2) 工具栏：单击【修改】工具栏中的【打断于点】按钮及【打断】按钮。

(3) 命令：Break。

操作提示：

选择对象：（选择实体，同时给打断点）

指定第二个打断点或［第一点（F）］：（给打断点 2）

注意

(1) 如果给出 F，按 Enter 键，将重新选择打断点 1。

(2) 点取线上两点，将删除两点间的一段。

(3) 如果一点在线内，一点在线外，可删除一段。

打断示例如图 8-52 所示。

十五、倒角

功能：在两条线段间加一个倒角。

输入命令的方式：

(1) 菜单栏：选择【修改】—【倒角】命令。

(2) 工具栏：单击【修改】工具栏上的【倒角】按钮。

(3) 命令：Chamfer。

操作提示：

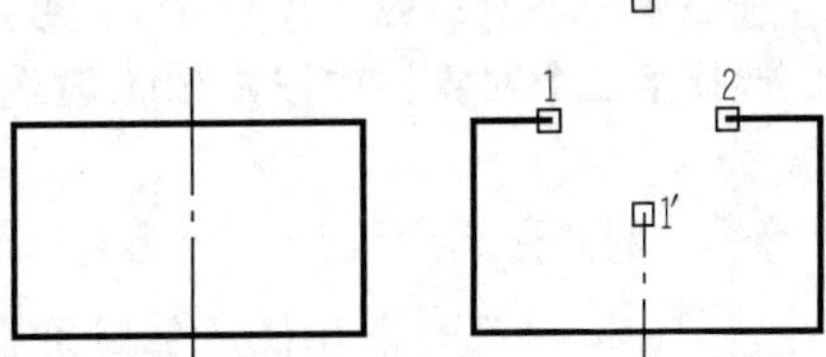

图 8-52　打断示例
（打断 1、2，删除 1′、2′）

(“修剪”模式）当前倒角距离1=0.0000，距离2=0.0000

选择第一条直线或［放弃（U）/多段线（P）/距离（D）/角度（A）/修剪（T）/方式（E）/多个（M）］：d↵

指定第一个倒角距离<0.0000>：2↵

指定第二个倒角距离<2.0000>：2↵

选择第一条直线或［放弃（U）/多段线（P）/距离（D）/角度（A）/修剪（T）/方式（E）/多个（M）］：

选择第二条直线，或按住Shift键选择直线以应用角点或［距离（D）/角度（A）/方法（M）］：

倒角示例如图8－53所示。

注意

（1）选择D：可给定两个距离值产生倒角（两个距离值可不同）。

（2）选择A：可给定一个距离值和一个角度产生倒角。

（3）P用于为多段线倒角。

（4）修剪T：可选择倒角时修剪与否。

（5）同时倒多个角时，选择M。

（6）当倒角距离设为零时，无论这两条直线是否相交，都使这两条线交于一点，不倒角。

倒角示例如图8－53所示。

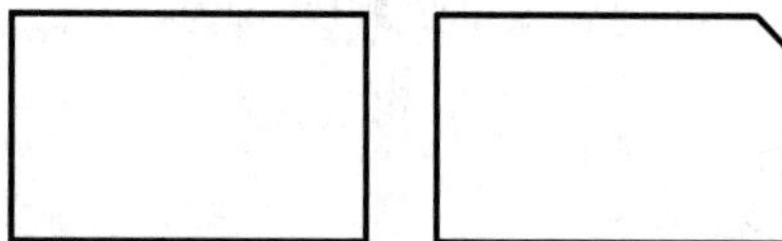

图8－53　倒角前、后示例

十六、圆角

功能：按指定的半径用圆弧连接两直线、圆或圆弧。

输入命令的方式：

（1）菜单栏：选择【修改】—【圆角】命令。

（2）工具栏：单击【修改】工具栏中的【圆角】按钮。

（3）命令：Fillet。

操作提示：

当前设置：模式=修剪，半径=0.0000

选择第一个对象或［放弃（U）/多段线（P）/半径（R）/修剪（T）/多个（M）］：r↵

指定圆角半径<0.0000>：5↵

选择第一个对象或［放弃（U）/多段线（P）/半径（R）/修剪（T）/多个（M）］：

选择第二个对象，或按住Shift键选择对象以应用角点或［半径（R）］：

注意

（1）按指定的半径值产生圆角。

（2）若选择了两条平行线，则过渡圆弧一律是180°的半圆，无论所设半径大小如何。

（3）当圆角半径设为零时，无论这两条直线是否相交，都使这两条线交于一点，不倒圆角。

倒圆角示例如图 8 - 54 所示。

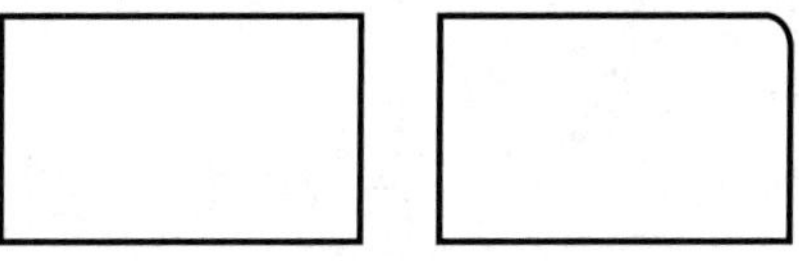
图 8 - 54　倒圆角前、后示例

十七、分解

在 AutoCAD 中，多段线、矩形、正多边形、图块、剖面线、尺寸等组合是一个相对独立的整体，是一组图形对象的集合。因此，用户无法单独编辑图块内部的图形对象，只能对图块本身进行编辑操作。AutoCAD 提供了分解命令，该命令用于炸开上述对象，从而使其所属的图形对象成为可编辑对象。

输入命令的方式：

(1) 菜单栏：选择【修改】—【分解】命令。

(2) 工具栏：单击【修改】工具栏上的【分解】按钮。

(3) 命令：Explode。

操作提示：

选择对象：(选中后右击确认即使对象分解)

第九章　图块、尺寸标注和文字输入

第一节　图　块　概　述

块是由多个对象组合在一起并作为一个整体来使用的图形对象，其功能如下：

(1) 创建图形库。对于绘图中频繁使用的一些图形，如粗糙度符号、基准符号、标题栏、螺栓等，用户可以创建自己的图形库，在绘图时直接插入使用，减少重复绘制。

(2) 节省存储空间。在图形数据库中，插入当前图形中名称相同的块时只存储一个块定义，而不记录重复的构造信息。对块的每次插入，AutoCAD 仅记录该块的名称、插入坐标、插入比例等数据，减少了图形文件的存盘空间，提高程序运行速度。

(3) 方便图形修改。AutoCAD 将插入当前图形中的块作为单个对象处理，但用户可以将块分解成基本几何图形。此后可与单独绘制的图形一样进行编辑修改，并重新定义该块。完成后图中插入的块便全部自动修改为重新定义后的块。

(4) 增加属性。AutoCAD 允许用户为块增加属性，即在块中加入文本信息。增加了属性的块在插入时可以携带或改变文本信息，提取信息存入数据库。用户可以像操作单个对象一样，根据需要按照一定的比例和旋转角，将块插入图形中的任意位置。还可以对块进行移动、复制、删除、旋转、阵列、镜像等操作。

第二节　图块的创建和定制属性图块

所谓块属性就是从属于块的文本信息，是块的组成部分。它不能独立存在及使用，只有在插入图块时才会出现。属性文本与普通文本不同，它可在每次插入时输入不同的属性值，也能在插入图块后进行修改。例如，机械工程图中粗糙度符号、基准符号、剖切符号等，由于在使用时需要有文字说明跟随，故常将这些重复图形制成属性图块，以加快作图速度。

一、定制属性图块

建立属性图块的步骤如下：

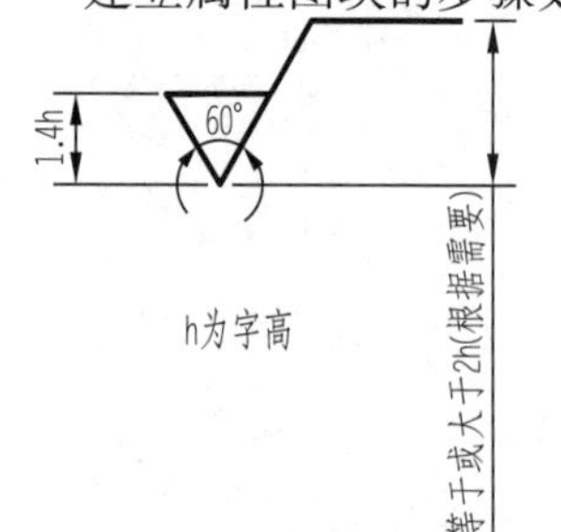

图 9－1　机械制图中粗糙度符号的画法

(1) 画出图块所需的图形（例如，建立“粗糙度”的属性图块，画出图 9－1)。

(2) 定义属性（选择【绘图】—【块】—【定义属性】命令)。

(3) 定义图块。

下面以定义机械图中的“表面粗糙度”图块为例，介绍定制属性块的过程。

第一步：画出如图 9－1 所示的图形。

第二步：定义属性。

输入命令的方式：

(1) 菜单栏：选择【绘图】—【块】—【定义属性】命令。

(2) 命令：Attdef。

图 9－2 所示为【属性定义】对话框。对话框中各选项的含义如下：

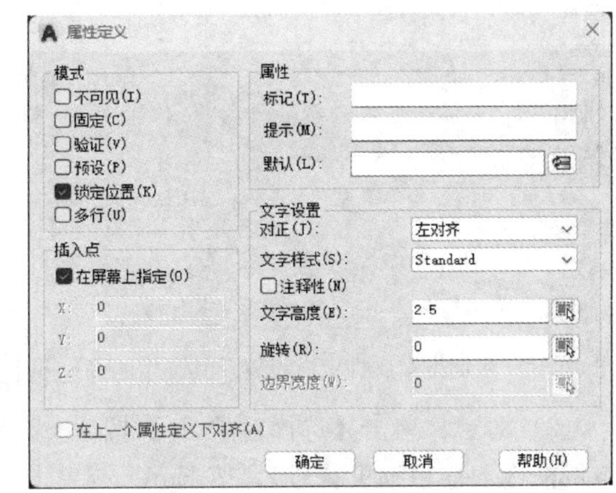

图 9－2 【属性定义】对话框

(1) 模式区域。

不可见：若选中，插入图块后，其属性值不在图形中显示出来（一般不选）。

固定：若选中，插入图块时，其属性值是一常数，不可变（一般不选）。

验证：若选中，每次插入图块时，系统都会对用户输入的属性值给出校验提示，以确认用户输入的属性值是否正确（一般不选）。

预设：若选中，每次插入图块时将直接以初始值插入（一般不选）。

(2) 属性区域。

标记：用于输入属性标记（必须设置）。此例输入“CCD”（粗糙度首字母）。

提示：用于输入属性提示，该提示将出现在每次插入属性图块时，作为引导用户正确输入属性值之用（必须设置）。如果不设此项，系统将自动以属性标记作为属性提示。此例输入“Ra=”。

默认：该项用于设置属性默认初始值。此例输入常用值“Ra 3.2”。

(3) 文字设置区。

对正：用于定义属性文本的对齐方式。

文字样式：用于选择属性文本的字型。

文字高度：用于确定属性文本的字高。

旋转：用于确定属性文本的旋转角度。

(4) 插入点。单击【拾取点】按钮，可返回绘图区用鼠标指定属性文本的插入点，也可以在 X、Y、Z 文本框中直接输入。

(5) 在上一个属性定义下对齐。选中时，表示该属性将继承上一属性的部分参数。

设置完后，单击按钮 确定 ，完成属性定义。

图 9－3 所示为“粗糙度”属性定义设置及所产生的图形结果。

二、创建图块

输入命令的方式：

(1) 菜单栏：选择【绘图】—【块】—【创建】命令。

(2) 工具栏：单击【绘图】工具栏中的【创建块】按钮。

(3) 命令：Block。

【块定义】对话框如图 9－4 所示。

(1) 名称：在该框中输入新建图块的名称。其下拉列表中将列出当前图形中已经定义的图块名。在同一图形中，不能定义两个相同名称的图块，如果同名，图块将被重新定义，以前的图块将被覆盖。

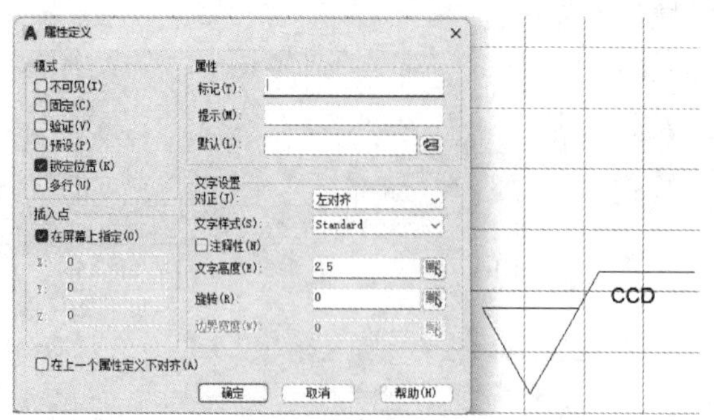

图 9－3 “粗糙度”属性定义设置及其产生的图形效果

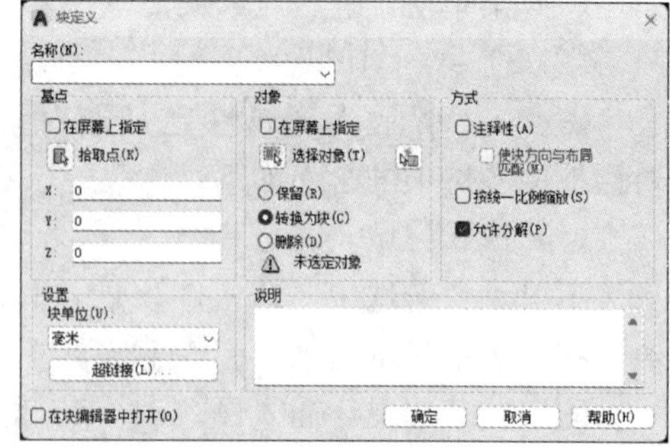

图 9－4 【块定义】对话框

（2）对象：单击【选择对象(I)】按钮，将返回绘图区选择要定义成图块的图形实体（本例框选表面粗糙度符号），按 Enter 或单击鼠标右键确认后返回。

（3）基点：单击【拾取点】按钮，将返回绘图区选择图块将来插入时的基准点（本例应以粗糙度符号的尖点作为插入基点）。选择返回后，X、Y、Z 三个文本框中将自动出现捕捉到的基点坐标值（用户也可直接在文本框中输入坐标以确定图块的插入点）。

（4）保留：建立图块后，保留创建图块的原图形实体。

（5）转换为块：建立图块后，将原图形实体也转换为块。

（6）删除：建立图块后，删除创建图块的原图形实体。

（7）预览图标：该区域用于选择是否为所建立的图块建一个图标（通常选择“从块的几何图形创建图标”）。

（8）块单位：从下拉列表框中可选择图块插入时的单位（常用毫米）。

（9）说明：可在文字编辑框中输入对所定义图块的相关文字描述（一般可不用）。设置完成后，单击【确定】按钮即完成图块的定义。

例如，将一个标题栏定义为图块，名称为“标题栏”（基点为标题栏的右下角）；将一个二极管定义成图块，名称为“二极管”（基点为尖点）。

注 意

（1）在创建图块时的【块定义】中，块定义的名称最好与属性标记相同。此例的块名称应为“CCD”。

（2）选择对象时，应将图形及 CCD 文本一起选中（即图块与属性成一个整体）；否则在插入属性块时将不会出现属性值。

三、插入属性图块的操作

插入属性块的操作与插入普通图块的操作基本相同，不同之处是在命令行中会出现提示信息，引导用户按不同的属性值插入属性图块。

例如，用“CCD”属性图块插入一个属性值为 3.2 及属性值为 1.6 的粗糙度符号。

输入命令的方式：

（1）菜单栏：选择【插入】—【块】命令。

（2）工具栏：单击【绘图】工具栏中的【插入块】按钮。

（3）命令：Insert。

在打开的【插入】对话框中，选择“CCD”块名称，单击 确定 按钮后，命令行出现的提示如下：

指定插入点或［**基点**（B）/ **比例**（S）/ X/ Y/ Z/ **旋转**（R）/ **分解**（E）/ **重复**（RE）］：_Scale

指定 XYZ **轴的比例因子**<1>：1

指定插入点或［**基点**（B）/ **比例**（S）/ X/ Y/ Z/ **旋转**（R）/ **分解**（E）/ **重复**（RE）］：_Rotate

指定旋转角度<0>：0

左键点击基点，输入属性值，Ra=<3.2>：

若按 Enter 键，则得到属性值为 Ra 3.2 的属性块；若输入 1.6 再按 Enter 键，则得到属性值为 1.6 的属性块图形（以此类推），如图 9－5 所示。

注 意

（1）输入大于 1 的比例系数，插入的图块将被放大；输入小于 1 的比例系数，插入的图块将被缩小。

（2）可输入不同的旋转角度插入图块，如图 9－6 所示。

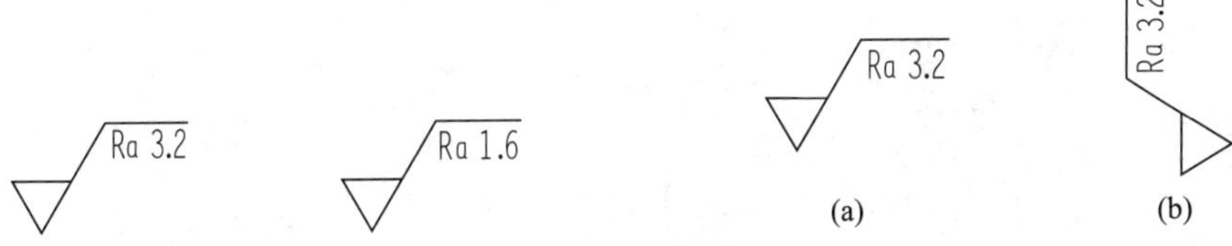

图 9－5　输入不同属性得到不同属性块图形

图 9－6　旋转角度插入图块
（a）原角度；（b）旋转角 90°

四、编辑已插入的属性块

如果要对已经插入的属性图块进行修改，操作非常简单。只需双击某属性文字，例如，双击图 9－5 中的 1.6，可打开【增强属性编辑器】对话框，如图 9－7 所示。

在图 9－7 所示的【属性】选项卡中，可修改属性值，例如将 Ra 1.6 改为 Ra 6.3。

在图 9－8 所示的【文字选项】选项卡中，可修改字高、对齐方式等。

在图 9－9 所示的【特性】选项卡中，可修改属性文字的图层、颜色等。

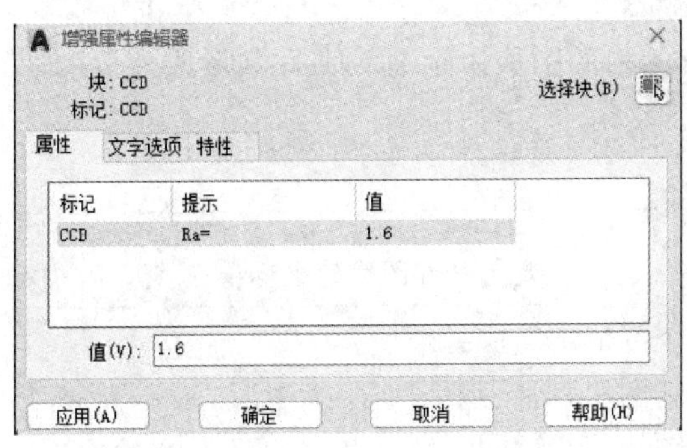

图 9－7　【增强属性编辑器】对话框中的【属性】选项卡

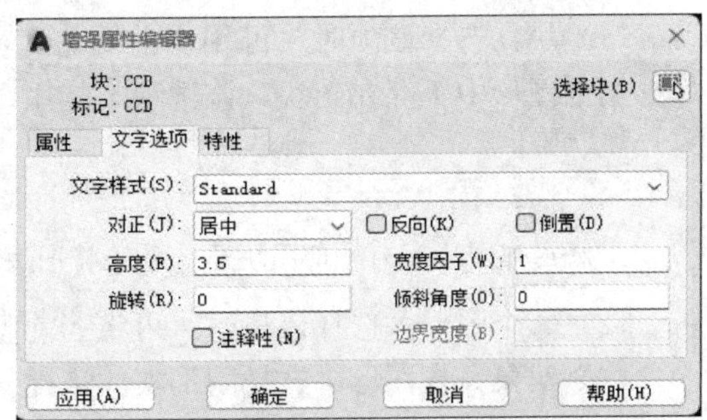

图 9－8　【增强属性编辑器】对话框中的【文字选项】选项卡

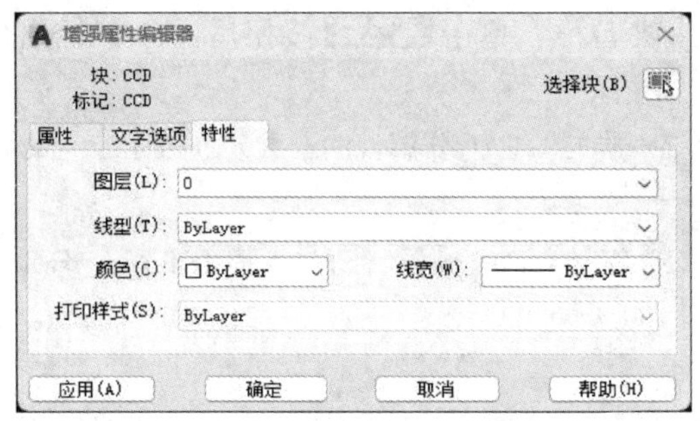

图 9－9 【增强属性编辑器】对话框中的【特性】选项卡

修改完后，单击 确定 按钮即可。

五、创建外部图块

用 Block 命令定义的图块只能在当前图形中使用，称为内部图块，内部图块将保存在本图形中。外部图块是指可为各图形公用的图块，称为外部图块，外部图块是作为图形文件单独保存在磁盘上的，与其他图形文件并无区别。同样可以像图形文件一样打开、编辑和保存，并同内部图块一样插入。外部图块只能从键盘输入命令来定义。

Wblock 命令是一个特殊命令，下拉菜单和工具条上都没有此项命令，只能从命令行中输入，将输入法切换成英文状态通过键盘输入。

输入命令的方式：输入命令 Wblock，按 Enter 键后打开【写块】对话框，如图 9－10 所示。

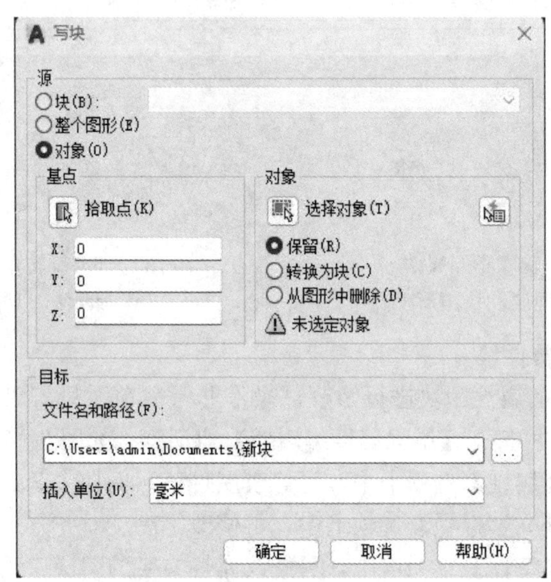

图 9－10 【写块】对话框

（1）块：选择该项时，可用当前图中已有的内部图块来定义块文件（形成外部图块），如果当前图形中不存在图块，该选项不能用。

注意

将内部图块写为外部图块后，系统将图块的插入点指定为外部图块的坐标原点（0，0，0）。

（2）整个图形：选择该项时，可将当前整个图形定义成一个块。

（3）对象：在图形中选择图形实体来建立新图块（常用）。

（4）选择对象、基点、插入单位等与内部图块定义相同。

（5）文件名和路径：系统默认的存盘路径和文件名（新块）将出现在此框中，用户可在此修改存盘路径和文件名。

设置完后，单击[确定]按钮即可完成外部图块的定义。

例如，将常用的标题栏定义成一个外部图块；将粗糙度符号、基准符号、剖切符号等分别定义成具有属性的外部图块。

注意

Wblock命令定义的外部图块不会保留图形中未用的层定义、块定义、线型定义等。因此，如果将整个图形定义成外部图块，作为一个新文件与原文件相比，它大大减少了文件的字节数。

六、图块的分解

图块的分解是建立图块的逆过程，一个图块是一个整体图形，当绘图中需要对图块中的某实体进行编辑修改时，必须将图块进行分解。

输入命令的方式：

(1) 选择【修改】—【分解】命令。

(2) 单击【编辑】工具栏中的【分解】按钮。

(3) 命令：Explode。

系统提示：

选择对象：

选中后，按Enter键或单击鼠标右键即可分解选中的对象。

七、修改图块

(1) 修改用Block命令创建的图块。先修改这种图块中的任意一个，修改前应先将该图块分解或重新绘制，然后以相同的名重新定义块。重新定义后，系统会立即修改该图形中所有已插入的同名图块。

(2) 修改由Wblock命令创建的图块。用【打开】命令打开该图块文件，修改后保存即可。

八、确定图形文件的插入基点

当在一幅图形中插入另一个图形文件时，系统一般将该图形文件的坐标原点（0，0，0）作为插入基点，故而给用户带来不便。AutoCAD提供的Base命令可以使用户自定插入基点，使插入图形时易于控制图形的位置。

操作步骤如下：

(1) 打开需要指定插入基点的文件。

(2) 选择【绘图】—【块】—【基点】命令（或在命令行输入Base）。

(3) 系统提示：

输入基点 <0.0000，0.0000，0.0000>：

AutoCAD菜单实用程序已加载。输入基点 <0.0000，0.0000，0.0000>：

此时，可在命令行输入基点的坐标，也可以直接在图形中用鼠标点取即完成基点定义。

九、分解块

如果想修改所插入块中的单个对象，可首先使用分解块引用。通过分解块引用，可以修改块，或者添加、删除块定义中的对象以及创建新的块定义。可以在插入时就预先设置是否将块分解引用。

输入命令的方式：

(1) 菜单栏：选择【修改】—【分解】命令。

(2) 工具栏：单击【绘图】工具栏中的【分解】按钮。

(3) 命令：Explode。

操作步骤如下：

(1) 执行分解命令。

(2) 提示选择对象时，选定要分解的块。

(3) 块引用被分解为其部件对象，但是块定义仍然存在于图形的块符号表中。

第三节 尺 寸 标 注

一、创建尺寸标注样式

如图 9-11 所示的减速器中间齿轮轴零件图，其中的尺寸注法按标注形式分为公称尺寸、公称尺寸+尺寸偏差、公称尺寸+公差代号+尺寸偏差三种类型。按尺寸类型分为线性尺寸、半径尺寸、直径尺寸、非圆视图直径尺寸四种形式。

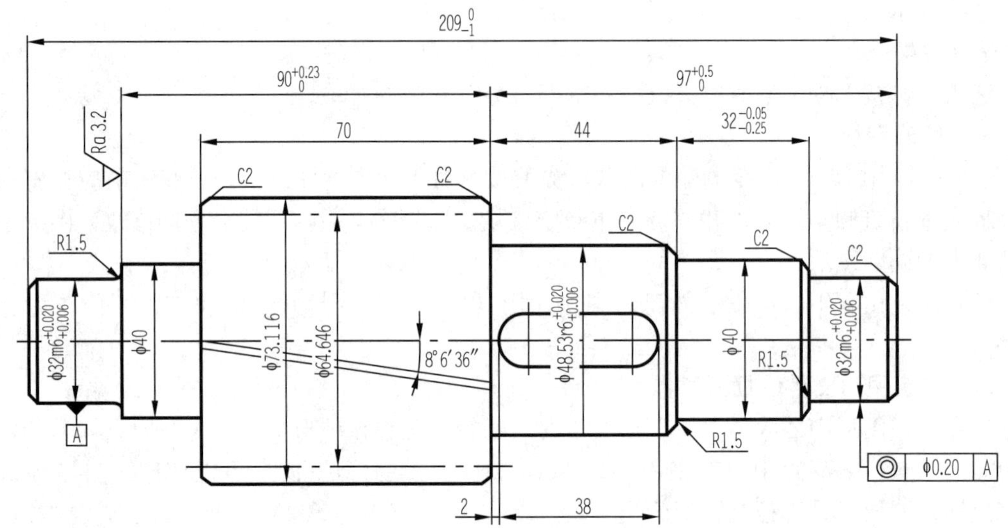

图 9-11 减速器中间齿轮轴零件图

对于多种形式的尺寸标注，AutoCAD 是通过标注样式来实现的。所谓标注样式就是用以控制标注线、标注文字、尺寸界线、尺寸箭头等外观形式的一组标注系统变量的集合。绘图前必须对这些变量值进行设置，控制尺寸标注的外观表现，使尺寸标注符合国家标准规定要求。

AutoCAD 绘图系统提供了一系列标注样式，存放在 ACADISO. DWT 样板中，用户可以通过【标注样式管理器】对话框，完成各种标注样式的创建。

选择【注释】—【标注样式】命令，单击注释工具条右下角的箭头，打开【标注样式管理器】对话框，如图 9-12 所示。用户通过这个对话框可以新建、修改或替代一个标注样式。也可对两个标注样式进行【比较】，或将标注时所用的标注样式【置为当前】。

1. 新建尺寸样式

为完成如图 9-11 所示零件的尺寸标注，至少需要创建线性尺寸、非圆直径尺寸、公差 3 种标注样式。单击【新建】按钮，打开【创建新标注样式】对话框，如图 9-13 所示。在新样式名文本框中输入【线性尺寸】，在【基础样式】下拉列表框中选择【ISO-25】选项，在【用于】下拉列表框中选择【所有标注】选项。

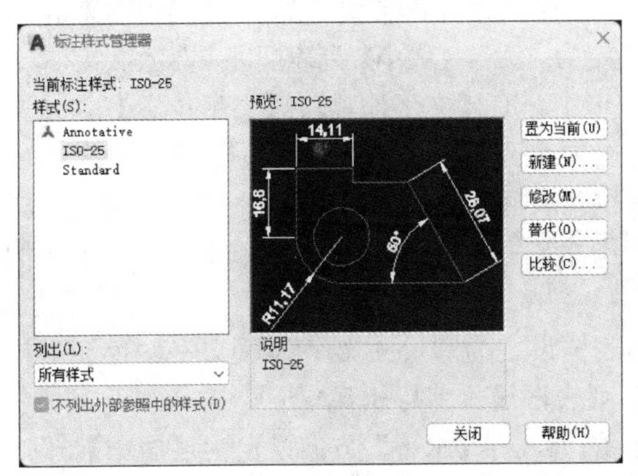

图 9-12 【标注样式管理器】对话框

图 9-13 【创建新标注样式】对话框

单击【继续】按钮，打开【新建标注样式】对话框，如图 9-14 所示。该对话框中共有【线】、【符号和箭头】、【文字】、【调整】、【主单位】、【换算单位】及【公差】7 个选项卡，可以分别完成尺寸界线、尺寸线、尺寸数字、尺寸标注形式及公差形式的设置。

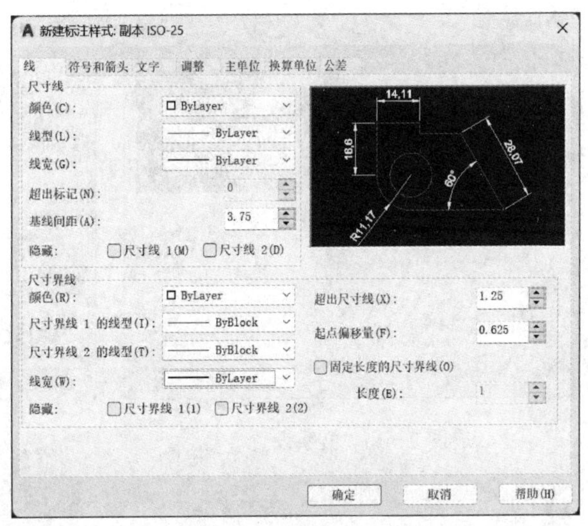

图 9-14 【新建标注样式】对话框

(1) 线。【线】选项卡中有【尺寸线】和【尺寸界线】两个选项区域。

1) 尺寸线设置。对于机械零件图，【颜色】和【线宽】下拉列表框均设置为“随层 (ByLayer)”。【基线间距】列表框用于控制基线标注时两条尺寸线之间的间距，与尺寸文字的高度有关，对使用 3.5 号字的图纸，可以设置为 5。在【隐藏】选项中如果选择【尺寸线 1】或【尺寸线 2】复选框，可以用来显示或隐藏尺寸线，这种用法比较特殊，仅在个别情况下才使用，故一般保持缺省设置。

2) 尺寸界线设置。与尺寸线一样，【颜色】和【线宽】下拉列表框均设置为“随层 (ByLayer)”。【超出尺寸线】列表框用于控制尺寸界线超过尺寸线部分的长度，国家标准中没有详细规定，取缺省值 1.25 即可。【起点偏移量】列表框，用于确定尺寸界线的实际起始点超出其定义点的偏移距离。根据国家标准，此项应设置为 0。【隐藏】选项与【尺寸线】选项区域的设置相同。

(2) 符号和箭头。【符号和箭头】选项卡中有【箭头】、【圆心标记】、【折断标注】、【弧长符号】、【半径折弯标注】和【线性折弯标注】6 个选项区域。

1) 箭头设置。通常情况下，尺寸末端采用实心箭头，故将【第一个】、【第二个】和

【引线】3 个下拉列表框均设置为“实心闭合”。箭头大小与文字大小相关，对使用 3.5 号字的标注，将其设定为 2.5。

2）圆心标记设置。【圆心标记】选项区域用于设置圆心标记的类型和大小，我国国家标准一般不使用圆心标记，因此将【类型】下拉列表框设定为“无”，【大小】列表框进入非激活状态。

（3）文字。在图 9－15 所示的【文字】选项卡中，有【文字外观】、【文字位置】和【文字对齐】3 个选项区域。为完成文字设置，首先要创建【文字样式】。如果用户尚未完成【文字样式】的创建，则可单击【文字样式】下拉列表框右边的按钮[...]，在打开的【文字样式】对话框（见图 9－16）中，创建样式名为“尺寸文字”，字体名为“txt.shx”，宽度比例可设置为 0.7。

1）文字外观设置。将【文字样式】下拉列表框设定为“尺寸文字”，【文字颜色】下拉列表框设定为“随层（Bylayer）”，【文字高度】列表框输入字高 3.5。

2）文字位置设置。将【垂直】方向设定为【上】，将【水平】方向设定为【居中】。【从尺寸线偏移】选项控制文字离开尺寸线的位置，以便用户看图，按 CAD 标准输入 1。

3）文字对齐设置。一般选择【与尺寸线对齐】单选按钮。如果需要，也可以选择【ISO 标准】单选按钮。若用户要求强制文字水平标注时，则选择【水平】单选按钮。

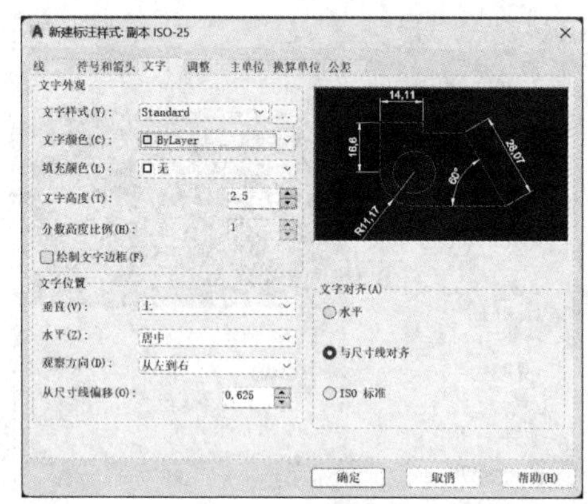

图 9－15 文字设置

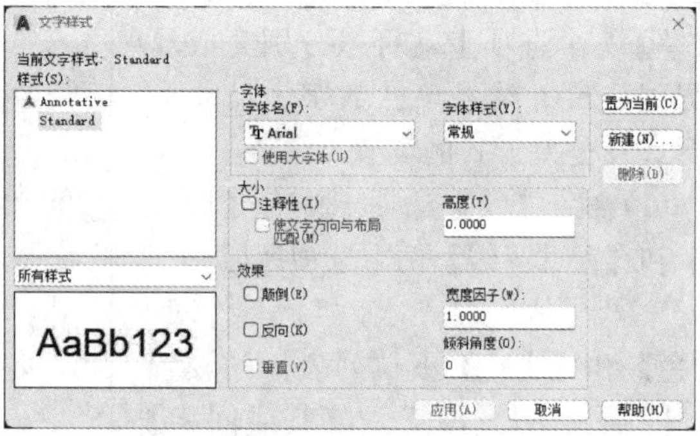

图 9－16 【文字样式】对话框

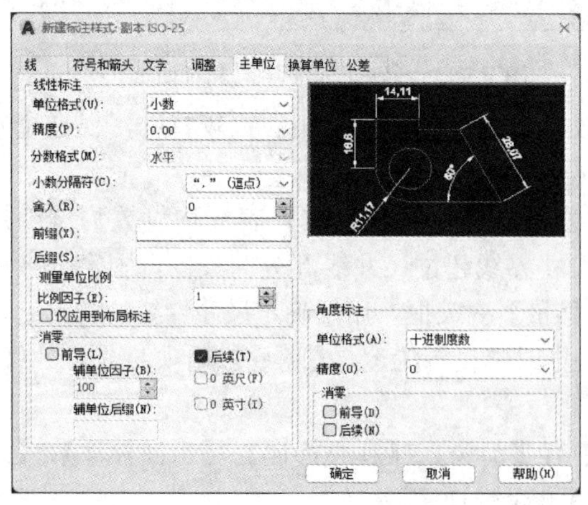

图 9－17 主单位设置

（4）调整。【调整】选项卡用于控制尺寸文字、尺寸线和尺寸箭头的位置，共有【调整选项】、【文字位置】、【标注特征比例】和【优化】4 个选项区域。【调整】选项卡的设置需要一定的使用经验，系统缺省设置已经能够满足大部分标注需要，初学者保持缺省选项即可。

（5）主单位。【主单位】选项卡用于设置主单位的格式与精度，以及尺寸文字的前、后缀，如图 9－17 所示。

在【线性标注】选项区域中，【单位格式】下拉列表框对于机械工程图一般设定为“小数”，【精度】下拉列表框设定为两位小数（0.00）。根据中国数字分隔习惯，【小数分隔符】下拉列表框选择“句点”选项。

文字前缀和后缀的设置比较复杂，用户需要根据具体标注内容进行设置。对于非圆视图直径尺寸，【前缀】文本框中应输入代表 ϕ 的“%%C”，在机械制图中，对于多个相同图素一次标注时要输入“N×”（N 表示相同图素的个数）。尺寸后缀可以是公差代号或其他内容。

在【角度标注】选项区域中，【单位格式】下拉列表框对于机械工程图一般设定为“十进制度数”或“度分秒”，【精度】下拉列表框设定为两位小数（0.00）。

（6）换算单位。【换算单位】选项卡用于确定换算单位的格式，只有选择【显示换算单位】后才能进行设置。操作步骤与主单位设置基本相同，但对国内用户来说一般不用设置。

（7）公差。【公差】选项卡控制尺寸公差标注方式，是整个标注样式设置的难点，如图 9-18 所示。下面以较复杂的极限偏差设置为例，讲述公差设置的一般方法。

由于没有设置换算单位，【公差】选项卡只有左上方的选项需要设定。将【方式】下拉列表框设定为“极限偏差”，【精度】下拉列表框设定为三位小数（0.000）。【上偏差】列表框中默认值为正偏差，需要输入 0.025，【下偏差】列表框中默认值为负偏差，故对 −0.02 只需输入 0.02。【高度比例】列表框用于控制偏差文字与公称尺寸文字的高度比值，按国家标准设定为 0.7。【垂直位置】下拉列表框控制文字的垂直方向排版，可设置为“中”。

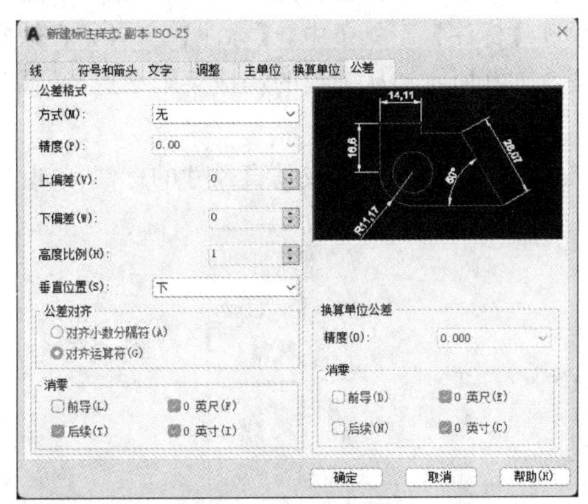

图 9-18　公差设置

单击按钮［确定］，返回图 9-12 所示的【标注样式管理器】对话框，即完成线性尺寸标注样式的设置。

2. 标注样式修改

标注样式设定后，可能会出现与设计者意图不同的地方，AutoCAD 提供了对标注样式修改的功能。首先拾取需要修改的标注样式，再单击【标注样式管理器】对话框中的【修改】按钮，如图 9-12 所示，打开【修改标注样式】对话框。其中，标注内容及操作方法与【新建标注样式】对话框完全相同，不再重复介绍。

3. 标注样式替代

对于一个图样中不同偏差的尺寸标注，如果针对每个偏差形式设置一种标注样式，工作量会增加，也没有什么必要。此时可以先选中被替代的标注样式，然后单击【替代】按钮，在打开的【替代当前样式】对话框中进行设置。样式替代操作与新建样式的操作对话框一样，但不必做全面的设置，仅需对少数内容进行更改。

利用样式替代可以快速地完成一个只有少量标注内容更改的尺寸的标注。一个样式可以有多个替代样式同时存在于图形中，但一个样式修改后只能以最后修改的样式呈现在图形中。再次将基础样式设置为当前时，替代样式将被删除，但利用样式替代标注完成的尺寸不会被更新。

4. 标注样式比较

比较是为了了解两个标注样式的异同，单击【比较】按钮，系统将打开【比较标注样式】对话框，如图 9－19 所示。在【比较】下拉列表框中选取一种标注样式，再在“与”下拉列表框中选取另一种样式，在下方的文本框中就会列出两种比较的结果。

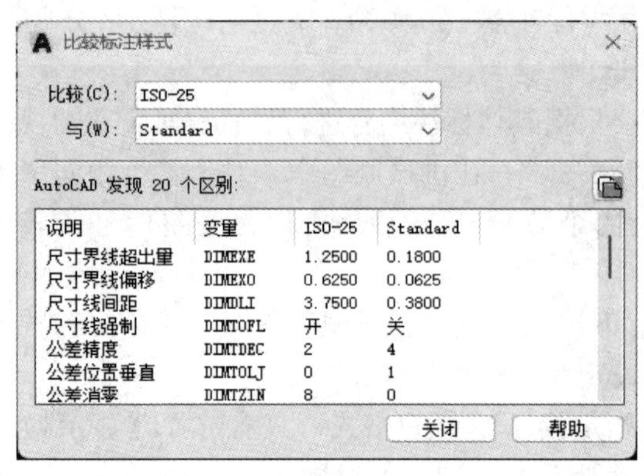

图 9－19 【比较标注样式】对话框

二、尺寸标注命令

AutoCAD 所有的尺寸标注命令有菜单和工具栏两种形式，分别集中在【标注】下拉式菜单和【标注】工具条中。【标注】工具条在缺省状态下是折叠的，用户可以单击下拉箭头，如图 9－20 所示，从弹出的快捷菜单中选择所需的标注命令。

1. 线性标注

线性标注用于水平或垂直尺寸的标注，如图 9－21 所示。

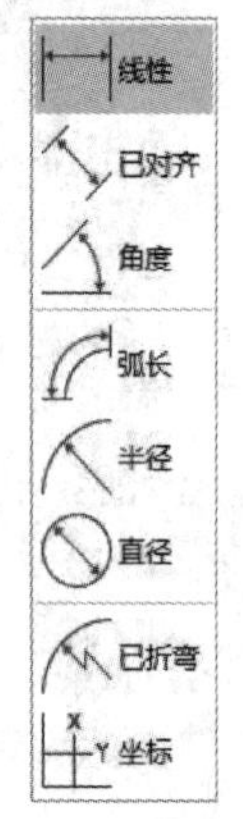

图 9－20 【标注】工具按钮

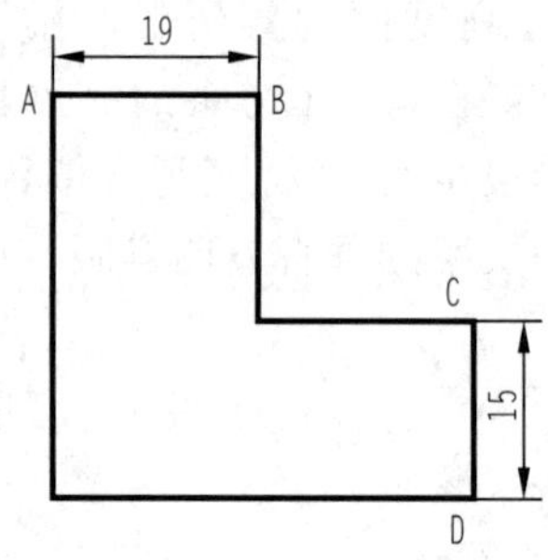

图 9－21　线性标注

单击【线性标注】按钮⟼，系统提示：

指定第一条尺寸界线原点或＜选择对象＞：（按下【对象捕捉】，拾取图中 *A* 点）

系统提示：

指定第二条尺寸界线原点：（再拾取 *B* 点。移动光标将跟随光标的尺寸线放置在合适的位置，最后单击鼠标左键，即完成一个线性尺寸的标注）

在系统提示“指定第一条尺寸界线原点或＜选择对象＞”时，也可以单击鼠标右键或按 Enter 键。此时系统弹出【选择标注对象】提示，移动方框形光标，拾取图中的 *CD* 线段。再按上面同样的步骤操作，也可完成一个线性尺寸的标注。

在用户确定尺寸线的位置前，系统有“[多行文字（M）/文字（T）/角度（A）/水平（H）/垂直（V）/旋转（R）]”选项供选择，具体含义如下：

（1）多行文字（M）：允许用户通过“多行文本编辑器”输入新的尺寸数值，以代替系统测量值。

（2）文字（T）：与多行文字（M）选项功能相同，只是通过命令行给出“输入标注文字 <15>”提示，从命令行输入新的尺寸数值。

（3）角度（A）：通过命令行输入角度值，将尺寸文字标注成与尺寸线呈一定的角度。

（4）水平（H）或垂直（V）：将标注类型切换为水平标注或垂直标注。

（5）旋转（R）：通过命令行输入角度值，将尺寸界线旋转一个角度。

2. 对齐标注

对齐标注用于创建尺寸线与图形中的轮廓线相互平行的尺寸标注，如图 9-22 中的长度尺寸 29。

单击【对齐标注】按钮，按提示拾取 B、C 两点，或先右击，再拾取 BC 线段，移动光标单击定位，即可完成对齐尺寸的标注。

对齐标注的操作步骤和选项与线性标注相同，不再重复阐述。

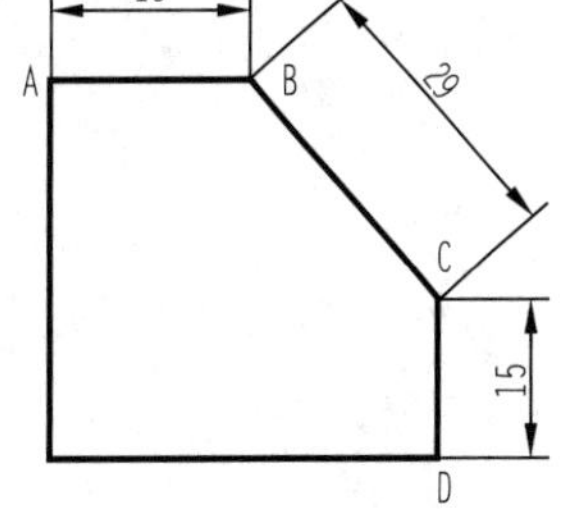

图 9-22　对齐标注示例

3. 坐标标注

坐标标注用于创建坐标点的标注，如图 9-23 所示。

图 9-23 中 4 个圆的形式和直径一样，其相互位置关系要求十分严格，需使用坐标镗床加工，此时就需要进行坐标标注。

单击【线性】工具栏右侧的下拉箭头，选择坐标标注按钮，利用“对象捕捉”功能拾取一个圆心，水平移动光标即出现 Y 坐标值，垂直移动即出现 X 坐标值，待位置合适时单击，即完成一个坐标值的创建。

4. 半径标注

半径标注用于圆或圆弧的半径尺寸标注，如图 9-24 所示。

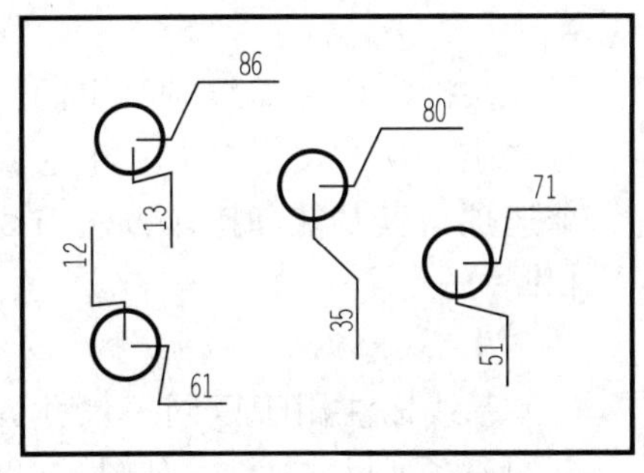

图 9-23　坐标标注示例

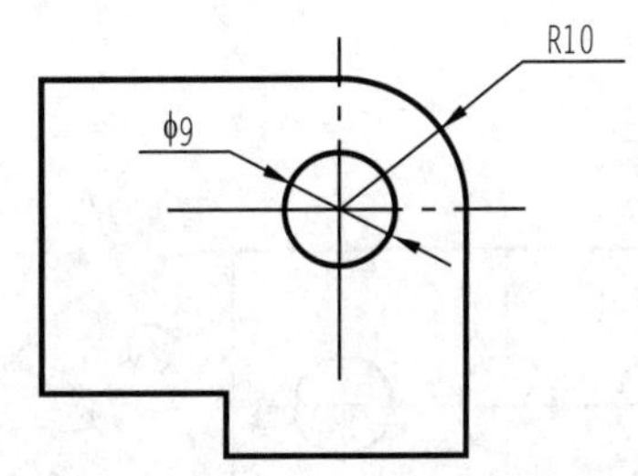

图 9-24　半径和直径标注示例

单击【线性】工具栏右侧的下拉箭头，选择半径标注按钮，系统提示“选择圆弧或圆”，移动光标拾取图中的圆弧。系统提示：

指定尺寸线位置或［多行文字（M）/ 文字（T）/ 角度（A）］：（移动光标使半径尺寸文字位置合适，单击鼠标左键指定尺寸线位置，结束半径标注）

系统提供的 3 个选项，其功能和操作方法与线性标注相同。

5. 直径标注

直径标注用于圆或圆弧的直径尺寸标注，如图 9-24 所示。

单击【线性】工具栏右侧的下拉箭头，选择直径标注按钮⊘，系统提示：

选择圆弧或圆：（移动光标拾取图中的圆弧）

指定尺寸线位置或［多行文字（M）/文字（T）/角度（A）］：（移动光标使直径尺寸文字位置合适，单击鼠标左键指定尺寸线位置，结束直径标注）

6. 角度标注

角度标注用于圆弧包角、两条非平行线的夹角及三点之间夹角的标注，如图 9－25 所示。

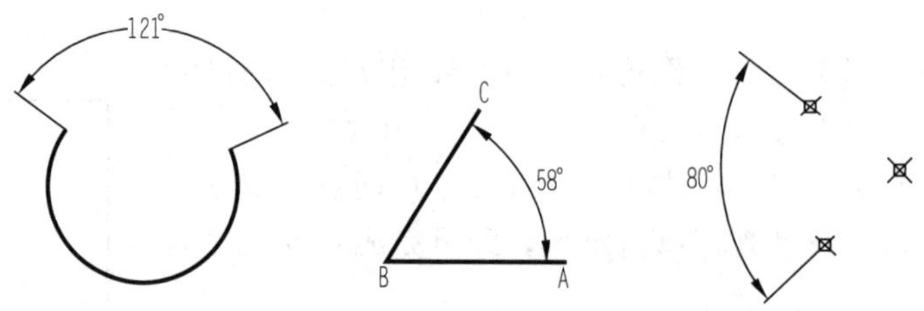

图 9－25　角度标注示例

单击【线性】工具栏右侧的下拉箭头，选择角度标注按钮△，系统提示：

选择圆弧、圆、直线或<指定顶点>：

对于圆弧包角的标注，先拾取圆弧的一个端点。此时系统提示：

指定标注弧线位置或［多行文字（M）/ 文字（T）/ 角度（A）］：（单击确定弧线位置，即完成角度的标注）

对于两条非平行线的夹角，则依次拾取形成夹角的两条直线，并确定标注弧线位置，即完成两条非平行线之间的角度标注。

对于三点之间夹角的角度标注，需先单击鼠标右键或按 Enter 键。待命令行出现“指定角的顶点”提示时，利用“对象捕捉”功能拾取顶点，再依次拾取两个端点，最后确定标注弧线位置，即可完成三点之间夹角的标注。

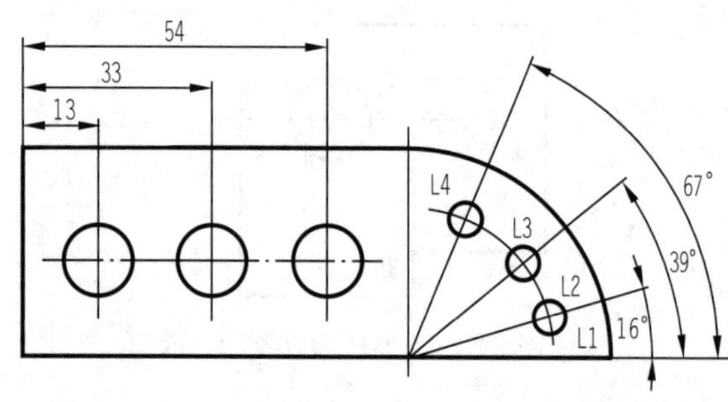

图 9－26　基线标注示例

在指定标注弧线时给出的“或［多行文字（M）/文字（T）/角度（A）］”3 个选项，其功能和操作方法与线性标注相同。

7. 基线标注

基线标注用于以同一尺寸界线为基准的一系列尺寸标注，如图 9－26 所示。

基线标注是一个比较特殊的标注，为创建基线标注，首先必须完成线性、坐标或角度关联标注。然后单击【标注】下拉菜单中的基线标注按钮⊢⊣，系统提示：

指定第二条尺寸界线起点或［放弃（U）/ 选择（S）］<选择>：（将光标移动到第二条尺寸界线起点，单击鼠标左键确定，即完成一个尺寸的标注）

重复拾取第二条尺寸界线起点操作，可以完成一系列基线尺寸的标注。基线标注中尺寸线之间的间距，由标注样式中的基线间距控制。

指定第二条尺寸界线起点时，给出的“[放弃（U）/选择（S）]<选择>：”两个选项含义如下：

（1）放弃（U）：取消基线标注命令，单击鼠标右键，可再次进行基线标注。

（2）选择（S）：用户放弃系统默认的第一条尺寸界线，用户重新选取基准标注。

8．连续标注

连续标注用于尺寸线串联排列的一系列尺寸标注，如图 9－27 所示。

连续标注与基线标注一样，必须以线性、坐标或角度标注作为创建基础。在完成基础标注后，单击【标注】下拉菜单中的基线标注按钮 ⊢⊣⊣，系统在命令行给出与基线标注一样的提示。用户按照与创建基线标注相同的步骤进行操作，即可完成连续标注。

9．引线标注

引线标注用于标注一些注释、说明和形位公差等，如图 9－28 所示。

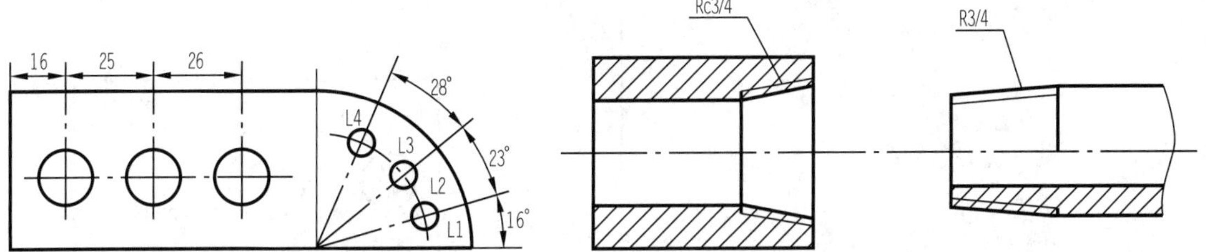

图 9－27　连续标注示例　　图 9－28　引线标注示例

引线标注是一个比较复杂的标注命令，命令行输入 QLEADER，系统提示：

指定引线起点或［设置（S）］<设置>：

因为引线的形式多种多样，为符合国家标准的要求，一般要先进行设置，所以在命令输入 S，按 Enter 键或单击鼠标右键，打开【引线设置】对话框进行设定，如图 9－29 所示。

【引线设置】对话框是一个多选项卡对话框，共有【注释】、【引线和箭头】和【附着】3 个选项卡。

在【注释】选项卡中有【注释类型】、【多行文字选项】和【重复使用注释】3 个选项区域。对图 9－28 所示的引线标注，分别选择【多行文字】、【始终左对齐】和【无】单选按钮。

在【引线和箭头】选项卡（见图 9－30）中有【引线】、【箭头】、【点数】和【角度约束】4 个选项区域，分别设置为“直线”“无”“无限制”和“任意角度”。

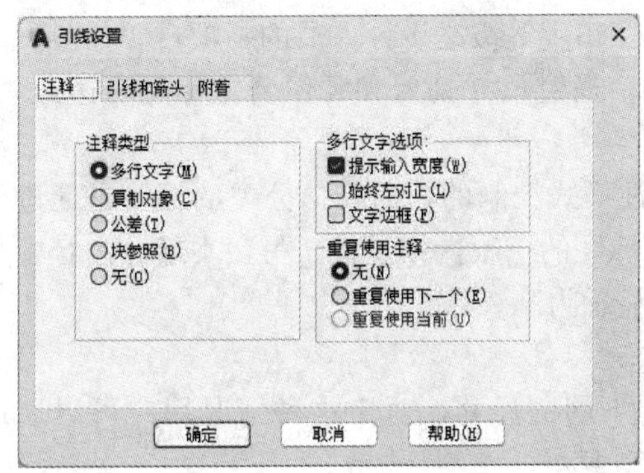

图 9－29　引线注释设置

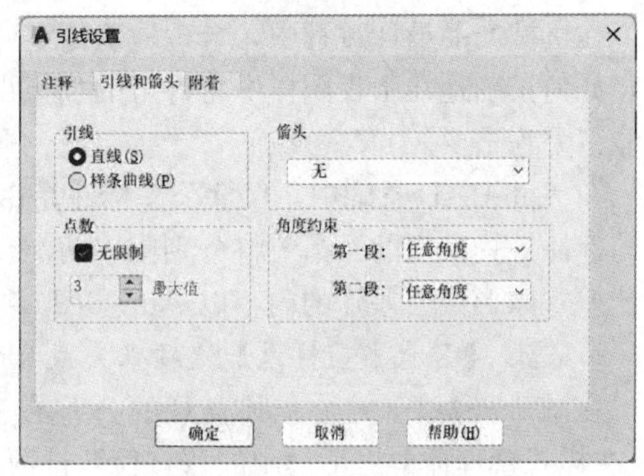

图 9－30　引线和箭头设置

【附着】选项卡用于设置文字的附着位置，在此选择【最后一行加下划线】复选框，如图 9 - 31 所示。然后将光标移动到需要引出标注的图素上，单击指定引线起点。移动光标，重复单击操作进行引线的绘制，待命令行提示“指定下一点”时，右击结束引线绘制。

在命令行给出“输入注释文字的第一行<多行文字（M）>”提示下，按 Enter 键打开【多行文本编辑器】对话框供用户输入文本。也可以在命令行中输入单行文本，系统允许重复输入多行文本，直至出现“输入注释文字的下一行”提示按 Enter 键，结束引线标注。

10. 快速标注

快速标注是一个具有智能推测功能的组合标注工具，可以快速创建一系列标注。例如，创建系列基线或连续标注，或者为一系列圆或圆弧创建标注，如图 9 - 32 所示。

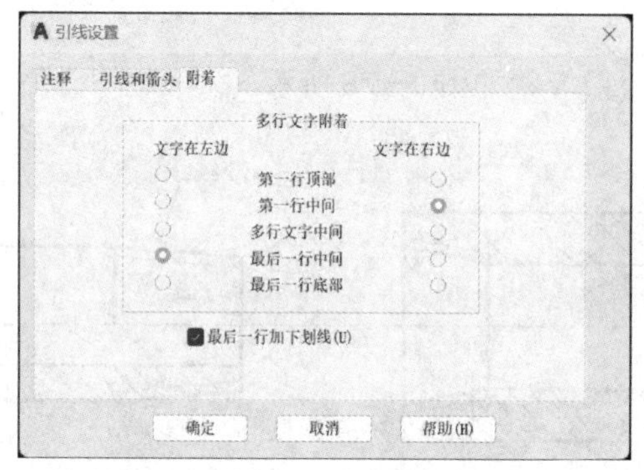

图 9 - 31 文字附着设置

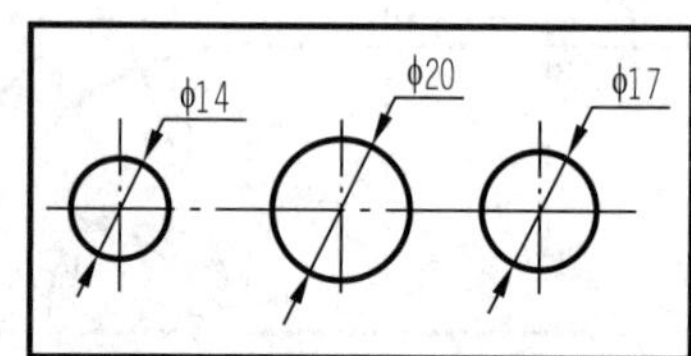

图 9 - 32 快速标注示例

单击【注释】工具栏中的按钮，系统给出“选择要标注的几何图形”，用户一次可以拾取多个几何图形。右击结束选择操作时，系统提示：

选择对象或指定第一个尺寸界线原点或［角度（A）/ 基线（B）/ 连续（C）/ 坐标（O）/ 对齐（G）/ 分发（D）/ 图层（L）/ 放弃（U）］：（直接单击鼠标，指定尺寸线位置，则创建尖括号中给出的选项；输入选项关键字母，则创建对应的标注）

11. 圆心标记

圆心标记是一个中国用户使用较少的标注，用于创建指示圆心位置的标记，其大小和形式在【标注样式管理器】对话框中设定。

本命令操作十分简单，单击【圆心标记】按钮后，拾取需要标记的圆即完成。

三、尺寸公差标注

在机械产品设计过程中，合理地确定零件加工精度等级是设计人员的一项重要任务。因此，如何正确地在工程图样中将许可的加工误差，通过尺寸公差和几何公差标注表达出来，就显得尤为重要。

在 AutoCAD 系统中，尺寸公差标注是由标注样式控制的，而几何公差的标注是通过专门的标注工具实现的。本节将分别阐述两类公差标注的一般操作过程。另，本部分内容中几何公差（原形位公差）的内容以 AutoCAD 系统显示为准。

1. 通过【替代当前样式】选项来完成尺寸公差标注

在图 9 - 33 中，4 个非圆直径的公差有三种不同的尺寸，对于这种情况用户可以通过【标注样式管理器】对话框中的【替代】选项来完成标注。

打开【标注样式管理器】对话框，如图 9 - 12 所示。选择【线性标注】标注样式，单击

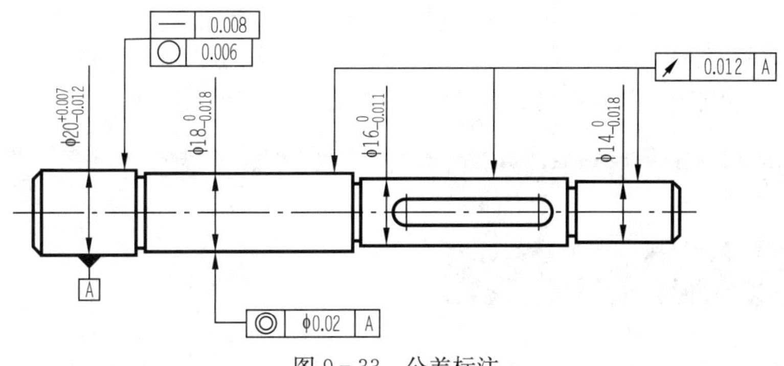

图 9－33　公差标注

【替代】按钮，打开【替代当前样式】对话框，将【公差】选项卡设置为当前，完成如图 9－34 所示的各项参数值的设置。

单击[确定]按钮，返回【标注样式管理器】对话框，单击【置为当前】按钮，并关闭对话框。重新启动线性标注命令，即可完成 $\phi 20^{+0.007}_{-0.012}$ 的标注。重复替代操作，完成所有非圆直径尺寸及偏差的标注。

2. 用多行文字编辑器标注尺寸公差

由于机械工程图中的尺寸公差是各种各样的，如按创建公差标注样式的方法来标注，是一个很烦琐的工作，即使使用样式代替功能，也是不方便的。用多行文字编辑器来进行尺寸公差的标注，便容易得多。下面以图 9－35 所示的公差标注为例，叙述用多行文字编辑器来进行尺寸公差标注的方法和步骤：

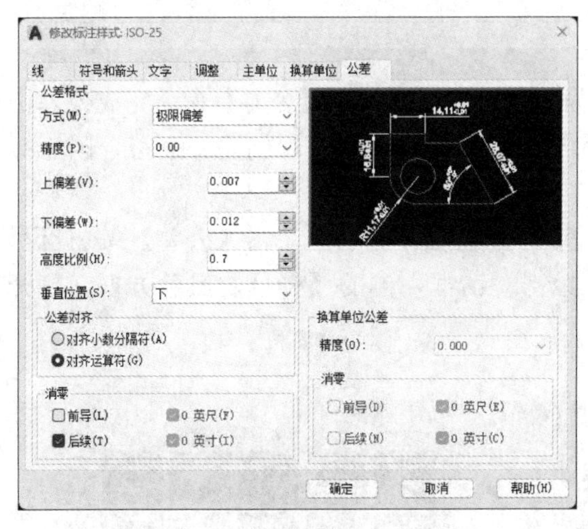

图 9－34　偏差替代标注样式

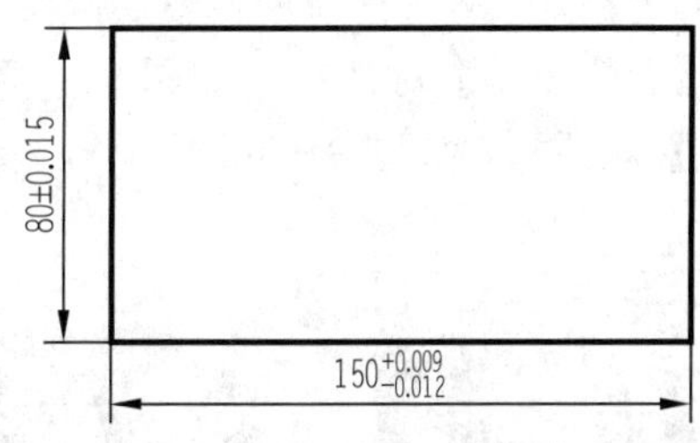

图 9－35　公差标注示例

(1) 将某种标注样式如“文字与尺寸线平行”设为当前标注样式。

(2) 单击【线性标注】按钮 ⟼，系统提示：

指定第一条尺寸界线原点或 <选择对象>：（选择第一点）

指定第二条尺寸界线原点：（选择第二点）

[**多行文字 (M)/ 文字 (T)/ 角度 (A)/ 水平 (H)/ 垂直 (Y)/ 旋转 (R)**]：m↵

(3) 选择 M 选项，按 Enter 键后，打开多行文字编辑器如图 9－36 所示。在图 9－36 中，<> 表示系统检测到的测量值（即画图时的尺寸），若不删除，即表示默认该值；若删除 <>，可重新输入数值。如默认测量值时，公差值要输入在 <> 后。例如，上偏差为＋0.009，下偏差为－0.012，可输入成 <>＋0.009^－0.012（^符号是上、下偏差间的界线，不能省略)，如图 9－36（a）所示。然后用鼠标选中，单击图 9－36 中的“分式”按钮“a/b”，数值便变成上下两部分，其间没有横线，如图 9－36（b）所示。单击【确定】按钮，即可完成图 9－35 中所示“公差$^{+0.009}_{-0.012}$”的标注（依照此法，“分式”按钮可用于输入分式）。

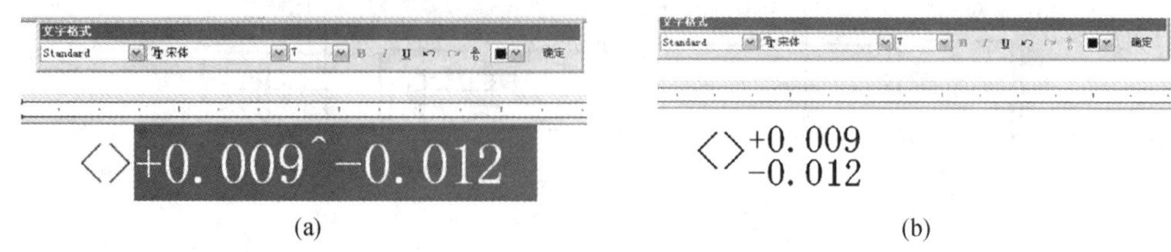

(a) (b)

图 9－36 用多行文字编辑器标注尺寸公差

要完成“公差±0.015”（上、下偏差同值，符号相反）的标注，操作同上，但在多行文字编辑器输入值时，要输入成 <>%%p0.015。该项也可在命令行中用 T 选项（单行文字）完成。

注 意

为使极限偏差标注完成后，上偏差和下偏差的相应位置能够对齐。可利用添加空格来保证。文字格式中的“a/b”只有在+0.009^-0.012 被选中后才会显示变深色。

四、形位公差标注

相对于尺寸公差标注，形位公差的标注就简单得多，只需使用【公差】命令完成公差框格的创建，再使用【引线】按钮标注工具完成引线的创建，就可以创建一个符合国家标准规范的形位公差标注。

对于 $\phi 20^{+0.007}_{-0.011}$ 圆柱段需要控制圆度和直线度两项形位公差，首先单击【公差】按钮，打开【形位公差】对话框，如图 9－37 所示。单击对话框左侧的【符号】黑色方框，打开【符号】对话框，如图 9－38 所示。

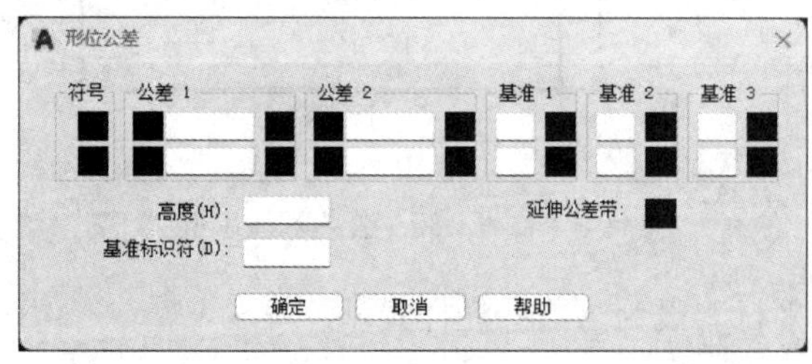

图 9－37 【形位公差】对话框

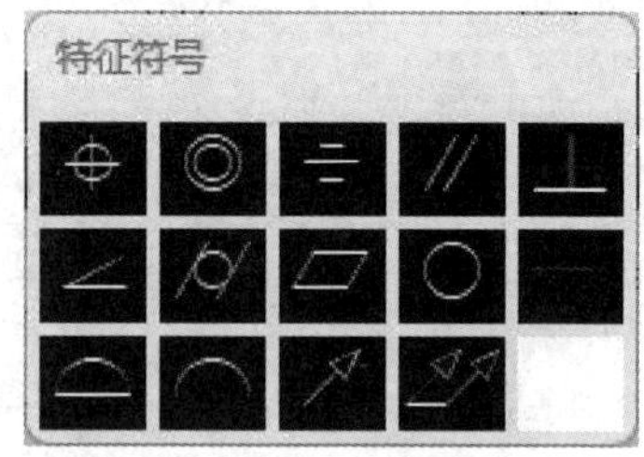

图 9－38 形位公差【特征符号】对话框

单击拾取直线度符号（图中呈白色显示），【符号】对话框自动关闭，在【形位公差】对话框的符号框中出现直线度符号。在【公差 1】文本框中输入公差值 0.008。再次单击另一个【符号】黑色方框，从【符号】对话框中拾取圆度符号，并在【公差 1】文本框中输入公差值 0.006，单击 确定 按钮结束公差设置。

此时在命令行中出现“输入公差位置”提示，十字光标处跟随一个公差框格，移动光标至合适处，单击，完成公差框的定位。

单击【引线】按钮，把注释类型设为【无】。移动光标拾取圆柱投影线上的一点，打开【正交】和【对象捕捉】工具，完成引线线段绘制。

对多个几何图形标注相同的形位公差时，只需多次创建引出线即可，其他操作同单独的形位公差标注。在标注形位公差时，务必要遵守国标关于箭头指示位置的规定。

对于直径形式公差值的标注，只需单击【公差 1】文本框前的黑色方框，就会出现直径 ϕ 符号，再次单击即关闭。

单击【公差 1】文本框后面和【基准】后面的黑色方框，打开【附加符号】对话框，如图 9－39 所示。在该对话框中有“M”、“L”和“S”三种附加条件供用户选择。按照标注需要单击其中的字符，就会出现在【形位公差】对话框中。

图 9－39　【附加符号】对话框

【基准 1】的文本栏用来输入公差基准代号，如 A、B 或 A－B 等。在图中，同轴度公差就需要使用基准文本框输入基准代号。

五、尺寸标注的修改

当一个尺寸标注完毕后，也可以进行修改。

1. 编辑标注

功能：改变尺寸数字的大小，旋转尺寸数字，使尺寸界线倾斜等。

输入命令的方式：

(1) 工具栏：单击【注释】工具栏中的【倾斜】按钮。

(2) 命令：Dimedit。

系统提示：

输入标注编辑类型［默认（H)/新建（N)/ 旋转（R)/ 倾斜（O)］<默认>：

其中各选项的意义如下：

默认（H)：将所选尺寸标注回退到未编辑前的状况。提示选择需回退的尺寸，按 Enter 键结束。

新建（N)：可修改尺寸数字。打开多行文字编辑器，输入新的尺寸数字，然后提示选择需更新的尺寸，按 Enter 键结束。

旋转（R)：可旋转尺寸数字。提示指定文字的旋转角度，选择对象，按 Enter 键结束。

倾斜（O)：可使尺寸界线按指定的角度倾斜。提示选择需倾斜的尺寸，输入倾斜角度，按 Enter 键结束。

图 9－40 所示轴测图中的尺寸标注，常用对齐标注后进行“倾斜”的编辑。

2. 编辑标注文字

功能：重新调整文字的放置位置。

输入命令的方式：

(1) 菜单栏：选择菜单【标注】—【对齐文字】。

(2) 工具栏：单击标注工具栏中的【编辑标注文字】按钮。

(3) 命令：Dimtedit。

操作提示：

选择标注：（选择需要编辑的尺寸）

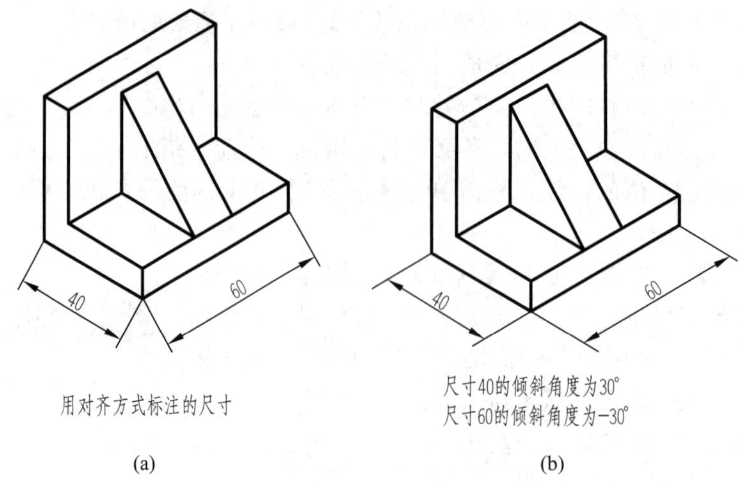

图 9-40 尺寸"倾斜"编辑示例

(a) 倾斜前；(b) 倾斜后

指定标注文字的新位置或［左对齐（L）/ 右对齐（R）/居中（C）/ 默认（H）/ 角度（A）］：（一般可动态地拖动文字尺寸到所选位置即可）

3. 标注更新

功能：可将已有尺寸的标注样式更新为当前标注样式。

输入命令的方式：

(1) 菜单栏：选择【标注】—【更新】。

(2) 工具栏：单击【标注】工具栏上的【标注更新】按钮。

(3) 命令：Dimstyle。

操作提示：

选择对象：（选择尺寸后，单击鼠标右键或按 Enter 键即可将已有的尺寸标注更新为当前样式）

第四节 文字的输入和编辑

在 AutoCAD 制图中，文字是构成图样的组成部分，是图样不可缺少的重要内容。通过文字说明，能使图样信息深刻地表达设计者的思想与意图。由于用途的多样性，AutoCAD 文本也有不同的类型。AutoCAD 提供了一些方法让用户控制文本显示，诸如字体、字符宽度、倾斜角度等格式。用户可以通过设置文本样式来改变字符的显示效果，例如在一幅图形中定义多种文本类型，在输入文字时使用不同的文本类型，就会得到不同的字体效果。系统默认的文本类型为 Standard，它使用基本字体，字体文件为以 txt. shx（Standard 样式用多行文本编辑器输入可显示出汉字，但用单行文本输入时不能显示出汉字，出现的是???；而字体文件 T 带有@时，会出汉字横倒显示）。

一、文字样式的设置

功能：创建新的文字样式或修改已有的文字样式。

1. 输入命令的方式

(1) 菜单栏：选择【格式】—【文字样式】。

（2）工具栏：单击【注释】工具栏中的【文字样式管理器】按钮。

（3）命令：Style。

打开【文字样式】对话框如图 9 - 41 所示。

2. 设置当前文字样式

在【样式】下拉列表中选择一种文字样式，单击【应用】按钮，可将该文本样式置为当前样式。用【注释】工具栏上的【文字样式】下拉列表框也可设置当前文本样式，见图 9 - 42。

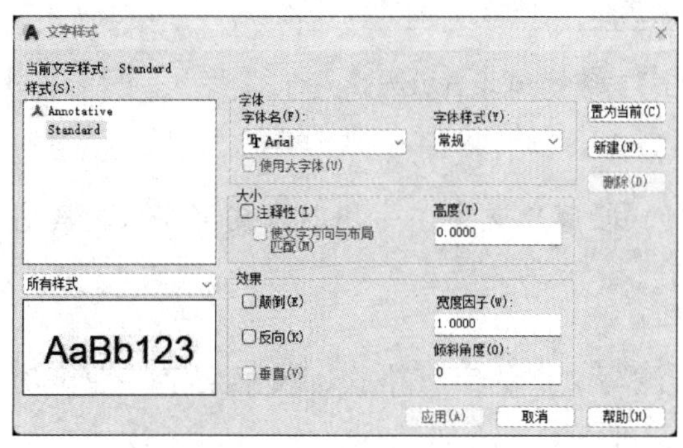

图 9 - 41　【文字样式】对话框

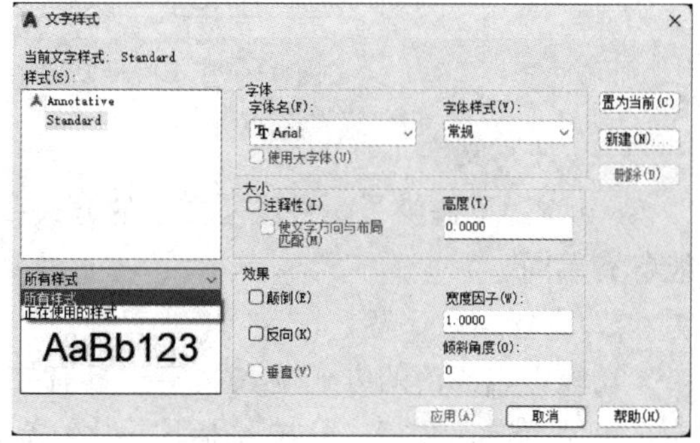

图 9 - 42　【样式】工具栏

3. 修改文字样式

在图 9 - 41 中选择某种文字样式，可在【字体名】下拉列表框中重新选择字体名；在【效果】选项区域中可设置“颠倒”（字头反向放置）、“反向”（镜像）、“垂直”（竖直排列）、“宽度因子”和“倾斜角度”等效果。设置完后，单击【应用】按钮即可。

注意

（1）“倾斜角度”设置为“0”时，文字字头垂直向上；输入正值，字头向右倾斜；输入负值，字头向左倾斜。

（2）“高度”设为 0.0000，在单行文本输入时，会出现字高提示，要求输入字高，否则不会出现字高提示。一般选择 0.0000。

4. 新建文字样式

（1）单击【新建】按钮，打开【新建文字样式】对话框，如图 9 - 43 所示。在【样式】文本框中输入新建的文字样式名称，例如，输入“机械制图中的汉字”（或“汉字”）名称，单击【确定】按钮，返回【文字样式】对话框。

（2）在【字体名】下拉列表框中选择字体，例如，选择“T 仿宋”（或“宋体”）；【高度】文本框中采用默认值“0.0000”；“宽度因子”设 0.8；其他采用默认即可。设置结果如图 9 - 44 所示。单击【应用】按钮，完成设置，再单击【关闭】按钮结束命令。

图 9 - 43　【新建文字样式】对话框

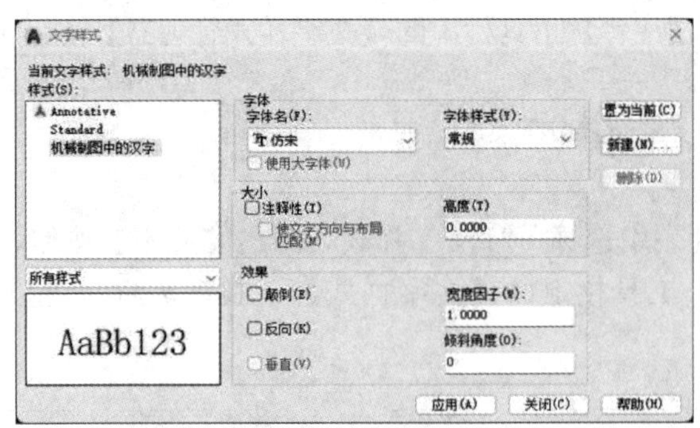

图 9-44 【机械制图中的汉字】文字样式设置示例

二、注写文字

AutoCAD 提供了两种注写文字的方式：多行（段落）文字注写和单行文字注写。其功能各有不同。

1. 多行文字注写

功能：以段落的方式输入文字。具有控制所注写文字的字符格式、段落文字特性等功能，可用于输入文字、分式、上下标、公差等，并可改变字体及大小。

输入命令的方式：

(1) 菜单栏：选择【绘图】—【文字】—【多行文字】命令。

(2) 工具栏：单击【注释】工具栏上的【多行文字】按钮A。

(3) 命令：Mtext。

系统提示：

命令：_mtext

当前文字样式："机械制图中的汉字" 当前文字高度：7

指定第一角点：

指定对角点或［高度（H）/ 对正（J）/ 行距（L）/ 旋转（R）/ 样式（S）/ 宽度（W）/ 栏（C）］：

用鼠标拖出一个注写文字的区域后，打开【多行文字编辑器】对话框，如图 9-45 所示。

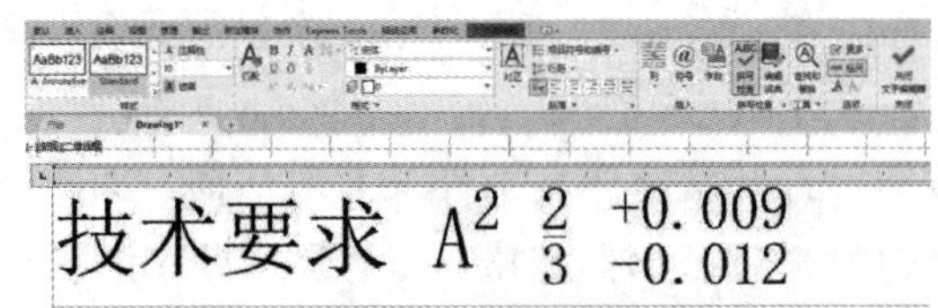

图 9-45 【多行文字编辑器】对话框

(1) 多行文字编辑器分为【文字格式】和【文字显示区】两个选项区域。在【文字格式】选项区域，从左至右依次为文字样式、字体、字高、加粗、倾斜、下划线、撤销、分式、颜色等。

(2)【文字显示区】主要用来输入文字、编辑文字等。编辑操作时，应选中所需编辑的文字，再选择【文字格式】区域中的选项。例如，要修改文字的字高，应先选中文字，再从字高下拉列表中选择字号，若下拉列表中无所需字号，可从键盘输入。

(3) 对于【分式】按钮的使用，一般是以“/”符号为界将文字变成分式，或是以“^”为界将文字变成上、下两部分。例如，要输入分式$\frac{2}{3}$，应在文字显示区输入 2/3，然后将其选中，单击【分式】按钮$\frac{a}{b}$即可；要输入某上、下偏差值时，如输入＋0.009^－0.021，然后将其选中，再单击【分式】按钮$\frac{a}{b}$，即可变成$^{+0.009}_{-0.021}$；输入 A^2，再选中^2，单击【分式】按钮$\frac{a}{b}$，即可变成 A_2；输 B3^，再选中 3^，单击【分式】按钮$\frac{a}{b}$，即可变成 B^3。

(4) 在显示区域单击鼠标右键，弹出快捷菜单，选择“符号”，可输入“符号”等特殊符号；选择“背景遮罩”，可为文字设置背景，选择“输入文字”选项，可打开【选择文件】对话框，将“*.txt”及“*.rtf”格式的文件插入到绘图区中。

2. 单行文字注写

功能：该命令以单行方式输入文字，其可在一次命令中注写多行同字高，同旋转角的文字，按 Enter 键可换行输入（类似于在办公软件 Word 中输入文字）。每输入一个起点，都在此处生成的一个独立的实体。

输入命令的方式：

(1) 菜单栏：选择【绘图】—【文字】—【单行文字】命令。

(2) 命令：Dtext（或 Text）。

系统提示：

当前文字样式：Standard 当前文字高度：2.5000

指定文字的起点或［对正（J）样式（S）］：

指定高度 <2.5000>：5 ↲

指定文字的旋转角度 <0>：↲

输入文字：

其中：

(1) 对正（J）：可弹出下列所示的 14 种文字对齐方式（即文字的定位点）供选择。

［左（L）/ 居中（C）/ 右（R）/ 对齐（A）/ 中间（M）/ 布满（F）/ 左上（TL）/ 中上（TC）/ 右上（TR）/ 左中（ML）/ 正中（MC）/ 右中（MR）/ 左下（BL）/ 中下（BC）/ 右下（BR）］：mc ↲

指定文字的正中点：

(A) 对齐模式：指定文字块底线的两个端点为文字的定位点，系统将根据输入文字的多少自动计算文字的高度与宽度，使文字恰好充满所指定的两点之间。

(F) 布满模式：底线同 A 模式，但可指定字高，系统只调整字宽，使文字扩展或压缩至指定的两个点之间。

(C) 居中模式：指定文字块底线的中心为文字定位点。

(M) 中间模式：指定文字块的中心点为定位点。

(R) 右对正模式：指定文字块的右下角点（即文字块结束点）为定位点。

单行文字对正模式如图 9-46 所示。

(2) 样式（S）：该选项将提示用户选择一个图形中已有的文字样式为当前文字样式。

例如，在图 9-47（a）所示的圆内输入文字“G”。操作如下：

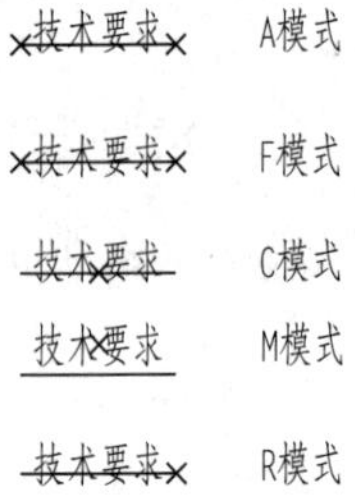

图 9-46 单行文字对正模式

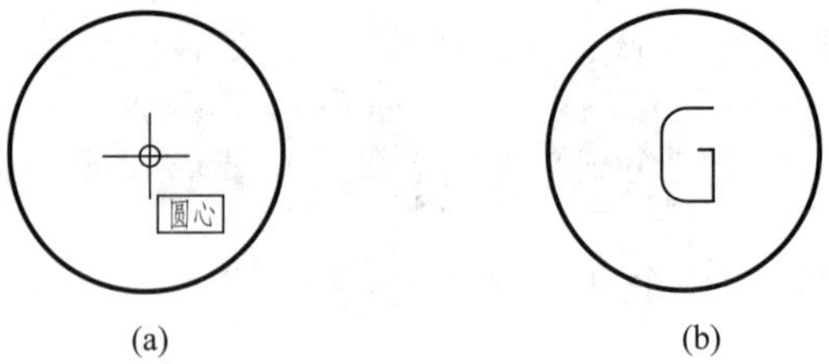

图 9-47 输入发电机符号

命令：dt ↵

TEXT

当前文字样式：standard 当前文字高度：2.5000

指定文字的起点或［对正（J）样式（S）］：j ↵

选项［左（L）/ 居中（C）/ 右（R）/ 对齐（A）/ 中间（M）/ 布满（F）/ 左上（TL）/ 中上（TC）/ 右上（TR）/ 左中（ML）/ 正中（MC）/ 右中（MR）/ 左下（BL）/ 中下（BC）/ 右下（BR）］：m ↵

指定文字的中间点：［见图 9-47（a），捕捉圆心为文字的对正点］

指定高度 <2.5000>：5 ↵

指定文字的旋转角度 <0>：↵

输入文字：G ↵

输入文字：↵

此时的效果见图 9-47（b）。

第十章　电气工程图绘制

第一节　电气工程常用基本图形符号

在电气图标准中，图形符号结构尽可能简化，除个别情况外，图形符号的线条可以不分粗细。但在绘制电气图形符号时需要注意如下几点：

(1) 用单线表示多根导线时，宜画成粗实线。

(2) 说明文字可采用“仿宋”文字样式，用单行文字命令标出，注意适当调整文字高度。

(3) 连接线长度要合适，设备符号大小适当，布置匀称、美观。

【例 10-1】 绘制隔离开关符号。

本例采用绝对直角坐标输入方式绘制直线，操作过程如下：

单击【绘图】工具栏中的按钮，启动画直线命令。

命令：_line

指定第一点：50，50↵

指定下一点或［放弃（U)]：70，50↵

指定下一点或［放弃（U)]：90，60↵

指定下一点或［闭合（C）放弃（U)]：↵

命令：↵

LINE 指定第一点：90，55↵

指定下一点或［放弃（U)]：90，45

指定下一点或［放弃（U)]：↵

命令：↵

LINE 指定第一点：90，50↵

指定下一点或［放弃（U)]：110，50↵

指定下一点或［放弃（U)]：↵

完成效果如图 10-1 所示。

【例 10-2】 绘制断路器符号。

本例采用捕捉栅格点方式绘制直线，操作过程如下：

为了使本例绘制出的断路器符号与［例 10-1］绘制的隔离开关符号大小相当，首先应对【捕捉】和【栅格】进行设置：

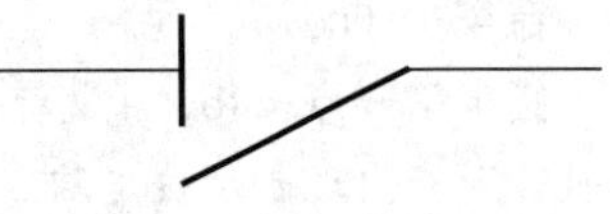

图 10-1　隔离开关符号

(1) 打开【捕捉】及【栅格】功能。

(2) 选择【工具】—【绘图设置】命令，并激活【捕捉和栅格】选项卡，设置参数如图 10-2 所示。

(3) 单击【确定】按钮，退出【草图设置】对话框。

(4) 重复四次执行 Line 命令，通过捕捉栅格点的方式确定直线各个端点的坐标，完成效果如图 10-3 所示。

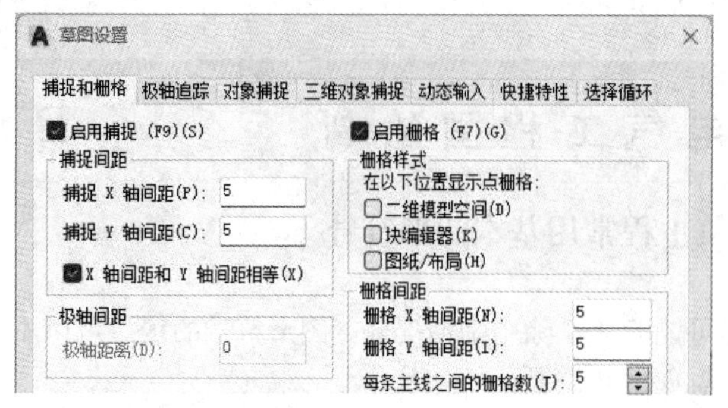

图 10－2 设置【捕捉和栅格】选项卡参数

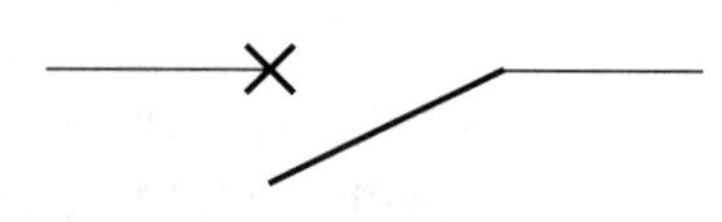

图 10－3 断路器符号

【例 10－3】 绘制熔断器符号。

本例采用相对直角坐标绘制矩形，利用对象追踪功能绘制直线。

(1) 画矩形。

命令：_rectang

指定第一个角点或［倒角（C）/ 标高（E）/ 圆角（F）/ 厚度（T）/ 宽度（W）］：（在屏幕上合适位置指定一点）

指定另一个角点或［尺寸（D）］：@30，15↵

(2) 画直线。

1) 在【草图设置】对话框中，设置选项如图 10－4 所示。

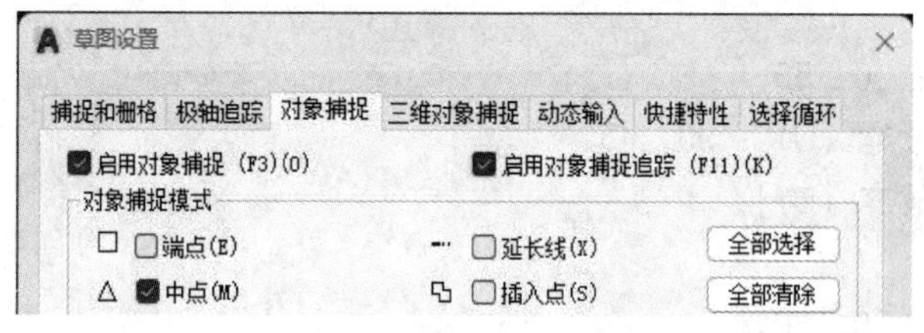

图 10－4 设置“中点”为可捕捉模式

2) 单击【确定】按钮，退出【草图设置】对话框。

3) 选择【画直线】命令：

命令：_line

指定第一点：15↵［鼠标指针移动到矩形左边中点附近，出现中点标记，继续向左移动鼠标指针，则可出现表示被追踪点轨迹的橡皮筋线，如图 10－5（a）所示，在此状态下输入 15，表示直线上第一点的坐标距矩形左边中点水平向左 15］

指定下一点或［放弃（U）］：60 ↵（水平向右追踪矩形左边中点，操作方法参照上一操作步骤）

指定下一点或［放弃（U）］：↵

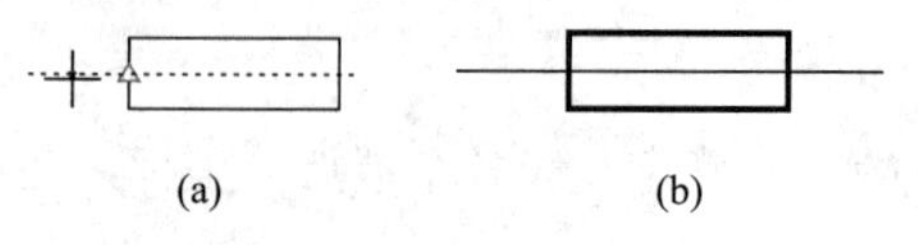

图 10－5 熔断器符号

完成效果如图 10－5（b）所示。

读者还可以利用捕捉栅格点的方式，完成本例的绘制。

【例 10－4】 绘制电感线圈符号。

本例要用到画圆命令、复制命令、（利用对象追踪）画直线命令、修剪命令等。

（1）画一个半径为 5 的圆。

单击【绘图】工具栏中的按钮⊙，启动画圆命令：

命令：_circle

指定圆的圆心或［三点（3P）/ 两点（2P）/ 相切、相切、半径（T）］：（在屏幕上合适位置指定一点）

指定圆的半径或［直径（D）］：5↵

（2）复制另外 3 个圆。

首先，在【草图设置】对话框中将【象限点】选中（即设置为可捕捉模式）。

命令：_copy（单击修改工具条上的按钮）

选择对象：找到 1 个（在圆周上单击鼠标，选中圆）

选择对象：↵

指定基点或位移，或者［重复（M）］：m↵

指定基点：［捕捉圆的左象限点为复制基点，如图 10－6（a）所示］

指定位移的第二点或 <用第一点作位移>：［捕捉圆的右象限点为基点复制到的目标点，见图 10－6（b）］

指定位移的第二点或 <用第一点作位移>：（类似地，复制出另外两个圆）

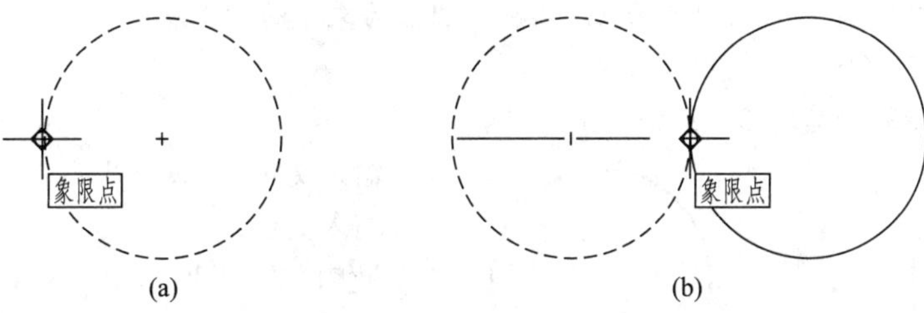

图 10－6　（重复）复制圆

（3）画直线。

参照［例 10－3］中画直线的方式，画出通过圆心（象限点）的水平线。如图 10－7 所示，直线总长度为 60。

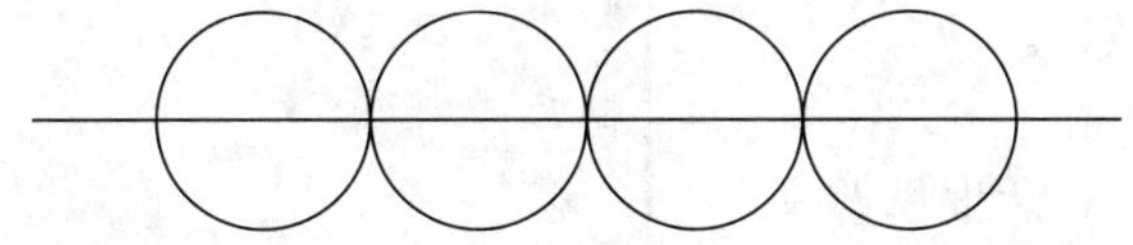

图 10－7　利用对象（象限点）追踪方式画直线

（4）修剪。

操作如下：

命令：_trim

当前设置：投影＝UCS，边＝无，模式＝快速

选择要修剪的对象，或按住 Shift 键选择要延伸的对象或［剪切边（T）/ 窗交（C）/ 模式（O）/ 投影（P）/ 删除（R）］：（选择要修剪的对象，依次在要剪掉的部分单击）

完成的效果如图 10－8 所示。

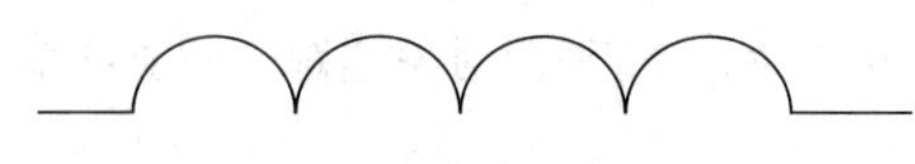

图 10－8　电感线圈符号

【例 10－5】 画发电机符号。

本例主要介绍单行文字的输入方法，以及用【特性】对话框改变对象特性的方法。

(1) 画一个半径为 5 的圆。

命令：_circle

指定圆的圆心或［**三点（3P）/ 两点（2P）/ 相切、相切、半径（T）**］：（在屏幕上合适位置指定一点）

指定圆的半径或［**直径（D）**］：**5↵**

(2) 在圆内输入“G”。

命令：dt

DTEXT

当前文字样式：standard　当前文字高度：2.5000

指定文字的起点或［**对正（J）样式（S）**］：**j↵**

输入选项［**对齐（A）/ 调整（F）/ 中心（C）/ 中间（M）/ 右（R）/ 左上（TL）/ 中上（TC）/ 右上（TR）/ 左中（ML）/ 正中（MC）/ 右中（MR）/ 左下（MB）/ 中下（MC）/ 右下（BR）**］：**m↵**

指定文字的中间点：［见图 10－9（a），捕捉圆心为文字的对正点］

指定高度 <**2.5000**>**：5↵**

指定文字的旋转角度 <**0**>**：↵**

输入文字：G↵

输入文字：↵

此时的效果见图 10－9（b）。

下面的操作，将文字字体修改为“宋体”。

(3) 新建“宋体”文字样式：

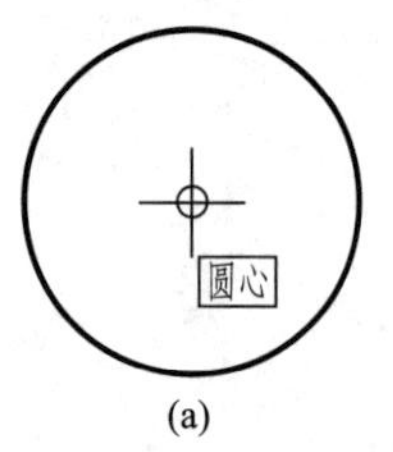

(a)

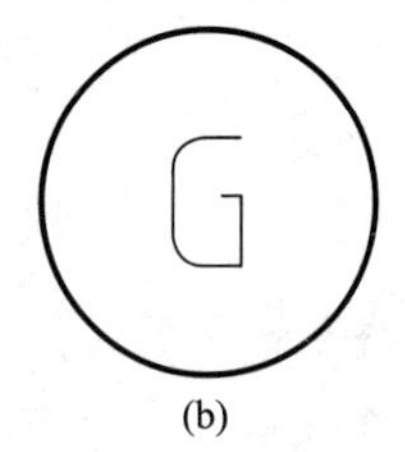

(b)

图 10－9　发电机符号

1) 选择【注释】—【文字样式】命令，在打开的【文字样式】对话框中设置参数，如图 10－10 所示。

2) 单击【应用】按钮。

3) 单击【关闭】按钮。

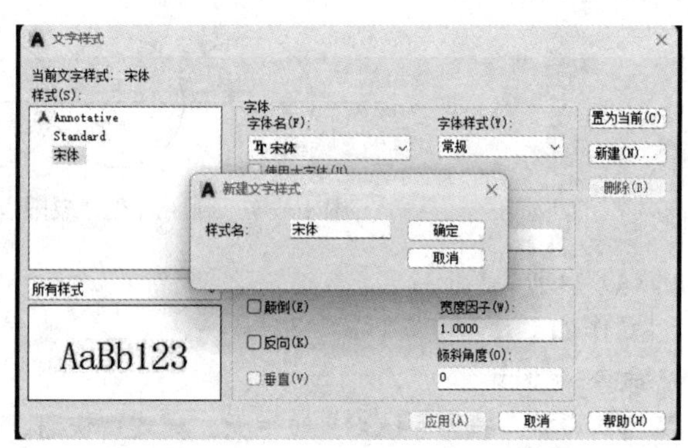

图 10－10　新建“宋体”文字样式

(4) 利用【特性】对话框修改文字的特性。在【特性】对话框中，可以对单行文字的字高、文字样式、图层、颜色等几乎所有特性进行修改。对于其他对象，也经常利用【特性】对话框修改其特性。

1) 单击“G”，然后单击鼠标右键，在弹出的快捷菜单中选择【特性】命令，打开【特性】对话框，如图 10－11 所示。

2）在【样式】区单击，其右侧出现一个下三角按钮，单击这个下三角按钮，从展开的下拉列表框中选择“宋体”文字样式。

3）单击【特性】对话框右上角的关闭按钮，屏幕上的图形如图 10－12（a）所示。

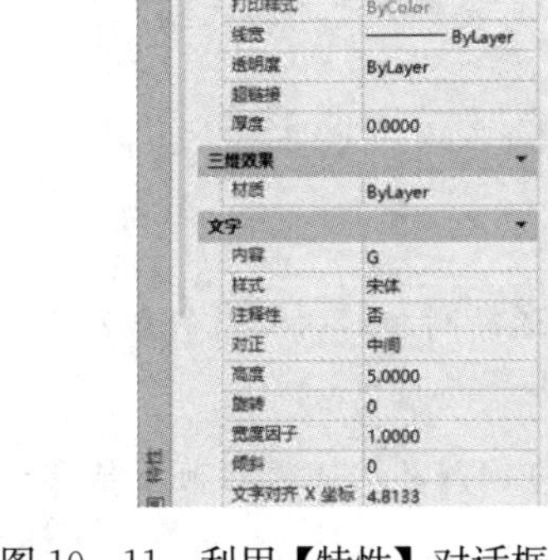

图 10－11 利用【特性】对话框修改文字

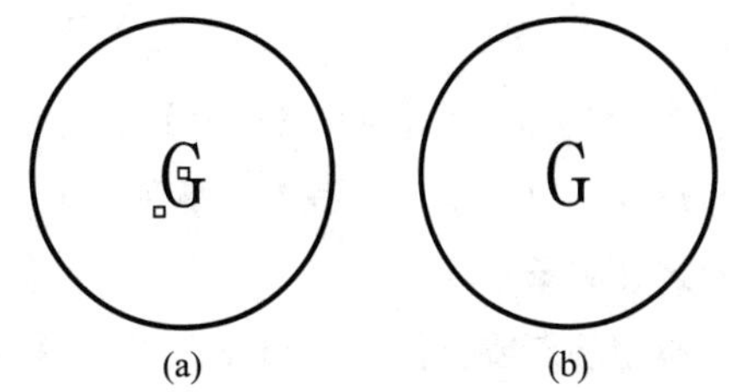

图 10－12 修改文字后的效果

4）按 Esc 键，撤销对文字的选择，效果如图 10－12（b）所示。

【例 10－6】 绘制电流互感器符号。

本例主要介绍移动命令的使用。

（1）画一条长度为 10mm 的竖线。单击【直线】按钮⁄：

指定第一点：（在合适位置单击确定一点）

指定下一点或［放弃（U）]：＜对象捕捉追踪 关＞＜正交开＞＞30↵（正交方式下向下导向）

指定下一点或［放弃（U）]：↵

（2）画一个半径为 5 的圆。单击【绘图】工具栏中的按钮⊙：

指定圆的圆心或［三点（3P）/ 两点（2P）/ 相切、相切、半径（T）]：（捕捉直线的中点）

指定圆的半径或［直径（D）]：5↵

（3）画电流互感器的端子。单击【直线】命令按钮⁄：

指定第一点：_qua 于（单击【对象捕捉】工具栏中的按钮◌，直线的第一点通过捕捉圆的右象限点确定）

指定下一点或［放弃（U）]：15↵（正交方式下向右导向）

指定下一点或［放弃（U）]：↵

命令：_line

指定第一点：（可捕捉上一条直线的右端点）

指定下一点或［放弃（U）]：@2.5，5↵

指定下一点或［放弃（U）]：↵

命令：_copy（单击【编辑】工具栏中的按钮）

选择对象：找到 1 个（选择上一条斜线）

选择对象：↵

指定基点或位移，或者［重复（M）]：（可捕捉上一条直线的右端点）

指定位移的第二点或＜用第一点作位移＞：2↵（正交方式下向右导向）

此时的效果如图 10－13（a）所示。

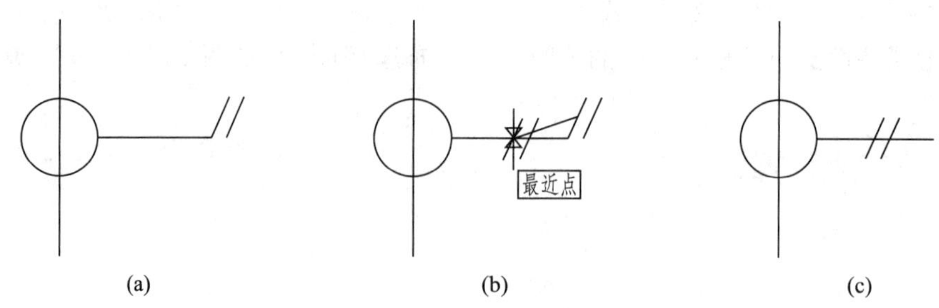

图 10－13 绘制电流互感器符号

命令：_move（单击【编辑】工具栏中的按钮✣）

选择对象：指定对角点：找到 2 个（可采用交叉窗口方式选择刚画好的两条斜线）

选择对象：↵

指定基点或位移：_mid 于（单击【对象捕捉】工具栏中的按钮，捕捉到前述任意一条斜线的中点）

指定位移的第二点或＜用第一点作位移＞：_ nea 到 ＜**正交 关**＞［关闭正交功能，单击【对象捕捉】工具栏中的按钮，然后移动鼠标到前述水平直线上，在合适位置出现最近点标记后，见图 10－13（b），单击］

整个电流互感器绘制完成的效果如图 10－13（c）所示。

【例 10－7】 绘制 Y、y、d 接线的三相变压器符号。

本例主要介绍【重生成（regen）】命令、【阵列】命令、【多边形】命令。

（1）先画一个半径为 5 的圆，单击【绘图】工具栏中的按钮：

指定圆的圆心或［三点（3P）/ 两点（2P）/ 相切、相切、半径（T）］：100，100↵

指定圆的半径或［直径（D）］：5↵

如果发现圆在屏幕上显示太小，可利用 ZOOM 命令将其放大。

命令：_zoom（单击【标准】工具栏中的按钮）

指定窗口角点，输入比例因子（nX 或 nXP），或［全部（A）/ 中心点（C）/ 动态（D）/ 范围（E）/ 上一个（P）/ 比例（S）/ 窗口（W）］＜实时＞：w↵

指定第一个角点：指定对角点：（用鼠标在圆的外侧合适位置确定视图窗口的两个角点）

放大后的图形可能显示不是圆形，而是一个多边形，如图 10－14（a）所示，此时可选择【视图】—【重生成】命令，命令行显示：

命令：_regen **正在重生成模型**

执行 regen 命令后的效果见图 10－14（b）。

（2）利用阵列命令复制出另外两个圆。

1）单击【修改】工具栏中的按钮，打开【环形阵列】，如图 10－15 所示。

2）按照提示选择刚画好的圆，单击鼠标右键确认选择对象。

3）选择中心点坐标为（100，95.5），按 Enter 键，弹出【环形阵列】对话框，设置项目总数为 3，如图 10－16 所示。

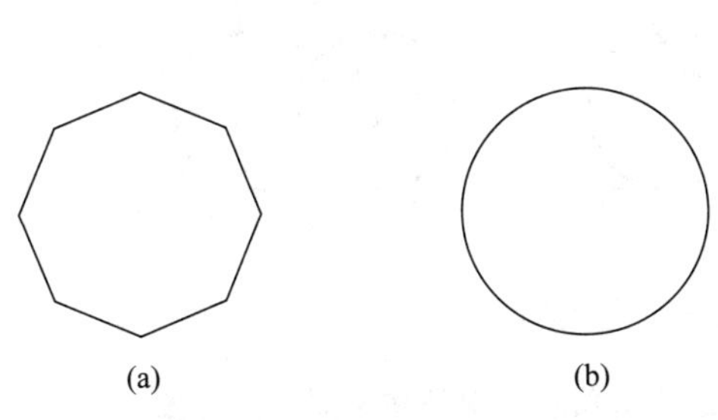

图 10－14　屏幕上圆显示效果对比

(a) 屏幕上显示较小的圆用（W）放大后显示效果；
(b) 执行 REGEN 命令后的效果

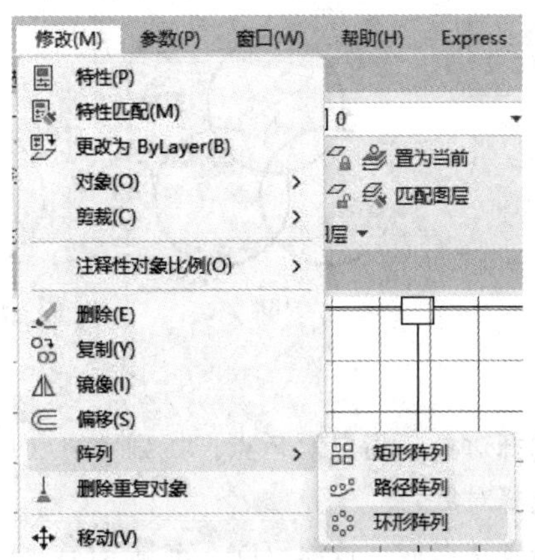

图 10－15　环形阵列

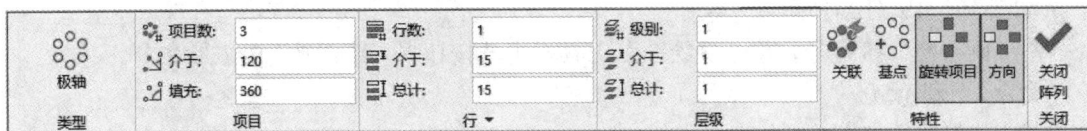

图 10－16　环形阵列参数设置

4）按 Enter 键，屏幕显示见图 10－17，完成阵列操作。

（3）画“Y”接符号。

1）画一条长度为 2 的直线。单击【直线】命令按钮⁄：

指定第一点：（捕捉上面圆的圆心）

指定下一点或［放弃（U）］：2↵（正交方式下，向下导向）

指定下一点或［放弃（U）］：↵

2）通过环形阵列方式复制出另外两条直线。

① 单击【修改】工具栏中的按钮器，打开【环形阵列】，如图 10－15 所示。

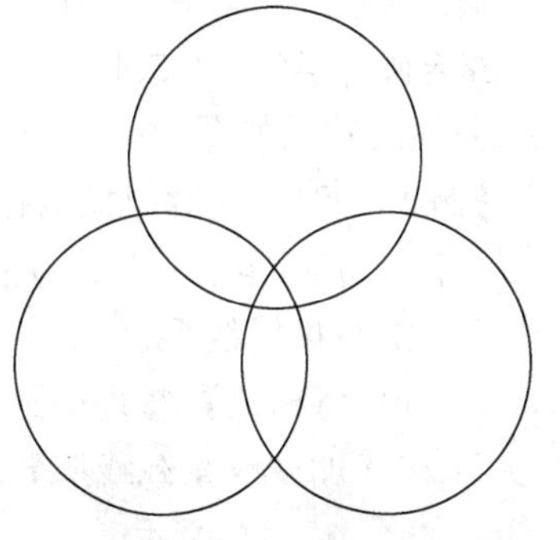

图 10－17　环形阵列预览

② 按照提示选择刚画好的短直线，单击鼠标右键确认选择对象。

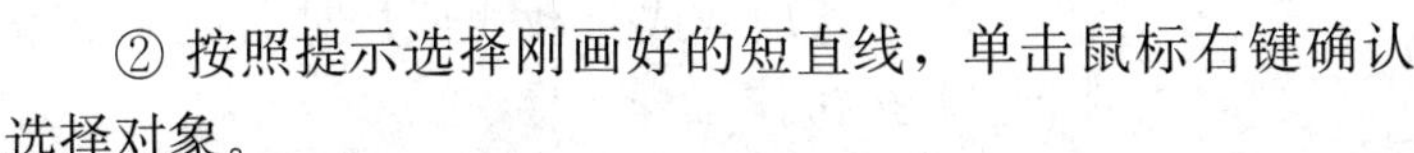

③ 左键捕捉上面的圆的圆心为环形阵列中心点，按 Enter 键，弹出环形阵列对话框，设置项目总数为 3，如图 10－18 所示。

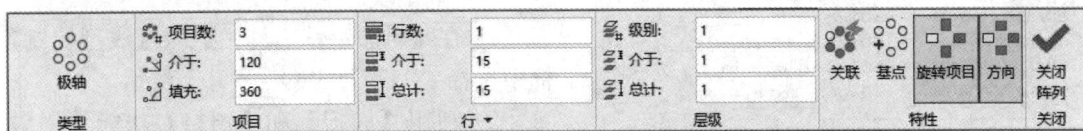

图 10－18　【环形阵列】对话框“中心点”的确定

④ 设置项目总数为 3，填充角度 360°（系统已按上次使用环形阵列方式设置好）。

⑤ 按 Enter 键，完成阵列操作，见图 10－19（a）。

⑥ 复制“Y”接符号。

命令：_copy（单击【编辑】工具栏中的按钮）

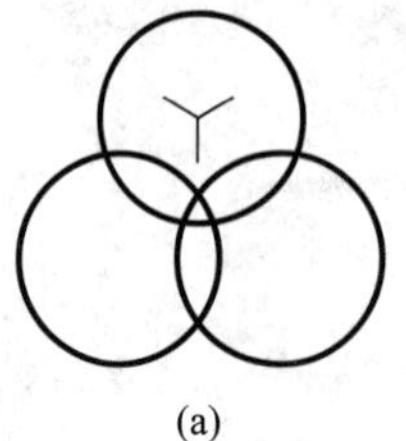
(a)

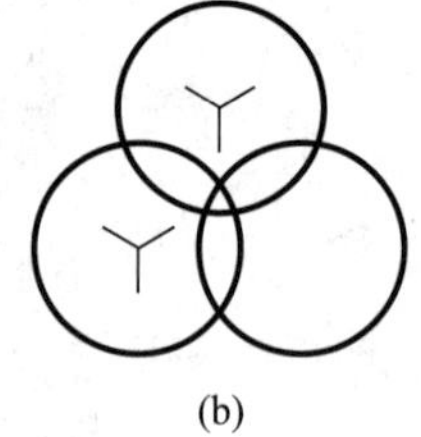
(b)

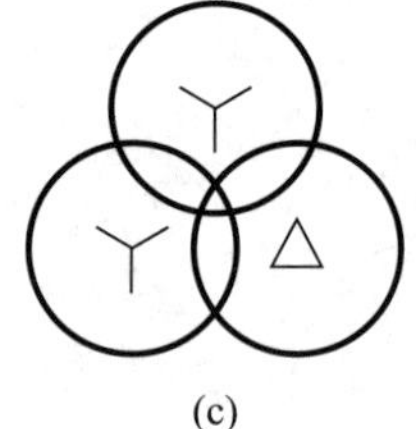
(c)

图 10－19 画变压器Y接及△符号

选择对象：指定对角点：找到 3 个（用交叉窗口方式选择前述画好的Y接符号）

选择对象：↵

指定基点或［位移（D）/ 重复（O）］＜位移＞：（捕捉上面圆的圆心）

指定位移的第二点或［阵列（A）］＜用第一个点作为位移＞：（捕捉左下角圆的圆心）

如图 10－19（b）所示。

（4）画“△”接符号。单击【绘图】工具栏中的按钮⬡，启动画正多边形命令。

命令：_polygon

输入边的数目＜4＞：3↵

指定正多边形的中心点或［边（E）］：（捕捉右下角圆的圆心）

输入选项［内接于圆（I）/ 外切于圆（C）］＜I＞：↵

指定圆的半径：1.5↵

完成的效果如图 10－19（c）所示。

【例 10－8】 绘制机械谐振继电器的线圈。

本例介绍画样条曲线命令及比例命令。

（1）加载虚线线型。

1）选择【格式】—【线型】命令，在弹出的【线形管理器】对话框中单击【加载】按钮。

2）在【加载或重载线型】对话框中选择“ACAD_ISO02W10”线型，然后单击【确定】按钮，如图 10－20 所示。

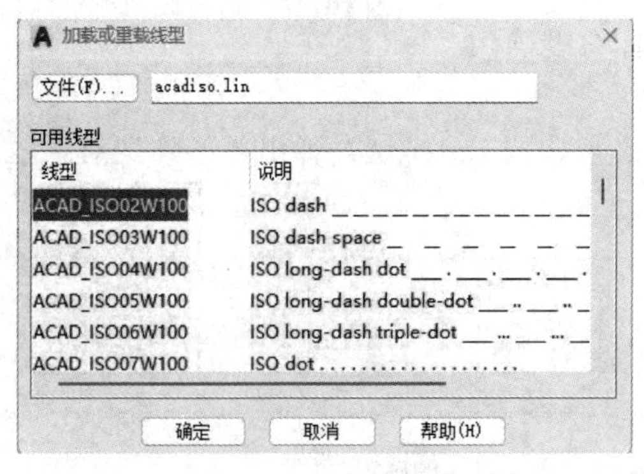

图 10－20 加载线型

3）在【加载或重载线形】对话框中单击【确定】按钮。

（2）打开【捕捉】和【栅格】功能，绘制图 10－21（a）所示的线圈基本图形。

（3）画虚线。

1）在【对象特性工具栏】的【线型控制】框中选择“ACAD_ISO02W10”线型。

2）利用【捕捉】和【栅格】功能绘制虚线，如图 10－21（b）所示。

（4）画样条曲线。

1）在【特性】工具栏的【线型】列表框中选择“随层（Bylayer）”线型。

2）单击【绘图】工具栏中的按钮~，启动画样条曲线命令，依次确定正弦曲线的 4 个特征点（端点和拐点）。

命令：_spline

指定第一个点或［方式（M）/节点（K）/对象（O）］：（单击第一个通过点栅格结点）

输入下一个点或［起点切向（T）/公差（L）］：（单击第二个通过点栅格结点）

输入下一个点或［端点相切（T）/公差（L）/放弃（U）］：（单击第三个通过点栅格结点）

输入下一个点或［端点相切（T）/公差（L）/放弃（U）/闭合（C）］：（单击第四个通过点栅格结点）

输入下一个点或［端点相切（T）/公差（L）/放弃（U）/闭合（C）］：↵

此时的效果如图 10－21（c）所示。

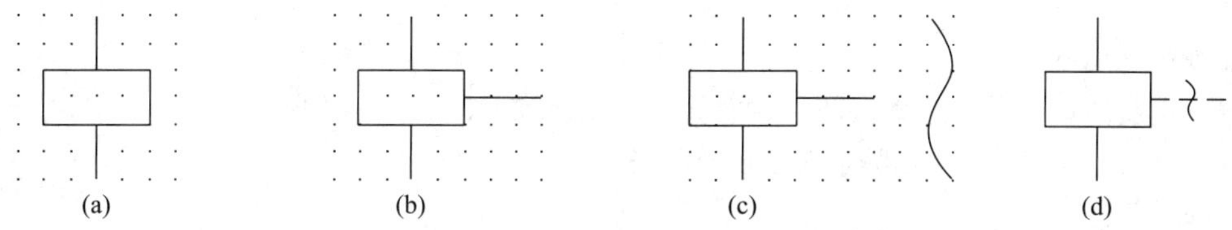

图 10－21 画机械谐振继电器线圈

（5）用比例缩放（Scale）命令将正弦曲线缩小为原来的 0.25 倍。关闭【捕捉】功能，然后单击【修改】工具栏中的按钮，启动 Scale 命令，即

命令：_scale

选择对象：找到 1 个（选择正弦曲线）

选择对象：↵

指定基点：_mid 于（单击【对象捕捉】工具条上的【捕捉中点】按钮，临时捕捉样条曲线的中点为缩放基点）

指定比例因子或［复制（C）/参照（R）］：0.25↵

（6）用移动命令将缩小后的正弦曲线移动到虚线上，即

命令：_move

选择对象：找到 1 个

选择对象：

指定基点或位移：_mid 于（临时捕捉正弦曲线的中点）

指定位移的第二点或<用第一点作位移>：_mid 于（临时捕捉虚线的中点）

完成绘制后，关闭栅格，效果如图 10－21（d）所示。

【例 10－9】 画带发送器的电能表符号。

本例主要介绍镜像命令和旋转命令。

（1）利用【捕捉】和【栅格】画出图 10－22（a）所示的图形中的矩形和水平直线。

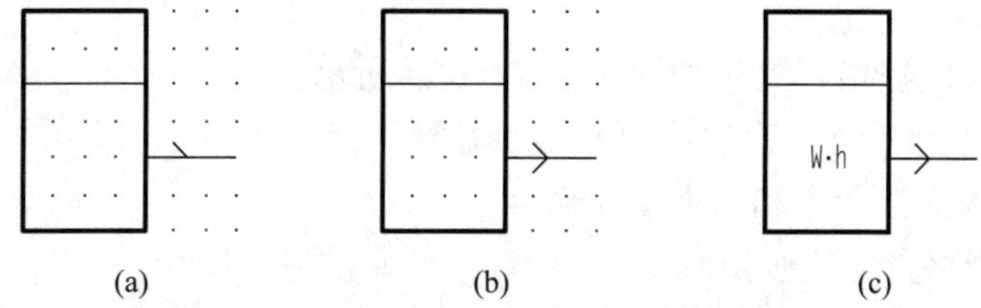

图 10－22 画带发送器的电能符号表

（2）画一段长 7，与 X 轴正方向（水平线）夹角为 135°的直线。

1）画竖线：

命令：_line

指定第一点：<对象捕捉开> <捕捉关>

指定第一点：（捕捉矩形右侧直线的中点）

指定下一点或［放弃（U）］：<正交开> 7（向上导向）

指定下一点或［放弃（U）］：↵

2）旋转竖线，见图 10－22（a）。单击【修改】工具栏中的按钮，启动 Rotate 命令：

命令：_rotate

UCS 当前的正角方向：ANGDIR＝逆时针　ANGBASE＝0

选择对象：找到 1 个（选择前面绘制的短竖线）

选择对象：↵

指定基点：（捕捉水平直线的中点）

指定旋转角度或［参照（R）］：45↵

（3）如图 10－22（b）所示，利用镜像命令复制出步骤（2）中所画的斜线。

命令：_mirror

选择对象：找到 1 个（选择要被镜像复制的短斜线）

选择对象：↵

指定镜像线的第一点：（捕捉水平直线的左端点）

指定镜像线的第二点：（捕捉水平直线的右端点）

是否删除源对象？［是（Y）/ 否（N）］<N>：↵

（4）写单行文字，即

命令：dt↵

DTEXT

当前文字样式：仿宋当前文字高度：2.5000

指定文字的中间点或［对正（J）/ 样式（S）］：j↵

输入选项［左（L）/ 居中（C）/ 右（R）/ 对齐（A）/ 中间（M）/ 布满（F）/ 左上（TL）/ 中上（TC）/ 右上（TR）/ 左中（ML）/ 正中（MC）/ 右中（MR）/ 左下（BL）/ 中下（BC）/ 右下（BR）］：m↵

指定文字的中间点：<捕捉开>（捕捉下面矩形的正中间栅格点）

指定高度 <2.5000>：10↵

指定文字的旋转角度 <0>：↵

输入文字：W·h↵

输入文字：↵

完成绘制后，关闭栅格，效果如图 10－22（c）所示。

【例 10－10】 绘制带自动释放功能的接触器符号。

本例主要介绍画圆弧命令和图案填充命令。

（1）利用捕捉栅格点方式画出图 10－23（a）所示的基本图形。

（2）画圆弧，见图 10－23（b）。单击【绘图】工具栏中的按钮，启动画圆弧命令：

指定圆弧的起点或［圆心（C）］：（捕捉右侧水平直线的左端栅格点）

指定圆弧的第二个点或［圆心（C）/ 端点（E）］：@5，5↵

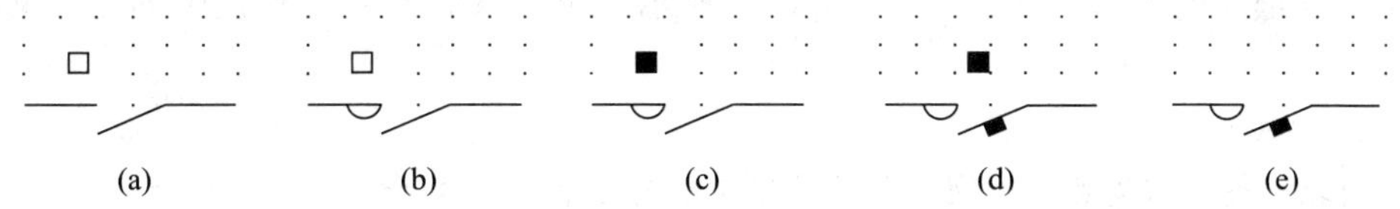

图 10-23　画带自动释放功能的接触器符号

指定圆弧的端点：（捕捉右侧水平直线的中间栅格点）

(3) 对矩形进行图案填充。

1) 单击【绘图】工具栏中的栅按钮，打开【图案填充和渐变色】对话框，如图 10-24 所示。

2) 单击【拾取点】按钮，对话框暂时消失，命令行提示：

命令：_bhatch

拾取内部点或［选择对象（S）/ 放弃（U）/ 设置（T）］：＜捕捉关＞（关闭【捕捉】功能，然后在矩形内部单击）

正在选择所有对象...

正在选择所有可见对象...

正在分析所选数据...

正在分析内部孤岛...

选择内部点：↲（返回【边界图案填充】对话框）

3) 单击【图案】选择框右侧的按钮，打开【填充图案选项板】对话框，如图 10-25 所示。

图 10-24　【图案填充和渐变色】对话框

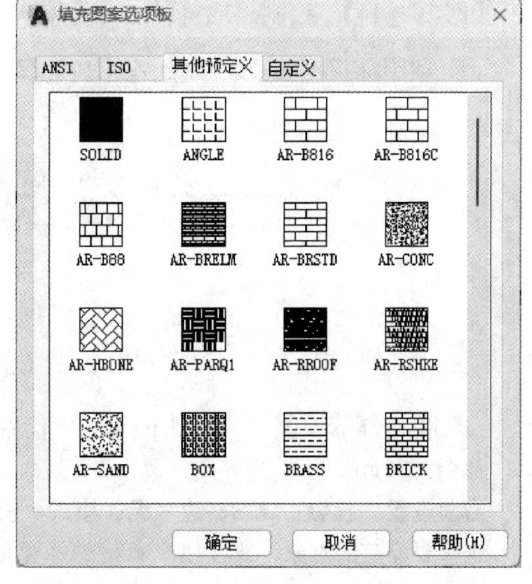

图 10-25　【填充图案选项板】对话框

4) 选择“SOLID”图案，然后单击【确定】按钮，返回【边界图案填充】对话框。

5) 单击【预览】按钮，观察填充效果，如果合适，则按 Enter 键或单击鼠标右键返回【边界图案填充】对话框。

6) 单击【确定】按钮，完成图案填充命令，如图 10-23（c）所示。

(4) 移动填充的矩形，如图 10－23 (d) 所示。单击【编辑】工具栏中的按钮，启动移动命令：

命令：_move

选择对象：指定对角点：找到 2 个（用窗口方式选择填充的矩形）

选择对象：↵

指定基点或位移：＜对象捕捉开＞（捕捉矩形底边的中点）

指定位移的第二点或＜用第一点作位移＞：（捕捉斜线的中点）

(5) 旋转填充的矩形，使其底边与斜线重合。

由于不能指定确切的旋转角度，需要利用旋转命令的参照选项：

单击【修改】工具栏中的按钮，启动旋转命令：

命令：_rotate

UCS 当前的正角方向：ANGDIR＝逆时针　ANGBASE＝0

选择对象：指定对角点：找到 2 个（用窗口方式选择填充的矩形）

选择对象：↵

指定基点：（捕捉矩形底部的中点）

指定旋转角度，或［复制 (C)/ 参照 (R)］＜0＞：r↵

指定参照角 ＜0＞：（捕捉矩形底边的中点）

指定第二点：（捕捉矩形底边的右端点）

指定新角度或［点 (P)］＜0＞：（捕捉斜线的右上端点）

完成的效果如图 10－23 (e) 所示。

【例 10－11】 绘制接地符号。

(1) 利用捕捉栅格点功能绘制图 10－26 (a) 所示的基本图形。

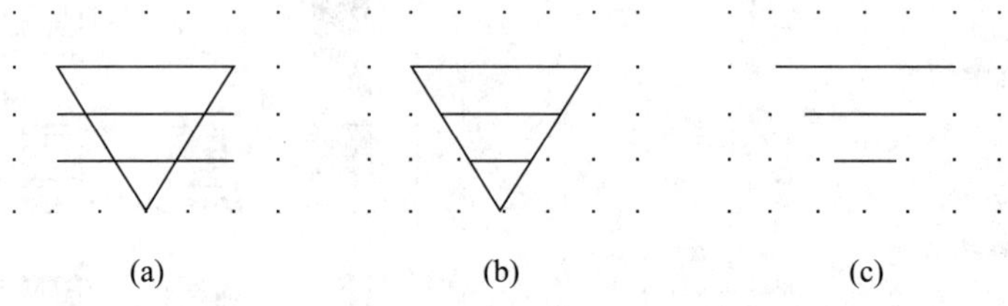

图 10－26　绘制接地符号的步骤

(2) 单击【修改】工具栏中的按钮，启动修剪命令：

命令：_trim

当前设置：投影＝UCS，边＝无，模式＝快速

选择要修剪的对象，或按住 Shift 键选择要延伸的对象或［剪切边 (T)/ 窗交 (C)/ 模式 (O)/ 投影 (P)/ 删除 (R)］：（依次单击下面两条水平线在斜线外面的部分）

此时的图形如图 10－26 (b) 所示。

(3) 删除两条斜线。单击【修改】工具栏中的按钮，启动删除命令：

命令：_erase

选择对象：＜捕捉关＞找到 1 个（选择一条斜线）

选择对象：找到 1 个，总计 2 个（选择另一条斜线）

选择对象：↵

完成接地符号绘制的效果如图 10－26（c）所示。

【例 10－12】 绘制自耦变压器符号。

（1）参照［例 10－2］的图 10－4 设置【捕捉和栅格】选项卡的参数，利用捕捉栅格点功能绘制如图 10－27（a）所示的基本图形。

（2）画圆弧。

如图 10－27（b）所示，单击绘图工具栏中的按钮，启动画圆弧命令：

命令：_arc

指定圆弧的起点或［圆心（C）］：（捕捉上面直线的端点）

指定圆弧的第二个点或［圆心（C）/ 端点（E）］：（捕捉上一点相邻右下角的栅格点）

指定圆弧的端点：_tan 到（单击【对象捕捉】工具栏中的按钮，鼠标移动到圆周附近，在出现切点标记时单击）

完成自耦变压器绘制的效果如图 10－27（c）所示。

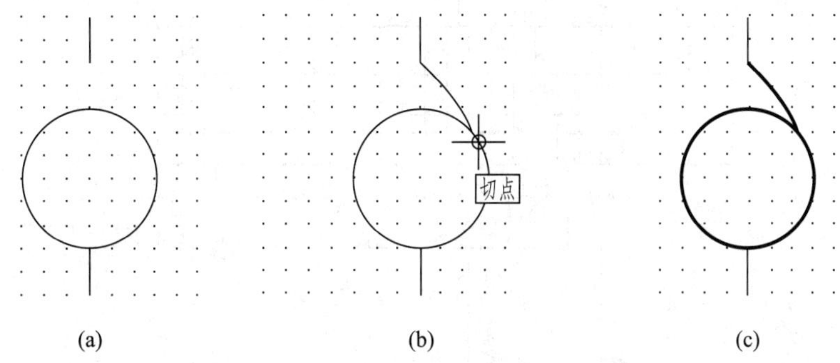

图 10－27　绘制自耦变压器符号的步骤

第二节　电气接线图的绘制

图 10－28 所示为某热电厂循环水泵电动机接线图，该图主要由端子排、转换开关、信号灯、连接导线、文字标注等组成。本例主要介绍端子排和转换开关的绘图方法。

一、画端子排

画端子排表格的步骤如下：

（1）设置线宽为 0.5。

（2）画一个宽 27、高 104 的矩形。

（3）分解矩形。

（4）将矩形的上边向下偏移复制 8 个图形单位，如图 10－29（a）所示。

（5）设置线宽为 0.2。

（6）利用阵列命令画出端子排内其他水平线，相邻水平线间的距离为 4。

（7）利用偏移复制命令画出端子排内其他垂直线，偏移距离如图 10－29（b）所示。

（8）设置线宽为 0.5。

（9）画出表示连接端子的直线：每条直线的长度均为 4，可以先画好一条直线，通过多重复制的方式，画出其他直线，如图 10－29（c）所示。

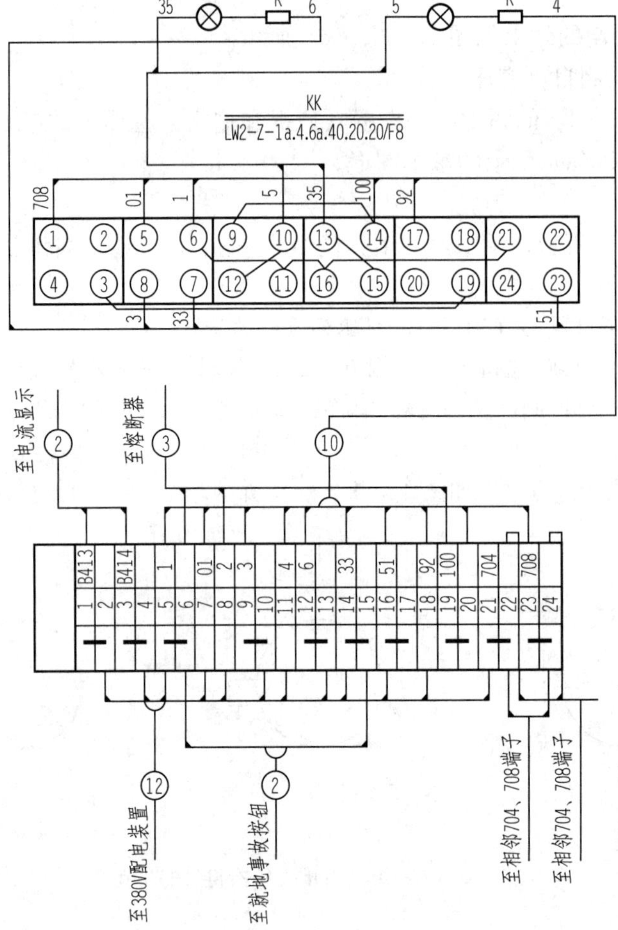

图 10 - 28 某热电厂循环水泵电动机接线图

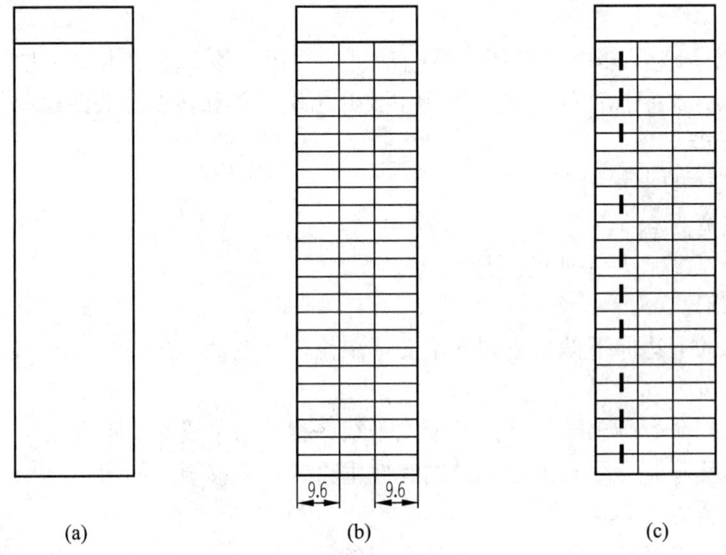

图 10 - 29 画端子排表格的步骤

二、输入文字

下面以输入中间列文字为例说明同时输入多个单元格文字内容的方法。

(1) 单击【默认】—【绘图】工具栏中的按钮**A**，启动多行文字命令：

当前文字样式："仿宋" 当前文字高度：4

指定文字的中间点或［对正（J）/ 样式（S）］：j↲

输入选项［左（L）/ 居中（C）/ 右（R）/ 对齐（A）/ 中间（M）/ 布满（F）/ 左上（TL）/ 中上（TC）/ 右上（TR）/ 左中（ML）/ 正中（MC）/ 右中（MR）/ 左下（BL）/ 中下（BC）/ 右下（BR）］：↲

(2) 在【文字格式】对话框中设置参数：设置字符为"仿宋 _ GB2312"，字高为 2.4，设置文字对齐方式为"正中"，如图 10 - 30 所示。

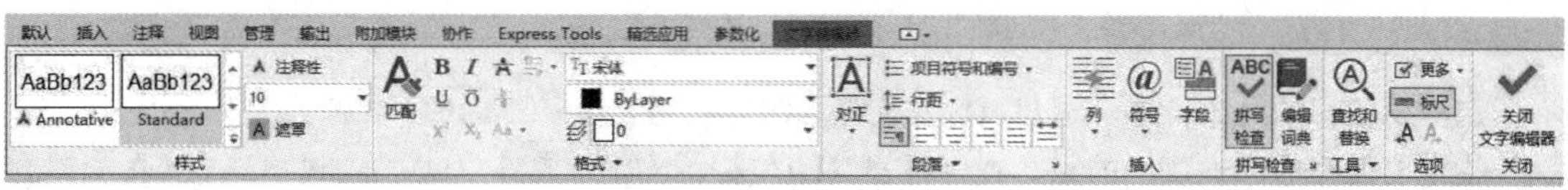

图 10 - 30 多行文字的输入

(3) 输入文字，如图 10 - 30 所示，注意每输入一行文字后按 Enter 键，再输入下一行文字，最后一行文字输入后不要按 Enter 键，否则会多出一空行。最后单击【确定】按钮。此时表格如图 10 - 31（a）所示。

(4) 第 3 列文字的输入方式与第 2 列相似，要注意确定输入区域为"B413"一格的左上角点至"708"一格的右下角点。输入文字时还要注意空行的位置。此时表格如图 10 - 31（b）所示。

(5) 将端子排的全部图形旋转 90°（见图 10 - 32)。

三、画转换开关

(1) 画转换开关的第一层。

1) 设置线宽为 0.5，画一个边长为 18 的正方形。

2) 将矩形向内偏移复制 4 个图形单位，如图 10 - 33（a）所示。单击【修改】工具栏中的按钮，启动偏移命令：

指定偏移距离或［通过（T）/ 删除（E）/ 图层（L）］<通过>：4↲

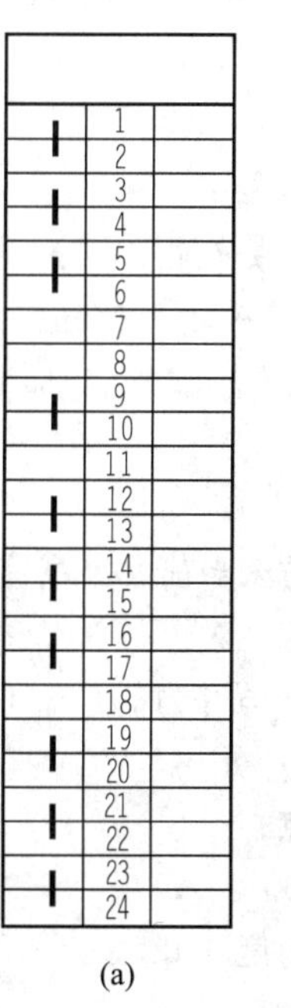

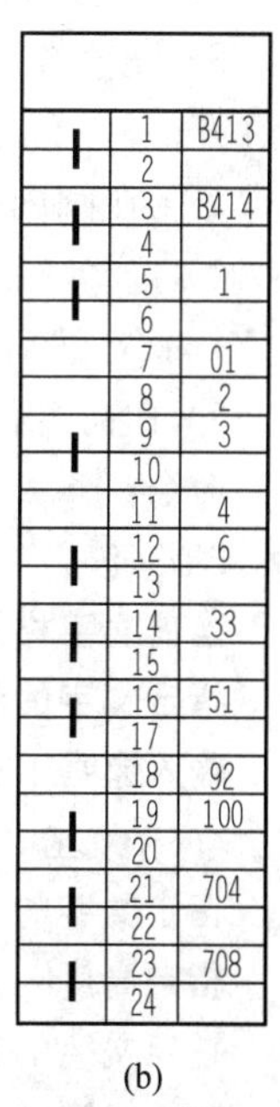

图 10 - 31 端子排表格文字

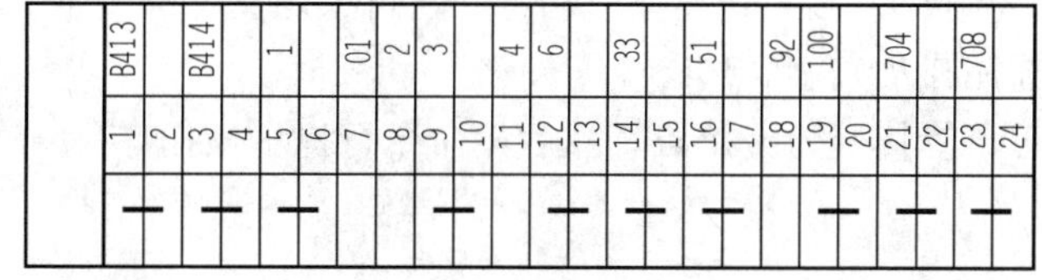

图 10 - 32 端子排图形旋转后的效果

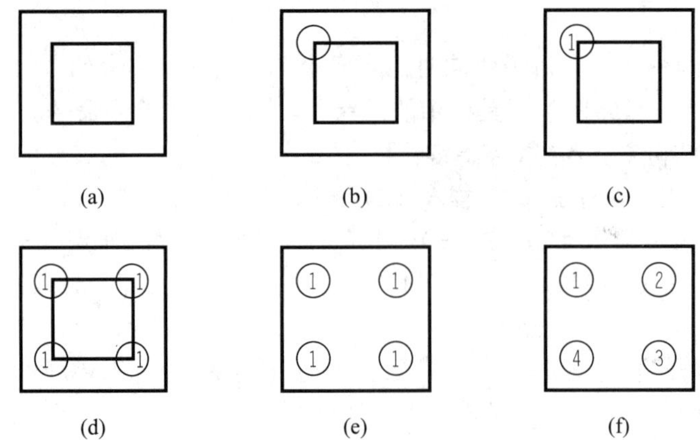

图 10-33 画第一层转换开关的步骤

选择要偏移的对象，或［退出（E）/放弃（U）］＜退出＞：（选择矩形）

指定要偏移的那一侧上的点，或［退出（E）/多个（M）/放弃（U）］＜退出＞：（在矩形内部单击鼠标）

选择要偏移的对象，或［退出（E）/放弃（U）］＜退出＞：↵

3）设置线宽为 0.2，以内部矩形的左上角点为圆心，画一个半径为 2.5 的圆，如图 10-33（b）所示。

（2）在圆内书写文字：

1）选择【格式】—【文字样式】命令，在打开的【文字样式】对话框中，选择“仿宋”文字样式，然后单击【关闭】按钮。

2）在命令行输入“DT”，启动单行文字命令：

命令：dt↵

DTEXT

当前文字样式：仿宋当前文字高度：2.5000

指定文字的起点或［对正（J）/样式（S）］：j↵

输入选项［左（L）/居中（C）/右（R）/对齐（A）/中间（M）/布满（F）/左上（TL）/中上（TC）/右上（TR）/左中（ML）/正中（MC）/右中（MR）/左下（BL）/中下（BC）/右下（BR）］：mc↵

指定文字的中间点：

指定高度＜2.5000＞：↵

指定文字的旋转角度＜0＞：↵

输入文字：1↵

输入文字：↵

效果如图 10-33（c）所示。

（3）将圆及文字复制到矩形的其他三个端点处，可采用夹点编辑的方法。

1）用窗口方式选择圆及文字“1”。

2）鼠标单击圆心，使其变为夹持点，然后按命令行提示操作：

命令：

＊＊**拉伸**＊＊

指定拉伸点或［基点（B）/复制（C）/放弃（U）/退出（X）］：_copy（在右键菜单中选择

【复制】)

＊＊**拉伸（多重）**＊＊

指定拉伸点或［基点（B）/ 复制（C）/ 放弃（U）/ 退出（X）］：（依次捕捉内部矩形的另外三个角点）

……

＊＊**拉伸（多重）**＊＊

指定拉伸点或［基点（B）/复制(C)/ 放弃（U）/ 退出（X）］：

效果如图 10－33（d）所示。

（4）删除内部矩形，效果如图 10－33（e）所示。

（5）修改单行文字，效果如图 10－33（f）所示。

四、画其他各层转换开关

（1）执行（重复）复制命令，得到如图 10－34 所示的图形。这一步也可参照前述夹点编辑的方式。

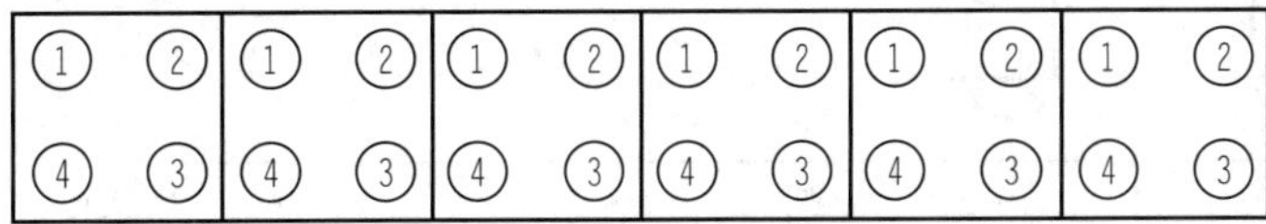

图 10－34 复制得到转换开关初步图形

（2）依次修改单行文字，效果如图 10－35 所示。

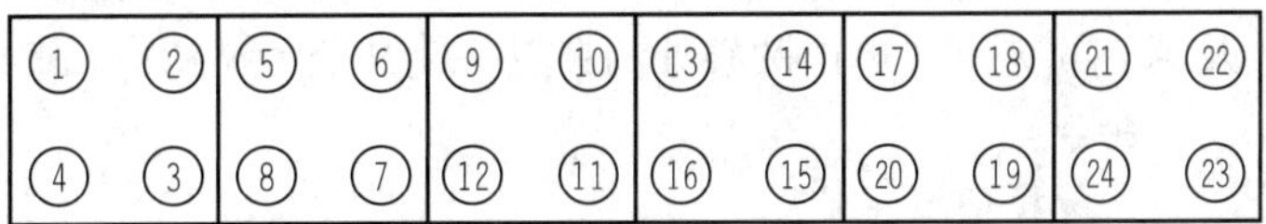

图 10－35 修改后的文字效果

五、画图形的其他细节部分

图形的其他部分电阻符号、信号灯符号、连接线、说明文字等。这些部分的绘制过程不再详细介绍，仅将需要注意的几点说明如下：

（1）用单线表示多根导线时，宜画成粗实线。

（2）说明文字可采用“仿宋”文字样式，用单行文字命令标出，注意适当调整文字高度。

（3）连接线长度要合适，设备符号大小适当，布置匀称、美观。

第三节 发电工程图绘制

一、变送器导管电缆连接图

图 10－36 所示为某热电厂变送器导管电缆连接图，本例将介绍其绘制过程。

二、图形部分的绘制

1. 画电动主汽门前压力回路部分

（1）在正交方式下，画一条长度为 22 的水平线。

（2）以水平线的中点为圆心画三个同心圆，半径分别为 7、7.6、10.4，如图 10－37 所示。

类别	流量		压力						
取样介质	过热蒸汽	水	蒸汽(压力)			蒸汽(真空)	油	蒸汽(压力)	
取样地点	主汽流量	凝结水流量	电动主汽门前压力量	自动主汽门前压力	电动主汽门后压力	凝汽器真空	润滑油压	主汽压力	抽汽压力
测点编号	FE201	FE202	PE201	PE202	PE203	PE204	PE205	PE206	PE207
取样装置									
导管									
就地仪表	FT201	FT202	PT201	PT202	PT203	PT204	PT205	PT206	PT207
电缆或导线									
控制盘	QP2 FIR201	QP2 FIR202	QP2 PIR201	QP2 PIR202	QP2 PIR203	QP2 PIR204	QP2 PIR205	QP2 PIR206	QP2 PIR207

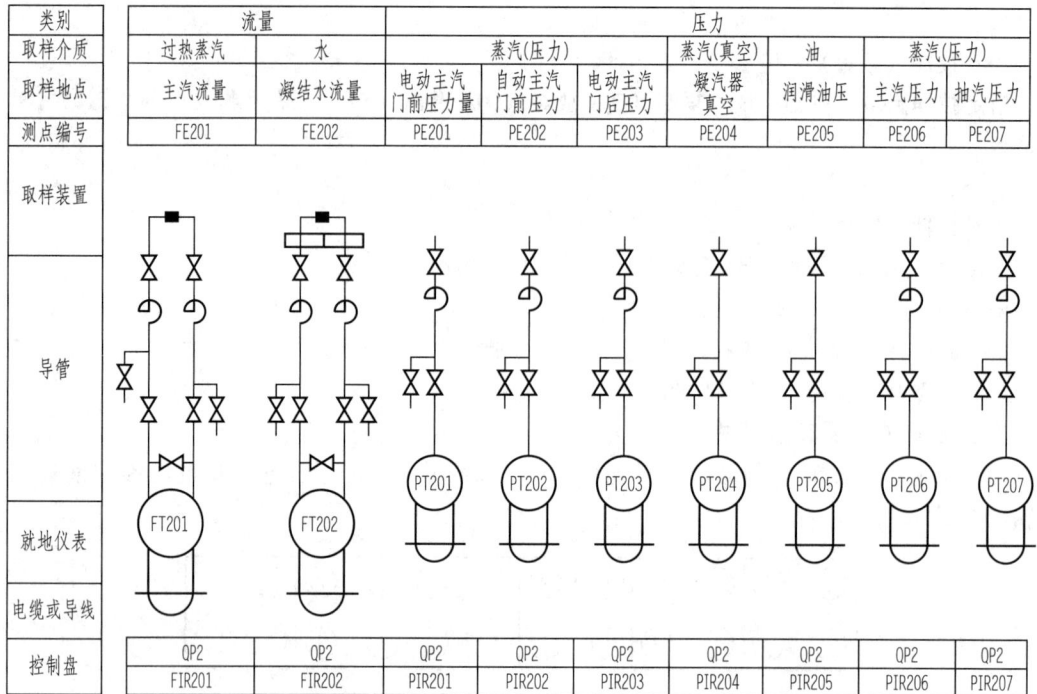

图 10－36 某热电厂变送器导管电缆连接图

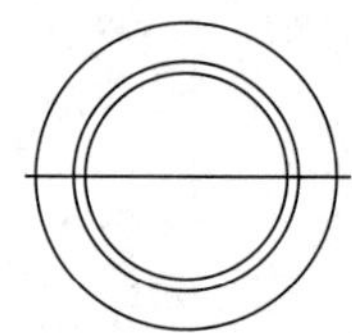

图 10－37 画直线及同心圆

(3) 单击半径为 10.4 的大圆的圆周，则该圆被选中，出现表示象限点及圆心的夹点。单击圆心处的夹点，使其变为夹持点，此时命令行提示：

命令：

＊＊拉伸＊＊

指定拉伸点或［基点（B）/复制（C）/放弃（U）/退出（X）］：22↵（在正交方式下向上移动鼠标，输入 22，表示将圆向上移动 22 个图形单位）

(4) 修剪掉半径为 7 的圆在直线上方的一半，如图 10－38（a）所示。

(5) 分别以半径为 7.6 的圆的左、右象限点为起点，在正交方式下画两条垂直线，如图 10－38（b）所示。

(6) 删除半径为 7.6 的圆。

(7) 以半径为 10.4 的圆为延伸边界，延伸两条垂直线，即单击【修改】工具栏中的按钮一/，启动延伸命令：

命令：_extend

当前设置：投影＝UCS，边＝无，模式＝快速

选择要延伸的对象，或按住 Shift 键选择要修剪的对象或［边界边（B）/窗交（C）/模式（O）/投影（P）］：（单击一条垂直线的上部）

选择要延伸的对象，或按住 Shift 键选择要修剪的对象或［边界边（B）/窗交（C）/模式（O）/投影（P）］：（单击另一条垂直线的上部）

(8) 将水平直线、圆及半圆的线宽改为 0.5，如图 10－38（c）所示。

(9) 以圆的上象限点为起点，在正交方式下向上画一条长度为 23 的垂直线，见图 10－39（a）中的直线 1。

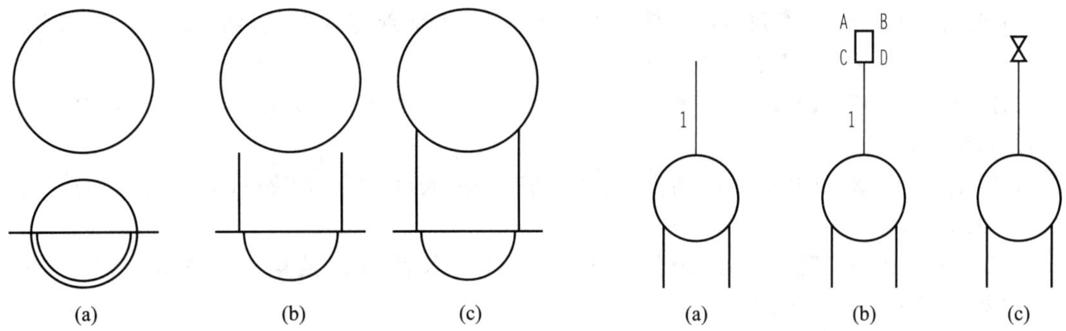

图 10-38　电动主汽门压力回路的仪表部分　　图 10-39　画截止阀

(10) 画一个宽 4、高 8 的矩形。

(11) 移动矩形，见图 10-39 (b)。单击【修改】工具栏中的按钮✣，启动移动命令：

命令：_move

选择对象：指定对角点：找到 1 个（选择矩形）

选择对象：↵

指定基点或位移：（捕捉矩形下边的中点）

指定位移的第二点或＜用第一点作位移＞：（捕捉直线 1 的上端点）

(12) 用多段线命令画截止阀。单击【绘图】工具栏中的按钮，启动画多段线命令：

命令：_pline

指定起点：（捕捉点 A）

当前线宽为 0.0000

指定下一个点或［圆弧 (A)/ 半宽 (H)/ 长度 (L)/ 放弃 (U)/ 宽度 (W)］：（捕捉点 B）

指定下一个点或［圆弧 (A)/ 半宽 (H)/ 长度 (L)/ 放弃 (U)/ 宽度 (W)］：（捕捉点 C）

指定下一个点或［圆弧 (A)/ 半宽 (H)/ 长度 (L)/ 放弃 (U)/ 宽度 (W)］：（捕捉点 D）

指定下一个点或［圆弧 (A)/ 半宽 (H)/ 长度 (L)/ 放弃 (U)/ 宽度 (W)］：（捕捉点 A）

指定下一个点或［圆弧 (A)/ 半宽 (H)/ 长度 (L)/ 放弃 (U)/ 宽度 (W)］：↵

删除矩形后，如图 10-39 (c) 所示。

(13) 画截止阀与环形管的连接线，长度为 23。见图 10-40 (a) 中的直线 2。

(14) 画环形管。单击【绘图】工具栏中的按钮，启动画多段线命令：

命令：_pline

指定起点：（捕捉直线 2 的上端点）

当前线宽为 0.0000

指定下一个点或［圆弧 (A)/ 半宽 (H)/ 长度 (L)/ 放弃 (U)/ 宽度 (W)］：w↵

指定起点宽度＜0.0000＞：0.5↵

指定端点宽度＜0.5000＞：↵

指定下一个点或［圆弧 (A)/ 半宽 (H)/ 长度 (L)/ 放弃 (U)/ 宽度 (W)］：a↵

指定圆弧的端点或［角度 (A)/ 圆心 (CE)/ 方向 (D)/ 半宽 (H)/ 直线 (L)/ 半径 (R)/ 第二个点 (S)/ 放弃 (U)/ 宽度 (W)］：a↵

指定包含角：－270↵

指定圆弧的端点或［圆心 (CE)/ 半径 (R)］：@5，5↵

指定圆弧的端点或［角度（A）/ 圆心（CE）/ 方向（D）/ 半宽（H）/ 直线（L）/ 半径（R）/ 第二个点（S）/ 放弃（U）/ 宽度（W）］：l↵

指定下一个点或［圆弧（A）/ 闭合（C）/ 半宽（H）/ 长度（L）/ 放弃（U）/ 宽度（W）］：（捕捉圆弧的圆心）

指定下一个点或［圆弧（A）/ 闭合（C）/ 半宽（H）/ 长度（L）/ 放弃（U）/ 宽度（W）］：（捕捉圆弧的上象限点）

指定下一个点或［圆弧（A）/ 闭合（C）/ 半宽（H）/ 长度（L）/ 放弃（U）/ 宽度（W）］：↵

结果如图 10－40（b）所示。

（15）该电路上还有两个截止阀，可以通过复制得到。

完成绘制的电动主汽门前压力回路如图 10－41 所示。

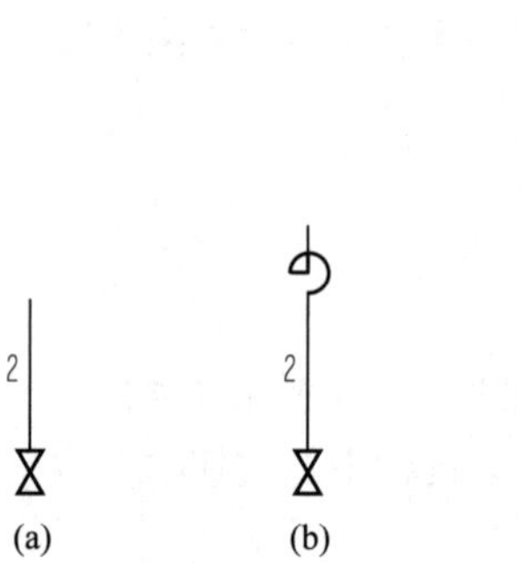

图 10－40　画环形管

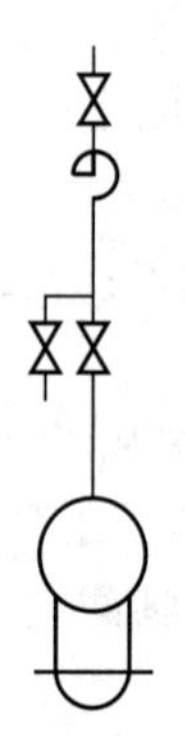

图 10－41　电动主汽门前压力回路

2. 其他压力回路部分

在绘制好前述电动主汽门前压力回路的基础上，可以通过编辑修改，方便地得到其他部分的图形。将电动主汽门前压力回路进行矩形阵列复制。

（1）单击【修改】工具栏中的按钮，启动阵列命令。

（2）设置阵列参数如图 10－42 所示。

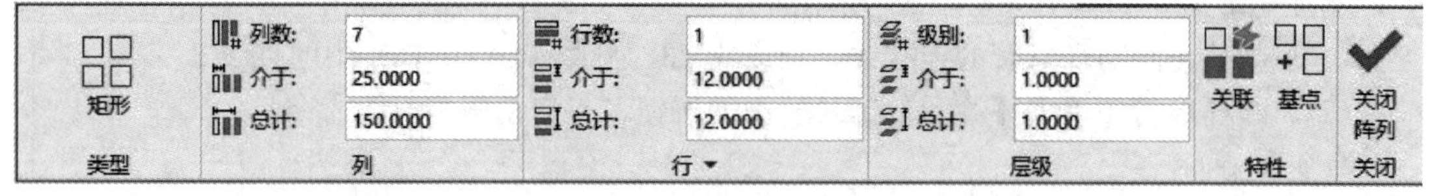

图 10－42　阵列参数设置

（3）单击【选择对象】按钮，选择电动主汽门前压力回路的所有图形，单击鼠标右键。

（4）单击【预览】按钮。

（5）单击【接受】按钮，完成绘制，其效果如图 10－43 所示。

（6）删除图 10－43 所示左数第 4、5 回路中的环形管，并用直线重新连接留下的缺口，则压力部分的图形绘制完毕。

3. 主汽流量部分

（1）将电动主汽门前压力回路进行复制，单击【修改】工具栏中的按钮，启动复制命令：

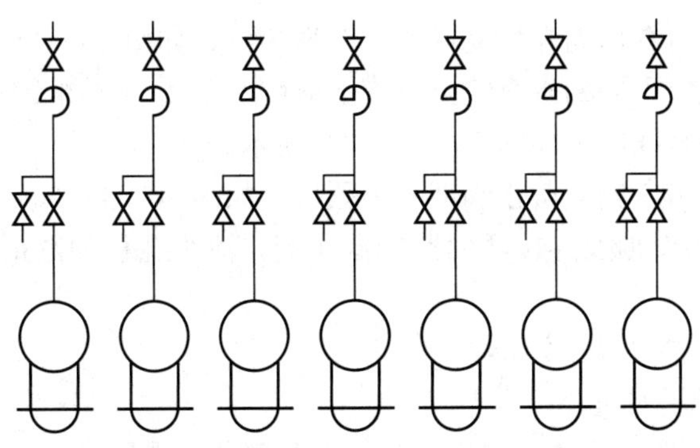

图 10 - 43　阵列后的效果

命令：_copy

选择对象：指定对角点：找到 18 个（选择电动主汽门前压力回路的所有图形）

选择对象：↲

指定基点或位移，或者［重复（M）］：（捕捉半圆的下象限点）

指定位移的第二点或<用第一点作位移>：81↲（正交向右导向）

（2）删除复制得到的图形中的环形管及圆下方的两条平行线，如图 10 - 44（a）所示。

（3）选择图 10 - 44（a）最上方的截止阀，将其移动到删除环形管后留下的缺口处。

（4）将圆的半径改为 12.2。操作如下：

1）选中圆。

2）单击【标准】工具栏中的按钮或通过快捷菜单，打开【特性】对话框。

3）将半径值改为 12.2。

4）关闭【特性】对话框，如图 10 - 44（b）所示。

（5）修剪掉圆内的直线段，并将上方的直线间缺口补齐或重绘直线，如图 10 - 44（c）所示。

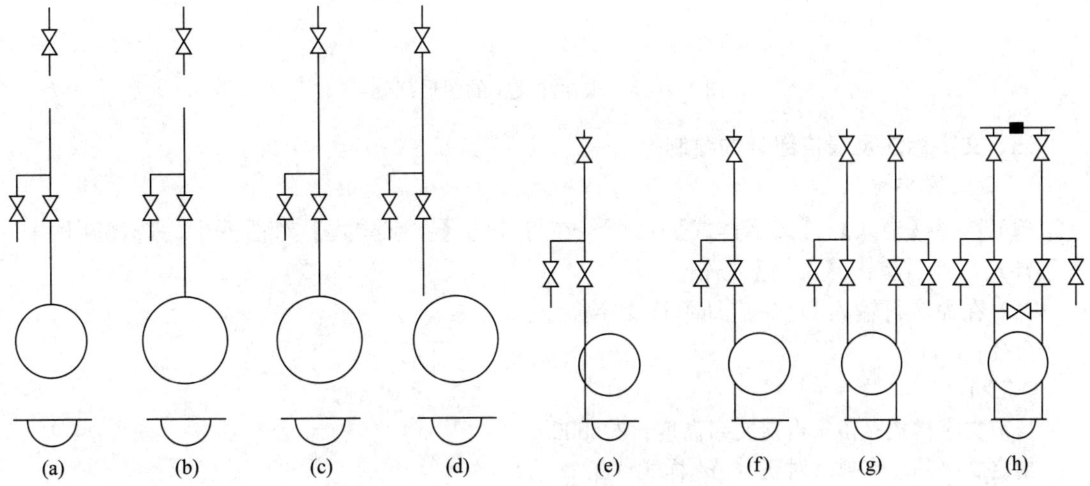

图 10 - 44　画主汽门流量回路的步骤

(6) 将圆上方的所有图形向左移动 9.8 个图形单位，如图 10－44 (d) 所示。

(7) 延伸下面截止阀下方的垂直线至半圆上方的水平线，如图 10－44 (e) 所示。

(8) 修剪掉圆内的直线段，如图 10－44 (f) 所示。

(9) 镜像复制得到另一侧的截止阀部分的图形，如图 10－44 (g) 所示。

(10) 绘制流量孔板图形及连接两回路的截止阀，流量孔板的图形见图 10－44 (h)，绘制过程如下：

1) 画一个宽 3.4、高 2.8 的矩形。

2) 复制得到另外两个矩形。

3) 对上、下两个矩形进行图案填充。其他细节部分不再赘述。

4. 凝结水流量回路部分

该部分图形与主汽流量回路部分的图形相比仅仅多了表示冷凝器的矩形。

(1) 将主汽流量回路图形水平向右复制 45 个图形单位。

(2) 画一个宽 29.5、高 4.3 的矩形。

(3) 画连接矩形上、下边中点的直线。

(4) 将矩形移动到合适位置。

至此图形部分绘制完毕，如图 10－45 所示。

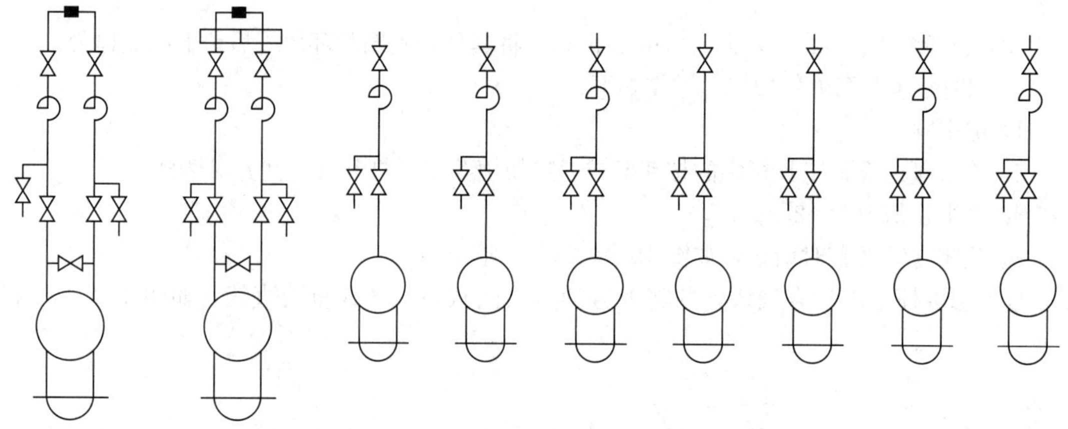

图 10－45 未标注文字的图形部分

三、文字标注及表格部分的绘制

1. 仪表文字标注

(1) 选择【格式】—【文字样式】命令，在打开的【文字样式】对话框中，选择“仿宋”文字样式，然后单击【关闭】按钮。

(2) 在命令行输入 DT，启动单行文字命令：

命令：dt↵

DTEXT

当前文字样式：仿宋当前文字高度：2.5000

指定文字的起点或 [对正 (J)/ 样式 (S)]：j↵

输入选项 [左 (L)/ 居中 (C)/ 右 (R)/ 对齐 (A)/ 中间 (M)/ 布满 (F)/ 左上 (TL)/ 中上 (TC)/ 右上 (TR)/ 左中 (ML)/ 正中 (MC)/ 右中 (MR)/ 左下 (BL)/ 中下 (BC)/ 右下 (BR)]：

mc↵

指定文字的中间点：（捕捉电动主汽门前压力回路中圆的圆心）

指定高度 <2.5000>：5↵

指定文字的旋转角度 <0>：↵

输入文字：PT201↵

输入文字：↵

（3）将第（2）步标注的文字复制到其他表示仪表的圆内。单击【修改】工具栏中的按钮⁰ᵒ，启动复制命令：

命令：_copy

找到 1 个（选择文字“PT201”）

指定基点或位移，或者［重复（M）］：m↵

指定基点：（捕捉主汽流量回路中圆的圆心）

指定位移的第二点或 <**用第一点作位移**>：（捕捉凝结水流量回路中圆的圆心）

⋮（依次捕捉其他圆心）

指定位移的第二点或 <**用第一点作位移**>：↵

复制后的结果如图 10－46 所示。

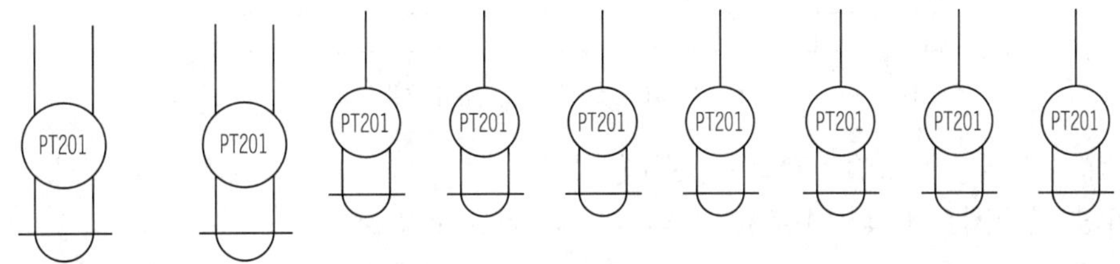

图 10－46 多重复制后的文字效果

（4）双击左数第 2 个回路中的文字，打开【单行文字】对话框，如图 10－47 所示。

（5）将文字改为“PT202”，然后单击【确定】按钮。

（6）依次修改其他文字。修改后的效果如图 10－48 所示。

图 10－47 【单行文字】对话框

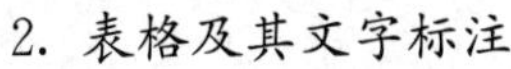

2. 表格及其文字标注

从图 10－36 看到，用以说明本图元件及功能的表格有三个，下面仅以图形上方的表格为例，说明其绘制过程。

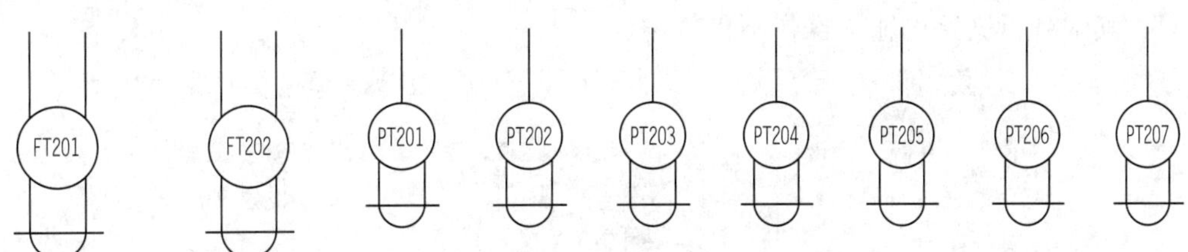

图 10－48 修改后的文字

(1) 在图形上方合适位置画一个宽 265、高 50 的矩形，然后分解该矩形。

(2) 利用偏移复制命令复制各分格线，偏移距离如图 10-49 所示。

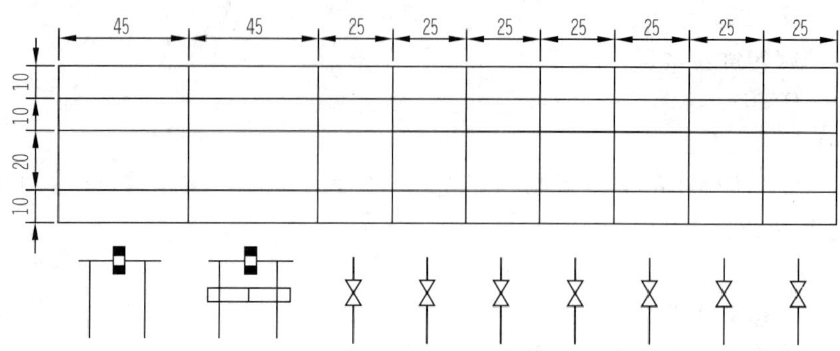

图 10-49　初步绘制的表格

(3) 执行修剪命令，得到图 10-50 所示的表格框线。

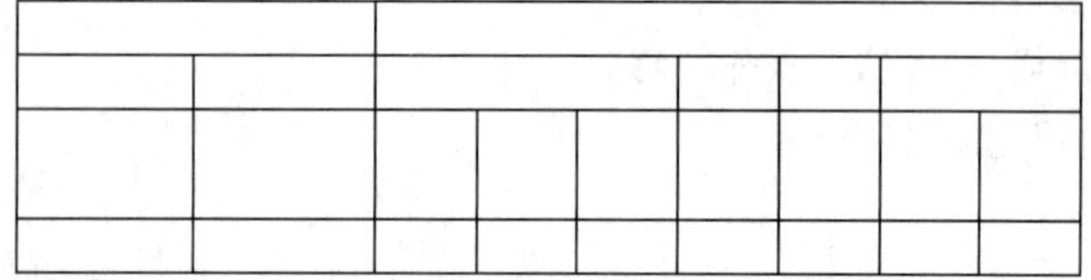

图 10-50　修剪后的表格效果

(4) 输入文字，仅以输入第 3 行文字为例。

1) 单击【绘图】工具栏中的按钮**A**，启动多行文字命令：

命令：_mtext

当前文字样式："仿宋" 当前文字高度：2.5

指定第一角点：(捕捉第 3 列的左下角点)

指定对角点或［高度 (H)/ 对正 (J)/ 行距 (L)/ 旋转 (R)/ 样式 (S)/ 宽度 (W)/ 栏 (C)］：(捕捉第 3 列的右上角点)

2) 在【文字格式】对话框中设置参数：字符为"仿宋"，字高为 4；设置文字对齐方式为"正中"。

3) 输入文字，如图 10-51 所示，注意输入第一行文字后按 Enter 键，再输入第二行文字。最后单击【确定】按钮。此时表格如图 10-52 所示。

4) 第 3 行中其他各单元格中的文字可通过先复制、后编辑的方法得到，这样可避免每次输入文字时进行参数设置的麻烦，操作方法参见仪表文字标注的有关部分的说明。

(5) 其他各行文字的输入操作不再赘述。

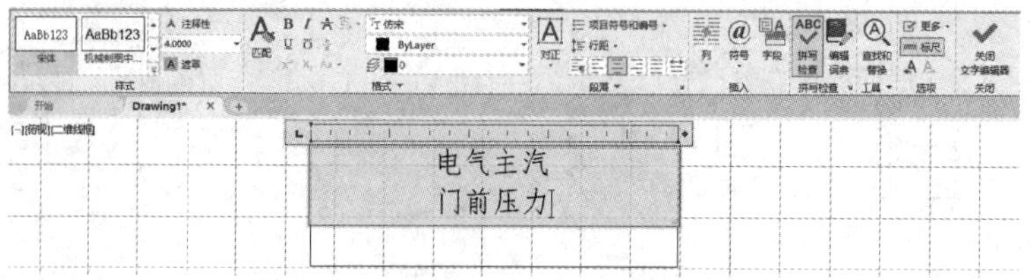

图 10-51　多行文字编辑器

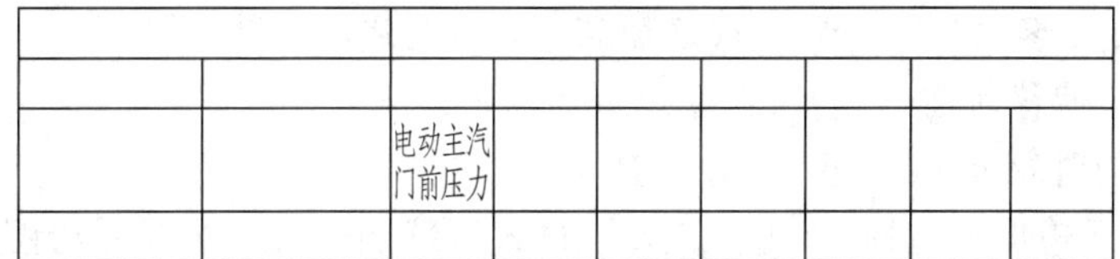

		电动主汽门前压力					

图 10－52　输入单格文字后的表格

请读者参照上述表格的绘制方法和图 10－36，自行完成该图形左侧及下侧表格的绘制。

四、热力系统图

图 10－53 所示为某热力发电厂原则性热力系统图，绘制这类图的关键是符号相对大小合适，连线匀称，图形美观。

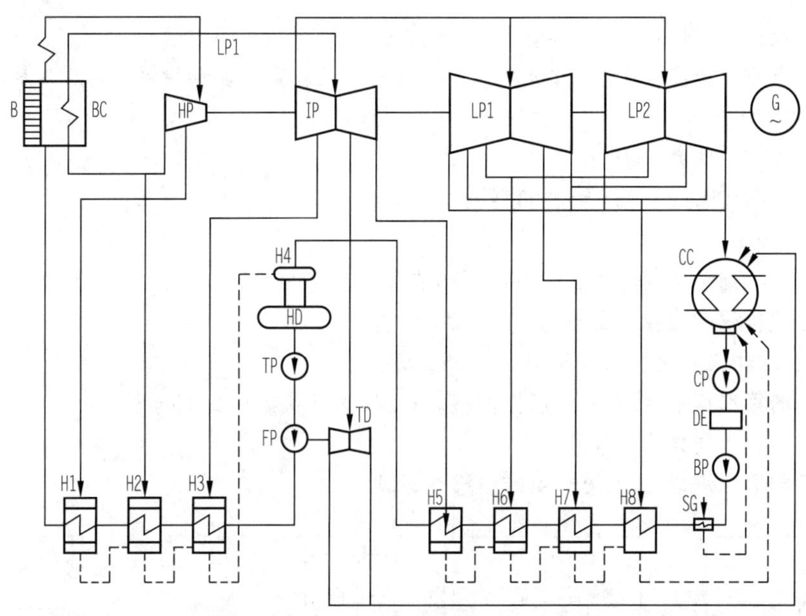

图 10－53　某热力发电厂原则性热力系统图

1. 绘制设备符号

所有设备符号应在“符号”层绘制。

(1) 画锅炉符号。锅炉符号见图 10－53 中的“B”符号。

1) 画一个边长为 15 的矩形。

命令：_rectang

指定第一个角点或［倒角 (C)/ 标高 (E)/ 圆角 (F)/ 厚度 (T)/ 宽度 (W)］：(在合适位置指定一点)

指定另一个角点或［尺寸 (D)］：@15，15↵

2) 分解矩形。

命令：_explode

选择对象：找到 1 个(选择矩形)

3) 将矩形的左边向右偏移复制 4 个图形单位。

命令：_offset

指定偏移距离或［通过 (T)］<通过>：4↵

选择要偏移的对象或 <退出>：（选择矩形左边竖线）

指定点以确定偏移所在一侧：（在竖线右侧单击）

选择要偏移的对象或 <退出>：↲

4）绘制分解后矩形左边的 10 等分点，点样式取默认样式。选择【绘图】—【点】—【定数等分】，即

命令：_divide

选择要定数等分的对象：（选择矩形左边竖线）

输入线段数目或［块（B)］：10↲

5）画直线。

命令：_line

指定第一点：［见图 10－54（a)］

指定下一点或［放弃（U)］：_per 到［单击【对象捕捉】工具栏中的⊥，启用捕捉垂足方式，参见图 10－54（b)］

指定下一点或［放弃（U)］：↲

6）（重复）复制第 5）步绘制的直线。

命令：_copy

选择对象：找到 1 个（选择上一步绘制的直线）

指定基点或位移，或者［重复（M)］：↲

指定基点：［捕捉直线端点，见图 10－55（a)］

指定位移的第二点或 <用第一点作位移>：［捕捉节点，见图 10－55（b)］

⋮（以此类推，捕捉其余节点）

指定位移的第二点或 <用第一点作位移>：↲

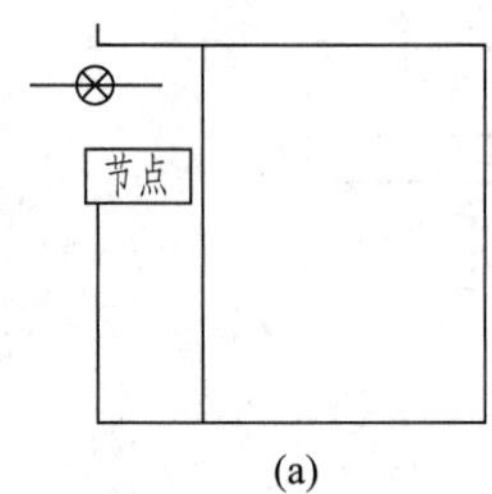

(a)

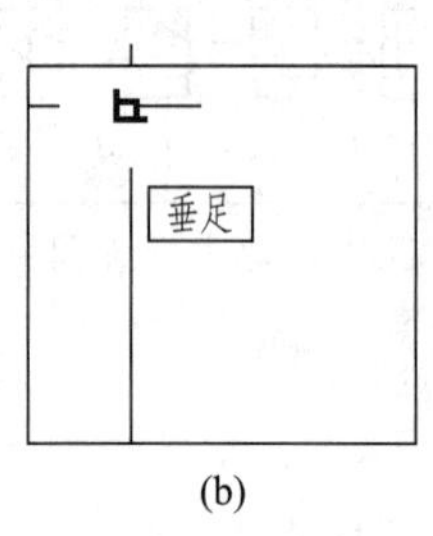

(b)

图 10－54　确定直线端点位置示意图

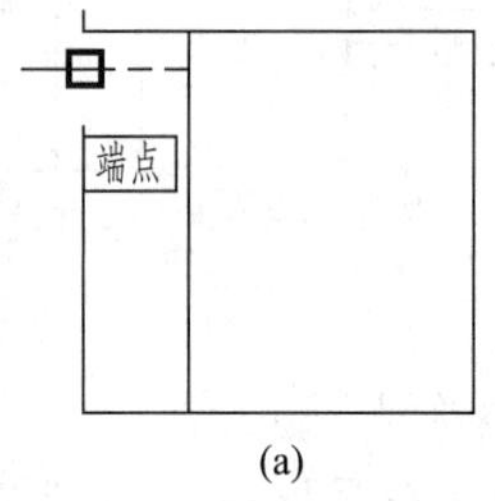

(a)

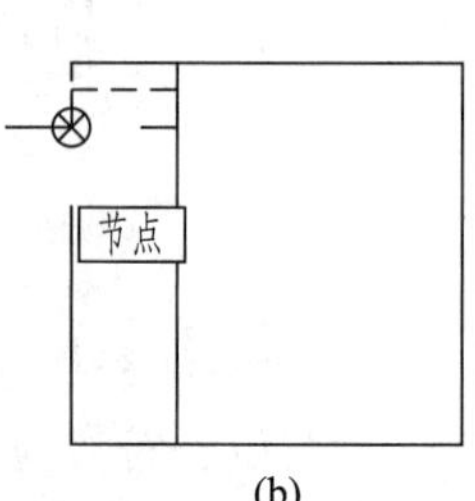

(b)

图 10－55　确定复制基点及目标点示意图

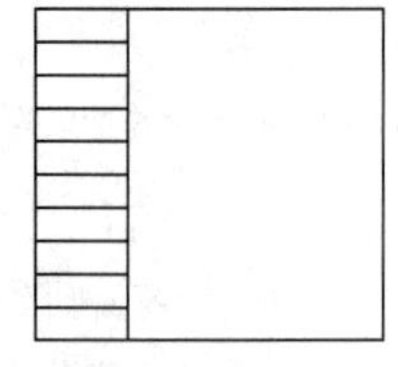

图 10－56　锅炉符号

复制直线后的图形如图 10－56 所示。

（2）画汽轮机高压缸、中压缸及低压缸符号。3 个符号见图 10－53 中的 HP、IP、LP，均可用梯形表示，但为了图面美观，大小应有所区别。

1）画高压缸。

命令：_line

指定第一点：（在合适位置指定一点）

指定下一点或［放弃（U)］：8↲（正交向下导向）

指定下一点或［放弃（U)］：↲［见图 10－57（a)］

命令：↲（重复执行上一个命令）

命令：_line

指定第一点：（捕捉刚画好的直线的上端点）

指定下一点或［放弃（U）］：@10，-2↵

指定下一点或［放弃（U）］：↵［见图 10-57（b）］

命令：（单击【修改】工具栏中的按钮）

命令：_mirror

选择对象：找到 1 个（选择斜线）

选择对象：↵

指定镜像线的第一点：（捕捉竖线的中点）

指定镜像线的第二点：（正交水平向右，任意确定一点）

是否删除源对象？［是（Y）/否（N）］<N>：↵［见图 10-57（c）］

命令：↵

命令：_line

指定第一点：（捕捉一条斜线的右侧端点）

指定下一点或［放弃（U）］：（捕捉另一条斜线的右侧端点）

指定下一点或［放弃（U）］：↵［见图 10-57（d）］

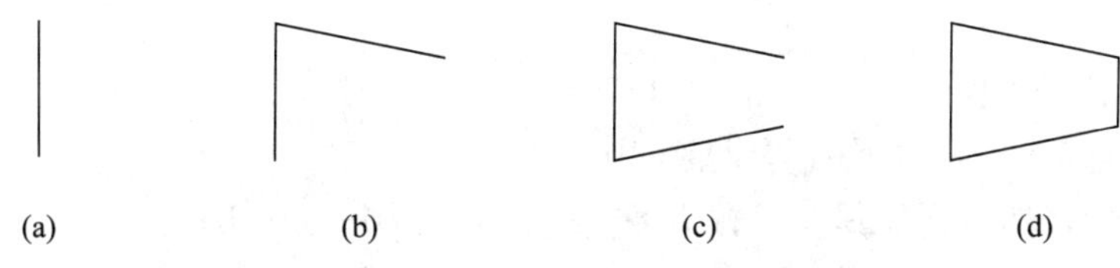

图 10-57 画汽轮机高压缸的步骤

2）画中压缸的操作只是比画高压缸时多执行一次镜像命令。中压缸图形符号及尺寸见图 10-58（a）。

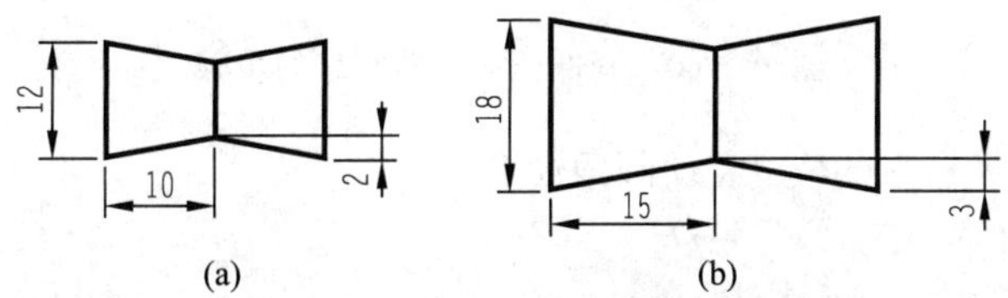

图 10-58 中、低压缸图形符和尺寸

3）低压缸符号可以通过将中压缸符号放大 1.5 倍得到，操作如下：

① 复制一个中压缸符号。

② 单击【修改】工具栏中的按钮，启动比例缩放命令：

命令：_scale

选择对象：指定对角点：找到 7 个（选择中压缸符号）

选择对象：↵

指定基点：（捕捉中压缸符号的左下角点）

指定比例因子或［参照（R）］：1.5↵

低压缸图形符号及尺寸如图 10-58（b）所示。

2. 画汽动给水泵汽轮机符号

汽动给水泵汽轮机符号见图 10－53 中的“TD”符号，可以通过将中压缸符号缩小为原来的 0.6 倍得到。

3. 画发电机符号

发电机符号见图 10－53 中的“G”符号。

(1) 打开【捕捉】及【栅格】功能。

(2) 画一个半径为 6 的圆（需要捕捉栅格点确定圆心）。

(3) 参照［例 10－8］画正弦曲线的方法画一条正弦曲线，如图 10－59（a）所示。

(4) 将正弦曲线缩小为原来的 0.1 倍，得到的发电机符号如图 10－59（b）所示。

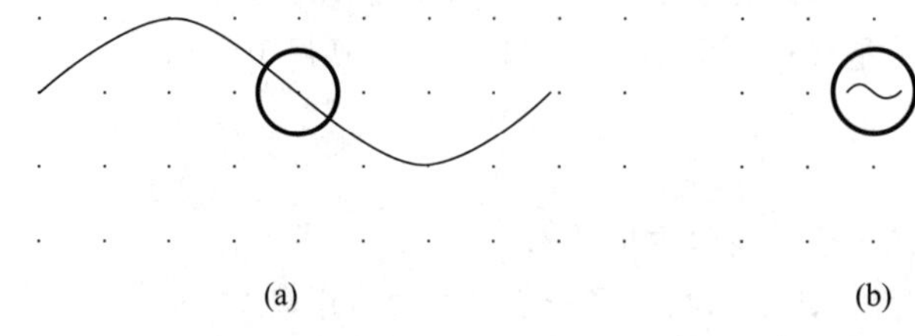

(a)　　(b)

图 10－59　画发电机符号的步骤

4. 画低压加热器符号

低压加热器符号见图 10－53 中的“H4”符号。

(1) 画一个宽 10，高 3 的矩形，见图 10－60（a）。

(2) 分解矩形，然后删除其左、右两条竖线，见图 10－60（b）。

(3) 执行两次圆角命令，得到图 10－60（c）所示的图形。

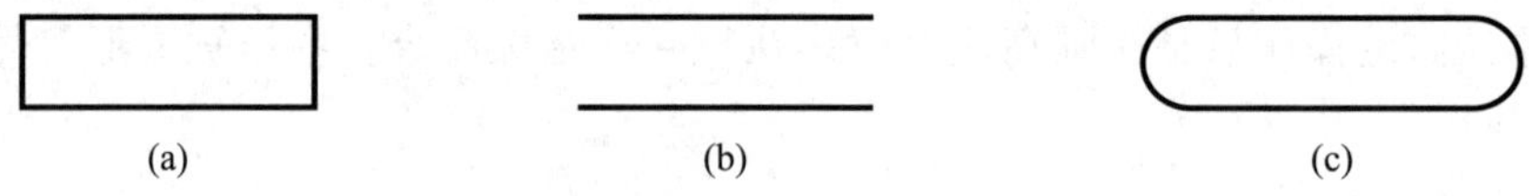

(a)　　(b)　　(c)

图 10－60　画低压加热器符号的步骤

单击【修改】工具栏中的⌐，启动圆角命令：

命令：_fillet

当前模式：模式＝修剪，半径＝10.0000

选择第一个对象或［段线（P）/ 半径（R）/ 修剪（T）］：（单击一条直线的左侧）

选择第二个对象：（单击另一条直线的左侧）

命令：↵

命令：_fillet

当前模式：模式＝修剪，半径＝10.0000

选择第一个对象或［段线（P）/ 半径（R）/ 修剪（T）］：（单击一条直线的右侧）

选择第二个对象：（单击另一条直线的右侧）

5. 画高压除氧器符号

高压除氧器符号见图 10－53 中的“HD”符号。该符号的画法和低压加热器符号的画法相同，图 10－61 给出了该符号的参考尺寸。

6. 画升压泵、凝结水泵、给水泵、前置泵的符号

这四种泵的符号见图 10－53 中的“BP”“CP”“FP”“TP”符号，画法参见前面的有关介绍。为简便起见，图形尺寸可画成相同大小，见图 10－62。

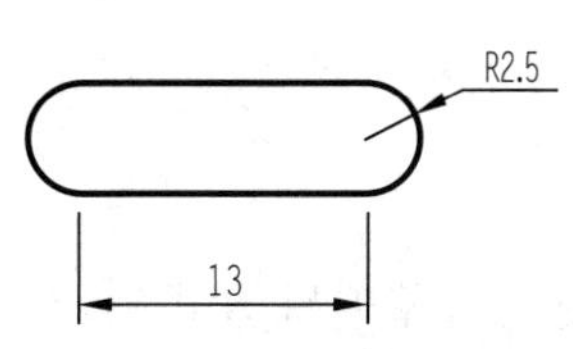

图 10－61 高压除氧器的尺寸

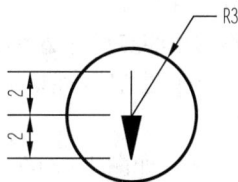

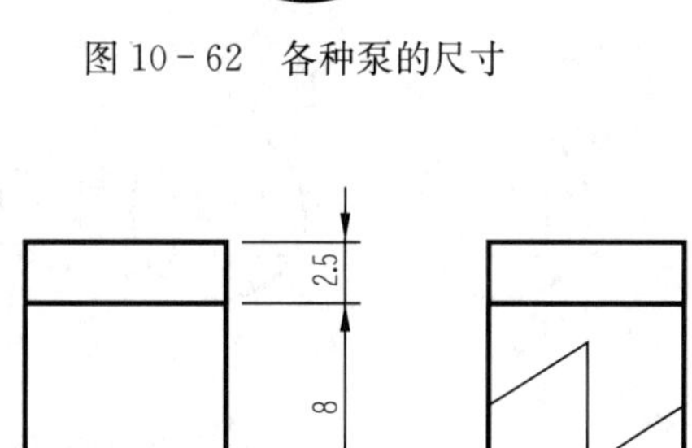

图 10－62 各种泵的尺寸

7. 画回热加热器符号

回热加热器符号见图 10－53 中的“H1”至“H3”及“H5”至“H8”符号。其中“H5”至“H8”符号只是比“H1”至“H3”符号少一个上部的矩形。

“H1”至“H3”符号的绘制过程如下：

(1) 画三个矩形，尺寸见图 10－63 (a)。

(2) 画矩形内的折线，如图 10－63 (b) 所示。单击【绘图】工具栏中的按钮，启动画多段线命令：

图 10－63 画“H1”～“H3”回热加热器符号

命令：_pline

指定起点：捕捉中间矩形左边的中点

当前线宽为 0.0000

指定下一个点或 [圆弧 (A)/ 半宽 (H)/ 长度 (L)/ 放弃 (U)/ 宽度 (W)]：@4，2.5↵

指定下一个点或 [圆弧 (A)/ 闭合 (C)/ 半宽 (H)/ 长度 (L)/ 放弃 (U)/ 宽度 (W)]：5↵ (正交向下导向)

指定下一个点或 [圆弧 (A)/ 闭合 (C)/ 半宽 (H)/ 长度 (L)/ 放弃 (U)/ 宽度 (W)]：(捕捉中间矩形右边的中点)

指定下一个点或 [圆弧 (A)/ 闭合 (C)/ 半宽 (H)/ 长度 (L)/ 放弃 (U)/ 宽度 (W)]：↵

8. 画轴封加热器符号

(1) 复制图 10－63 (b) 所示回热加热器符号的中间矩形及其内部的折线。

(2) 将第 (1) 步得到的图形缩小一半，即得到轴封加热器符号，见图 10－64。

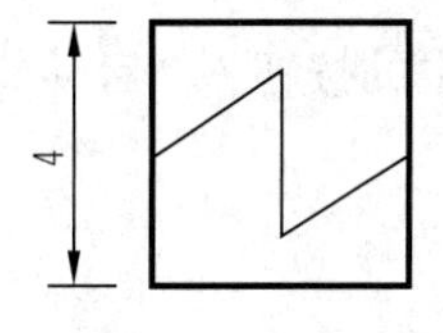

图 10－64 轴封加热器符号

9. 画排污冷却器符号

排污冷却器符号见图 10－53 中的“BC”符号，该符号即一条折线，绘制过程不再赘述。

10. 画冷凝器符号

冷凝器符号见图 10－53 中的“CC”符号，画法如下：

(1) 画一个半径为 8 的圆。

(2) 在正交方式下画一个边长为 8 的正方形，如图 10－65（a）所示。单击【绘图】工具栏中的按钮○，启动画正多边形命令：

命令：_polygon

输入边的数目 <4>：↵

指定正多边形的中心点或［边（E)］：（捕捉圆心）

输入选项［内接于圆（I)/ 外切于圆（C)］<I>：c↵

指定圆的半径：4↵

(3) 画两条直线，如图 10－65（b）所示。注意使用对象追踪方式确定直线的端点，操作如下：

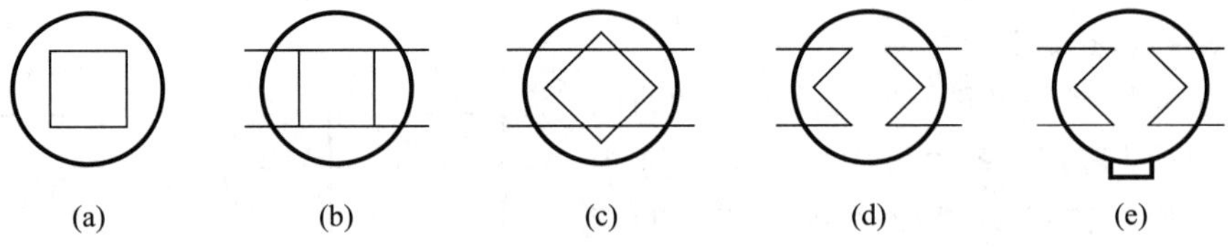

图 10－65　画冷凝器符号的步骤

命令：_line

指定第一点：6↵（向左追踪矩形的左上角点）

指定下一点或［放弃（U)］：20↵（正交向右导向）

指定下一点或［放弃（U)］：↵

命令：_copy

选择对象：找到 1 个（捕捉直线）

指定基点或位移，或者［重复（M)］：（捕捉矩形左上角点）

指定位移的第二点或 <用第一点作位移>：（捕捉矩形左下角点）

(4) 将矩形旋转 45°，如图 10－65（c）所示。操作如下：

1) 选择矩形。

2) 单击【修改】工具栏中的按钮↻，启动旋转命令：

命令：_rotate

UCS 当前的正角方向：ANGDIR＝逆时针　ANGBASE＝0

选择对象：找到 1 个

指定基点：捕捉圆心

指定旋转角度或［参照（R)］：45↵

(5) 执行修剪命令，如图 10－65（d）所示。单击【修改】工具栏中的按钮✂，启动修剪命令：

命令：_trim

当前设置：投影＝UCS，边＝延伸

选择剪切边...

选择对象：指定对角点：找到 3 个（选择矩形及两条直线）

选择对象：↵

选择要修剪的对象，按住 Shift 键选择要延伸的对象，或［投影（P)/ 边（E)/ 放弃（U)］：

⋮（依次单击要修剪掉的部分）

选择要修剪的对象，按住 Shift 键选择要延伸的对象，或［投影（P）/ 边（E）/ 放弃（U）］：↵

（6）绘制圆下方的折线，得到冷凝器符号如图 10－65（e）所示。

11. 画凝结水精处理除盐装置符号

凝结水精处理除盐装置符号见图 10－53 中的“DE”符号，可用一个宽 10、高 6 的矩形表示。

五、定位设备符号位置

设备符号的布置要整齐，以方便多绘制出平直连接线。可以先绘制网格状的定位线，也可以直接使用对象追踪的方式确定图形符号的相对位置，下面仅举例介绍后一种方法。

假设已定位好汽轮机高压缸的位置，确定汽轮机中压缸位置的方式如下：

单击【修改】工具栏中的按钮✥，启动移动命令：

命令：_move

选择对象：指定对角点：找到 7 个（选择汽轮机中压缸符号）

选择对象：↵

指定基点或位移：（选择汽轮机中压缸符号左边竖线的中点）

指定位移的第二点或 <用第一点作位移>：22↵（如图 10－66 所示，向右追踪汽轮机高压缸符号右边竖线的中点）

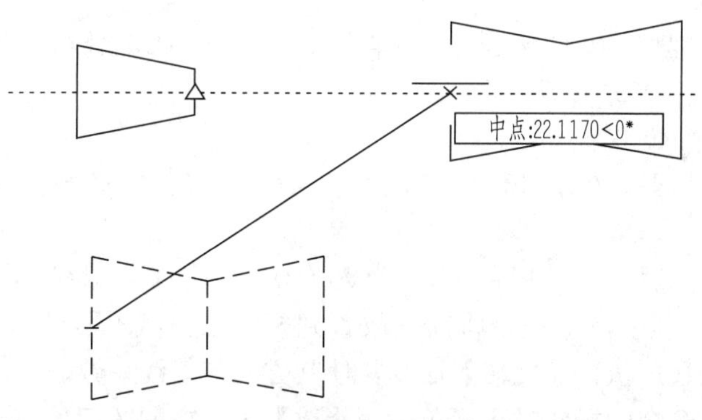

图 10－66 利用对象追踪确定移动目标

其他设备符号移动或复制的操作不再赘述，各设备符号的相对位置见图 10－67。

六、绘制连接线

连接线应画在“导线”层及“虚线”层，在绘制直线（或多段线）过程中要合理地使用对象追踪及对象捕捉，使连接线平直美观。下面将绘制连接线箭头的方法介绍如下。

为了使所有连接线箭头大小一致，宜首先用直线（或多段线）命令绘制连接线（斜线在圆周上的端点宜采用捕捉最近点的方式确定），然后绘制箭头，最后用复制及旋转命令将箭头放置到相应位置。

（1）画箭头。竖线底端箭头的绘制过程如下：

命令：_pline（启动画多段线命令）

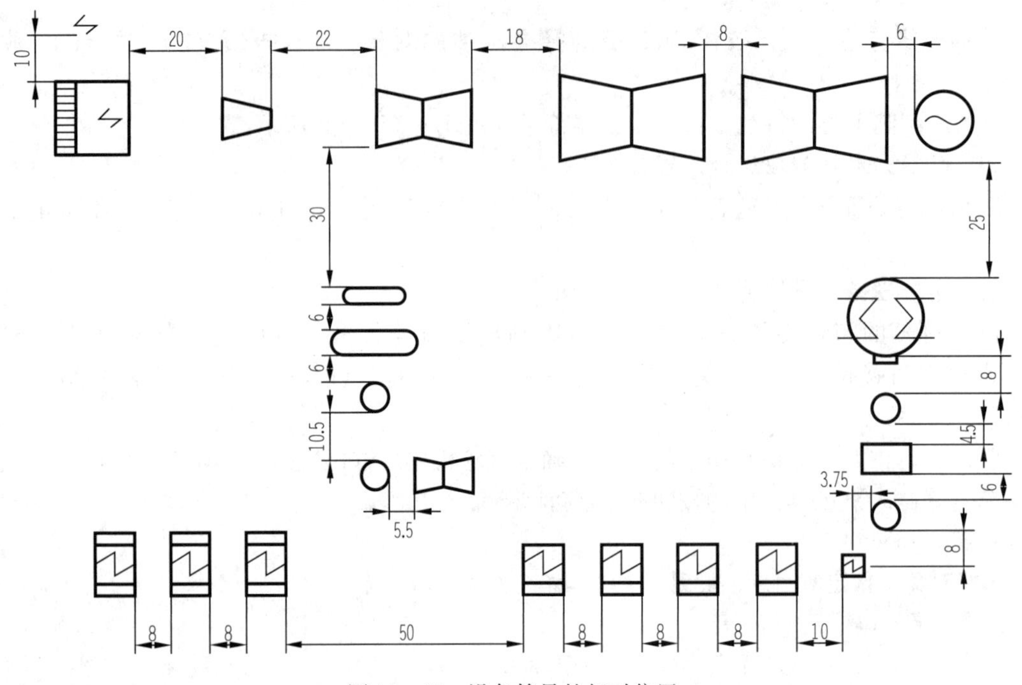

图 10－67 设备符号的相对位置

指定起点：（在图形空白处指定一点）

当前线宽为 0.0000

指定下一个点或 [**圆弧** (A)/ **闭合** (C)/ **半宽** (H)/ **长度** (L)/ **放弃** (U)/ **宽度** (W)]：h↵

指定起点半宽 <0.0000>：0.4↵

指定端点半宽 <0.4000>：0↵

指定下一个点或 [**圆弧** (A)/ **闭合** (C)/ **半宽** (H)/ **长度** (L)/ **放弃** (U)/ **宽度** (W)]：2↵（正交向下导向）

指定下一个点或 [**圆弧** (A)/ **闭合** (C)/ **半宽** (H)/ **长度** (L)/ **放弃** (U)/ **宽度** (W)]：↵

(2) 选择（重复）【复制】命令将箭头放置到相应位置，图形局部如图 10－68 (a) 所示，斜线端部的箭头还须执行【旋转】命令，使其方向与斜线一致。下面以最上方斜线处的箭头为例，说明旋转命令的操作过程：单击【修改】工具栏的按钮↻，启动旋转命令：

命令：_rotate

UCS **当前的正角方向：**ANGDIR＝**逆时针** ANGBASE＝0

选择对象：找到 1 **个**（选择箭头）

选择对象：↵

指定基点：捕捉箭头（或斜线）在圆周上的端点

指定旋转角度或 [**参照** (R)]：r↵

指定参照角 <0>：90↵

指定新角度：（捕捉斜线在圆外的端点）

对其他斜线处的箭头执行类似操作，效果如图 10－68 (b) 所示。

最后，采用“仿宋”样式标注文字，字高取 4。绘制完毕的效果如图 10－53 所示。

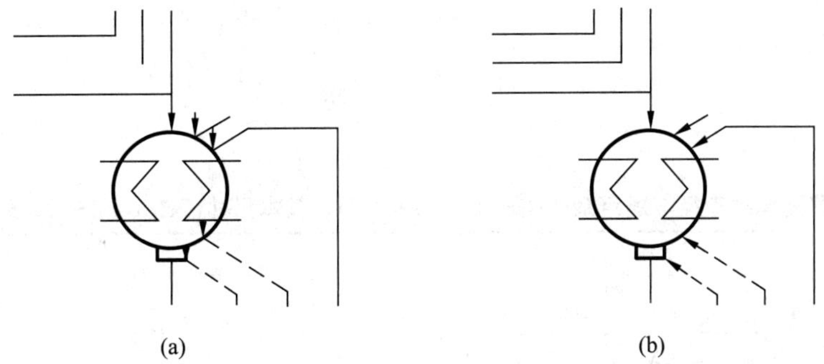

图 10-68　复制及旋转箭头后的效果

附 录

附表1 普通螺纹直径与螺距系列(GB/T 193—2003)、基本尺寸(GB/T 196—2003)

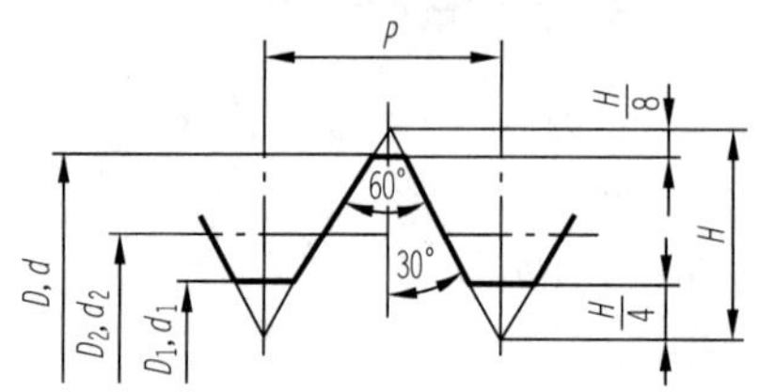

$D_2=D-2\times\frac{3}{8}H$

$d_2=d-2\times\frac{3}{8}H$

$D_1=D-2\times\frac{5}{8}H$ $d_1=d-2\times\frac{5}{8}H$

$H=\frac{\sqrt{3}}{2}P=0.866P$

标记示例

公称直径24mm、螺距为1.5mm、右旋的细牙普通螺纹：M24×1.5

mm

公称直径 D、d		螺距 P		粗牙小径 D、d
第一系列	第二系列	粗牙	细　牙	
3		0.5	0.35	2.459
	3.5	(0.6)		2.850
4		0.7	0.5	3.242
	4.5	(0.75)		3.688
5		0.8		4.134
6		1	0.75，(0.5)	4.917
8		1.25	1，0.75，(0.5)	6.647
10		1.5	1.25，1，0.75，(0.5)	8.376
12		1.75	1.5，1.25，1，(0.75)，(0.5)	10.106
	14	2	1.5，(1.25)*，1，(0.75)，(0.5)	11.835
16		2	1.5，1，(0.75)，(0.5)	13.835
	18	2.5	2，1.5，1，(0.75)，(0.5)	15.294
20		2.5	2，1.5，(0.75)，(0.5)	17.294
	22	2.5	2，1.5，1，(0.75)，(0.5)	19.294
24		3	2，1.5，1，(0.75)	20.752
	27	3	2，1.5，1，(0.75)	23.752
30		3.5	(3)，2，1.5，1，(0.75)	26.211
	33	3.5	(3)，2，1.5，(1)，(0.75)	29.211
36		4	3，2，1.5，(1)	31.670
	39	4	3，2，1.5，(1)	34.670
42		4.5	(4)，(3)，2，1.5，(1)	37.129
	45	4.5		40.129
48		5		42.587
	52	5		46.587

注 1. 优先选用第一系列，括号内尺寸尽可能不用。
2. 公称直径 D、d 第三系列未列入。
3. M14×1.25仅用于火花塞。
4. 中径 D_2、d_2 未列入。

附表 2　梯形螺纹直径与螺距系列（GB/T 5796.2—2005）、基本尺寸（GB/T 5796.3—2005）

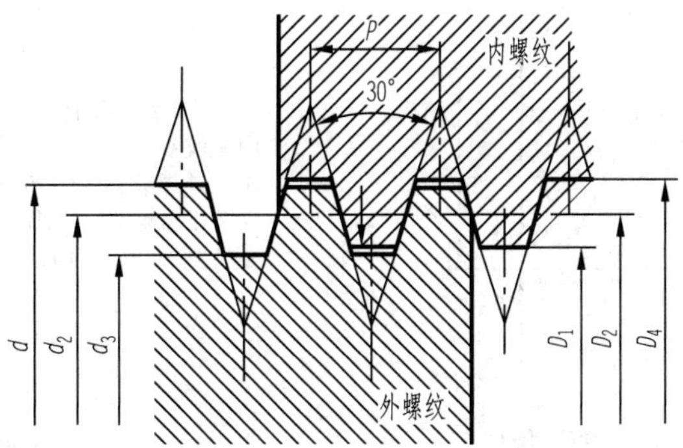

标记示例

公称直径 40mm、导程 14mm、螺距为 7mm 的双线左旋梯形螺纹：Tr40×14（P7）LH

mm

公称直径 d 第一系列	公称直径 d 第二系列	螺距 P	中径 $d_2=D_2$	大径 D_4	小径 d_3	小径 D_1
8		1.5	7.25	8.30	6.20	6.50
	9	1.5	8.25	9.30	7.20	7.50
		2	8.00	9.50	6.50	7.00
10		1.5	9.25	10.30	8.20	8.50
		2	9.00	10.50	7.50	8.00
	11	2	10.00	11.50	8.50	9.00
		3	9.50	11.50	7.50	8.00
12		2	11.00	12.50	9.50	10.00
		3	10.50	12.50	8.50	9.00
	14	2	13.00	14.50	11.50	12.00
		3	12.50	14.50	10.50	11.00
16		2	15.00	16.50	13.50	14.00
		4	14.00	16.50	11.50	12.00
	18	2	17.00	18.50	15.50	16.00
		4	16.00	18.50	13.50	14.00
20		2	19.00	20.50	17.50	14.00
		4	18.00	20.50	15.50	16.00
	22	3	20.50	22.50	18.50	19.00
		5	19.50	22.50	16.50	17.00
		8	18.00	23.00	13.00	14.00
24		3	22.50	24.50	20.50	21.00
		5	21.50	24.50	18.50	19.00
		8	20.00	25.00	15.00	16.00

公称直径 d 第一系列	公称直径 d 第二系列	螺距 P	中径 $d_2=D_2$	大径 D_4	小径 d_3	小径 D_1
	26	3	24.50	26.50	22.50	23.00
		5	23.50	26.50	20.50	21.00
		8	22.00	27.00	17.00	18.00
28		3	26.50	28.50	24.50	25.00
		5	25.50	28.50	22.50	23.00
		8	24.00	29.00	19.00	20.00
	30	3	28.50	30.50	26.50	29.00
		6	27.00	31.00	23.00	24.00
		10	25.00	31.00	19.00	20.00
32		3	30.50	32.50	28.50	29.00
		6	29.00	33.00	25.00	26.00
		10	27.00	33.00	21.00	22.00
	34	3	32.50	34.50	30.50	31.00
		6	31.00	35.00	27.00	28.00
		10	29.00	35.00	23.00	24.00
36		3	34.50	36.50	32.50	33.00
		6	33.00	37.00	29.00	30.00
		10	31.00	37.00	25.00	26.00
	38	3	36.50	38.50	34.50	35.00
		7	34.50	39.00	30.00	31.00
		10	33.00	39.00	27.00	28.00
40		3	38.50	40.50	36.50	37.00
		7	36.50	41.00	32.00	33.00
		10	35.00	41.00	29.00	30.00

附表 3　　非螺纹密封的管螺纹（GB/T 7307—2001）

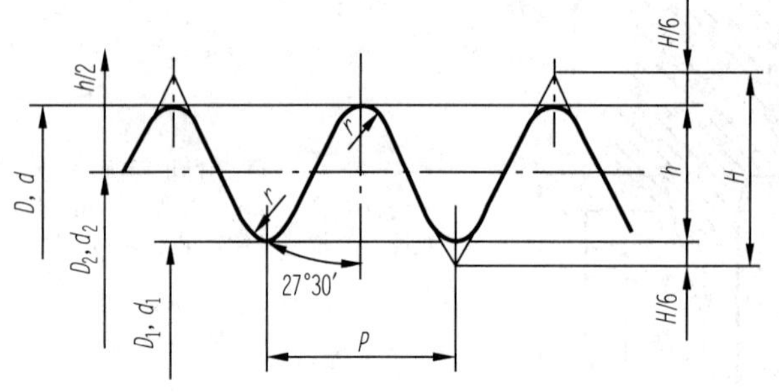

标记示例
内螺纹 G1 1/2
A 级外螺纹 G1 1/2A
B 级外螺纹 G1 1/2B
左旋 G1 1/2B—LH

$P=\frac{25.4}{n}$，$H=0.960\ 491P$　　mm

尺寸代号	每 25.4mm 内的牙数 n	螺距 P	牙高 h	圆弧半径 r	基本直径		
					大径 $d=D$	中径 $d_2=D_2$	小径 $d_1=D_1$
1/16	28	0.907	0.581	0.125	7.723	7.142	6.561
1/8	28	0.907	0.581	0.125	9.728	9.147	8.566
1/4	19	1.337	0.856	0.184	13.157	12.301	11.445
3/8	19	1.337	0.856	0.184	16.662	15.806	14.950
1/2	14	1.814	1.162	0.249	20.955	19.793	8.631
5/8	14	1.814	1.162	0.249	22.911	21.749	20.587
3/4	14	1.814	1.162	0.249	26.441	25.279	24.117
7/8	14	1.814	1.162	0.249	30.201	29.039	27.877
1	11	2.309	1.479	0.317	33.249	31.770	30.291
1 1/8	11	2.309	1.479	0.317	37.897	36.418	34.939
1 1/4	11	2.309	1.479	0.317	41.910	40.431	38.952
1 1/2	11	2.309	1.479	0.317	47.803	46.324	44.845
1 3/4	11	2.309	1.479	0.317	53.746	52.267	50.788
2	11	2.309	1.479	0.317	59.614	58.135	56.656
2 1/4	11	2.309	1.479	0.317	65.710	64.231	62.752
2 1/2	11	2.309	1.479	0.317	75.184	73.705	72.226
2 3/4	11	2.309	1.479	0.317	81.534	80.055	78.576
3	11	2.309	1.479	0.317	87.884	86.405	84.926
3 1/2	11	2.309	1.479	0.317	100.330	98.851	97.372
4	11	2.309	1.479	0.317	113.030	111.551	110.072
4 1/2	11	2.309	1.479	0.317	125.730	124.251	122.772
5	11	2.309	1.479	0.317	138.430	136.951	135.472
5 1/2	11	2.309	1.479	0.317	151.130	149.651	148.172
6	11	2.309	1.479	0.317	163.830	162.351	160.872

附表 4 用螺纹密封的管螺纹（GB/T 7306—2000） mm

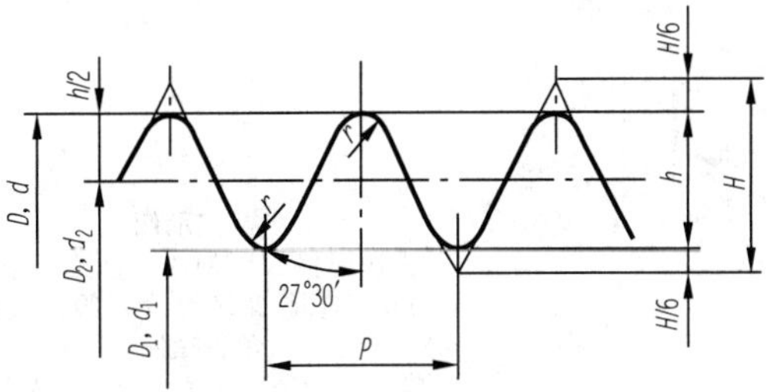

(a) 圆柱螺纹

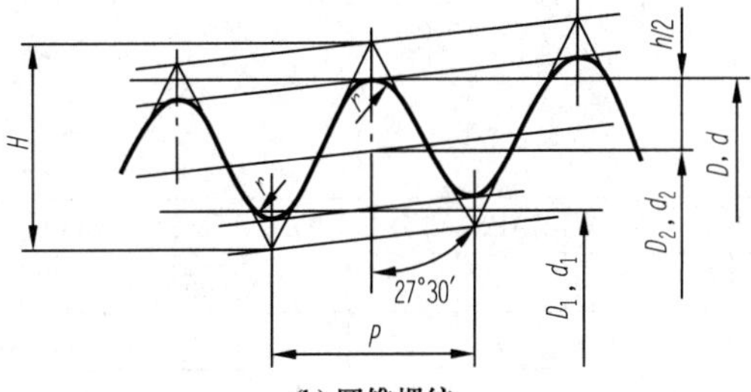

(b) 圆锥螺纹

标记示例
圆锥内螺纹 Rc1 1/2
圆锥外螺纹 R1 1/2
圆柱内螺纹 Rp1 1/2
左旋时 Rp1 1/2－LH

$$P=\frac{25.4}{n},\ H=0.960\ 237P$$

尺寸代号	每 25.4mm 内的牙数 n	螺距 P	牙高 h	圆弧半径 r	基本直径		
					大径（基准直径）$d=D$	中径 $d_2=D_2$	小径 $d_1=D_1$
1/16	28	0.907	0.581	0.125	7.723	7.142	6.651
1/8	28	0.907	0.581	0.125	9.728	9.147	8.566
1/4	19	1.337	0.856	0.184	13.157	12.301	11.445
3/8	19	1.337	0.856	0.184	16.662	15.806	14.950
1/2	14	1.814	1.162	0.249	20.955	19.793	18.631
3/4	14	1.814	1.162	0.249	26.441	25.279	24.117
1	11	2.309	1.479	0.317	33.249	31.770	30.291
1 1/4	11	2.309	1.479	0.317	41.910	40.431	38.952
1 1/2	11	2.309	1.479	0.317	47.803	46.324	44.845
2	11	2.309	1.479	0.317	59.614	58.135	56.656
2 1/2	11	2.309	1.479	0.317	75.184	73.705	72.226
3	11	2.309	1.479	0.317	87.884	86.405	84.926
3 1/2	11	2.309	1.479	0.317	100.330	98.851	97.372
4	11	2.309	1.479	0.317	113.030	111.551	110.072
5	11	2.309	1.479	0.317	138.430	136.951	135.472
6	11	2.309	1.479	0.317	163.830	162.351	160.872

附表 5 六角头螺栓 - A 和 B 级（GB/T 5782—2016）

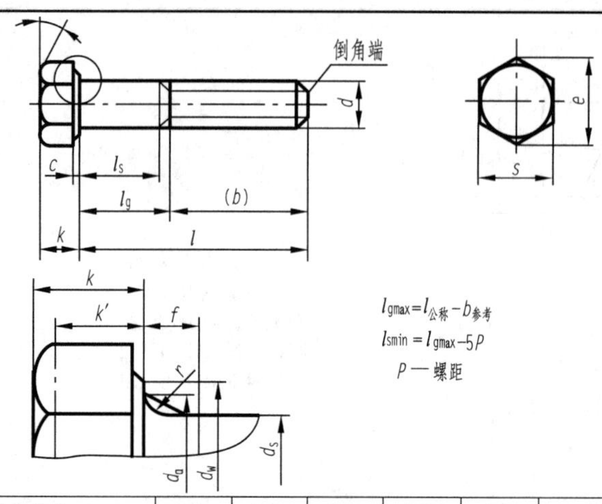

标记示例

螺纹规格 d＝M12、公称长度 l＝80mm、性能等级为 8.8 级、表面氧化、A 级的六角头螺栓：

螺栓 GB/T 5782—2000 M12×80

mm

螺纹规格 d				M3	M4	M5	M6	M8	M10	M12	M16	M20	M24	M30	M36
$b_{参考}$	$l \leqslant 125$			12	14	16	18	22	26	30	38	46	54	66	78
	$125 < l \leqslant 200$			—	—	—	—	28	32	36	44	52	60	72	84
	$l > 200$			—	—	—	—	—	—	—	57	65	73	85	97
c	min			0.15	0.15	0.15	0.15	0.15	0.15	0.15	0.2	0.2	0.2	0.2	0.2
	max			0.4	0.4	0.5	0.5	0.6	0.6	0.6	0.8	0.8	0.8	0.8	0.8
$d_a$max				3.6	4.7	5.7	6.8	9.2	11.2	13.7	17.7	22.4	26.4	33.4	39.4
d_s	max			3	4	5	6	8	10	12	16	20	24	30	36
	min	产品等级	A	2.86	3.82	4.82	5.82	7.78	9.78	11.73	15.73	19.67	23.67	—	—
			B	—	—	4.70	5.70	7.64	9.64	11.57	15.57	19.48	23.48	29.48	35.38
d_w	min	产品等级	A	4.6	5.9	6.9	8.9	11.6	14.6	16.6	22.5	28.2	33.6	—	—
			B	—	—	6.7	8.7	11.4	14.4	16.4	22	27.7	33.2	42.7	51.1
e	min	产品等级	A	6.07	7.66	8.79	11.05	14.38	17.77	20.03	26.75	33.53	39.98	—	—
			B	—	—	8.63	10.89	14.20	17.59	19.85	26.17	32.95	39.55	50.85	60.79
$f$max				1	1.2	1.2	1.4	2	2	3	3	4	4	6	6
k	公称			2	2.8	3.5	4	5.3	6.4	7.5	10	12.5	15	18.7	22.5
	产品等级	A	min	1.88	2.68	3.35	3.85	5.15	6.22	7.32	9.82	12.28	14.78	—	—
			max	2.12	2.92	3.65	4.15	5.45	6.58	7.68	10.18	12.72	15.22	—	—
		B	min	—	—	3.26	3.76	5.06	6.11	7.21	9.71	12.15	14.65	18.28	22.08
			max	—	—	3.74	4.24	5.54	6.69	7.79	10.29	12.85	15.35	19.12	22.92
k'	min	产品等级	A	1.3	1.9	2.3	2.7	3.6	4.4	5.1	6.9	8.6	10.3	—	—
			B	—	—	2.3	2.6	3.5	4.3	5	6.8	8.5	10.2	12.8	15.5
$r$min				0.1	0.2	0.2	0.25	0.4	0.4	0.6	0.6	0.8	0.8	1	1
s	max＝公称			5.5	7	8	10	13	16	18	24	30	36	46	55
	min	产品等级	A	5.32	6.78	7.78	9.78	12.73	15.73	17.73	23.67	29.67	35.38	—	—
			B	—	—	7.64	9.64	12.57	15.57	17.57	23.16	29.16	35	45	53.8
l（商品规格范围及通用规格）				20～30	25～40	25～50	30～60	35～80	40～100	45～120	55～160	65～200	80～240	90～300	110～360
l 系列				20，25，30，35，40，45，50，（55），60，（65），70，80，90，100，110，120，130，140，150，160，180，200，220，240，260，280，300，320，340，360，380，400											

注 尽可能不采用括号内的规格。

附表 6　　**双头螺柱（$b_m=1d$　GB/T 897—1988，$b_m=1.25d$　GB 898—1988，$b_m=1.5d$　GB 899—1988，$b_m=2d$　GB/T 900—1988）**

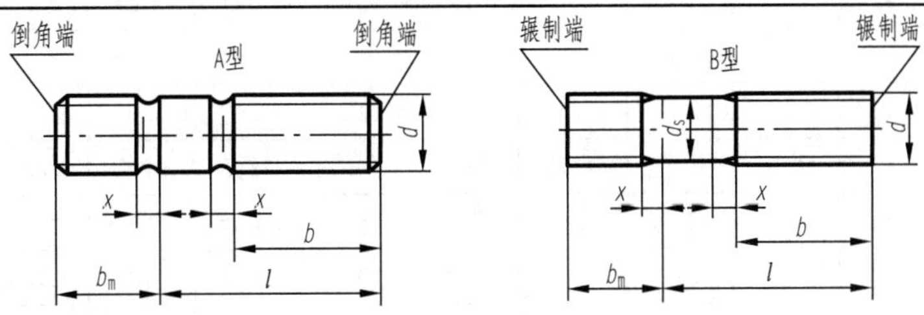

末端按 GB/T 2—2001 规定　d_s≈螺纹中径

标记示例

两端均为粗牙普通螺纹，d=10mm，l=50mm，性能等级为 4.8 级，不经表面处理，B 型，$b_m=1d$ 的双头螺柱：螺柱 GB/T 897—1988　M10×50

旋入机体一端为粗牙普通螺纹，旋螺母一端为螺距 P=1mm 的细牙普通螺纹，d=10mm，l=50mm，性能等级为 4.8 级，不经表面处理，A 型，$b_m=1.25d$ 的双头螺柱：螺柱 GB/T 898—1988—AM10　M10×1×50

mm

螺纹规格 d		M5	M6	M8	M10	M12	M16	M20	M24	M30	M36
b_m（公称）	=1d	5	6	8	10	12	16	20	24	30	36
	=1.25d	6	8	10	12	15	20	25	30	28	45
x		1.5P（粗牙螺距）									
情况（一）	l	16～22	20～22	20～22	25～28	25～30	30～38	35～40	45～50	60～65	65～75
	b	10	10	12	14	16	20	25	30	40	45
情况（二）	l	26～50	25～30	25～30	30～38	32～40	40～55	45～65	55～75	70～90	80～110
	b	16	14	16	16	20	30	35	45	50	60
情况（三）	l		32～75	32～90	40～120	45～120	60～120	70～120	80～120	90～120	120
	b		18	22	26	30	38	46	54	66	78
情况（四）	l				130	130～180	130～200	130～200	130～200	130～200	130～200
	b				32	36	44	52	60	72	84

注　1. 长度 l 的系列为：16、(18)、20、(22)、25、(28)、30、(32)、36、(38)、40、45、60～100（5 进位、尾数为 5 的尽可能不采用）、110～200（10 进位），尽可能不采用括号内的规格。
2. 当 $b-b_m \leqslant$5mm 时，旋螺母一端应制成倒圆端。
3. 尽可能不采用 M24、M30 的 $b_m=1d$ 双头螺栓。

附表 7　　**1 型六角螺母 - A 和 B 级（GB/T 6170—2015）**

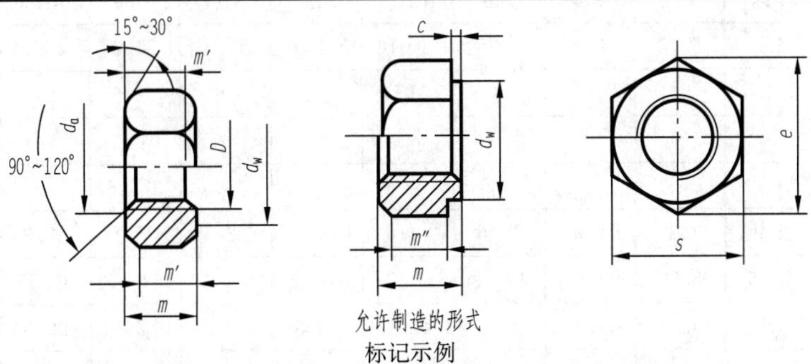

允许制造的形式

标记示例

螺纹规格 D=M12、性能等级为 10 级、不经表面处理、A 级的 1 型六角螺母：螺母 GB/T 6170　M12

mm

螺纹规格 D	M4	M5	M6	M8	M10	M12	M16	M20	M24	M30	M36
c max	0.4	0.5	0.5	0.6	0.6	0.6	0.8	0.8	0.8	0.8	0.8

续表

螺纹规格 D		M4	M5	M6	M8	M10	M12	M16	M20	M24	M30	M36
d_a	max	4.6	5.75	6.75	8.75	10.8	13	17.3	21.6	25.9	32.4	38.9
	min	4	5	6	8	10	12	16	20	24	30	36
$d_w$min		5.9	6.9	8.9	11.6	14.6	16.6	22.5	27.7	33.2	42.7	51.1
$e$min		7.66	8.79	11.05	14.38	17.77	20.03	26.75	32.95	39.55	50.85	60.79
m	max	3.2	4.7	5.2	6.8	8.4	10.8	14.8	18	21.5	25.6	31
	min	2.9	4.4	4.9	6.44	8.04	10.37	14.1	16.9	20.2	24.3	29.4
m'min		2.3	3.5	3.9	5.1	6.4	8.3	11.3	13.5	16.2	19.4	23.5
m''min		2	3.1	3.4	4.5	5.6	7.3	9.9	11.8	14.1	17	20.6
s	max	7	8	10	13	16	18	24	30	36	46	55
	min	6.78	7.78	9.78	12.73	15.73	17.73	23.67	29.16	35	45	53.8

注 1. A 级用于 $D\leqslant16$ 的螺母；B 级用于 $D>16$ 的螺母。本表仅按商品规格和通用规格列出。

2. 螺纹规格为 M8～M64、细牙、A 级和 B 级的 1 型六角螺母，请查阅 GB/T 6171—2000。

附表 8　　1 型六角开槽螺母-A 和 B 级（GB 6178—1986）

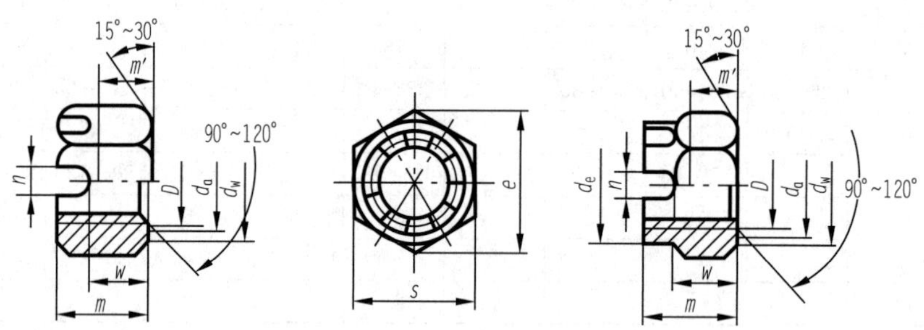

标记示例

螺纹规格 D=M5、性能等级为 8 级、不经表面处理、A 级的 1 型六角开槽螺母：螺母 GB/T 6178　M5

mm

螺纹规格 D		M4	M5	M6	M8	M10	M12	M16	M20	M24	M30	M36
d_a	max	4.6	5.75	6.75	8.75	10.8	13	17.3	21.6	25.9	32.4	38.9
	min	4	5	6	8	10	12	16	20	24	30	36
d_e	max	—	—	—	—	—	—	—	28	34	42	50
	min	—	—	—	—	—	—	—	27.16	33	41	49
$d_w$min		5.9	6.9	8.9	11.6	14.6	16.6	22.5	27.7	33.2	42.7	51.1
$e$min		7.66	8.79	11.05	14.38	17.77	20.03	26.75	32.95	39.55	50.85	60.79
m	max	5	6.7	7.7	9.8	12.4	15.8	20.8	24	29.5	34.6	40
	min	4.7	6.4	7.34	9.44	11.97	15.37	20.28	23.16	28.66	33.6	39
m'min		2.32	3.52	3.92	5.15	6.43	8.3	11.28	13.52	16.16	19.44	23.52
n	min	1.2	1.4	2	2.5	2.8	3.5	4.5	4.5	5.5	7	7
	max	1.8	2	2.6	3.1	3.4	4.25	5.7	5.7	6.7	8.5	8.5

续表

螺纹规格 D		M4	M5	M6	M8	M10	M12	M16	M20	M24	M30	M36
s	max	7	8	10	13	16	18	24	30	36	46	55
	min	6.78	7.78	9.78	12.73	15.73	17.73	23.67	29.16	35	45	53.8
w	max	3.2	4.7	5.2	6.8	8.4	10.8	14.8	18	21.5	25.6	31
	min	2.9	4.4	4.9	6.44	8.04	10.37	14.37	17.37	20.88	24.98	30.38
开口销		1×10	1.2×12	1.6×14	2×16	2.5×20	3.2×22	4×28	4×36	5×40	6.3×50	6.3×63

注　A 级用于 $D \leqslant 16$ 的螺母；B 级用于 $D > 16$ 的螺母。螺纹规格 $D=14$ 的螺母尽可能不采用，本表未列入。

附表 9　　平　垫　圈

小垫圈（GB/T 848—2002）　平垫圈-倒角型（GB/T 97.2—2002）　平垫圈（GB/T 97.1—2002）
大垫圈（A 级产品）（GB/T 96.1—2002）

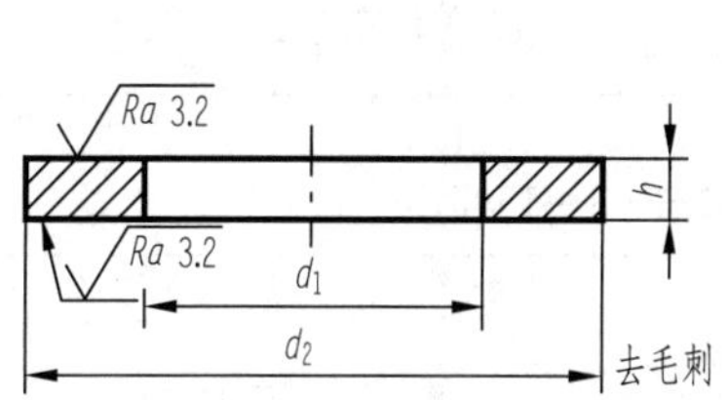

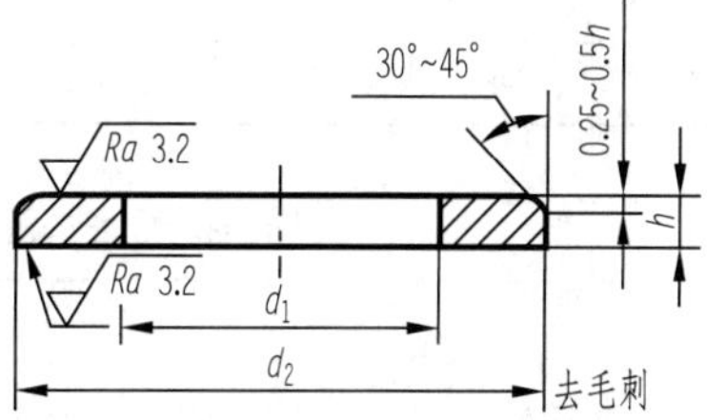

标记示例

标准系列、公称尺寸 d=8mm、性能等级为 140HV 级、不经表面处理的平垫圈：垫圈 GB/T 97.1—2002 - 8 - 140HV

mm

<table>
<tr><td colspan="3">公称尺寸（螺纹规格）d</td><td>2</td><td>2.5</td><td>3</td><td>4</td><td>5</td><td>6</td><td>8</td><td>10</td><td>12</td><td>14</td><td>16</td><td>20</td><td>24</td><td>30</td><td>36</td></tr>
<tr><td rowspan="8">内径 d_1</td><td rowspan="4">max</td><td>GB/T 848—1985</td><td rowspan="2">2.34</td><td rowspan="2">2.84</td><td rowspan="2">3.38</td><td rowspan="2">4.48</td><td rowspan="4">5.48</td><td rowspan="4">6.62</td><td rowspan="4">8.62</td><td rowspan="4">10.77</td><td rowspan="4">13.27</td><td rowspan="4">15.27</td><td rowspan="4">17.27</td><td rowspan="3">21.33</td><td rowspan="3">25.33</td><td>31.33</td><td rowspan="3">37.62</td></tr>
<tr><td>GB/T 97.1—1985</td><td rowspan="2">31.39</td></tr>
<tr><td>GB/T 97.2—1985</td><td>—</td><td>—</td><td>—</td><td>—</td></tr>
<tr><td>GB/T 96—1985</td><td>—</td><td>—</td><td>3.38</td><td>3.48</td><td>22.52</td><td>26.84</td><td>34</td><td>40</td></tr>
<tr><td rowspan="4">公称(min)</td><td>GB/T 848—1985</td><td rowspan="2">2.2</td><td rowspan="2">2.7</td><td rowspan="2">3.2</td><td rowspan="2">4.3</td><td rowspan="4">5.3</td><td rowspan="4">6.4</td><td rowspan="4">8.4</td><td rowspan="4">10.5</td><td rowspan="4">13</td><td rowspan="4">15</td><td rowspan="4">17</td><td rowspan="3">21</td><td rowspan="3">25</td><td rowspan="3">31</td><td rowspan="3">37</td></tr>
<tr><td>GB/T 97.1—1985</td></tr>
<tr><td>GB/T 97.2—1985</td><td>—</td><td>—</td><td>—</td><td>—</td></tr>
<tr><td>GB/T 96—1985</td><td>—</td><td>—</td><td>3.2</td><td>4.3</td><td>22</td><td>26</td><td>33</td><td>39</td></tr>
<tr><td rowspan="8">内径 d_2</td><td rowspan="4">公称(max)</td><td>GB/T 848—1985</td><td>4.5</td><td>5</td><td>6</td><td>8</td><td>9</td><td>11</td><td>15</td><td>18</td><td>20</td><td>24</td><td>28</td><td>34</td><td>39</td><td>50</td><td>60</td></tr>
<tr><td>GB/T 97.1—1985</td><td>5</td><td>6</td><td>7</td><td>9</td><td rowspan="2">10</td><td rowspan="2">12</td><td rowspan="2">16</td><td rowspan="2">20</td><td rowspan="2">24</td><td rowspan="2">28</td><td rowspan="2">30</td><td rowspan="2">37</td><td rowspan="2">44</td><td rowspan="2">56</td><td rowspan="2">66</td></tr>
<tr><td>GB/T 97.2—1985</td><td>—</td><td>—</td><td>—</td><td>—</td></tr>
<tr><td>GB/T 96—1985</td><td>—</td><td>—</td><td>9</td><td>12</td><td>15</td><td>18</td><td>24</td><td>30</td><td>37</td><td>44</td><td>50</td><td>60</td><td>72</td><td>92</td><td>110</td></tr>
<tr><td rowspan="4">min</td><td>GB/T 848—1985</td><td>4.2</td><td>4.7</td><td>5.7</td><td>7.64</td><td>8.64</td><td>10.57</td><td>14.57</td><td>17.57</td><td>19.48</td><td>23.48</td><td>27.48</td><td>33.38</td><td>38.38</td><td>49.38</td><td>58.8</td></tr>
<tr><td>GB/T 97.1—1985</td><td>4.7</td><td>5.7</td><td>6.64</td><td>8.64</td><td rowspan="2">9.64</td><td rowspan="2">11.57</td><td rowspan="2">15.57</td><td rowspan="2">19.48</td><td rowspan="2">23.48</td><td rowspan="2">27.48</td><td rowspan="2">29.48</td><td rowspan="2">36.38</td><td rowspan="2">43.38</td><td rowspan="2">55.26</td><td rowspan="2">64.8</td></tr>
<tr><td>GB/T 97.2—1985</td><td>—</td><td>—</td><td>—</td><td>—</td></tr>
<tr><td>GB/T 96—1985</td><td>—</td><td>—</td><td>8.64</td><td>11.57</td><td>14.57</td><td>17.57</td><td>23.48</td><td>29.48</td><td>36.38</td><td>43.38</td><td>49.38</td><td>58.1</td><td>79.1</td><td>89.8</td><td>107.8</td></tr>
</table>

续表

公称尺寸（螺纹规格）d			2	2.5	3	4	5	6	8	10	12	14	16	20	24	30	36
厚度 h	公称	GB/T 848—1985	0.3	0.5	0.5	0.5	1	1.6	1.6	1.6	2	2.5	2.5	3	4	4	5
		GB/T 97.1—1985				0.8				2	2.5		3				
		GB/T 97.2—1985	—	—	—	—											
		GB/T 96—1985	—	—	0.8	1	1.2	1.6	2	2.5	3	3	3	4	5	6	8
	max	GB/T 848—1985	0.35	0.55	0.55	0.55	1.1	1.8	1.8	1.8	2.2	2.7	2.7	3.3	4.3	4.3	5.6
		GB/T 97.1—1985				0.9				2.2	2.7		3.3				
		GB/T 97.2—1985	—	—	—	—											
		GB/T 96—1985	—	—	0.9	1.1	1.4	1.8	2	2.7	3.3	3.3	3.3	4.6	6	7	9.2
	min	GB/T 848—1985	0.25	0.45	0.45	0.45	0.9	1.4	1.4	1.4	1.8	2.3	2.3	2.7	3.7	3.7	4.4
		GB/T 97.1—1985				0.7				1.8	2.3		2.7				
		GB/T 97.2—1985	—	—	—	—											
		GB/T 96—1985	—	—	0.7	0.9	1.0	1.4	1.8	2.3	2.7	2.7	2.7	3.4	4	5	6.8

附表 10　　标准型弹簧垫圈（GB/T 93—1987）

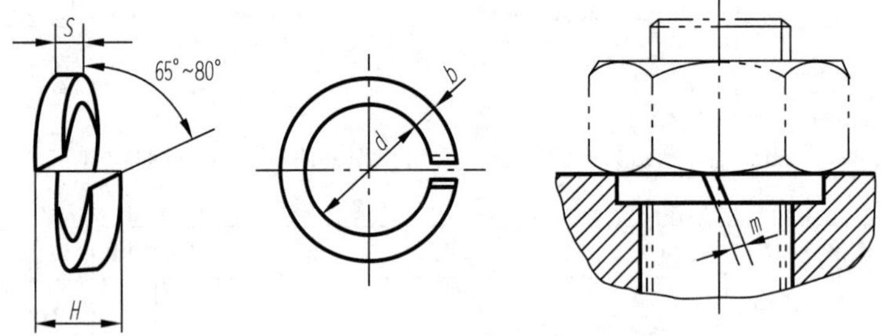

标记示例

规格 16mm、材料 65Mn、表面氧化的标准型弹簧垫圈 GB/T 93—1987 16

mm

规格（螺纹大径）		4	5	6	8	10	12	16	20	24	30
d	min	4.1	5.1	6.1	8.1	10.2	12.2	16.2	20.2	24.5	30.5
	max	4.4	5.4	6.68	8.68	10.9	12.9	16.9	21.04	25.5	31.5
S（b）	公称	1.1	1.3	1.6	2.1	2.6	3.1	4.1	5	6	7.5
	min	1	1.2	1.5	2	2.45	2.95	3.9	4.8	5.8	7.2
	max	1.2	1.4	1.7	2.2	2.75	3.25	4.3	5.2	6.2	7.8
H	min	2.2	2.6	3.2	4.2	5.2	6.2	8.2	10	12	15
	max	2.75	3.25	4	5.25	6.5	7.75	10.25	12.5	15	18.75
$m \leqslant$		0.55	0.65	0.8	1.05	1.3	1.55	2.5	2.5	3	3.75

附表 11　　　　　　　　　　　　**螺　　钉**

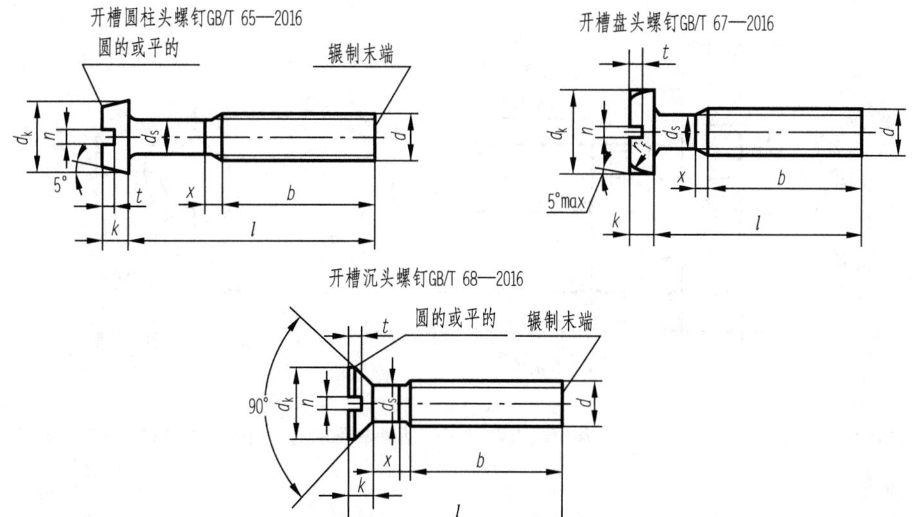

标记示例

螺纹规格 d=M5、公称长度 l=20mm、性能等级为 4.8 级、不经表面处理的开槽圆柱头螺钉：螺钉 GB/T 65　M5×20

条件和上述完全相同的开槽盘头螺钉及开槽沉头螺钉：螺钉 GB/T 67　M5×20　螺钉 GB/T 68　M5×20

mm

螺纹规格 d			M3	M4	M5	M6	M8	M10
d_k (max)	GB/T 65—2000		—	7	8.5	10	13	16
	GB/T 67—2000		5.6	8	9.5	12	16	20
	GB/T 68—2000		6.3	9.4	10.4	12.6	17.3	20
k (max)	GB/T 65—2000		—	2.6	3.3	3.9	5	6
	GB/T 67—2000		1.8	2.4	3	3.6	4.8	6
	GB/T 68—2000		1.65	2.7	2.7	3.3	4.65	5
n（公称）			0.8	1.2	1.2	1.6	2	2.5
t (max)	GB/T 65—2000		—	1.1	1.3	1.6	2	2.4
	GB/T 67—2000		0.7	1	1.2	1.4	1.0	2.4
	GB/T 68—2000		0.6	1	1.1	1.2	1.8	2
r_f（参考）GB/T 67—2000			0.0	1.2	1.5	1.8	2.4	3
x (max)			1.25	1.75	2	2.5	3.2	3.8
l（公称）	GB/T 65—2000		—	5～40	6～50	8～60	10～80	12～80
	GB/T 67—2000		4～30	5～40	6～50	8～60	10～80	12～80
	GB/T 68—2000		5～30	6～40	8～50	8～60	10～80	12～80
b (min)	GB/T 65—2000	l≤40	全螺纹					
	GB/T 67—2000	l>40	25	38				
	GB/T 68—2000	l≤45	全螺纹					
		l>45	25	38				

注　长度 l 的系列为 4、5、6、8、10、12、(14)、16、20～50（5 进位）、55～80（5 进位、数为 5 尽可能不采用）。

附表 12　　内六角圆柱头螺钉（GB/T 70.1—2008）

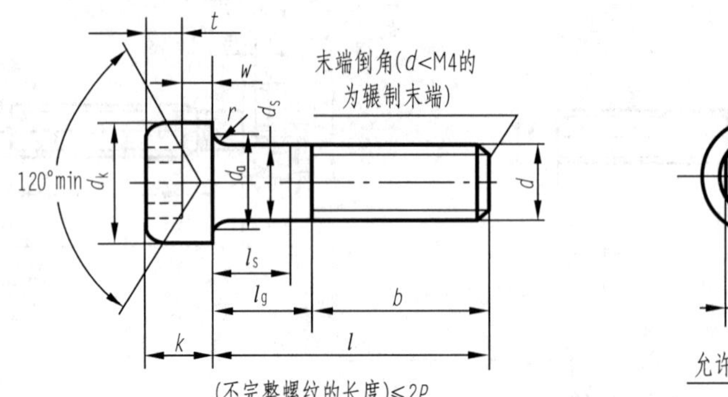

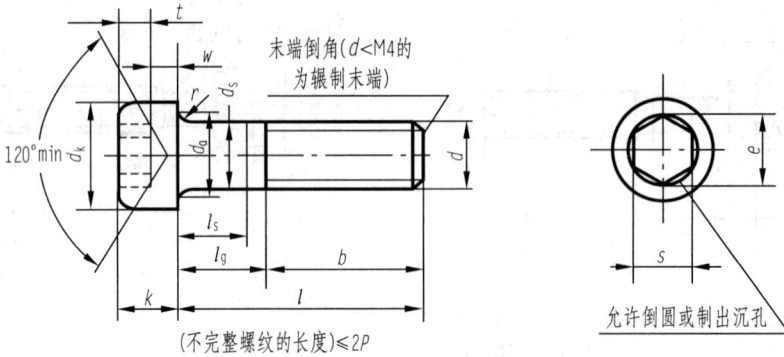

标记示例

螺纹规格 d=M5、公称长度 l=20mm、性能等级为 12.9 级、表面氧化的内六角圆柱头螺钉：螺钉 GB/T 70 M5×20—12.9

mm

螺纹规格 d		M4	M5	M6	M8	M10	M12	M16	M20
P		0.7	0.8	1	1.25	1.5	1.75	2	2.5
$b_{参考}$		20	22	24	28	32	36	44	52
d_k	max	7	8.5	10	13	16	18	24	30
	min	6.78	8.28	9.78	12.73	15.73	17.73	23.67	29.67
d_a max		4.7	5.7	6.8	9.2	11.2	13.7	17.7	22.4
d_a	max	4	5	6	8	10	12	16	20
	min	3.82	4.82	5.82	7.78	9.78	11.73	15.73	19.67
e min		3.44	4.58	5.72	6.86	9.15	11.43	16.00	19.44
k	max	4	5	6	8	10	12	16	20
	min	3.82	4.82	5.70	7.64	9.64	11.57	15.57	19.48
r min		0.2	0.2	0.25	0.4	0.4	0.6	0.6	0.8
s	公称	3	4	5	6	8	10	14	17
	min	3.02	4.02	5.02	6.02	8.025	10.025	14.032	17.05
	max	3.08	4.095	5.095	6.095	8.115	10.115	14.142	17.23
t min		2	2.5	3	4	5	6	8	10
w min		1.4	1.9	2.3	3.3	4	4.8	6.8	8.6
l（商品规格范围公称长度）		6～40	8～50	10～60	12～80	16～100	20～120	25～160	30～200
l≤表中数值时，制出全螺纹		25	25	30	35	40	45	55	65
l（系列）		5，6，8，10，12，(14)，16，20，25，30，35，40，45，50，(55)，60，70，80，90，100，110，120，130，140，150，160，180，200							

注　1. P—螺距。

2. $l_{g\,max}$（夹紧长度）$=l_{公称}-b_{参考}$；$l_{a\,min}$（无螺纹杆部长）$=l_{g\,max}-5P$。

3. 尽可能不采用括号内的规格。GB/T 70—1985 包括 d=M1.6～M36，本表只摘录其中一部分。

附表 13　开槽锥端紧定螺钉（GB/T 71—2018）、开槽平端紧定螺钉（GB/T 73—2017）

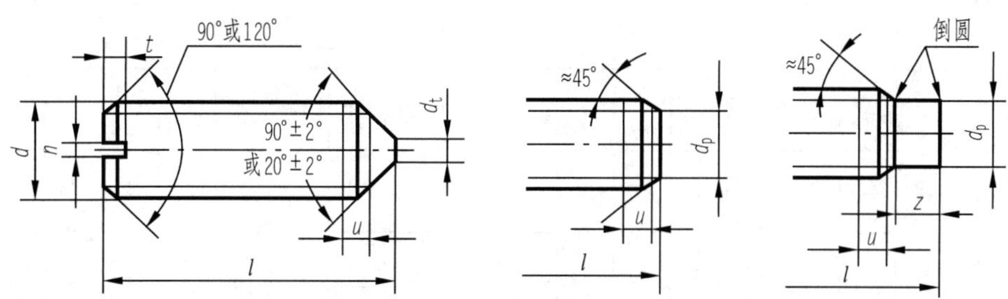

公称长度为短螺钉时，应制成 120°。不完整螺纹的长度 $u \leqslant 2P$

标记示例

螺纹规格 d=M5、公称长度 l=12mm、性能等级为 14H、表面氧化的开槽平端紧定螺钉：螺钉 GB/T 73 M5×12－14H

螺纹规格		M3	M4	M5	M6	M8	M10	M12
P		0.5	0.7	0.8	1	1.25	1.5	1.75
d_t	min	—	—	—	—	—	—	—
	max	0.3	0.4	0.5	1.5	2	2.5	3
d_p	min	1.75	2.25	3.2	3.7	5.2	6.64	8.14
	max	2	2.5	3.5	4	5.5	7	8.5
n	公称	0.4	0.6	0.8	1	1.2	1.6	2
	min	0.46	0.66	0.86	1.06	1.26	1.66	2.06
	max	0.6	0.8	1	1.2	1.51	1.91	2.31
t	min	0.8	1.12	1.28	1.6	2	2.4	2.8
	max	1.05	1.42	1.63	2	2.5	3	3.6
z	min	1.5	2	2.5	3	4	5	6
	max	1.75	2.25	2.75	3.25	4.3	5.3	6.3
GB/T 71—2000	l（公称长度）	4～16	6～20	8～25	8～30	10～40	12～50	14～60
	l（短螺钉）	2～3	2～4	2～5	2～6	2～8	2～10	2～12
GB/T 73—2000	l（公称长度）	3～16	4～20	5～25	6～30	8～4	10～50	12～60
	l（短螺钉）	2～3	2～4	2～5	2～6	2～8	2～8	2～10
l 系列		2，2.5，3，4，5，6，8，10，12，(14)，16，20，25，30，35，40，45，50，(55)，60						

注　1. 公称长度为商品规格尺寸。

2. 尽可能不采用括号内的规格。

附表 14 紧固件通孔及沉孔尺寸

mm

螺栓或螺钉直径 d		3	4	5	6	8	10	12	14	16	18	20	22	24	27	30	36
通孔直径 GB/T 5277—1985	精装配	3.2	4.3	5.3	6.4	8.4	10.5	13	15	17	19	21	23	25	28	31	37
	中等装配	3.4	4.5	5.5	6.6	9	11	13.5	15.5	17.5	20	22	24	26	30	33	39
	粗装配	3.6	4.8	5.8	7	10	12	14.5	16.5	18.5	21	24	26	28	32	35	42
六角头螺栓和六角螺母用沉孔	d_2	9	10	11	13	18	22	26	30	33	36	40	43	48	53	61	71
	d_3	—	—	—	—	—	—	16	18	20	22	24	26	28	33	36	42
	d_1	3.4	4.5	5.5	6.6	9.1	11.0	13.5	15.5	17.5	20.0	22.0	24	26	30	33	39
沉头用沉孔	d_2	6.4	9.6	10.6	12.8	17.6	20.3	24.4	28.4	32.4	—	40.4	—	—	—	—	—
	$t\approx$	1.6	2.7	2.7	3.3	4.6	5.0	6.0	7.0	8.0	—	10.0	—	—	—	—	—
	d_1	3.4	4.5	5.5	6.6	9	11	13.5	15.5	17.5	—	22	—	—	—	—	—
	α	$90^{\circ}{}^{-2^{\circ}}_{-4^{\circ}}$															
圆柱头用沉孔	d_2	6.0	8.0	10.0	11.0	15.0	18.0	20.0	24.0	26.0	—	33.0	—	40.0	—	48.0	适用于内六角圆柱头螺钉
	t	3.4	4.6	5.7	6.8	9.0	11.0	13.0	15.0	17.5	—	21.5	—	25.5	—	32.0	
	d_3	—	—	—	—	—	—	16	18	20	—	24	—	28	—	36	
	d_1	3.4	4.5	5.5	6.6	9.0	11.0	13.5	15.5	17.5	—	22.0	—	26.0	—	33.0	
	d_2	—	8	10	11	15	18	20	24	26	—	33	—	—	—	—	适用于开槽圆柱头螺钉
	t	—	3.2	4.0	4.7	6.0	7.0	8.0	9.0	10.5	—	12.5	—	—	—	—	
	d_3	—	—	—	—	—	—	16	18	20	—	24	—	—	—	—	
	d_1	—	4.5	4.5	6.6	9.0	11.0	13.5	15.5	17.5	—	22.0	—	—	—	—	

注 螺栓和螺母用沉孔的尺寸只要能制出与通孔轴线垂直的圆平面即可。

附表 15　　平键：键和键槽的剖面尺寸（GB/T 1095—2003）　　mm

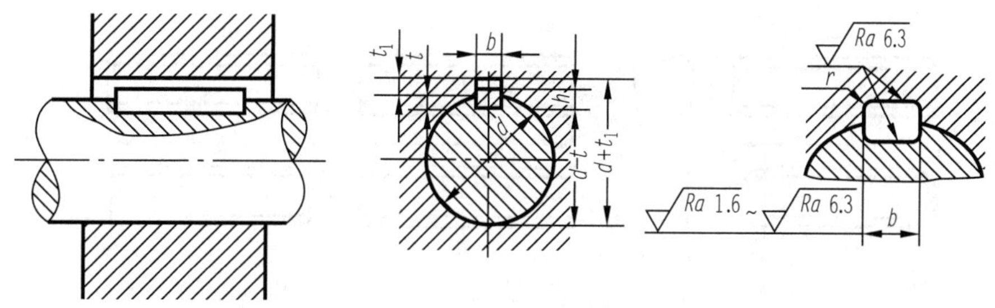

轴	键	键槽											
公称直径 d	公称尺寸 $b\times h$	宽度 b						深度				半径 r	
		公称尺寸 b	偏差					轴 t		毂 t_1			
			较松键连接		一般键连接		较紧键连接						
			轴 H9	毂 D10	轴 N9	毂 IS9	轴和毂 P9	公称	偏差	公称	偏差	最小	最大
自 6～8	2×2	2	+0.025 0	+0.060 +0.020	−0.004 −0.029	±0.0125	−0.006 −0.031	1.2	+0.1 0	1	+0.1 0	0.08	0.16
>8～10	3×3	3						1.8		1.4			
>10～12	4×4	4	+0.030 0	+0.078 +0.030	0 −0.030	±0.015	−0.012 −0.042	2.5		1.8			
>12～17	5×5	5						3.0		2.3		0.16	2.25
>17～22	6×6	6						3.5		2.8			
>22～30	8×7	8	+0.036 0	+0.098 +0.040	0 −0.036	±0.018	−0.015 −0.051	4.0	+0.2 0	3.3	+0.2 0		
>30～38	10×8	10						5.0		3.3		0.25	0.40
>38～44	12×8	12	+0.043 0	+0.120 +0.050	0 −0.043	±0.0215	−0.018 −0.061	5.0		3.3			
>44～50	14×9	14						5.5		3.8			
>50～58	16×10	16						6.0		4.3			
>58～65	18×11	18						7.0		4.4			
>65～75	20×12	20	+0.052 0	+0.149 +0.065	0 −0.052	±0.026	−0.022 −0.074	7.5		4.9		0.40	0.60
>75～85	22×14	22						9.0		5.4			
>85～95	25×14	25						9.0		5.4			
>95～110	28×16	28						10.0		6.4			

注　在工作图中，轴槽深用 t（或 $d-t$）、轮毂槽深用（$d+t_1$）标注。平键轴槽的长度公差用 H14。

附表 16　普通平键的型式尺寸（GB/T 1096—2003）

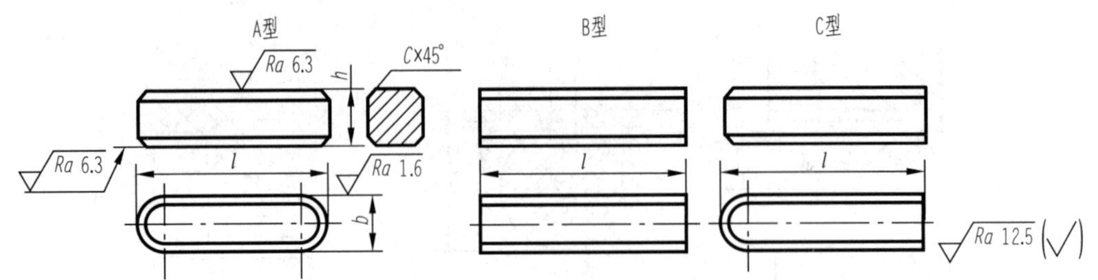

标记示例

圆头普通平键（A 型）b=16mm、h=10mm、l=100mm：键 GB/T 1096　16×10×100

平头普通平键（B 型）b=16mm、h=10mm、l=100mm：键 GB/T 1096　B16×10×100

单圆头普通平键（C 型）b=16mm、h=10mm、l=100mm：键 GB/T 1096　C16×10×100

mm

轴	键								
公称直径 d	b		H			C 或 r	公称尺寸	键长 l 的极限偏差	
	公称尺寸	极限偏差 h9	公称尺寸	极限偏差 h11				公称尺寸	极限偏差 h14
自 6～8	2	0 −0.025	2	0 −0.06	(0 −0.025)	0.16～0.25	6～20	6～10	0 −0.36
>8～10	3		3				6～36		
>10～12	4	0 −0.030	4	0 −0.075	(0 −0.030)		8～45	12～18	0 −0.43
>12～17	5		5			0.025～0.40	10～56		
>17～22	6		6				14～70	20～28	0 −0.52
>22～30	8	0 −0.036	7	0 −0.090			18～90		
>30～38	10		8			0.40～0.60	22～110	32～50	0 −0.62
>38～44	12	0 −0.043	8				28～140		
>44～50	14		9				36～160	56～80	0 −0.74
>50～58	16		10				45～180		
>58～65	18		11	0 −0.110			50～200	90～110	0 −0.87
>65～75	20	0 −0.052	12			0.60～0.80	56～220		
>75～85	22		14				63～250	125～180	0 −1.0
>85～95	25		14				70～280		
>95～110	28		16				80～320	200～250	0 −1.15
>110～130	32	0 −0.062	18				90～360		
>130～150	36		20	0 −0.130		1.0～1.2	100～400	280	0 −1.30
>150～170	40		22				100～400		
>170～200	45		25				110～450	320～400	0 −1.40

注 1.（$d-t$）和（$d+t_1$）两组组合尺寸的极限偏差按相应的 t 和 t_1 的极限偏差选取，但（$d-t$）极限偏差应取负号（−）。

2. l 系列：6、8、10、12、14、16、18、20、22、25、28、32、36、40、45、50、56、63、70、80、90、100、110、125、140、160、180、200、220、250、280、320、360、400、450。

3. 括号内的数值为 h9，适用于 B 型键。

附表 17　　半圆键：键和键槽的剖面尺寸（GB/T 1098—2003）、半圆键的形式尺寸（GB/T 1099.1—2003）

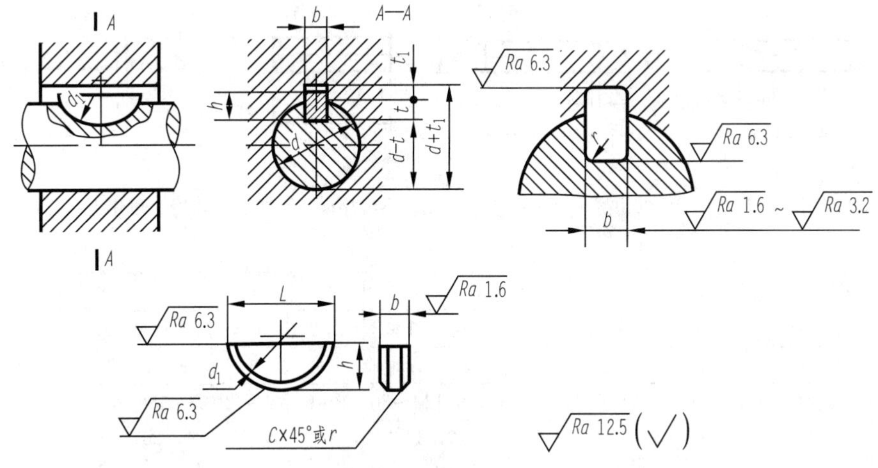

标记示例

半圆键 $b=6$mm、$h=10$mm、$d_1=25$mm：GB/T 1099.1　键 6×10×25

mm

轴径 d		键			键槽							
					槽宽 b（同键宽 b）			轴 t		毂 t_1		半径 r
键传递转矩用	键定位用	公称尺寸 $b \times h \times d_1$	长度 $L\approx$	倒角 C	一般键连接		较紧键连接					
					轴 N9	毂 JS9	轴和毂 P9	公称	偏差	公称	偏差	
自 3～4	自 3～4	1.0×1.4×4	3.9					1.0		0.6		
>4～5	>4～6	1.5×2.6×7	6.8					2.0		0.8		
>5～6	>6～8	2.0×2.6×7	6.8					1.8	+0.1 0	1.0		0.08～0.16
>6～7	>8～10	2.0×3.7×10	9.7	0.16～0.25	−0.004 −0.029	±0.012	−0.006 −0.031	2.9		1.0		
>7～8	>10～12	2.5×3.7×10	9.7					2.7		1.2		
>8～10	>12～15	3.0×5.0×13	12.7					3.8		1.4		
>10～12	>15～18	3.0×6.5×16	15.7					5.3		1.4	+0.1 0	
>12～14	>18～20	4.0×6.5×16	15.7					5.0		1.8		
>14～16	>20～22	4.0×7.5×19	18.6					6.0	+0.2 0	1.8		
>16～18	>22～25	5.0×6.5×16	15.7					4.5		2.3		
>18～20	>25～28	5.0×7.5×19	18.6	0.25～0.40	0 −0.030	±0.015	−0.012 −0.042	5.5		2.3		0.16～0.25
>20～22	>28～32	5.0×9.0×22	21.6					7.0		2.3		
>22～25	>32～36	6.0×9.0×22	21.6					6.5		2.8		
>25～28	>36～40	6.0×10.0×25	24.5					7.5	+0.3 0	2.8		
>28～32	40	8.0×11.0×28	27.4	0.40～0.60	0 −0.036	±0.018	−0.015 −0.051	8.0		3.3	+0.2 0	0.25～0.40
>32～38		10.0×13.0×32	31.4					10.0		3.3		

注　（$d-t$）和（$d+t_1$）两组组合尺寸的极限偏差按相应的 t 和 t_1 的极限偏差选取，但（$d-t$）的极限偏差值应取负号（−）。

附表 18　　圆柱销（GB/T 119—2000）

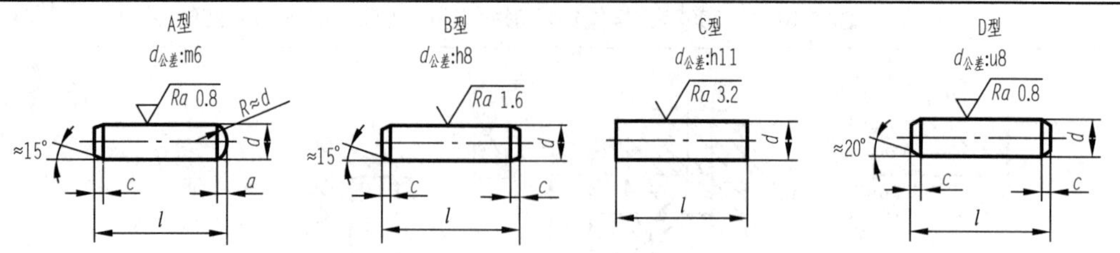

标记示例

公称直径 d=6mm、公差 m6、公称长度 l=30mm、材料为钢、不经淬火、不经表面处理的圆柱销：销 GB/T 119.1 6m6×30

mm

d（公称）	3	4	5	6	8	10	12	16	20	25	30
a≈	0.40	0.50	0.63	0.80	1.0	1.2	1.6	2.0	2.5	3.0	4.0
c=	0.50	0.63	0.80	1.2	1.6	2.0	2.5	3.0	3.5	4.0	5.0
l（商品规格范围公称长度）	8～30	8～40	10～50	12～60	14～80	18～95	22～140	26～180	35～200	50～200	60～200
l（系列）	2，3，4，5，6，8，10，12，14，16，18，20，22，24，26，28，30，32，35，40，45，50，55，60，65，70，75，80，85，90，95，100，120，140，160，180，200										

附表 19　　圆锥销（GB/T 117—2000）

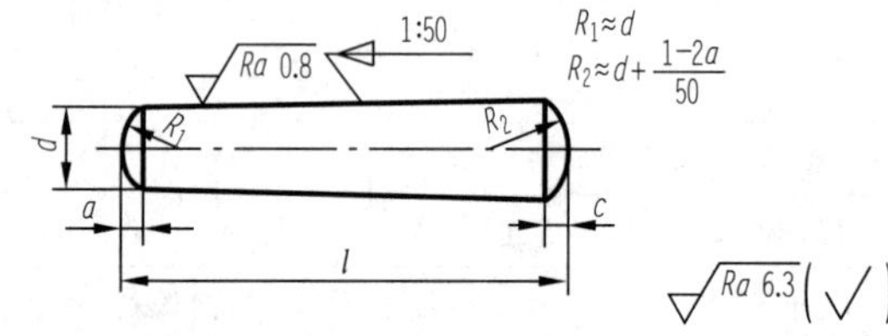

标记示例

公称直径 d=10mm、长度 l=60mm、材料为 35 钢、热处理硬度 28～38HRC、表面氧化处理的 A 型圆锥销：销 GB/T 117　10×60

mm

d（公称）	3	4	5	6	8	10	12	16	20	25	30
a≈	0.4	0.5	0.63	0.80	1	1.2	1.6	2	2.5	3	4
l（商品规格范围公称长度）	12～45	14～55	18～60	22～90	22～120	26～160	32～180	40～200	45～200	50～200	55～200
l（系列）	2，3，4，5，6，8，10，12，14，16，18，20，22，24，26，28，30，32，35，40，45，50，55，60，65，70，75，80，85，90，95，100，120，140，160，180，200										

附表 20　　开口销（GB/T 91—2000）

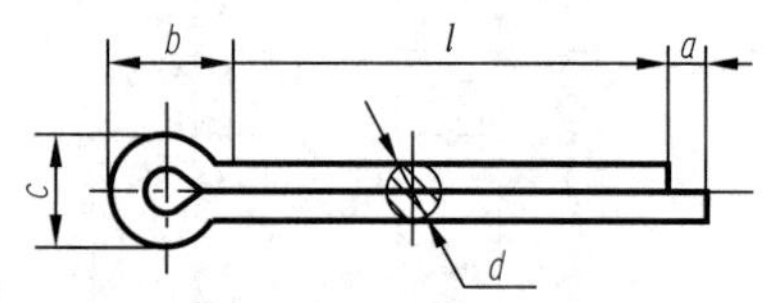

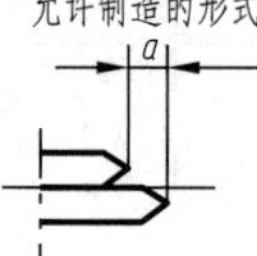

标记示例

公称直径 d=5mm、长度 l=50mm、材料为低碳钢、不经表面处理的开口销：销 GB/T 91　5×50

mm

d（公称）		2	2.5	3.2	4	5	6.3	8	10	12
c	max	3.6	4.6	5.8	7.4	9.2	11.8	15	19	24.8
	min	3.2	4	5.1	6.5	8	10.3	13.1	16.6	21.7
b≈		4	5	6.4	8	10	12.6	16	20	26
a_{max}		2.5	2.5	3.2	4	4	4	4	6.3	6.3
l（商品规格范围公称长度）		10～40	12～50	14～65	18～80	22～100	30～120	40～160	45～200	70～200
l（系列）		4，5，6，8，10，12，14，16，18，20，22，24，26，28，30，32，36，40，45，50，55，60，65，70，75，80，85，90，95，100，120，140，160，180，200								

注　销孔的公称直径等于 $d_{公称}$；d_{max}、d_{min} 可查阅 GB/T 91—1986，都小于 $d_{公称}$。

附表 21　　**深沟球轴承（GB/T 276—2013）**

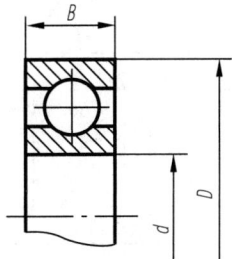

60000型

轴承代号	尺寸（mm）		
	d	D	B
10 系列			
606	6	17	6
607	7	19	6
608	8	22	7
609	9	24	7
6000	10	26	8
6001	12	28	8
6002	15	32	9
6003	17	35	10
6004	20	42	12
60/22	22	44	12
6005	25	47	12
60/28	28	52	12
6006	30	55	13
60/32	32	58	13
6007	35	62	14
6008	40	68	15
6009	45	75	16
6010	50	80	16
6011	55	90	18
6012	60	95	18
02 系列			
623	3	10	4
624	4	13	5
625	5	16	5
626	6	19	6
627	7	22	7
628	8	24	8
629	9	26	8
6200	10	30	9
6201	12	32	10
6202	15	35	11
6203	17	40	12
6204	20	47	14
62/22	22	50	14
6205	25	52	15
62/28	28	58	16
6206	30	62	16
62/32	32	65	17
6207	35	72	17

轴承代号	尺寸（mm）		
	d	D	B
02 系列			
6208	40	80	18
6209	45	85	19
6210	50	90	20
6211	55	100	21
6212	60	110	22
03 系列			
633	3	13	5
634	4	16	5
635	5	19	6
6300	10	35	11
6301	12	37	12
6302	15	42	13
6303	17	47	14
6304	20	52	15
63/22	22	56	16
6305	25	62	17
63/28	28	68	18
6306	30	72	19
63/32	32	75	20
6307	35	80	21
6308	40	90	23
6309	45	100	25
6310	50	110	27
6311	55	120	29
6312	60	130	31
6313	65	140	33
6314	70	150	35
6315	75	160	37
6316	80	170	39
6317	85	180	41
6318	90	190	43
04 系列			
6403	17	62	17
6404	20	72	19
6405	25	80	21
6406	30	90	23
6407	35	100	25
6408	40	110	27
6409	45	120	29
6410	50	130	31
6411	55	140	33
6412	60	150	35
6413	65	160	37
6414	70	180	42
6415	75	190	45
6416	80	200	48
6417	85	210	52
6418	90	225	54
6419	95	240	55
6420	100	250	58
6422	110	280	65

附表 22 **圆锥滚子轴承（GB/T 297—2015）**

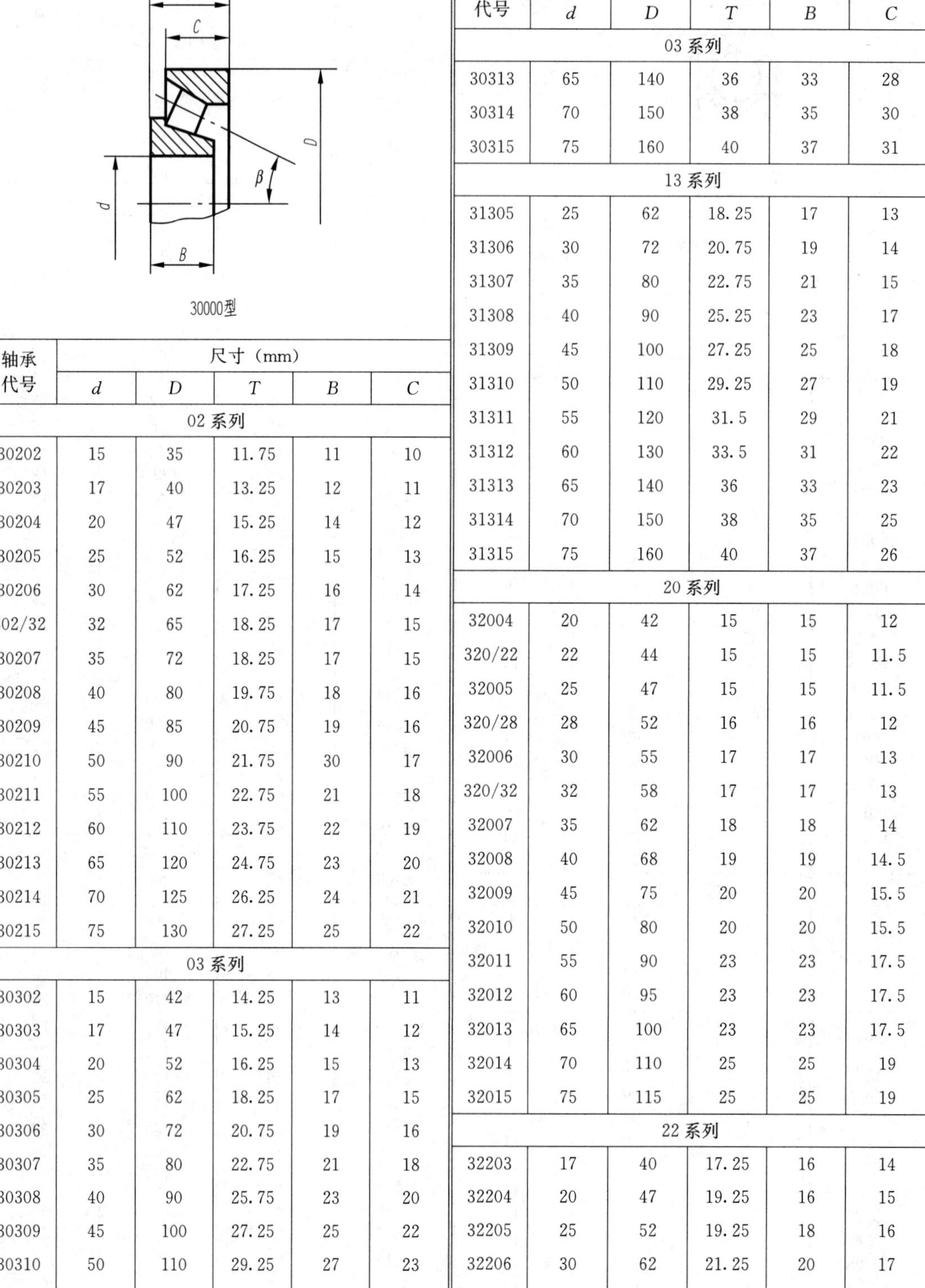

30000型

轴承代号	尺寸（mm）				
	d	*D*	*T*	*B*	*C*
	02 系列				
30202	15	35	11.75	11	10
30203	17	40	13.25	12	11
30204	20	47	15.25	14	12
30205	25	52	16.25	15	13
30206	30	62	17.25	16	14
302/32	32	65	18.25	17	15
30207	35	72	18.25	17	15
30208	40	80	19.75	18	16
30209	45	85	20.75	19	16
30210	50	90	21.75	30	17
30211	55	100	22.75	21	18
30212	60	110	23.75	22	19
30213	65	120	24.75	23	20
30214	70	125	26.25	24	21
30215	75	130	27.25	25	22
	03 系列				
30302	15	42	14.25	13	11
30303	17	47	15.25	14	12
30304	20	52	16.25	15	13
30305	25	62	18.25	17	15
30306	30	72	20.75	19	16
30307	35	80	22.75	21	18
30308	40	90	25.75	23	20
30309	45	100	27.25	25	22
30310	50	110	29.25	27	23
30311	55	120	31.5	29	25
30312	60	130	33.5	31	26
30313	65	140	36	33	28
30314	70	150	38	35	30
30315	75	160	40	37	31
	13 系列				
31305	25	62	18.25	17	13
31306	30	72	20.75	19	14
31307	35	80	22.75	21	15
31308	40	90	25.25	23	17
31309	45	100	27.25	25	18
31310	50	110	29.25	27	19
31311	55	120	31.5	29	21
31312	60	130	33.5	31	22
31313	65	140	36	33	23
31314	70	150	38	35	25
31315	75	160	40	37	26
	20 系列				
32004	20	42	15	15	12
320/22	22	44	15	15	11.5
32005	25	47	15	15	11.5
320/28	28	52	16	16	12
32006	30	55	17	17	13
320/32	32	58	17	17	13
32007	35	62	18	18	14
32008	40	68	19	19	14.5
32009	45	75	20	20	15.5
32010	50	80	20	20	15.5
32011	55	90	23	23	17.5
32012	60	95	23	23	17.5
32013	65	100	23	23	17.5
32014	70	110	25	25	19
32015	75	115	25	25	19
	22 系列				
32203	17	40	17.25	16	14
32204	20	47	19.25	16	15
32205	25	52	19.25	18	16
32206	30	62	21.25	20	17
32207	35	72	24.25	23	19
32208	40	80	24.75	23	19

续表

轴承代号	尺寸（mm）				
	d	D	T	B	C
22 系列					
32209	45	85	24.75	23	19
32210	50	90	24.75	23	19
32211	55	100	26.75	25	21
32212	60	110	26.75	28	24
32213	65	120	29.75	31	27
32214	70	125	33.25	31	27
32215	75	130	33.25	31	27
23 系列					
32303	17	47	20.25	19	16
32304	20	52	22.25	21	18
32305	25	62	25.25	24	20
32306	30	72	28.75	27	23
32307	35	80	32.75	31	25
32308	40	90	35.25	33	27
32309	45	100	38.25	36	30
32310	50	110	42.25	40	33
32311	55	120	45.5	43	35
32312	60	130	48.5	46	37
32313	65	140	51	48	39
32314	70	150	54	51	42
32315	75	160	58	55	45
29 系列					
32904	20	37	12	12	9
329/22	22	40	12	12	9
32905	25	42	12	12	9
329/28	28	45	12	12	9
32906	30	47	12	12	9
329/32	32	52	14	14	10
32907	35	55	14	14	11.5
32908	40	62	15	15	12
32909	45	68	15	15	12
32910	50	72	15	15	12
32911	55	80	17	17	14
32912	60	85	17	17	14
32913	65	90	17	17	14
32914	70	100	20	20	16
32915	75	105	20	20	16

轴承代号	尺寸（mm）				
	d	D	T	B	C
30 系列					
33005	25	47	17	17	14
33006	30	55	20	20	16
33007	35	62	21	21	17
33008	40	68	22	22	18
33009	45	75	24	24	19
33010	50	85	24	24	19
33011	55	90	24	24	21
33012	60	95	27	27	21
33013	65	100	27	27	21
33014	70	110	31	31	25.5
33015	75	115	31	31	25.5
31 系列					
33108	40	75	26	26	20.5
33109	45	80	26	26	20.5
33110	50	85	26	26	20
33111	55	95	30	30	23
33112	60	100	30	30	23
33113	65	110	34	34	26.5
33114	70	120	37	37	29
33115	75	125	37	37	29
32 系列					
33205	25	52	22	22	18
332/28	28	58	24	24	19
33206	30	62	25	25	19.5
332/32	32	65	26	26	20.5
33207	35	72	28	28	22
33208	40	80	32	32	25
33209	45	85	32	32	25
33210	50	90	32	32	24.5
33211	55	100	35	35	27
33212	60	110	38	38	29
33213	65	120	41	41	32
33214	70	125	41	41	32
33215	75	130	41	41	31

附表 23 **推力球轴承（GB/T 301—2015）**

51000型

轴承代号	尺寸（mm）			
	d	d_{1min}	D	T
	11 系列			
51100	10	11	24	9
51101	12	13	26	9
51102	15	16	28	9
51103	17	18	30	9
51104	20	21	35	10
51105	25	26	42	11
51106	30	32	47	11
51107	35	37	52	12
51108	40	42	60	13
51109	45	47	65	14
51110	50	52	70	14
51111	55	57	78	16
51112	60	62	85	17
51113	65	67	90	18
51114	70	72	95	18
51115	75	77	100	19
51116	80	82	105	19
51117	85	87	110	19
51118	90	92	120	22
51120	100	102	135	25
	12 系列			
51200	10	12	26	11
51201	12	14	28	11
51202	15	17	32	12
51203	17	19	35	12
51204	20	22	40	14
51205	25	27	47	15
51206	30	32	52	16
51207	35	37	62	18
51208	40	42	68	19
51209	45	47	73	20
51210	50	52	78	22
51211	55	57	90	25
51212	60	62	95	26
51213	65	67	100	27
51214	70	72	105	27
51215	75	77	110	27
51216	80	82	115	28
51217	85	88	125	31
51218	90	93	135	35
51220	100	103	150	38
	13 系列			
51304	20	22	47	18
51305	25	27	52	18
51306	30	32	60	21
51307	35	37	68	24
51308	40	42	78	26
51309	45	47	85	28
51310	50	52	95	31
51311	55	57	105	35
51312	60	62	110	35
51313	65	67	115	36
51314	70	72	125	40
51315	75	77	135	44
51316	80	82	140	44
51317	85	88	150	49
51318	90	93	155	50
51320	100	103	170	55
	14 系列			
51405	25	27	60	24
51406	30	32	70	28
51407	35	37	80	32
51408	40	42	90	36
51409	45	47	100	39
51410	50	52	110	43
51411	55	57	120	48
51412	60	62	130	51
51413	65	67	140	56
51414	70	72	150	60
51415	75	77	160	65
51416	80	82	170	68
51417	85	88	180	72
51418	90	93	190	77
51420	100	103	210	85

附表 24　　基孔制优先、常用配合（GB/T 1801—2009）

基准孔	轴																				
	a	b	c	d	e	f	g	h	js	k	m	n	p	r	s	t	u	v	x	y	z
	间隙配合								过渡配合			过盈配合									
H6						$\frac{H6}{f5}$	$\frac{H6}{g5}$	$\frac{H6}{h5}$	$\frac{H6}{js5}$	$\frac{H6}{k5}$	$\frac{H6}{m5}$	$\frac{H6}{n5}$	$\frac{H6}{p5}$	$\frac{H6}{r5}$	$\frac{H6}{s5}$	$\frac{H6}{t5}$					
H7						$\frac{H7}{f6}$	* $\frac{H7}{g6}$	* $\frac{H7}{h6}$	$\frac{H7}{js6}$	* $\frac{H7}{k6}$	$\frac{H7}{m6}$	* $\frac{H7}{n6}$	* $\frac{H7}{p6}$	$\frac{H7}{r6}$	* $\frac{H7}{s6}$	$\frac{H7}{t6}$	* $\frac{H7}{u6}$	$\frac{H7}{v6}$	$\frac{H7}{x6}$	$\frac{H7}{y6}$	$\frac{H7}{z6}$
H8					$\frac{H8}{e7}$	* $\frac{H8}{f7}$	$\frac{H8}{g7}$	* $\frac{H8}{h7}$	$\frac{H8}{js7}$	$\frac{H8}{k7}$	$\frac{H8}{m7}$	$\frac{H8}{n7}$	$\frac{H8}{p7}$	$\frac{H8}{r7}$	$\frac{H8}{s7}$	$\frac{H8}{t7}$	$\frac{H8}{u7}$				
				$\frac{H8}{d8}$	$\frac{H8}{e8}$	$\frac{H8}{f8}$		$\frac{H8}{h8}$													
H9			$\frac{H9}{c9}$	* $\frac{H9}{d9}$	$\frac{H9}{e9}$	$\frac{H9}{f9}$		* $\frac{H9}{h9}$													
H10			$\frac{H10}{c10}$	$\frac{H10}{d10}$				$\frac{H10}{h10}$													
H11	$\frac{H11}{a11}$	$\frac{H11}{b11}$	* $\frac{H11}{c11}$	$\frac{H11}{d11}$				* $\frac{H11}{h11}$													
H12		$\frac{H12}{b12}$						$\frac{H12}{h12}$													

注　1. $\frac{H6}{n5}$、$\frac{H7}{p6}$在基本尺寸小于或等于 3mm 和$\frac{H8}{r7}$在小于或等于 100mm 时，为过渡配合。

2. 标注 * 配合为优先配合。

附表 25　　基轴制优先、常用配合（GB/T 1801—2009）

基准孔	孔																				
	A	B	C	D	E	F	G	H	JS	K	M	N	P	R	S	T	U	V	X	Y	Z
	间隙配合								过渡配合			过盈配合									
h5						$\frac{F6}{h5}$	$\frac{G6}{h5}$	$\frac{H6}{h5}$	$\frac{JS6}{h5}$	$\frac{K6}{h5}$	$\frac{M6}{h5}$	$\frac{N6}{h5}$	$\frac{P6}{h5}$	$\frac{R6}{h5}$	$\frac{S6}{h5}$	$\frac{T6}{h5}$					
h6						$\frac{F7}{h6}$	* $\frac{G7}{h6}$	* $\frac{H7}{h6}$	$\frac{JS7}{h6}$	* $\frac{K7}{h6}$	$\frac{M7}{h6}$	* $\frac{N7}{h6}$	* $\frac{P7}{h6}$	$\frac{R7}{h6}$	* $\frac{S7}{h6}$	$\frac{T7}{h6}$	* $\frac{U7}{h6}$				
h7					$\frac{E8}{h7}$	* $\frac{F8}{h7}$		* $\frac{H8}{h7}$	$\frac{JS8}{h7}$	$\frac{K8}{h7}$	$\frac{M8}{h7}$	$\frac{N8}{h7}$									
h8				$\frac{D8}{h8}$	$\frac{E8}{h8}$	$\frac{F8}{h8}$		$\frac{H8}{h8}$													
h9				*				*													

附表 26 **公称尺寸 3～500mm 的标准**

公称尺寸（mm）		公差								
		IT1	IT2	IT3	IT4	IT5	IT6	IT7	IT8	IT9
大于	至									
	3	0.8	1.2	2	3	4	6	10	14	25
3	6	1	1.5	2.5	4	5	8	12	18	30
6	10	1	1.5	2.5	4	6	9	15	22	36
10	18	1.2	2	3	5	8	11	18	27	43
18	30	1.5	2.5	4	6	9	13	21	33	52
30	50	1.5	2.5	4	7	11	16	25	39	62
50	80	2	3	5	8	13	19	30	46	74
80	120	2.5	4	6	10	15	22	35	54	87
120	180	3.5	5	8	12	18	25	40	63	100
180	250	4.5	7	10	14	20	29	46	72	115
250	315	6	8	12	16	23	32	52	81	130
315	400	7	9	13	18	25	36	57	89	140
400	500	8	10	15	20	27	40	63	97	155

注 IT01 和 IT0 的标准公差未列入。

附表 27 **轴的基本偏差**

基本偏差		上偏差（es）														
		a	b	c	cd	d	e	ef	f	fg	g	h	js	j		
公称尺寸（mm）														公差		
大于	至	所有等级												IT5、IT6	IT7	IT8
—	3	−270	−140	−60	−34	−20	−14	−10	−6	−4	−2	0	偏差＝$\pm\frac{ITn}{2}$，式中 ITn 是 IT 值数	−2	−4	−6
3	6	−270	−140	−70	−46	−30	−20	−14	−10	−6	−4	0		−2	−4	—
6	10	−280	−150	−80	−56	−40	−25	−18	−13	−8	−5	0		−2	−5	—
10	14	−290	−150	−95	—	−50	−32	—	−16	—	−6	0		−3	−6	—
14	18															
18	24	−300	−160	−110	—	−65	−40	—	−20	—	−7	0		−4	−8	—
24	30															
30	40	−310	−170	−120	—	−80	−50	—	−25	—	−9	0		−5	−10	—
40	50	−320	−180	−130												
50	65	−340	−190	−140	—	−100	−60	—	−30	—	−10	0		−7	−12	—
65	80	−360	−200	−150												
80	100	−380	−220	−170	—	−120	−72	—	−36	—	−12	0		−9	−15	—
100	120	−410	−240	−180												
120	140	−460	−260	−200	—	−145	−85	—	−43	—	−14	0		−11	−18	—
140	160	−520	−280	−210												
160	180	−580	−310	−230												
180	200	−660	−340	−240	—	−170	−100	—	−50	—	−15	0		−13	−21	—
200	225	−740	−380	−260												
225	250	−820	−420	−280												
250	280	−920	−480	−300	—	−190	−110	—	−56	—	−17	0		−16	−26	—
280	315	−1050	−540	−330												
315	355	−1200	−600	−360	—	−210	−125	—	−62	—	−18	0		−18	−28	—
355	400	−1350	−680	−400												
400	450	−1500	−760	−440	—	−230	−135	—	68	—	20	0		−20	−32	—
450	500	−1650	−840	−480												

注 1. 公称尺寸小于或等于 1mm 时，基本偏差 a 和 b 均不采用。

2. 公差带 js7 至 js11，若 ITn 值数是奇数，则取偏差＝$\pm\frac{ITn-1}{2}$。

公差（GB/T 1800.1—2009）

μm

等级

IT10	IT11	IT12	IT13	IT14	IT15	IT16	IT17	IT18
40	60	100	140	250	400	600	1000	1400
48	75	120	180	300	480	750	1200	1800
58	90	150	220	360	580	900	1500	2200
70	110	180	270	430	700	1100	1800	2700
84	130	210	330	520	840	1300	2100	3300
100	160	250	390	620	1000	1600	2500	3900
120	190	300	460	740	1200	1900	3000	4600
140	220	350	540	870	1400	2200	3500	5400
160	250	400	630	1000	1600	2500	4000	6300
185	290	460	720	1150	1850	2900	4600	7200
210	320	520	810	1300	2100	3200	5200	8100
230	360	570	890	1400	2300	3600	5700	8900
250	400	630	970	1550	2500	4000	6300	9700

数值（GB/T 1800.1—2009）

μm

下偏差（ei）

k		m	n	p	r	s	t	u	v	x	y	z	za	ab	zc
等级															
IT4 至 IT7	≤IT3 ＞IT7	所有等级													
0	0	+2	+4	+6	+10	+14	—	+18	—	+20	—	+26	+32	+40	+60
+1	0	+4	+8	+12	+15	+19	—	+23	—	+28	—	+35	+42	+50	+80
+1	0	+6	+10	+15	+19	+23	—	+28	—	+34	—	+42	+52	+67	+97
+1	0	+7	+12	+18	+23	+28	—	+33	—	+40	—	+50	+64	+90	+130
									+39	+45	—	+60	+77	+108	+150
+2	0	+8	+15	+22	+28	+35	—	+41	+47	+54	+63	+73	+98	+136	+180
							+41	+48	+55	+64	+75	+88	+118	+160	+218
+2	0	+9	+17	+26	+34	+43	+48	+60	+68	+80	+94	+112	+148	+200	+274
							+54	+70	+81	+97	+114	+136	+180	+242	+325
+2	0	+11	+20	+32	+41	+53	+66	+87	+102	+122	+144	+172	+226	+300	+405
					+43	+59	+75	+102	+120	+146	+174	+210	+274	+360	+480
+3	0	+13	+23	+37	+51	+71	+91	+124	+146	+178	+214	+258	+335	+445	+585
					+54	+79	+104	+144	+172	+210	+254	+310	+400	+525	+690
+3	0	+15	+27	+43	+63	+92	+122	+170	+202	+248	+300	+365	+470	+620	+800
					+65	+100	+134	+190	+228	+280	+340	+415	+535	+700	+900
					+68	+108	+146	+210	+252	+310	+380	+465	+600	+780	+1000
+4	0	+17	+31	+50	+77	+122	+166	+236	+284	+350	+425	+520	+670	+880	+1150
					+80	+130	+180	+258	+310	+385	+470	+575	+740	+960	+1250
					+84	+140	+196	+284	+340	+425	+520	+640	+820	+1050	+1350
+4	0	+20	+34	+56	+94	+158	+218	+315	+385	+475	+580	+710	+920	+1200	+1550
					+98	+170	+240	+350	+425	+525	+650	+790	+1000	+1300	+1700
+4	+0	+21	+37	+62	+108	+190	+268	+390	+475	+590	+700	+900	+1150	+1500	+1900
					+114	+208	+294	+435	+530	+660	+820	+1000	+1300	+1650	+2100
+5	0	+23	+40	+68	+126	+232	+330	+490	+595	+740	+920	+1100	+1450	+1850	+2400
					+132	+252	+360	+540	+660	+820	+1000	+1250	+1600	+2100	+2600

附表 28 **孔的基本偏差**

基本偏差		下偏差（EI）																							
		A	B	C	CD	D	E	EF	F	FG	G	H	JS	J			K		M		N	
公称尺寸（mm）																						公差
大于	至	所有等级												IT6	IT7	IT8	≤IT8	>IT8	≤IT8	>IT8	≤IT8	>IT8
—	3	+270	+140	+60	+34	+20	+14	+10	+6	+4	+2	0		+2	+4	+6	0	0	−2	−2	−4	4
3	6	+270	+140	+70	+46	+30	+20	+14	+10	+6	+4	0		+5	+6	+10	−1+Δ	—	−4+Δ	−4	−8+Δ	0
6	10	+280	+150	+80	+56	+40	+25	+18	+13	+8	+5	0		+5	+8	+12	−1+Δ	—	−6+Δ	−6	−10+Δ	0
10	14	+290	+150	+95	—	+50	+32	—	+16	—	+6	0		+6	+10	+15	−1+Δ	—	−7+Δ	−7	−12+Δ	0
14	18																					
18	24	+300	+160	+110	—	+65	+40	—	+20	—	+7	0		+8	+12	+20	−2+Δ	—	−8+Δ	−8	−15+Δ	0
24	30																					
30	40	+310	+170	+120	—	+80	+50	—	+25	—	+9	0		+10	+14	+24	−2+Δ	—	−9+Δ	−9	−17+Δ	0
40	50	+320	+180	+130																		
50	65	+340	+190	+140	—	+100	+60	—	+30	—	+10	0	偏差=±$\frac{ITn}{2}$，式中ITn是IT值数	+13	+18	+28	−2+Δ	—	−11+Δ	−11	−20+Δ	0
65	80	+360	+200	+150																		
80	100	+380	+220	+170	—	+120	+72	—	+36	—	+12	0		+16	+22	+34	−3+Δ	—	−13+Δ	−13	−23+Δ	0
100	120	+410	+240	+180																		
120	140	+460	+260	+200	—	+145	+85	—	+43	—	+14	0		+18	+26	+41	−3+Δ	—	−15+Δ	−15	−27+Δ	0
140	160	+520	+280	+210																		
160	180	+580	+310	+230																		
180	200	+660	+340	+240	—	+170	+100	—	+50	—	+15	0		+22	+30	+47	−4+Δ	—	−17+Δ	−17	−31+Δ	0
200	225	+740	+380	+260																		
225	250	+820	+420	+280																		
250	280	+920	+480	+300	—	+190	+110	—	+56	—	+17	0		+25	+36	+55	−4+Δ	—	−20+Δ	−20	−34+Δ	0
280	315	+1050	+540	+330																		
315	355	+1200	+600	+360	—	+210	+125	—	+62	—	+18	0		+29	+39	+60	−4+Δ	—	−21+Δ	−21	−37+Δ	0
355	400	+1350	+680	+400																		
400	450	+1500	+760	+440	—	+230	+135	—	+68	—	+20	0		+33	+43	+66	−5+Δ	—	−23+Δ	−23	−40+Δ	0
450	500	+1650	+840	+480																		

注 1. 公称尺寸小于或等于 1mm 时，基本偏差 A 和 B 及大于 IT8 的 N 均不采用。

2. 公差带 JS7 至 JS11，若 ITn 值数是奇数，则取偏差=±$\frac{ITn-1}{2}$。

3. 对小于或等于 IT8 的 K、M、N 和小于或等于 IT7 的 P 至 ZC，所需 Δ 值从表内右侧选取。
例如：18～30mm 段的 K7：Δ=8μm，所以 ES=−2μm+8μm=+6μm；
18～30mm 段的 S6：Δ=4μm，所以 ES=−35μm+4μm=−31μm。
特殊情况：250～315mm 段的 M6，ES=−9μm（代替−11μm）。

数值（GB/T 1800.1—2009） μm

上偏差（ES）													Δ					
P至ZC	P	R	S	T	U	V	X	Y	Z	ZA	ZB	ZC						
等级																		
≤IT7	>IT7												IT3	IT4	IT5	IT6	IT7	IT8
在大于IT7的相应数值上增加一个Δ值	−6	−10	−14	—	−18	—	−20	—	−26	−32	−40	−60	0					
	−12	−15	−19	—	−23	—	−28	—	−35	−42	−50	−80	1	1.5	1	3	4	6
	−15	−19	−23	—	−28	—	−34	—	−42	−52	−67	−97	1	1.5	2	3	6	7
	−18	−23	−28	—	−33	—	−40	—	−50	−64	−90	−130	1	2	3	3	7	9
						−39	−45	—	−60	−77	−108	−150						
	−22	−28	−35	—	−41	−47	−54	−63	−73	−98	−136	−188	1.5	2	3	4	8	12
				−41	−48	−55	−64	−75	−88	−118	−160	−218						
	−26	−34	−43	−48	−60	−68	−80	−94	−112	−148	−200	−274	1.5	3	4	5	9	14
				−54	−70	−81	−97	−114	−136	−180	−242	−325						
	−32	−41	−53	−66	−87	−102	−122	−144	−172	−226	−300	−405	2	3	5	6	11	16
		−43	−59	−75	−102	−120	−146	−174	−210	−274	−360	−480						
	−37	−51	−71	−91	−124	−146	−178	−214	−258	−335	−445	−585	2	4	5	7	13	19
		−54	−79	−104	−144	−172	−210	−254	−310	−400	−525	−690						
	−43	−63	−92	−122	−170	−202	−248	−300	−365	−470	−620	−800	3	4	6	7	15	23
		−65	−100	−134	−190	−228	−280	−340	−415	−535	−700	−900						
		−68	−108	−146	−210	−252	−310	−380	−465	−600	−780	−1000						
	−50	−77	−122	−166	−236	−284	−350	−425	−520	−670	−880	−1150	3	4	6	9	17	26
		−80	−130	−180	−258	−310	−385	−470	−575	−740	−960	−1250						
		−84	−140	−196	−284	−340	−425	−520	−640	−820	−1050	−1350						
	−56	−94	−158	−218	−315	−385	−475	−580	−710	−920	−1200	−1550	4	4	7	9	20	29
		−98	−170	−240	−350	−425	−525	−650	−790	−1000	−1300	−1700						
	−62	−108	−190	−268	−390	−475	−590	−730	−900	−1150	−1500	−1900	4	5	7	11	21	32
		−114	−208	−294	−435	−530	−660	−820	−1000	−1300	−1650	−2100						
	−68	−126	−232	−330	−490	−595	−740	−920	−1100	−1450	−1850	−2400	5	5	7	13	23	34
		−132	−252	−360	−540	−660	−820	−1000	−1250	−1600	−2100	−2600						

附表 29 优先配合中轴的极限偏差（摘自 GB/T 1801—2009） μm

公称尺寸(mm)		公差带												
		c	d	f	g	h				k	n	p	s	u
大于	至	11	9	7	6	6	7	9	11	6	6	6	6	6
—	3	-60 -120	-20 -45	-6 -16	-2 -8	0 -6	0 -10	0 -25	0 -60	+6 0	+10 +4	+12 +6	+20 +14	+24 +18
3	6	-70 -145	-30 -60	-10 -22	-4 -12	0 -8	0 -12	0 -30	0 -75	+9 +1	+16 +8	+20 +212	+27 +19	+31 +23
6	10	-80 -170	-40 -76	-13 -28	-5 -14	0 -9	0 -15	0 -36	0 -90	+10 +1	+19 +10	+24 +15	+32 +23	+37 +28
10	14	-95 -205	-50 -93	-16 -34	-6 -17	0 -11	0 -18	0 -43	0 -110	+12 +1	+23 +12	+29 +18	+39 +28	+44 +33
14	18													
18	24	-110 -240	-65 -117	-20 -41	-7 -20	0 -13	0 -21	0 -52	0 -130	+15 +2	+28 +15	+35 +22	+48 +35	+54 +41
24	30													+61 +48
30	40	-120 -280	-80 -142	-25 -50	-9 -25	0 -16	0 -25	0 -62	0 -160	+18 +2	+33 +17	+42 +26	+59 +43	+76 +60
40	50	-130 -290												+86 +70
50	65	-140 -330	-100 -174	-30 -60	-10 -29	0 -19	0 -30	0 -74	0 -190	+21 +2	+39 +20	+51 +32	+72 +53	+106 +87
65	80	-150 -340											+78 +59	+121 +102
80	100	-170 -390	-120 -207	-36 -71	-12 -34	0 -22	0 -35	0 -87	0 -220	+25 +3	+45 +23	+59 +37	+93 +71	+146 +124
100	120	-180 -400											+101 +79	+166 +144
120	140	-200 -450	-145 -245	-43 -83	-14 -39	0 -25	0 -40	0 -100	0 -250	+28 +3	+52 +27	+68 +43	+117 +92	+195 +170
140	160	-210 -460											+125 +100	+215 +190
160	180	-230 -480											+133 +108	+235 +210
180	200	-240 -530	-170 -285	-50 -96	-15 -44	0 -29	0 -46	0 -115	0 -290	+33 +4	+60 +31	+79 +50	+151 +122	+265 +236
200	225	-260 -550											+159 +130	+287 +258
225	250	-280 -570											+169 +140	+313 +284

续表

公称尺寸(mm)		公差带												
		c	d	f	g	h				k	n	p	s	u
大于	至	11	9	7	6	6	7	9	11	6	6	6	6	6
250	280	−300 −620	−190 −320	−56 −108	−17 −49	0 −32	0 −52	0 −130	0 −320	+36 +4	+66 +34	+88 +56	+190 +158	+347 +315
280	315	−330 −650											+202 +170	+382 +350
315	355	−360 −720	−210 −350	−62 −119	−18 −54	0 −36	0 −57	0 −140	0 −360	+40 +4	+73 +37	+98 +62	+226 +190	+426 +390
355	400	−400 −760											+244 +208	+471 +435
400	450	−440 −840	−230 −385	−68 −131	−20 −60	0 −40	0 −63	0 −155	0 −400	+45 +5	+80 +40	+108 +68	+272 +232	+530 +490
450	500	−480 −880											+292 +252	+580 +540

附表 30　优先配合中孔的极限偏差（GB/T 1801—2009）　μm

公称尺寸(mm)		公差带												
		C	D	F	G	H				K	N	P	S	U
大于	至	11	9	8	7	7	8	9	11	7	7	7	7	7
—	3	+120 +60	+45 +20	+20 +6	+12 +2	+10 0	+14 0	+25 0	+60 0	0 −10	−4 −14	−6 −16	−14 −24	−18 −28
3	6	+145 +70	+60 +30	+28 +10	+16 +4	+12 0	+18 0	+30 0	+75 0	+3 9	−4 −16	−8 −20	−15 −27	−19 −31
6	10	+170 +80	+76 +40	+35 +13	+20 +5	+15 0	+22 0	+36 0	+90 0	+5 −10	−4 −19	−9 −24	−17 −32	−22 −37
10	14	+205 +95	+93 +50	+43 +16	+24 +6	+18 0	+27 0	+43 0	+110 0	+6 −12	−5 −23	−11 −29	−21 −39	−26 −44
14	18													
18	24	+240 +110	+117 +65	+53 +20	+28 +7	+21 0	+33 0	+52 0	+130 0	+6 −15	−7 −28	−14 −35	−27 −48	−33 −54
24	30													−40 −61
30	40	+280 +120	+142 +80	+64 +25	+34 +9	+25 0	+39 0	+62 0	+160 0	+7 −18	−8 −33	−17 −42	−34 −59	−51 −76
40	50	+290 +130												−61 −86
50	65	+330 +140	+174 +100	+76 +30	+40 +10	+30 0	+46 0	+74 0	+190 0	+9 −21	−9 −39	−21 −51	−42 −72	−76 −106
65	80	+340 +150											−48 −78	−91 −121

续表

公称尺寸(mm)		公差带												
		C	D	F	G	H				K	N	P	S	U
大于	至	11	9	8	7	7	8	9	11	7	7	7	7	7
80	100	+390 +170	+207 +120	+90 +36	+47 +12	+35 0	+54 0	+87 0	+220 0	+10 −25	−10 −45	−24 −59	−58 −93	−111 −146
100	120	+400 +180											−66 −101	−131 −166
120	140	+450 +200	+245 +145	+106 +43	+54 +14	+40 0	+63 0	+100 0	+250 0	+12 −28	−12 −52	−28 −68	−77 −117	−155 −195
140	160	+460 +210											−85 −125	−175 −215
160	180	+480 +230											−93 −133	−195 −235
180	200	+530 +240	+285 +170	+122 +50	+61 +15	+46 0	+72 0	+115 0	+290 0	+13 −33	−14 −60	−33 −79	−105 −151	−219 −265
200	225	+550 +260											−113 −159	−241 −287
225	250	+570 +280											−123 −169	−267 −313
250	280	+620 +300	+320 +190	+137 +56	+69 +17	+52 0	+81 0	+130 0	+320 0	+16 −36	−14 −66	−36 −88	−138 −190	−295 −347
280	315	+650 +330											−150 −202	−330 −382
315	355	+720 +360	+350 +210	+151 +62	+75 +18	+57 0	+89 0	+140 0	+360 0	+17 −40	−16 −73	−41 −98	−169 −226	−369 −426
355	400	+760 +400											−187 −244	−414 −471
400	450	+840 +440	+385 +230	+165 +68	+83 +20	+63 0	+97 0	+155 0	+400 0	+18 −45	−17 −80	−45 −108	−209 −272	−467 −530
450	500	+880 +480											−229 −292	−517 −580

参 考 文 献

[1] 左晓明，王黛雯．机械制图．2版．北京：高等教育出版社，2010．
[2] 王幼龙．机械制图．3版．北京：高等教育出版社，2007．
[3] 金大鹰．机械制图．4版．北京：机械工业出版社，2015．
[4] 钱可强，邱坤．机械制图．2版．北京：化学工业出版社，2008．